창의력과학

I&I

아 이 앤 아 이

초등

6

Imagine Infinitely

무한상상

(원본: 2008년 출간) 서울과학고등학교 교사진과 폴라사이언스 공동개발
책임개발 : 폴라사이언스(소장 윤찬섭)

〈서울과학고 교사진〉
지구과학 : 황석규 선생님(서울대)
물리 : 홍기택 선생님(서울대)
화학 : 전영희 선생님(서울대)
생물 : 백승용 선생님(서울대)

(2015 개정본)
책임 개발 및 수정 : 윤찬섭, 무한상상 과학교육 연구소

바야흐로 창의력의 시대입니다

과학창의력 향상은 단순한 과학적 흥미만으로는 부족합니다.
과제 집착력, 자신감을 바탕으로 한 체계적인 훈련이 필요합니다.
창의력과학 *I&I* (Imagine Infinitely)는 개정 교육 과정에 따른 창의적 문제해결력의 극대화에 중점을 둔 새로운 개념의 **과학 창의력 통합 학습서**입니다.

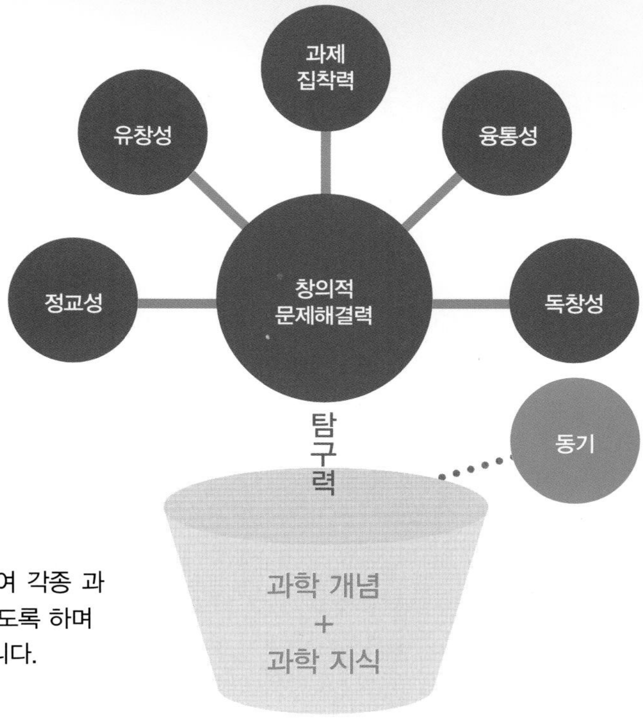

▲ 창의적 문제 해결력의 구성

과학을 공부한다는 것은

1. 과학 개념을 정밀히 다듬어 이해하고
2. 탐구력을 기르는 연습(과학 실험 등)을 꾸준히 하여 각종 과학 관련 문제에 대한 이해와 분석과 상상이 가능하도록 하며
3. 창의력을 동원하여 문제 해결을 하는 과정을 뜻합니다.

이 책의 특징은

1. 개정 교육과정에 맞춘 전 과정 심화입니다.
2. 각종 그림을 활용하여 **과학 개념을 명확히** 하는 데에 중점을 두었습니다.
3. 교과서의 실험 등을 통하여 탐구과정 능력을 향상시켜 **과학적 상상력**을 기르는데 초점을 맞추었습니다.
4. 창의력 문제, STEAM 융합형 문제에서 스스로의 창의력을 기반으로 하여 **창의적 문제해결력**을 향상할 수 있도록 하였습니다.
5. 그동안 영재교육원, 창의력 대회 등 시험 **기출 문제 또는 기출 유형 문제**를 종합적으로 수록하여 실전 대비 연습에 만전을 기했습니다.
6. **해설을 풍부하게** 하여 문제풀이를 정확하게 할 수 있도록 하였습니다.

이 책은

영재교육원 및 각종 대회의 탐구력, 창의력 구술 검사 및 면접을 준비하는 학생에게 충분한 창의적 문제 해결의 기회와 학교 내신 + α 를 제공합니다.

창의력과학

I&I
아이앤아이
초등

창의적 사고를 위한 요소

유익하고 새로운 것을 생각해 내는 능력을 창의력이라고 합니다.

사고를 원활하고 민첩하게 하여 많은 양의 산출 결과를 내는 유창성, 고정적인 사고의 틀에서 벗어나 다양한 각도에서 다양한 해결책을 찾아내는 융통성, 새롭고 독특한 아이디어를 산출해 내는 독창성, 기존의 아이디어를 치밀하고 정밀하게 다듬어 더욱 복잡하게 발전시키는 정교성 등이 대표적인 요소입니다.

I&I는 창의력을 향상시킵니다

창의력 키우기 파트에서는 문제의 유형을 유창성, 융통성, 독창성, 정교성 영역으로 나누어서 출제하였으며, 오른쪽 그림과 같이 적용된 창의성 영역을 나타내었습니다.

STEP BY STEP 문제는 단계적으로 창의적 문제 해결을 할 수 있도록 한 문제입니다.

(독창성, 융통성) 본교재 6학년 204페이지

계단을 밝히려고 달아 놓은 전등을 아래층과 위층에 설치된 스위치로 각각 끄거나 켤 수 있게 하려고 한다. 즉, 위층에서 불을 켜고 내려와 계단 아래층에서 불을 끈다거나, 아래층에서 불을 켜고 올라가 계단 위층에서 불을 끌 수 있어야 한다. 전등과 전원, 그리고 두 개의 스위치로 어떻게 배선하면 그렇게 할 수 있을지 전기 기호를 사용하여 전기 회로도를 그리시오.

- ✓ 유창성
- 융통성
- ✓ 독창성
- 정교성

I&I는 STEAM 문제 해결에도 적합합니다

STEAM 교육은 융합교육이라고도 하는데, 과학(Science), 기술(Technology), 공학(Engineering), 예술(Art), 수학(Mathematics)의 첫자를 땄으며, 교과 간의 연계를 강조하는 교육입니다. I&I 에서는 '스팀 융합형 문제 해결하기' 에서 과학 외의 교과 지식을 활용한 문제 풀이를 선보이고 있습니다.

(과학, 기술, 공학, 예술) 본교재 3학년 26페이지

보기에 제시된 "생체 모방 공학" 에 관한 글을 읽고 물음에 답하시오.
홍합의 접착력을 활용한 접착 물질 개발이 한창이다. 홍합의 접착력은 폭풍우에도 끄떡 없을 정도로 강하다. 어찌 보면 당연한지도 모를 이러한 생명체의 '뛰어난 힘'을 모방하여, 인간 생활에 적용 가능한 형태로 만들어 내려는 연구가 본격화되고 있다. 바로 '생체 모방 공학' 이다.
(문제) 홍합의 접착력은 폭풍우에도 끄떡 없을 정도로 강하다. 홍합의 강한 접착력을 이용해서 어떤 물체를 만들 수 있을까?

▲ 바위에 단단하게 달라붙은 홍합

실험에서의 탐구 과정 요소

과학에서 빼놓을 수 없는 것이 과학적인 탐구 능력입니다.

탐구 능력 또는 탐구 과정 능력이란 자연 현상이나 사물에 관한 문제를 연관시켜 해결하는 능력을 말합니다. 과학 관련 문제를 해결하기 위해서는 몇 가지 단계가 필요한데, 이 단계에서 필요한 요소를 탐구 과정 요소라고 합니다. 탐구 과정 요소에는 기초 탐구 과정 요소인 관찰, 분류, 측정, 예상, 추리와 통합 탐구 과정 요소인 문제 인식, 가설 설정, 실험 설계(변인 통제), 자료 변환 및 자료해석, 결론 도출 등이 있습니다.

기초 탐구 과정 중 분류의 예

우리 주위의 여러 가지 물체나 현상 등을 관찰하여 특징과 용도에 따라 나눔으로서 질서를 정하는 과정을 말합니다. 분류를 하기 위해서는 모둠의 공통된 특징을 가려서 분류 기준을 정해야 합니다.

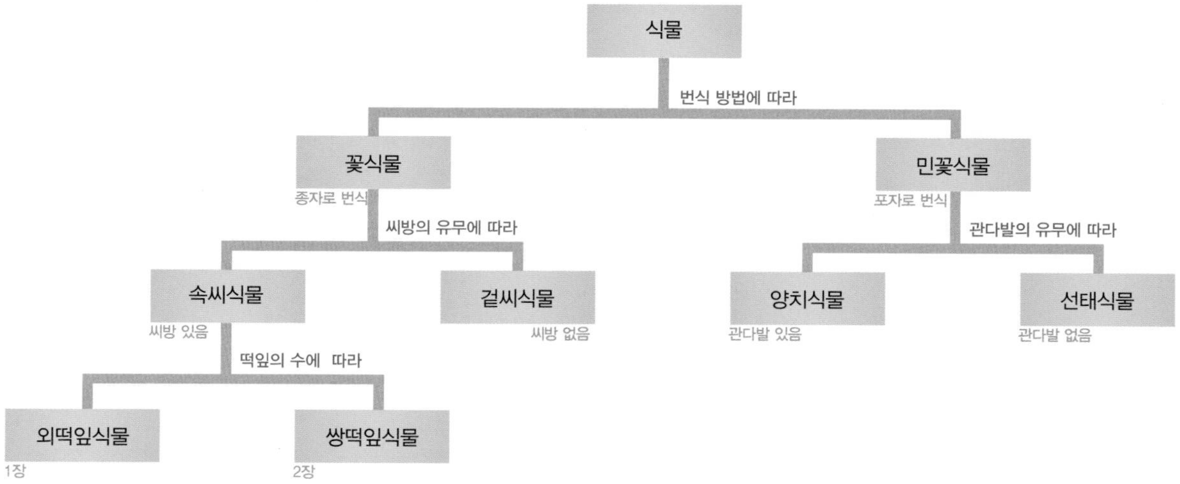

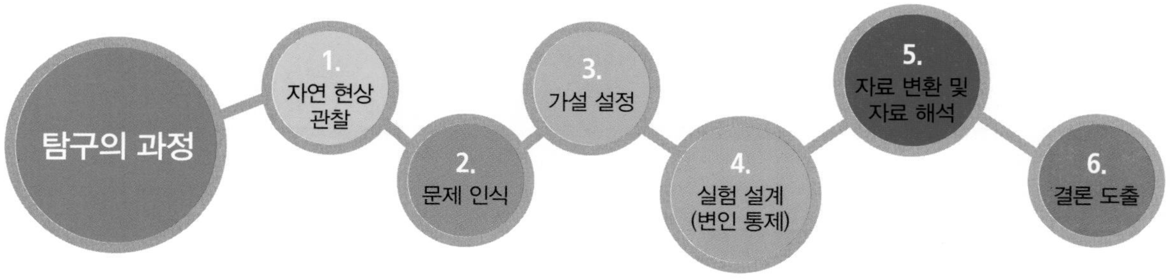

뉴턴: ① 내가 자고 있는데 누가 날 깨우는 거야? 어라? 사과가 떨어져 나를 깨운 것이구나!

② 그런데 사과는 왜 아래로만 떨어지는 것일까? 사과뿐만 아니라 다른 물체도 아래로 떨어지는구나.

③ 우리가 알고 있는 힘 외에 어떤 다른 힘이 있다는 가설을 세워 보자.

④ 두 물체 사이의 잡아당기는 힘이 얼마인지 실험해 보자. 다른 힘들이 있으면 안되니까 전기적으로 중성이어야 하고, 거리를 재고, 질량을 재고, 힘을 측정해야 하겠지?

⑤ 여러 번 실험을 해서 자료를 종합해 보니

⑥ 새로운 힘이 존재하는데, 그 힘의 크기는 두 질량 사이의 거리의 제곱에 반비례하고, 질량의 곱에 비례하는구나. 이 힘을 만유인력이라고 해야지!

창의력과학

I&I

아이앤아이

초등

들여다 보기

도입

· 우리 주변에서 쉽게 볼 수 있는 현상을 통해 단원에서 배울 내용을 전체적으로 암시했습니다.

· 단원에서 배울 내용과 관련된 흥미로운 질문으로 학습 동기를 유발하였습니다.

개념다지기

· 교과의 기본 개념부터 중등 개념까지 심화하여 다루었습니다.

· 과학 개념의 정밀화에 중점을 두었습니다.

· 보조단의 내용과 본문 개념을 연결지어 보충 심화가 가능하게 했습니다.

· 각종 그림과 사진을 첨가하여 상상력을 자극하도록 하였습니다.

기본 확인 문제

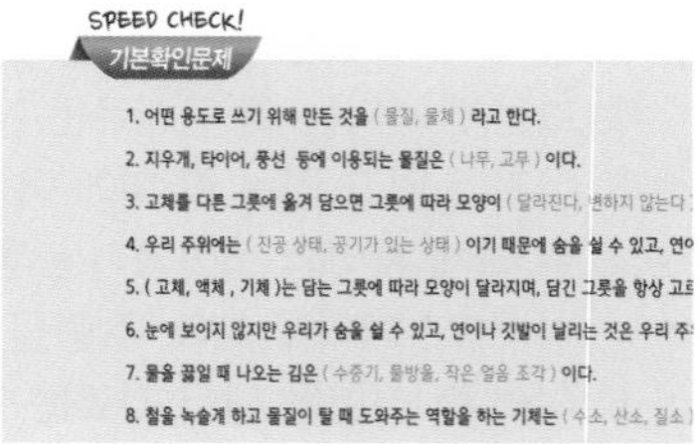

· 각 단원의 핵심 개념을 빠르게 체크할 수 있게 하였습니다.

· 이론 체크에 빠짐이 없도록 세심하게 문제를 출제하였습니다.

탐구력 키우기

· 단원과 밀접하게 관련된 재미있는 필수 실험을 1~2개 엄선하였습니다.

· 개인적으로도 쉽게 준비하여 실험할 수 있도록 배려하였습니다.

· 탐구과정 능력, 상상력을 발휘할 수 있도록 하였습니다.

문제해결력 키우기

· 창의력 · 탐구력 · 상상력을 동원하여 문제를 해결하도록 꾸몄습니다.

· 각 단원의 주제에 맞는 영재교육원 유사 문제를 통해 실전 감각을 쌓을 수 있습니다.

· 기본적인 문제에서 고난도의 창의력, 사고력을 요하는 문제, 단계적 문제 해결형 문제까지 망라하여 상황별 문제 해결이 가능하도록 하였습니다.

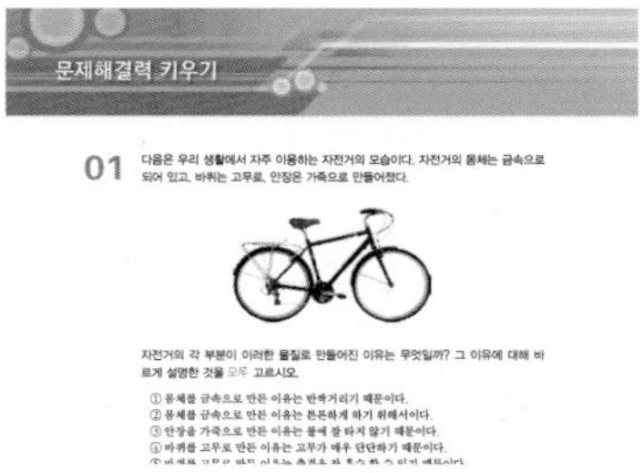

창의력 키우기

· 창의적 문제 해결력을 향상을 위한 섹션입니다.

· 유창성, 융통성, 독창성, 정교성을 기를 수 있는 문제들로 구성되며 각 요소별로 창의력 훈련을 할 수 있습니다.

· 입학사정관제나 대학입시에서도 중요도가 높아진 구술, 심층 면접, 논술 능력을 키울 수 있습니다.

스팀 융합형 문제 해결하기

· 창의성과 함께 다른 교과 지식을 융합하여 문제를 해결해 나가도록 하였습니다.

· 현 시대가 요구하는 융합형 인재상의 목표에 부합하는 문제를 엄선했습니다.

총정리 문제

· 3단원 당 1회씩 총 4회로 구성하였습니다.

· 해당 단원의 총정리를 할 수 있도록 하였습니다.

CONTENTS

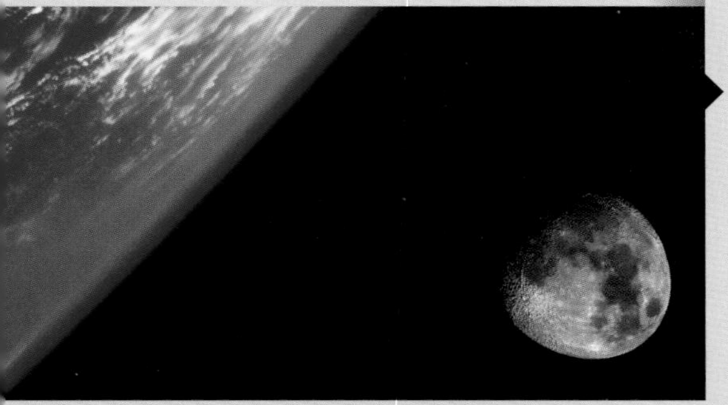

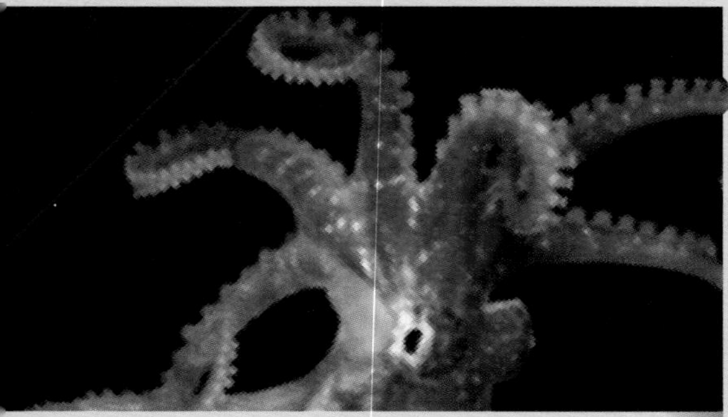

"

달의 모양은 왜 변할까?

달의 모양이 변하는 이유를 알 수 있을까?
밤하늘의 별은 멈춰있을까? 운동하고 있을까?

"

1

지구와 달의 운동

개념다지기

쏙 쏙 빈칸을 채워 개념을 완성하세요!

❶ 지구와 달의 특징

(1) 우주에서 본 지구의 모양 : 지구는 ❶ ______ 공 모양이다.

◀ 지구의 모습

갈색으로 보이는 부분은 ❷ ______,
푸른색으로 보이는 부분은 ❸ ______,
흰색으로 보이는 부분은 ❹ ______이다.

※ 지구의 물리적 특성

반지름	질량	평균 밀도	평균 표면 온도	자전 방향
약 6400km	약 6×10^{24} kg	약 5.5 g/㎤	약 15 ℃	서 → 동

(2) 달의 모습 : 달 표면에는 평원, 분화구, 산맥, 계곡 등이 있으며 ❺ ______라고 불리는 울퉁불퉁한 자국이 많다. 반지름은 지구의 $\frac{1}{4}$이며 물과 공기가 없고, 구름이 없어서 달의 표면이 잘 보인다.

◀ 달의 모습

밝은 부분은 달의 ❻ ______ 라고 하고,
어두운 부분은 달의 ❼ ______ 라고 한다.

※ 달의 물리적 특성

반지름	질량	표면 중력	평균 밀도	표면 온도	자전 방향
약 1738 km (지구의 1/4배)	약 7.35×10^{22}kg (지구의 1/80배)	지구의 1/6배 (무게 1/6로 줄어듦)	약 3.3 g/㎤	낮 120℃~밤 -170℃ (대기 없기 때문)	서→동

❷ 지구의 자전

(1) 지구의 자전 : 지구는 자전축을 중심으로 서에서 동으로 하루에 한 바퀴 (1 시간당 15°)씩 회전하는 운동을 한다.(중심각 기준 1 시간당 15° 회전)

(2) 지구의 자전에 의해 나타나는 현상

① 별의 ❽ ______ : 별들이 북극성을 중심으로 매일 동쪽 지평선에서 떠올라 하루에 한 바퀴씩 회전하는 운동을 한다.

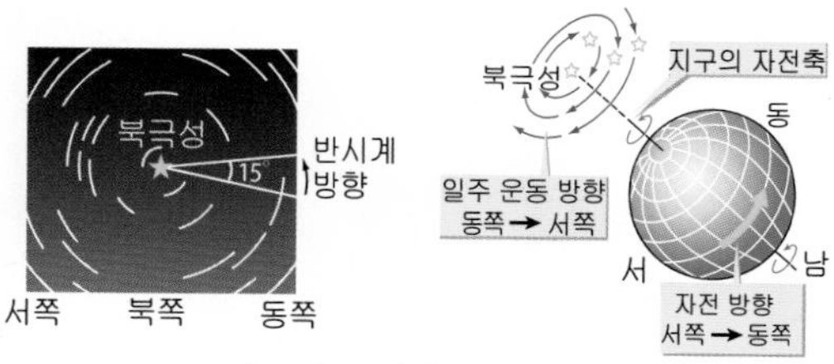

▲ 지구의 자전과 별의 *일주 운동

● 지구가 둥글다는 증거

① 마젤란의 세계일주 : 마젤란이 빅토리아 호를 타고 계속 같은 방향으로 항해하여 출발지인 스페인으로 돌아왔다.

② 항구에서 돛단배가 보이는 모양의 변화

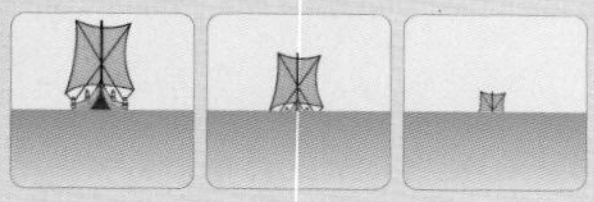

③ *월식 때 비친 지구의 그림자 모습

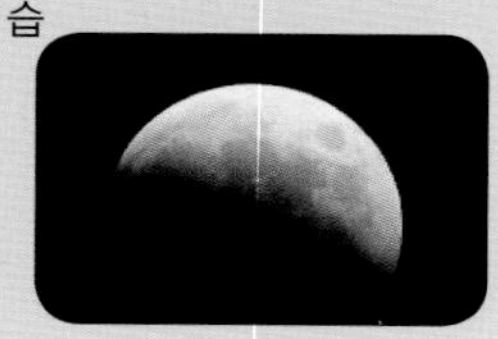

● 크레이터

달에는 대기가 없어 운석이 떨어질 경우 대기에 의해 연소되지 않고 그대로 떨어져 울퉁불퉁한 구덩이인 크레이터가 생긴다. 또한 바람이 불지 않으므로 크레이터가 지워지지 않고 그대로 남아 있게 된다.

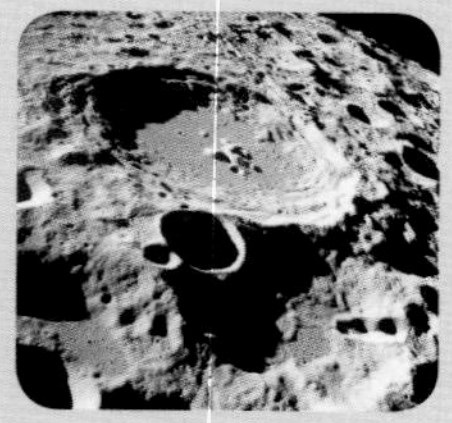
▲ 크레이터

● 과학단어

★월식 지구의 그림자속으로 달이 들어가서 달의 일부 혹은 전부가 보이지 않게 되는 현상

★일주운동 하루를 주기로 일어나는 운동. 보통 지구의 자전에 의해 생기는 별의 겉보기 운동을 뜻함.

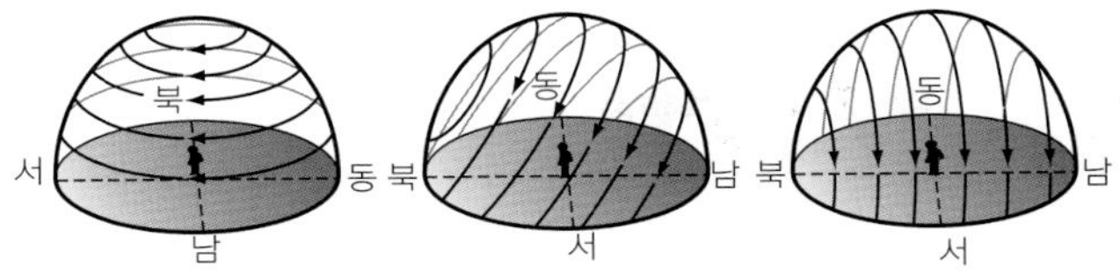

▲ 북극 지방　▲ 중위도(우리나라)　▲ 적도 지방

▲ 위도에 따른 별의 일주 운동 모습

② 낮과 밤이 생긴다 : 태양 빛이 도달하는 부분은 낮, 반대쪽은 밤이며 지구가 자전하므로 낮과 밤이 교대로 생긴다.

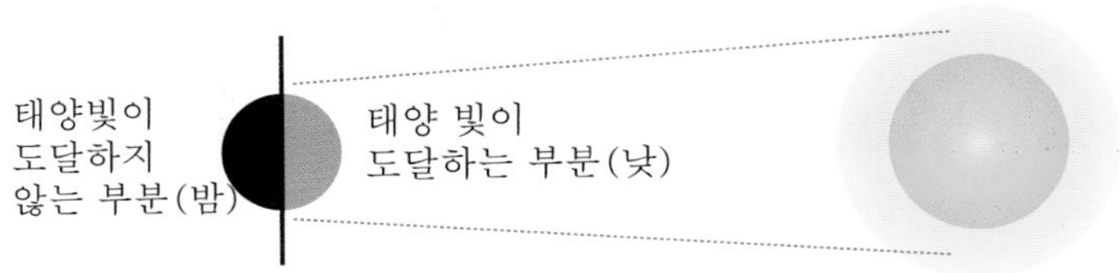

② 하룻밤 동안 보름달의 위치 변화 : 하룻밤 동안 보름달은 ⑨ ______ 에서 떠서 남쪽→서쪽으로 위치가 변하며 태양이 움직이는 방향과 같다.

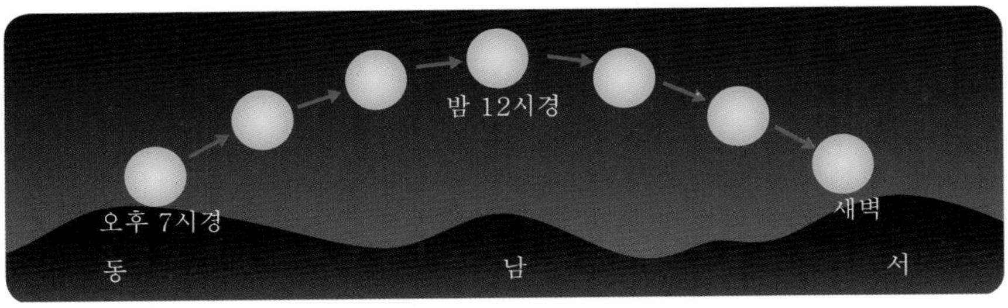

▲ 하룻밤 동안 보름달의 위치 변화

❸ 지구의 공전

(1) 지구의 공전 : 지구가 태양의 둘레를 1년에 한 바퀴씩 도는 현상

(2) 지구의 공전에 의한 현상

① 태양의 연주 운동 : 지구의 공전으로 인해 나타나는 상대적인 운동으로, 지구에서 봤을 때 태양이 별자리 사이를 서에서 동으로 1년에 1바퀴씩 회전하는 운동이다. 계절별 대표적인 별자리를 한 밤중에 관찰할 수 있다.

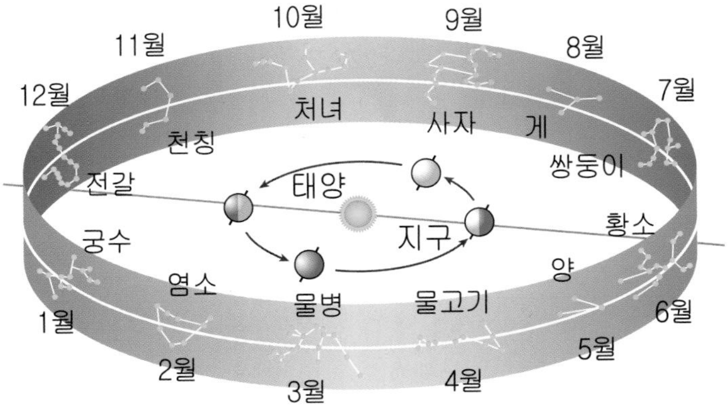

▲ 계절별 대표 별자리(황도 12궁)

※ 지구에서 태양 방향의 별자리는 태양 빛에 가려 볼 수 없음. 밤에 볼 수 있는 태양 반대쪽 별자리가 그 계절의 대표적 별자리임

밤에만 달과 별이 보이는 이유

강렬한 태양광선이 도달하면 낮이 되어 약한 빛을 내는 별과 달은 가려져 보이지 않는다. 밤에는 태양광선이 도달하지 않으므로 별과 달이 보인다.

태양 연주 운동의 방향과 속도

서→동 방향이며 시계 반대 방향이다. 1년(365일)동안 한 바퀴(360°)돎으로 하루에 약 1°씩 회전한다.

황도12궁

태양이 *황도를 따라 연주 운동하는 길에 있는 12개의 별자리

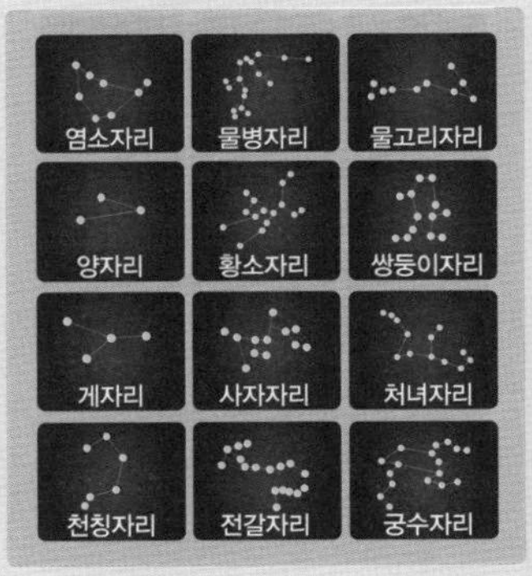

과학단어

★황도 지구에서 봤을 때 태양이 1년 동안 별자리 사이를 이동해 가는 길

개념다지기

쏙 쏙 빈칸을 채워 개념을 완성하세요!

● 지구의 자전축과 공전궤도면

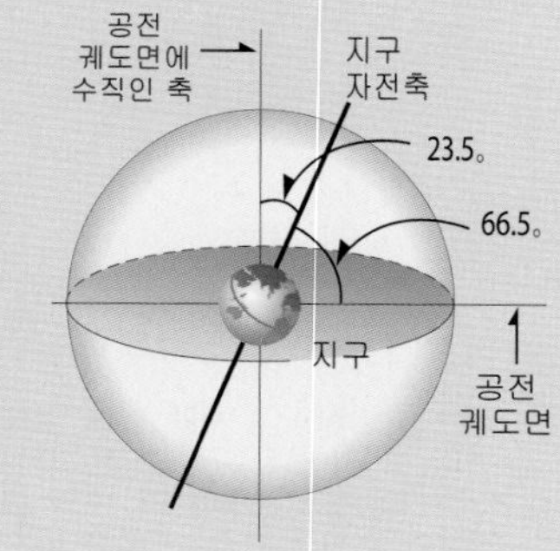

② 계절의 변화 : 자전축이 ⑩ ______ 과 약 66.5° 기울어진 채 공전하기 때문에 태양의 고도가 변화하고, ★태양 복사 에너지의 변화가 나타난다.

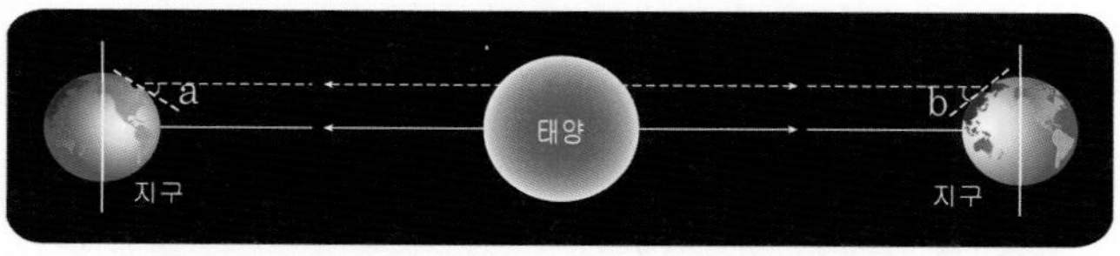

지구 자전축이 기울어 지지 않을 때 : 태양 고도 변화 없음 (∠a = ∠b)

지구 자전축이 기울어 질 때 : 태양 고도 변화 있음 (∠c < ∠d) →계절의 변화 나타남

❹ 달의 공전

(1) 달의 공전 : 달이 지구 주위를 ⑪ ______ 으로 한달(27.3일)에 한바퀴씩 회전하는 현상

(2) 달의 공전 시 모양 변화 : 삭→상현→망→하현→삭으로 모양이 변한다.

● 달의 자전

달은 공전주기와 자전주기가 같다.

자전 방향	서 → 동
자전 주기	27.3일
자전 속도	360/27.3= (13°/일)

● 음력

달의 모양 변화를 기초로 한 날짜 계산법이다.달력의 숫자는 양력을 나타내는데, 숫자 밑에 작은 숫자로 나타낸 것이 음력 날짜이다.

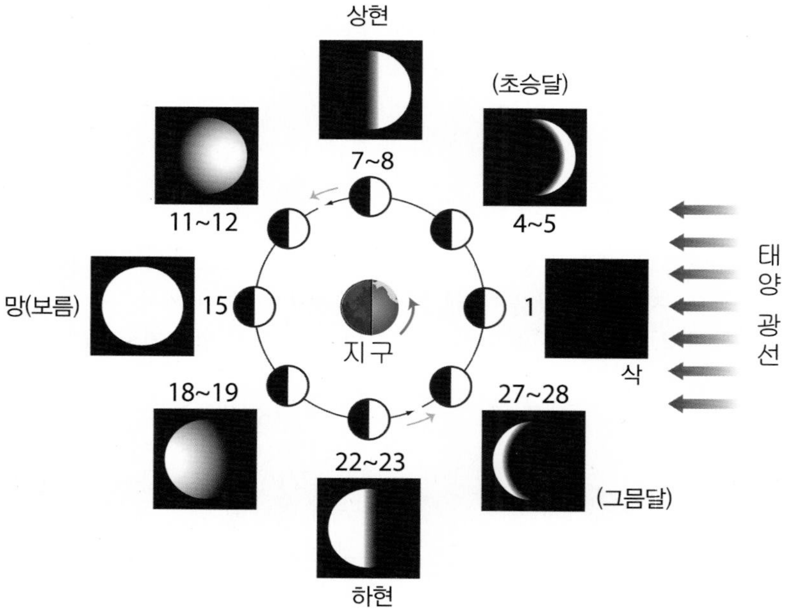

▲ 달의 모양 변화 (날짜는 음력)

달의 모양	뜨는 시각	남중 시각	지는 시각
삭	6시 경	정오	18시 경
⑫ ______	정오	18시 경	자정
망(보름달)	18시 경	자정	6시 경
하현달	자정	6시 경	정오

● 과학단어

★태양 복사 에너지 태양에서 빛의 형태로 지구에 도달하는 에너지. 지구에서 고도가 큰 지역일수록 더 많은 태양 복사 에너지가 도달한다.

(3) 여러 날 동안 달의 모양과 위치 변화 관찰

① 관찰 계획 세우기

관찰 장소	주위에 높은 산이나 건물이 없는 곳
관찰 시각	매월 음력 3~15일(저녁 7시 경)
관찰 방법	반드시 같은 장소, 같은 시간에 남쪽을 향해 서서 관찰함

② 초저녁 해가 진 직후(18시 경)에 매일 달을 관찰하면 아래 그림과 같이 관찰된다.

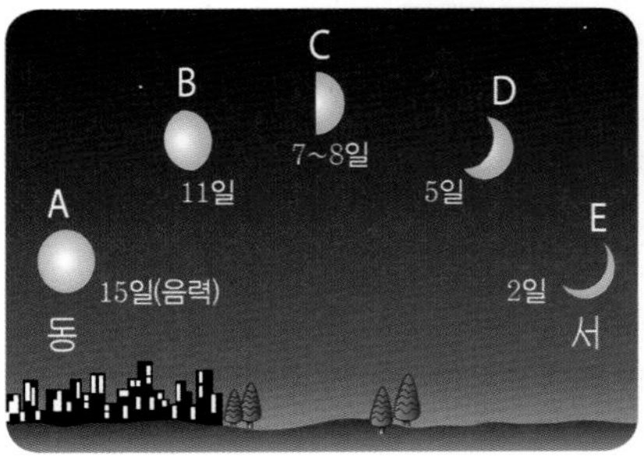

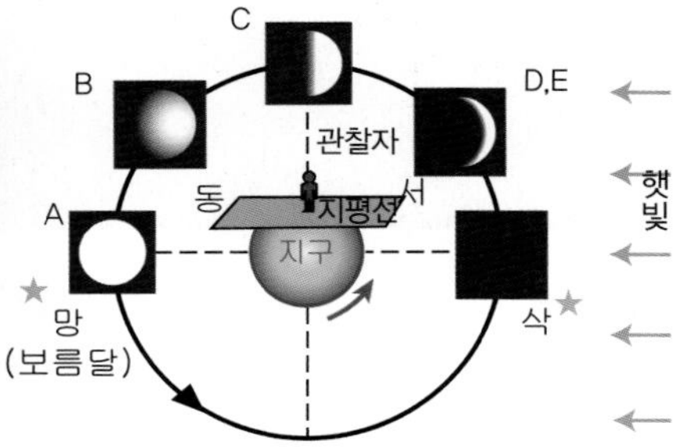

관찰하는 사람의 지평선의 서쪽에서 햇빛이 오고 있으므로 해가 지고 있으며, 해가 지면 달의 관측이 가능하다.

- 달의 모양과 위치는 매일 달라진다.
- 매일 달이 뜨는 위치가 서쪽에서 동쪽으로 움직여간다.
- 초저녁(저녁 7시 경)에 초승달은 서쪽 하늘, 상현달은 남쪽 하늘, 보름달은 ⑬ ________ 에서 볼 수 있다.
- 달이 지구 주위를 공전하기 때문에 달의 모양과 위치가 변하는 것이다.

달의 한쪽 면만 보이는 이유

달의 공전주기와 자전주기가 같으므로 달의 모양이 변해도 지구에서는 항상 같은 표면의 무늬가 보인다.

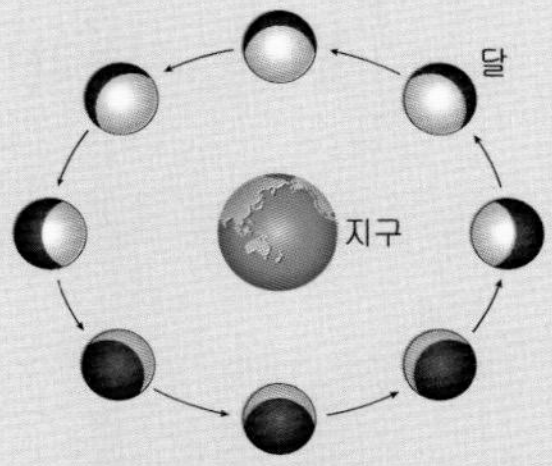

▲ 달은 지구에 같은 면이 향하도록 공전한다.

달은 매일 같은 시각에 뜰까?

매일 약 50분씩 늦어진다. 지구가 한바퀴 자전하는 동안 달이 하루에 13° 씩 지구를 공전하므로 지구는 이 13° 를 더 돌아야 달을 볼 수 있다.

과학단어

★삭 초하루이며 달이 안 보이는 때이다.

★망 달과 태양이 지구를 중심으로 서로 반대쪽에 있을 때 달이 모두 보이게 되는데, 이때를 망 또는 보름달이라고 한다.

SPEED CHECK!

기본확인문제

1. 우주에서 본 지구의 모양은 (타원형, 둥근 구) 모양이다.
2. 지구는 자전축을 중심으로 (서→동, 동→서) 방향으로 하루에 한 바퀴씩 자전한다.
3. 별의 일주 운동은 지구의 (자전, 공전) 때문에 일어나는 현상이다.
4. 밤하늘에 보름달이 움직이는 방향은 낮에 태양이 움직이는 방향과 (같다, 다르다).
5. 태양의 연주 운동은 태양이 별자리 사이를 1년에 1바퀴씩 (서→동, 동→서) 방향으로 회전하는 운동이다.
6. 지구의 자전축이 공전궤도면과 (66.5°, 23.5°)기울어져 있기 때문에 계절의 변화가 나타난다.
7. 우리나라에서 상현달은 해가 지면 (동쪽, 남쪽, 서쪽) 하늘에서 보인다.
8. 음력으로 7~8일 경의 달의 모양이 (상현, 하현) 이다.
9. 하현달이 뜨는 시각은 (정오, 자정) 이고 지는 시각은 (정오, 자정)이다.
10. 초저녁(7시 경)에 서쪽 하늘에서 볼 수 있는 달의 모양은 (초승달, 하현, 상현) 이다.
11. 달의 공전 주기와 자전 주기는 (같다, 다르다).

개념다지기 정답 ❶ 둥근 ❷ 동지 ❸ 바다 ❹ 구름 ❺ 크레이터 ❻ 동지 ❼ 바다 ❽ 일주운동 ❾ 동쪽 ❿ 공전궤도면 ⓫ 서→동 ⓬ 상현달 ⓭ 동쪽 하늘

탐구력 키우기

탐구. 새벽녘의 달의 모양

달은 지구 주위를 1달에 1바퀴씩 돈다. 지구의 북극에서 보았을 때 서(오른쪽)→동(왼쪽)으로 즉, 시계 반대 방향으로 공전하는데, 지구의 자전 방향, 지구의 공전 방향, 달의 자전 방향이 모두 같다. 그러므로 달과 태양은 항상 동쪽(왼쪽)에서 떠서 서쪽(오른쪽)으로 진다. 그렇다면 매일 같은 시각 새벽녘에 달을 관찰했을 때 달의 모양은 어떻게 변화할까?

탐구과정

1. 태양이 왼쪽에 위치했을 때 다음의 각 경우 지구 관찰자의 시간은 하루 중 언제이겠는지 알아보자.

㉠

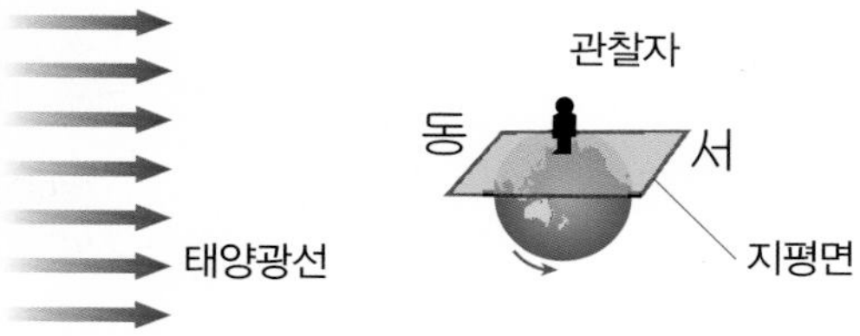

관찰자의 시간 (○표 하시오)

(아침, 점심, 저녁)

㉡

관찰자의 시간 (○표 하시오)

(아침, 점심, 저녁)

㉢

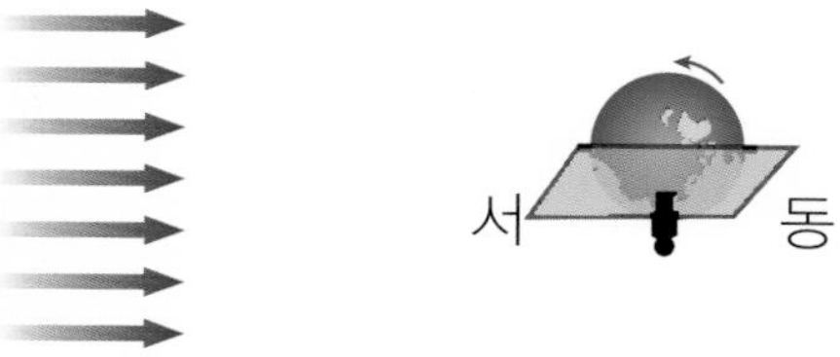

관찰자의 시간 (○표 하시오)

(아침, 점심, 저녁)

2. 해가 뜨면 달은 안보인다. 다음 그림의 관찰자의 시간은 해뜨기 직전이다. 관찰자는 매일 이 시각에 달을 관찰한다고 할 때 공전하는 달의 위치를 다음과 같이 나타낸다면 각 위치는 음력으로 며칠 정도 이겠는지 그림에 적어 보자.

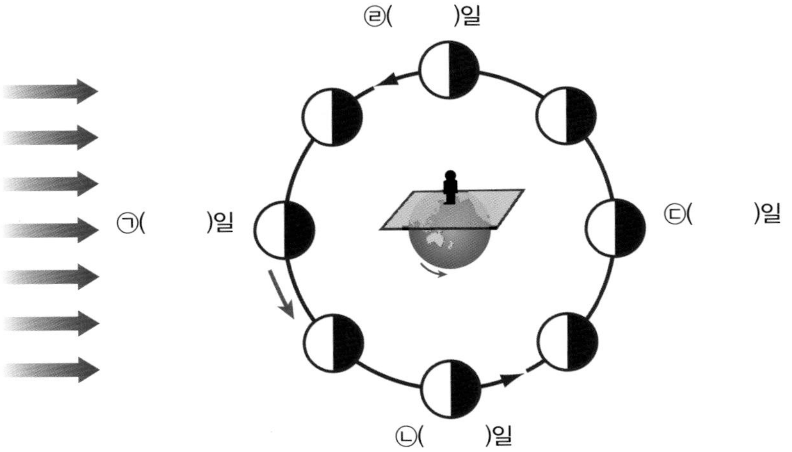

3. 새벽녘(아침 5~6시 경)에 관찰되는 달의 모습과 위치는 다음과 같다. ㉠, ㉡, ㉢ 의 각 경우는 음력으로 한 달 중 며칠 정도에 관찰되겠는지 날짜를 적어 보자.

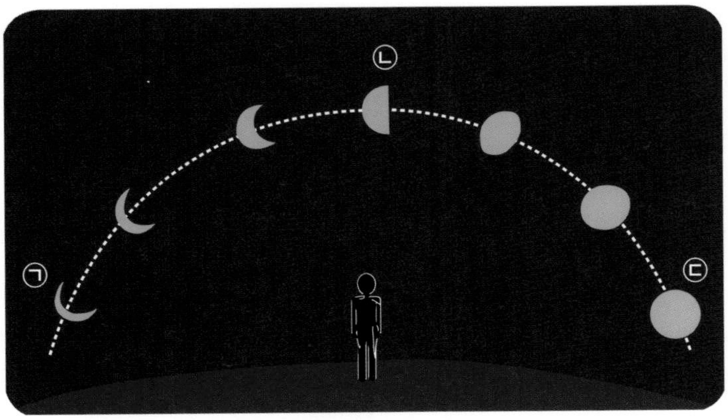

㉠ : (   )일   ㉡ : (   )일   ㉢ : (   )일

탐구문제

1. 매일 자정에 달을 관찰한다면 다음의 달의 모양은 각각 밤하늘의 어느 쪽에서 관찰되겠는지 적어 보자.(동, 서, 남, 북, 남동, 남서)

㉠ : (   )쪽   ㉠ : (   )쪽   ㉠ : (   )쪽   ㉠ : (   )쪽   ㉠ : (   )쪽

문제해결력 키우기

01 지구가 둥글다는 증거로 옳은 것에는 ○, 틀린 것에는 × 표 하시오.

(1) 밤과 낮이 주기적으로 바뀐다. (　　)
(2) 태양이 동쪽에서 떠서 서쪽으로 진다. (　　)
(3) 월식 때 달이 가려지는 모습이 둥글다. (　　)
(4) 인공위성에서 찍은 지구의 모습이 둥글다. (　　)
(5) 수평선 너머로 다가오는 돛대가 끝부터 보인다. (　　)
(6) 고위도로 갈수록 북극성의 고도가 더 높아진다. (　　)
(7) 같은 방향으로 계속가면 같은 자리로 돌아온다. (　　)
(8) 높은 곳으로 갈수록 볼 수 있는 시야가 넓어진다. (　　)

02 문성이는 지구 주위를 돌고 있는 달에 관하여 조사한 것을 발표하였다. 문성이가 조사한 내용 중 옳은 것을 모두 고르시오.

▲ 달의 모습

① 달에는 구름이 없다.
② 달은 낮이 없고, 항상 어두운 밤이다.
③ 달에서 악기를 연주하면 음악을 들을 수 있다.
④ 달에서 손전등을 이용해 그림자 놀이를 할 수 있다.
⑤ 달에서 몸무게를 재면 지구에서 잰 것보다 무겁다.

03
달의 표면에는 울퉁불퉁한 크레이터가 많지만 지구의 표면에는 크레이터를 거의 찾아 볼 수 없다. 그 이유로 옳다고 생각되는 것을 모두 고르시오.

① 지구에는 운석이 떨어지지 않기 때문이다.
② 지구에는 자기장이 있어 운석이 지구를 피해서 지나가기 때문이다.
③ 지구에는 대기가 있어 운석이 떨어지는 동안 마찰로 타버리기 때문이다.
④ 지구의 운석 구덩이는 물, 바람 등에 의해 그 흔적이 사라졌기 때문이다.
⑤ 달에 떨어지는 운석은 무겁고, 지구에 떨어지는 운석은 가볍기 때문이다.

04
그림은 우리나라에서 카메라를 고정시키고 조리개를 열어 놓은 상태에서 별들의 움직임을 3시간 동안 찍은 사진을 나타낸 것이다. 그림에 대한 해석으로 옳은 것을 고르시오.

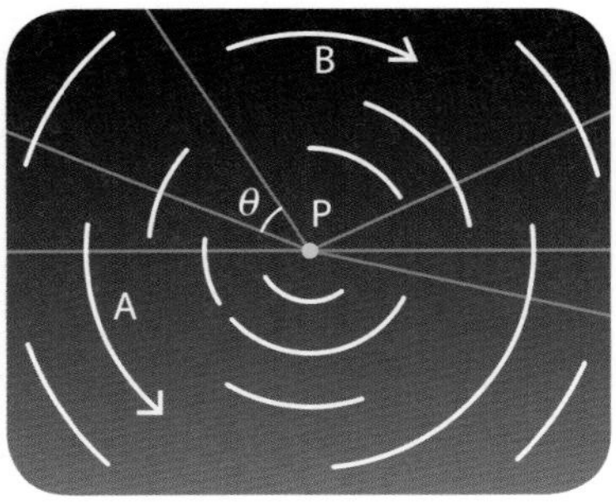

	방향	회전각(θ)	이동 방향	이유
①	북쪽 하늘	45°	A	지구 자전
②	남쪽 하늘	45°	A	지구 자전
③	남쪽 하늘	45°	A	지구 공전
④	남쪽 하늘	30°	B	지구 자전
⑤	북쪽 하늘	30°	B	지구 공전

05 다음은 별의 일주 운동의 모습을 나타낸 것이다. 각각의 모습이 관측되는 위도가 옳게 짝지어진 것은?

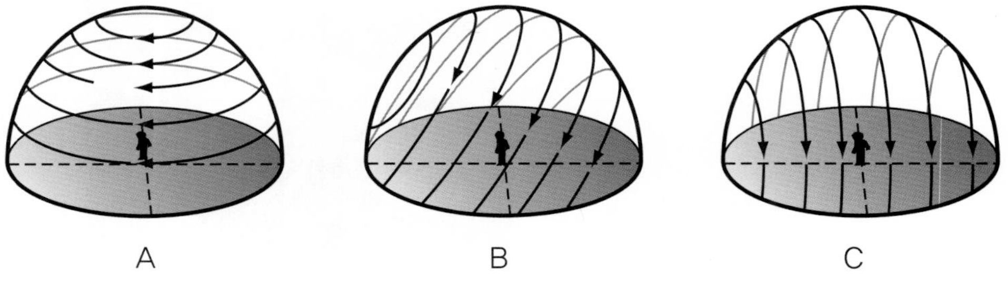

① A - 북위 35°　② B - 북극　③ C - 적도　④ B - 남극　⑤ A - 적도

06 다음 중 우리나라에서 남쪽 하늘을 보았을 때 별의 일주 운동 모습을 바르게 나타낸 것은?

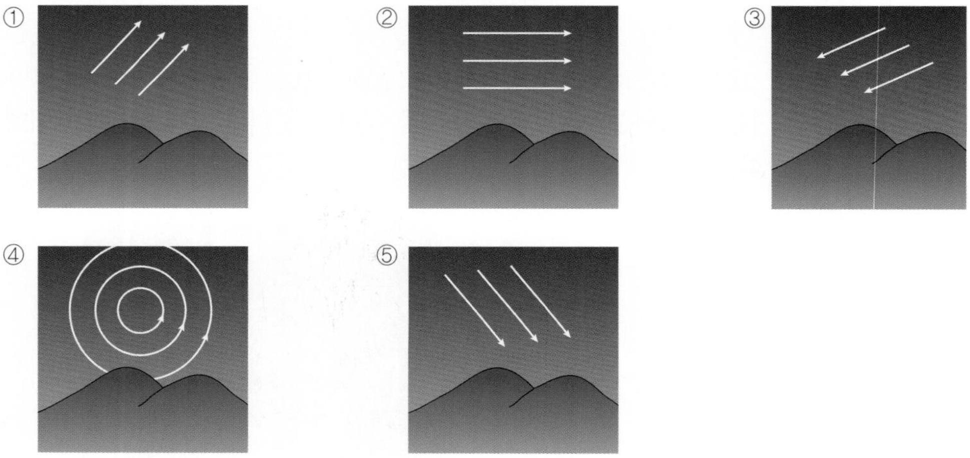

07 다음 중 지구 자전에 대한 설명으로 옳은 것은?

① 1시간에 13°씩 자전한다.
② 태양을 중심으로 운동한다.
③ 지구 자전 주기는 365일이다.
④ 지구 자전 방향은 서쪽에서 동쪽이다.
⑤ 지구의 자전으로 별의 일주 운동의 방향은 서쪽에서 동쪽이다.

08 다음 중 지구의 공전에 대한 설명 중 옳지 않은 것을 고르시오.

① 지구는 하루에 약 15°씩 공전한다.
② 지구가 태양을 중심으로 회전하는 운동이다.
③ 서쪽 → 동쪽으로 반시계 방향으로 회전한다.
④ 별의 시차를 측정하여 지구가 공전한다는 증거를 얻었다.
⑤ 공전 궤도가 지구의 자전축에 대해 약 66.5° 기울어진 채로 공전한다.

09 다음 그림은 지구의 공전과 황도 12궁을 나타낸 것이다. 물음에 알맞은 답을 쓰시오.

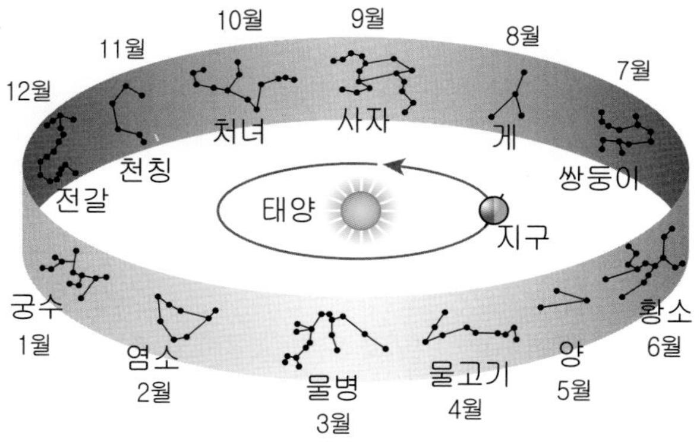

(1) 12월에 태양은 어느 별자리를 지나고 있는가?

(2) 12월 한밤중 남쪽 하늘에서 보이는 별자리를 무엇인가?

10 은재는 하룻밤 동안 보름달의 움직임을 관찰하기 위해서 관찰 계획을 세웠다. 다음 중 은재의 관찰 계획 중 옳은 것을 모두 고르시오.

① 음력 10일에 저녁 7시 경부터 관찰을 시작할 것이다.
② 보름달이 잘 보이도록 장소를 바꿔가며 관찰할 것이다.
③ 주위에 높은 산이나 건물이 없는 곳을 관찰 장소로 정했다.
④ 동쪽에서 보름달이 뜨므로 동쪽을 향해 서서 관찰할 것이다.
⑤ 관찰 기록장에 주위의 건물, 나무 등을 그리고 방위를 표시한 후 관찰할 것이다.

11 지우는 음력 15일 7시 경부터 남쪽을 향해 서서 보름달의 움직임을 관찰하여 기록하였다. 지우가 자정에 보름달을 관찰했을 때, 보름달이 떠 있는 위치는 어디일까? 다음 그림에 표시하시오.

12 규리는 여러 날 동안 달의 모양을 관찰한 결과, 달이 모양이 매일 변하는 것을 알게 되었다.

다음 중 여러 날 동안 달의 모양이 변하는 이유를 바르게 설명한 것을 고르시오.

① 달이 스스로 돌기 때문이다.
② 달이 지구의 둘레를 돌기 때문이다.
③ 매번 새로운 달이 떠오르기 때문이다.
④ 지구가 스스로 하루에 한 바퀴씩 돌기 때문이다.
⑤ 지구의 자전축이 23.5°기울어져 있기 때문이다.

STEP BY STEP

13 다음은 여러 날 동안 같은 시각에 달의 위치를 관찰하고 그림을 그린 결과이다. 물음에 답하시오.

(1) 이 달을 관찰한 시각은 언제인지 쓰시오.

(2) 남쪽 하늘에 가장 높이 떠 있는 달은 음력 몇 일에 볼 수 있는 달의 모습인가?

(3) 위 그림을 보고 알 수 있는 사실을 모두 고르시오.

① 달은 매일 조금씩 늦게 뜬다.
② 달의 모양은 바뀌지만 달의 표면 모습은 항상 똑같다.
③ 왼쪽의 달은 음력 2일 경 오른쪽의 달은 음력 15일 경의 모습이다.
④ 매일 같은 시각에 달을 관찰하면 달의 위치는 서쪽에서 동쪽으로 옮겨간다.
⑤ 뜰 때는 보름달 모양이었다가 점차 달의 모양이 변해서, 질 때는 초승달이 된다.

STEP BY STEP

14 일정한 기간 동안 달이 지구 주위를 한 바퀴 도는 것을 달의 공전이라고 한다. 태양, 달, 지구가 각각 다음과 같이 위치할 때의 모습을 보고, 물음에 답하시오.

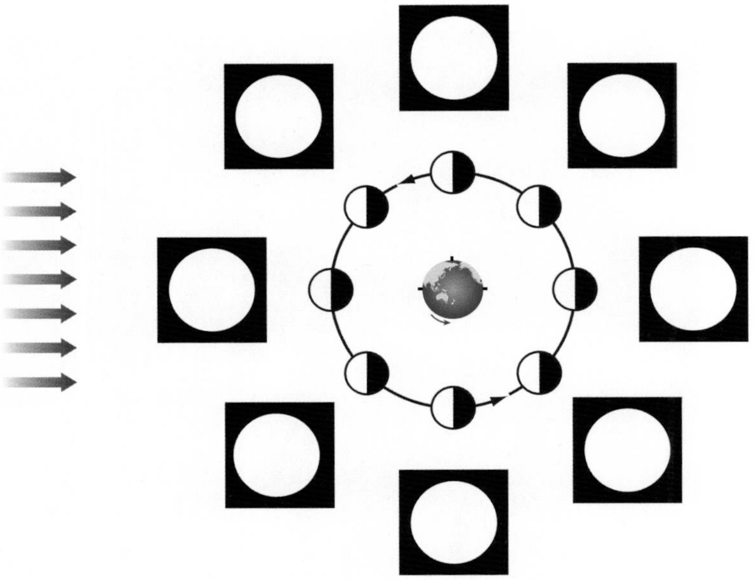

(1) 위의 ○에 지구에서 볼 때 달에 생기는 그림자를 그려 넣어, 지구에서 본 달 모양을 완성하시오.

(2) 위 (1)의 달의 모양 중 음력 7~8일과 27~28일에 볼 수 있는 달의 모습을 찾아서 그려 보시오.

음력 7～8일 :　　　　　음력 27～28일 :

(3) 여러 날 동안 달의 위치와 모양이 변하는 이유를 간단히 쓰시오.

15

다음은 달의 모양 변화를 나타낸 것이다. 달의 모양이 변하더라도 그 표면의 무늬가 변하지 않은 이유를 설명해 보시오.

16

다음 그림은 해가 진 직후 매일 같은 시각에 보이는 달의 모양과 위치를 15일 동안 관찰하여 남쪽 하늘을 중심으로 나타낸 것이다. 이에 대한 설명으로 옳은 것은?

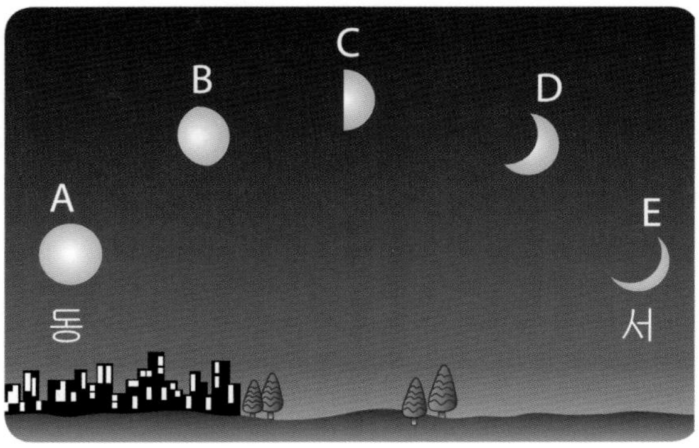

① 초저녁에 남중한 달은 보름달이다.
② 관측 순서는 A → B → C → D → E이다.
③ 달이 같은 위치에 나타나는 시각이 매일 50분씩 빨라진다.
④ 날짜가 지남에 따라 달의 위치는 점점 서쪽으로 이동한다.
⑤ 같은 시각에 보이는 달의 모양과 위치가 매일 변하는 것은 달이 지구 둘레를 공전하기 때문이다.

창의력 키우기

01

그림과 다음 표는 지구와 달 표면의 평균 온도를 표시하였으며, 〈보기〉에서는 지구와 달의 특징과 모습을 설명한 것이다. 물음에 답하시오.

유창성
융통성
독창성
정교성

	지구	달
표면 온도(℃)	15	120~140

보기

㉠ 대기가 있다.
㉡ 대기가 없다.
㉢ 표면의 약 70%가 물로 되어 있다.
㉣ 식물이 서식한다.
㉤ 달의 질량은 지구의 약 1/80배이다.
㉥ 대략 1개월에 1번 자전한다
㉦ 달의 반지름은 지구의 약 1/4배이다
㉧ 지구의 반지름은 태양의 약 1/100배이다.
㉨ 지구의 자전축은 지구의 공전면에 대해 얼마간 기울어져 있다.
㉩ 지구에서 태양까지의 거리는 지구에서 달까지의 거리의 약 400배이다

(1) 태양까지의 거리는 달과 지구에서 별 차이가 없다. 그럼에도 불구하고, 달 표면에서 밤낮의 일교차는 200℃ 이상이 된다. 그 이유를 〈보기〉에서 골라 쓰시오.(2개)

(2) 달의 표면에는 대기가 없다. 이와 관련된 것을 〈보기〉에서 골라 쓰시오.

(3) 태양과 달은 지구에서 대개 같은 크기로 보인다. 이와 관련된 것을 〈보기〉에서 골라 쓰시오.(3개)

02

- 유창성
- ✓ 융통성
- 독창성
- ✓ 정교성

북반구에 위치한 서울에서 달을 보았을 때와 남반구에 위치한 호주에서 달을 보았을 때를 생각해 보자.

(1) 서울에 살고 있는 미선이는 호주 캘거리(Kalgoorlie)에 사는 정아로부터 전화를 받았다. 하늘에 예쁜 달이 떴다는 정아의 이야기를 듣고 미선이가 창밖을 내다보니 초승달이 보였다. 같은 시간에 호주에서 정아가 보고 있는 달의 모양을 그려 보시오.

(2) 서울에서 초승달이 뜨고 지는 모습을 그려 보고, 미선이가 관측 가능한 시각과 방향을 적어 보자. (〈예〉 O쪽 하늘 몇 O시)

(3) 미선이가 서울에서 관측한 달의 위상 변화는 아래와 같다. 만일 호주 캘거리에서 정아가 달을 관측하면 달의 위상 변화는 어떻게 나타날지 그려 보시오.

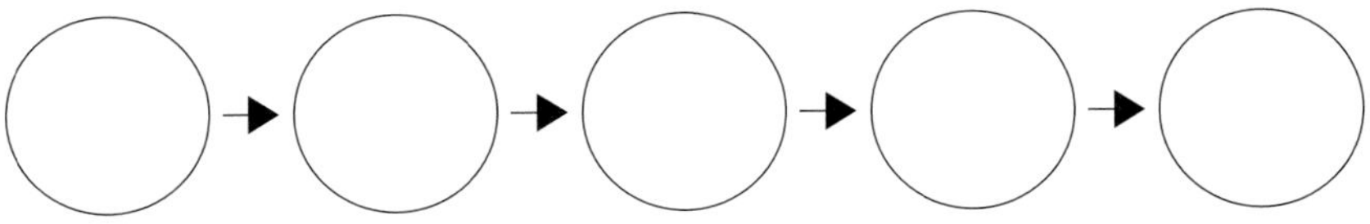

(4) 우리나라와 호주에서 각각 보름달의 모습이 어떤지 그려 보자. 왜 그렇게 그렸는지 설명하시오.

01

실제 존재하지 않는 행성 A와 B는 지구와 비교하여 다음과 같은 특성을 가지고 있다. (단, A, B 행성의 공전 궤도와 주기, 자전 속도는 지구와 비슷하다고 가정한다.) A, B와 지구를 비교하여 다음 물음에 답해 보자.

행성	특성
A	1. 크기와 총질량은 지구와 동일하다. 2. 내부 구성 물질은 균질하다. 3. 바다는 없지만, 지표에 약간의 물은 존재한다. 4. 대기의 밀도는 지구의 70배이다.
B	1. 총질량은 지구와 같으나, 반지름이 지구의 4배이다. 2. 내부 구성 물질은 균질하다. 3. 물이 존재하지 않는다. 4. 대기는 없다.

(1) 행성 A, B와 지구에서 5km 깊이의 시추공을 뚫어 암석을 채취하였을 때, 암석 시료의 밀도가 가장 큰 행성부터 차례로 쓰시오. 그렇게 생각하는 이유를 간단히 쓰시오.

(2) 지표면에 운석이 충돌하여 생긴 구덩이가 가장 오랫동안 보존될 가능성이 큰 행성부터 차례로 쓰시오. 그렇게 생각하는 이유를 간단히 쓰시오.

(3) 세 행성의 표면에서 야구공을 던졌을 때 멀리 날라가는 행성의 순서대로 쓰시오. 그렇게 생각하는 이유를 간단히 쓰시오.

“

북극곰도 겨울잠을 잘까?

곰과 같은 정온 동물은 일정한 체온을 유지하기 위하여 봄, 여름, 가을에는 충분한 음식을 섭취한다. 그러나 추운 겨울에는 먹을 것이 부족하므로 체온을 유지하기 위한 방법으로 겨울잠을 잔다.
그렇다면 사계절 내내 추운 곳에 사는 북극곰도 겨울잠을 잘까?

”

2

환경과 생물

개념다지기

쏙 쏙 빈칸을 채워 개념을 완성하세요!

● 해캄

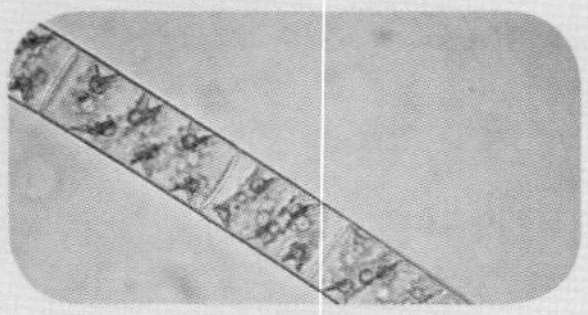

▲ 해캄의 현미경 사진

● 플라나리아의 *재생

플라나리아는 몸의 일부가 잘리더라도 머리가 있던 방향에서는 머리가, 꼬리가 있던 방향에서는 꼬리가 자라나면서 새로운 개체가 된다.

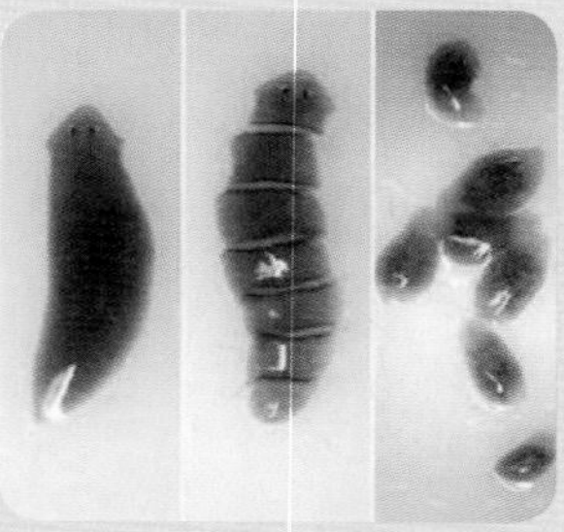

▲ 플라나리아의 재생 모습

● 과학단어

★재생 없어진 생물체의 일부가 다시 자라는 일

❶ 우리 주위의 작은 생물

(1) ❶ ______ 물에 사는 작은 생물 : 개구리밥, 장구벌레, 물방개 애벌레, 물달팽이, 송장헤엄치개, 잠자리 애벌레 등

(2) ❷ ______ 물에 사는 작은 생물 : 플라나리아, 옆새우, 하루살이 애벌레, 잠자리 애벌레, 강도래 애벌레, 날도래 애벌레 등

생물	크기	특징
 해캄	다양함	· 머리카락과 같이 가늘고 길다. · 녹색을 띠고 있다.
 개구리밥	길이 5~7mm 너비 4~5mm	· 잎은 둥글고, 녹색이다. · 흰색뿌리가 있다. · 물에 떠 있다.
 장구벌레	약 5~7mm	· 옅은 회색의 여러 개의 마디로 되어있다. · 머리, 가슴, 배로 구분된다. · 물 표면에 꼬리를 내놓고 호흡한다.
 플라나리아	약 1~2cm (종류에 따라 다름)	· 납작하고 편평하며 좌우대칭이다. · 두 개의 눈과 배 가운데에 입을 가지고 있다. · 머리는 세모모양이고 꼬리는 둥근 모양이다. · 재생이 가능하다.

(3) 땅 위에 사는 작은 생물 : 솔이끼, 우산이끼, 곰팡이, 버섯, 달팽이, 쥐며느리, 집게벌레 등

솔이끼

· 솔잎 모양
· 잎, 줄기 : 녹색
· 뿌리 : 흰색

· 뿌리, 줄기, 잎이 뚜렷하다.
· 암그루 : 긴 대롱 끝에 주머니
· 수그루 : 줄기에 잎만 있음

우산이끼

· 우산 모양
· 잎, 줄기 : 녹색
· 뿌리 : 흰색

· 뿌리, 줄기, 잎의 구분이 어렵다.
· 암그루 : 갈라진 우산 모양
· 수그루 : 우산을 편 모양

(4) 땅 속에 사는 작은 생물 : 지렁이, 땅강아지, 개미, 지네, 애벌레 등

① 지렁이의 특징

사는 곳	· 축축한 땅 속, 낙엽이 많이 쌓여 있는 곳 · 비가 내린 후, 땅 위에서 기어다님
생김새	· 몸이 가늘고 길며 여러 개의 고리 모양의 ③ 　　　　가 있음 · 머리 쪽에 옅은 색 가 있음 · 살고 있는 흙의 색깔과 비슷함 · 축축하고 미끈거리며 차가움
움직임	· 몸을 움츠렸다 폈다하면서 앞으로 나아감

② 지렁이가 주는 이로움 : 지렁이의 배설물은 땅을 기름지게 하며, 흙 속에 구멍을 뚫어 식물들의 뿌리 호흡을 돕는다. 또한 화장품의 원료로 사용되기도 한다.

❷ 온도가 생물에 미치는 영향

생물들은 다양한 형태로 겨울을 난다.

겨울잠	기온이 낮고 먹이를 구하기 힘든 겨울철을 지내기 위해 겨울잠을 잔다. 예 개구리, 다람쥐, 뱀, 곰, 박쥐, 고슴도치 등
알, 애벌레, 번데기의 모습	곤충들은 종류에 따라 다양한 모습으로 겨울을 난다. 예 · 알 : 사마귀, 잠자리, 부전나비 등 · 애벌레 : 풍뎅이, 사슴벌레 등 · 번데기 : 호랑나비, 배추나비 등
털갈이	털갈이를 한 후 털이 길어져서 추위를 이겨낸다. 예 청설모, 개, 고양이, 새, 여우, 토끼, 닭 등
겨울눈	여러 겹의 껍질이 눈을 싸서 추위를 견딘다. 예 벚나무, 목련, 복숭아나무, 칡, 버드나무 등
낙엽	나무는 겨울철에 잎을 통해 이 증발되는 것을 막기 위해 잎을 떨어뜨린다.

곰팡이

① 특징 : 스스로 양분을 만들 수 없기 때문에 숙주에 부착하여 기생생활을 한다.
② 생김새 : 실 모양의 것(균사)이 있고, 그 끝에 둥근 가루(포자)가 달려있다. 이 둥근 가루에 의해 곰팡이의 색이 결정된다.

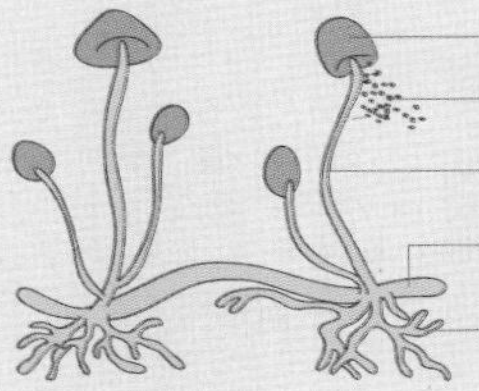

③ 곰팡이를 이용한 예 : ★페니실린(푸른 곰팡이 이용)을 만들거나, ★메주(누룩 곰팡이 이용)를 만든다.
④ 곰팡이가 피지 않게 하는 방법 : 물기를 완전히 없애고, 냉장고에 보관하며, 햇빛이 잘 비치는 곳에 보관한다.

북극곰도 겨울잠을 잘까?

북극곰은 지방층이 두껍고 몸 가까이에는 두꺼운 털가죽 층이 있다. 북극곰은 북극의 강추위도 이겨낼 수 있으며 먹이(연어, 대구, 바다 표범 등)도 풍부하기 때문에 겨울잠을 자지 않는다.

과학단어

★페니실린 곰팡이에서 얻은 물질로 병을 치료하는데 사용되는 항생제

★메주 콩을 삶아 절구에 찧어 만든 것으로 된장이나 간장을 만들 수 있음

개념다지기

쏙 쏙 빈칸을 채워 개념을 완성하세요!

● 북극 여우와 사막 여우의 생김새가 다른 까닭

북극 여우와 사막 여우의 생김새는 온도 조건에 잘 *적응한 결과이다. 북극 여우의 작은 귀는 열의 손실을 줄여 주고, 사막 여우의 큰 귀는 열이 잘 방출되도록 해준다.

▲ 북극 여우

▲ 사막 여우

❸ 빛이 생물에 미치는 영향

(1) 빛이 식물에 미치는 영향

① 식물은 빛이 있어야 광합성으로 필요한 양분을 만들 수 있다.

② 식물 중에는 태양이 떠 있는 시간에 따라 생장 및 개화 시기가 구분되는 것도 있다.

③ 빛은 식물이 자라는 방향에도 영향을 미친다.

(2) 빛이 동물에 미치는 영향 : 밤에 주로 활동하는 동물들은 어두운 곳에서 살아가기에 알맞은 특성을 가지고 있다.

나방	반딧불이	부엉이	집쥐	박쥐
				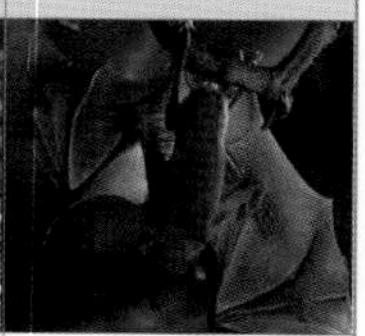
*천적의 위협을 피하기 위해 밤에 활동하며, 시각보다 후각과 청각이 발달함	짝을 찾거나 교신을 하기 위해 빛을 내며 주로 밤에 활동함	적은 빛으로도 물체를 볼 수 있는 눈의 구조를 갖춤	시각이 약하지만 청각, 후각, 촉각이 매우 발달함	눈은 퇴화하였으나 귀가 발달하였고, 초음파를 발사하여 먹이를 잡음

❹ 물이 생물에 미치는 영향

	선인장	도마뱀	낙타
사막에 사는 생물의 적응			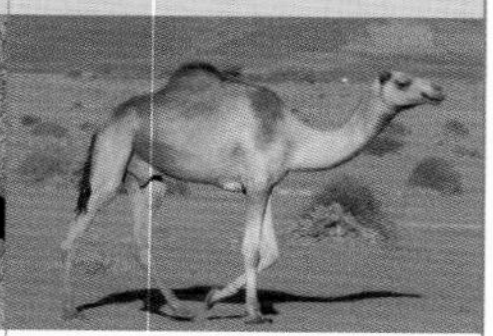
	잎이 ④ ______ 로 변한 것이다. 뿌리와 줄기에 많은 물을 저장한다.	온 몸이 두꺼운 비늘로 되어 있어 몸 속의 수분이 마르지 않는다.	등의 혹에 지방을 저장했다가 물이 부족하면 지방을 분해하여 이용한다.

	붕어	오리	부레옥잠
물에 사는 생물의 적응			
	몸이 유선형이어서 헤엄치기 알맞다. 아가미로 호흡하고 지느러미가 있다.	발에 물갈퀴가 있어 헤엄치는데 알맞다. 깃털이 물에 젖지 않는다.	잎자루와 줄기 속에 공기가 들어 있어 물 위에 뜰 수 있다.

● 과학단어

★천적 잡아먹히는 생물의 상대. 잡아먹는 생물

★적응 어떤 상황이나 환경에 익숙해져 어울림

❺ 생물 사이의 관계

서로 도움을 주고 받는 관계 (❺ ______)	말미잘과 흰동가리 - 흰동가리는 말미잘의 촉수 사이에 숨어 적을 피하는 대신, 말미잘의 먹이가 되는 물고기를 유인해 준다.
한쪽에 피해를 주는 관계 (❻ ______)	고목과 버섯 - 버섯은 엽록체가 없어 광합성을 하지 못하기 때문에 양분을 스스로 만들지 못하고 고목에 붙어 고목의 양분을 흡수하는 기생 생물이다.
먹고 먹히는 관계	잠자리와 거미 - 거미는 잠자리와 같은 곤충을 먹고 산다.
경쟁 관계	같은 서식지에 살거나 같은 종류의 먹이를 먹는 생물들

● 생물 사이의 관계

▲ 공생 관계 (말미잘과 흰동가리)

▲ 기생 관계 (고목과 버섯)

◀ 먹고 먹히는 관계 (잠자리와 거미)

❻ 생물이 환경에 적응한 예

(1) 새들의 ❼ ______ 모양은 먹이의 종류에 따라 다른 모양을 갖는다.

구분	독수리	참새	왜가리	마도요
부리 모양				
특징	갈고리 모양으로 튼튼하다.	짧고 뾰족하다.	가늘고 길다.	길고 뾰족하며 활 모양이다.
먹이와의 연관성	고기를 찢기에 알맞다.	곡식낟알, 곤충을 집기에 알맞다.	물속의 개구리, 어류를 잡을 수 있다.	갯벌 속의 게, 새우, 조개를 잡을 수 있다.

(2) 생물들은 주위 환경에 맞추어 몸 색깔이나 몸의 형태 등을 적응하여 살아가고 있다.

● 생물이 주위 환경에 적응한 예

▲ 도마뱀붙이

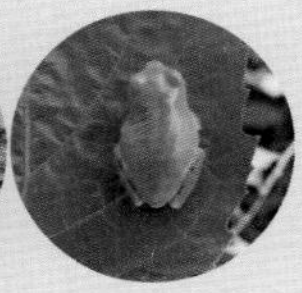
▲ 청개구리

▲ 자벌레

▲ 가랑잎나비

SPEED CHECK!

기본확인문제

1. 습기에 있는 땅 속에 살며 비가 오면 땅 위로 나오는 동물은 (지렁이, 플라나리아)이다.
2. 고여 있는 물에 사는 생물에는 (해캄, 장구벌레, 플라나리아, 솔이끼) 등이 있다.
3. 녹색을 띠며 흐르지 않는 물에 엉겨 사는 것은 (해캄, 개구리밥)이다.
4. (솔이끼, 우산이끼)는 잎과 줄기가 구분되지 않는다.
5. (겨울잠, 털갈이)은(는) 곰, 도마뱀, 뱀, 개구리 등이 겨울을 나기 위한 방법이다.
6. 식물은 빛이 있어야 (양분, 에너지)을(를) 만들수 있다.
7. 같은 종류의 동물이라도 (살아가는 장소, 기온)에 따라 몸의 생김새나 크기가 다르다.
8. 도마뱀은 온 몸이 두꺼운 (비늘, 가시)로 있어서 몸 속의 수분이 마르지 않는다.
9. 악어와 악어새, 말미잘과 흰동가리처럼 생물들끼리 서로 도움을 주고 받는 관계를 (기생, 공생)이라고 한다.

개념다지기 정답 ❶ 고여 있는 ❷ 흐르는 ❸ 이끼 ❹ 가시 ❺ 공생 ❻ 기생 ❼ 부리

탐구1. 물의 온도가 생물에 미치는 영향

탐구과정

준비물
금붕어, 비커, 시험관, 얼음

붕어를 넣은 시험관을 실온의 물과 얼음물이 든 비커에 넣고, 2~3분 정도 지난 후 호흡 수를 센다.

실온의 물

얼음 물

탐구문제

1. 물의 온도와 금붕어의 호흡 수의 관계를 설명하시오.

2. 물의 온도에 따라 금붕어의 호흡 수가 달라지는 이유를 쓰시오.

3. 만약 금붕어를 0℃ 물에 넣는다면 금붕어의 호흡 수에는 어떤 변화가 있을지 쓰시오.

탐구2. 곰팡이 관찰

탐구과정

준비물
빵 등 음식물, 셀로판테이프, 슬라이드글라스, 현미경

1. 빵과 밥에 물을 조금 뿌린 후 습한 곳(화장실이나 싱크대 아래쪽)에 둔다.
2. 곰팡이가 자라면 셀로판테이프로 곰팡이를 약간 떼어내 슬라이드 글라스에 붙여 현미경으로 관찰한다.

탐구결과

1. 관찰한 곰팡이를 그리고, 특징을 쓰시오.

탐구문제

1. 곰팡이가 잘 피는 환경에 대해서 쓰시오.

2. 음식물에 곰팡이가 피지 못하게 하는 방법을 3가지 쓰시오.

문제해결력 키우기

01

다음은 이끼, 곰팡이, 지렁이의 모습이다. 이끼, 곰팡이, 지렁이가 사는 곳과 주변 환경을 관찰했을 때의 공통점과 차이점을 쓰시오.

▲ 이끼

▲ 곰팡이

▲ 지렁이

· 공통점 :

· 차이점 :

02

다음 여러 가지 작은 생물들을 사는 곳에 따라 분류하시오.

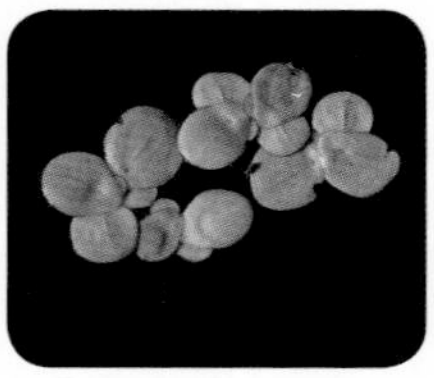

(가)

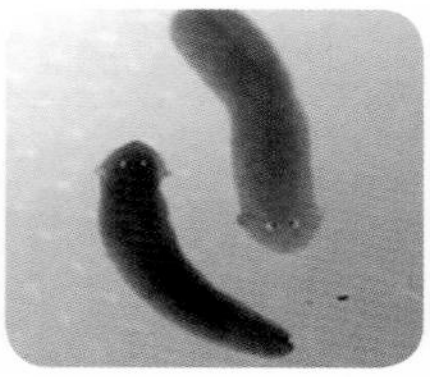

(나)

(다)

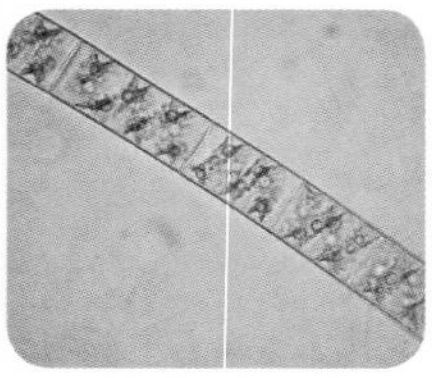

(라)

(마)

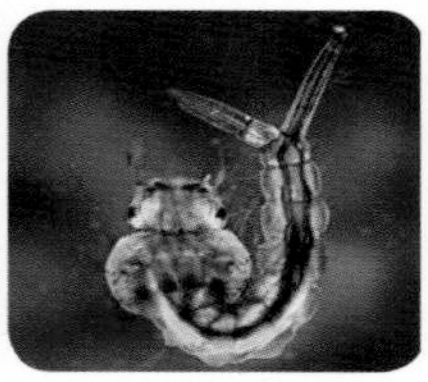

(바)

(사)

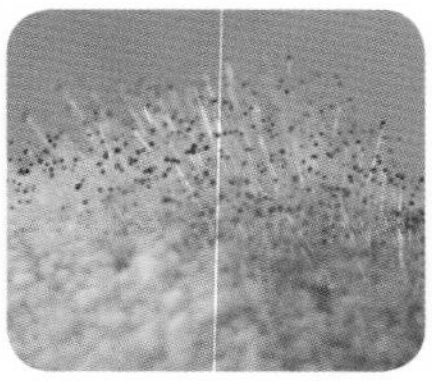

(아)

03

종민이는 개구리밥을 이용해 다음과 같은 실험을 하였다.

① 두 개의 수조에 연못물을 정도 붓고, 같은 수의 개구리밥을 넣는다.
② 한쪽 수조는 그대로 두고 다른 한 쪽 수조는 검은 종이로 씌워 햇빛을 막은 다음 두 수조를 햇빛이 잘 드는 곳에 놓아둔다.
③ 며칠이 지난 뒤 개구리밥의 자람을 비교 관찰한다.

종민이는 무엇을 알아보기 위해 이와 같은 실험을 한 것인지 쓰시오.

04

습하고 온도가 높은 장소에 음식을 보관하면 곰팡이가 피는 것을 볼 수 있다. 하지만 벌꿀에는 곰팡이가 생기지 않는다. 아래에 제시된 곰팡이의 특징과 관련하여 그 이유가 무엇인지 쓰시오.

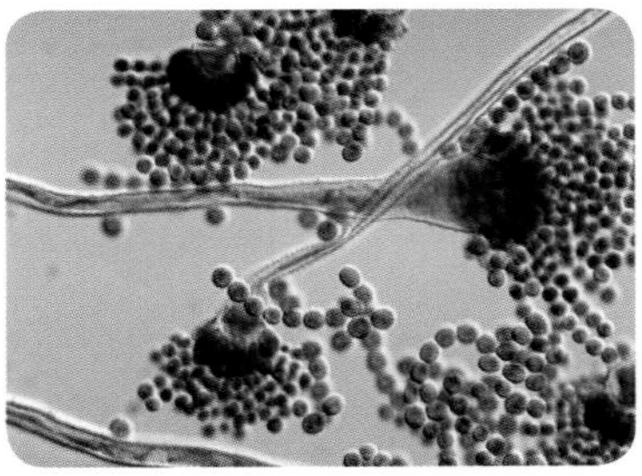
▲ 푸른 곰팡이 확대 사진

▲ 곰팡이가 피지 않는 벌꿀

[곰팡이 특징]
곰팡이는 주변에서 가장 흔히 볼 수 있는 미생물로 진핵세포의 구조를 가지고 있다. 폭 10㎛ 내외의 실 모양의 균사체형으로 이루어져 있다. 곰팡이는 식품을 부패시키는 원인 중의 하나이지만 막걸리, 약주를 비롯한 양조 제품, 효소, 유기산, 항생 물질 등 유용하게 생활에 이용되기도 한다.

05 무더운 여름이 지나고 기온이 낮아져 가을이 되면 거리에 뒹구는 낙엽을 흔히 볼 수 있다. 그러나 소나무와 같은 침엽수의 잎은 사계절 내내 떨어지지 않는다. 그 이유는 무엇인지 쓰시오.

▲ 가을의 낙엽이 진 나무

▲ 겨울철 나무잎이 있는 소나무

06 다음과 같이 콩나물을 넣은 페트병이 두 개 있다. 이것을 이용하여 빛의 조건과 콩나물의 자람 관계를 알아보는 실험을 할 때, 다르게 해야 할 조건과 같게 해야 할 조건을 쓰시오.

· 다르게 해야 할 조건 :

· 같게 해야 할 조건 :

07
우리 주위의 여러 생물들 중 악어와 악어새와 같은 관계를 맺고 살아가는 것을 2가지 쓰고, 서로 어떤 영향을 주는지 서술하시오.

08
다음은 주로 밤에 활동하는 동물들이다. 각 동물들의 어떤 특성이 어두운 곳에서 살아가기에 알맞은지 쓰시오.

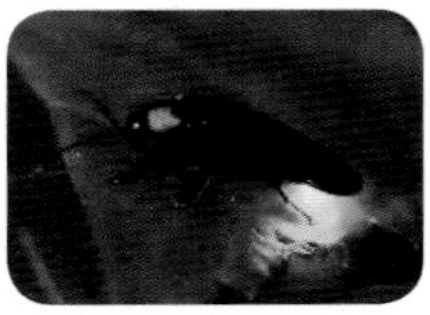

STEP BY STEP

09 다음은 우리 주변에서 쉽게 볼 수 있는 지렁이의 모습이다. 물음에 답하시오.

(1) 다음 중 지렁이의 생김새와 특징에 관한 설명으로 바른 것을 모두 고르시오.

① 지렁이는 피부로 호흡을 한다.
② 연한 갈색의 환대가 나 있는 쪽이 지렁이의 뒤쪽이다.
③ 지렁이는 배 쪽에 나있는 강모를 이용해 앞뒤로 움직인다.
④ 지렁이의 몸은 가늘고 길며, 여러 개의 고리 모양의 마디가 있다.
⑤ 지렁이는 몸을 움츠렸다 폈다 근육 운동을 하면서 앞으로 나아간다.

(2) 지렁이가 우리 생활에 주는 이로움을 2가지 쓰시오.

(3) 지렁이와 습기와의 관계를 알아보기 위한 실험 방법을 간단히 쓰시오.

STEP BY STEP

10 다음은 몸의 크기가 비슷한 쥐와 도마뱀을 실험실의 사육장에 넣고 온도를 10℃에서 35℃까지 변화시킬 때의 동물의 체온(가)과 몸속 에너지 사용 활동량(대사율)(나)이다. 물음에 답하시오.

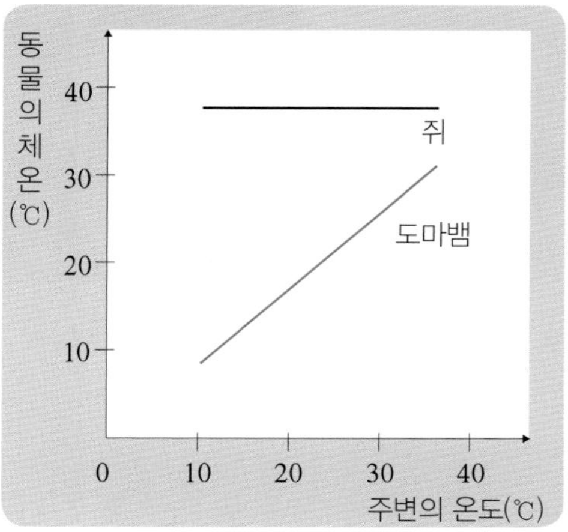

(가)

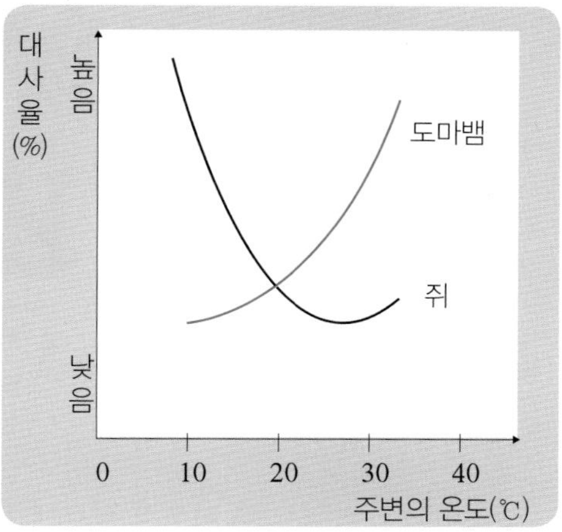

(나)

(1) 쥐와 도마뱀의 체온은 주변 온도에 따라 어떤 변화가 있었는지 쓰시오.

(2) 도마뱀은 체온 조절이 불완전하여 주변의 온도가 어느 정도 이상 되면, 굴을 파고 들어가 활동을 멈춘다. 그렇다면 쥐와 같은 동물은 어떤 방법으로 체온을 유지하는지 쓰시오.

(3) (가)와 (나)를 바탕으로 체온 혹은 주변의 온도와 대사율의 관계를 설명하시오.

(4) 개구리와 곰은 겨울잠을 잔다. 개구리와 곰의 겨울잠은 같은지 다른지 자신의 의견을 서술하시오.

STEP BY STEP

11 여우는 사막에서 북극까지 넓은 지역에 걸쳐 살고 있다. 추운 지방에 사는 북극 여우와 더운 지방에 사는 사막 여우의 모습을 보고 다음 물음에 답하시오.

▲ 북극 여우

▲ 사막 여우

(1) 두 여우의 생김새를 관찰하여 차이점을 3가지 쓰시오.

(2) 두 여우의 생김새가 차이가 나는 이유를 쓰시오.

(3) (1)과 (2)를 바탕으로 포유류의 몸의 크기는 온도와 어떤 관계가 있는지 쓰시오.

STEP BY STEP

12 식물의 길이 생장을 촉진시키는 '옥신'은 줄기나 뿌리 끝에서 만들어지고 빛의 반대 방향으로 이동하는 성질을 지니고 있다. 그 결과 식물이 빛의 방향으로 굽어지게 된다. 다음과 같은 조건에서 식물의 줄기는 어떻게 될지 쓰시오.

(1) 식물의 줄기 끝을 잘라 버린 후, 한쪽 방향으로만 빛을 받게 한다.

(2) 식물의 줄기 끝에 은박지를 씌워두고 한쪽 방향으로만 빛을 받게 한다.

(3) 식물의 줄기 중간 부분을 은박지로 감싸고 한쪽 방향으로만 빛을 받게 한다.

창의력 키우기

01

다음은 사막에 사는 낙타의 모습이다. 물음에 답하시오.

- 유창성
- ✓ 융통성
- 독창성
- 정교성

(1) 낙타는 며칠 동안 물과 먹이 없이도 사막에서 활동할 수 있다고 한다. 낙타가 사막에서 살기에 알맞은 점을 3가지 이상 쓰시오.

(2) 낙타 이외에도 사막에 살고 있는 생물을 2가지 쓰고, 이 생물들이 사막 환경에 적응하기 위해 발달된 구조를 쓰시오.

02

열대 바다에 사는 열대어들은 대부분 화려한 색을 띠고 있는 것을 볼 수 있다. 열대어들의 화려한 색이 열대어들의 생존에 주는 도움을 3가지 이상 쓰시오.

- 유창성
- 공통성
- 독창성
- 정교성

STEAM융합형 문제 해결하기

01 다음 표는 생물의 진화 이론의 예시로 두 가지의 경우를 소개한 것이다. 글을 읽고 물음에 답하시오.

[가]

호주의 슈거글라이더는 유대류(태아를 모체의 외부주머니에서 발생시킴)이고 북아메리카의 날다람쥐는 포유류(태아를 모체의 몸안 자궁 안에서 발생시킴)이나 두 종은 다른 조상으로부터 독립적으로 진화했으나 비슷한 모양과 공중을 활강할 수 있는 능력을 갖고 있다.

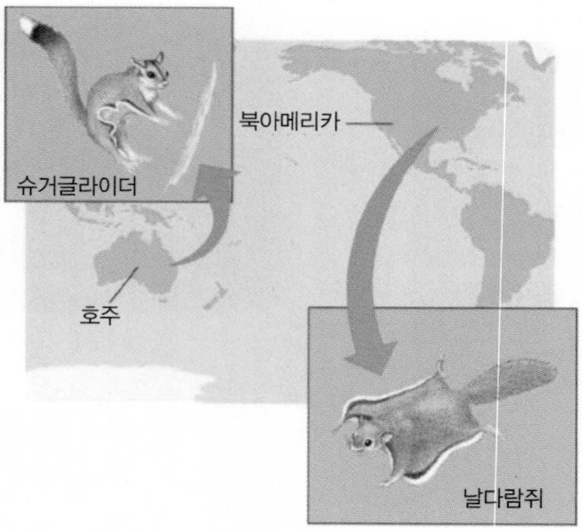

[나]

남미 대륙에서 1,000km 떨어져 있으며 19개의 섬으로 구성되어 있는 화산섬 갈라파고스 군도에서 다윈은 여러 종류의 핀치새를 관찰하였다. 그런데 이들의 부리 모양이 남미 대륙에 사는 핀치새와 다른 모습을 갖고 있다. 다윈은 갈라파고스 군도 핀치새들의 서식지 미치 먹이를 조사하여 부리 모양과 환경이 어떤 관계가 있는지 설명하고자 하였다.

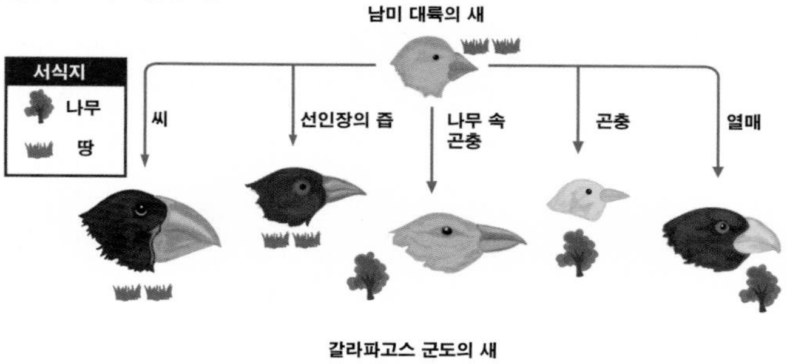

(1) [가]와 [나]의 슈거글라이더와 갈라파고스 군도의 핀치새 등장의 공통적인 원인은 무엇인가?

(2) [가]와 [나]에 등장하는 오스트레일리아의 슈거글라이더와 갈라파고스 군도의 핀치새는 특정 지역에서만 볼 수 있는 종으로 그 원인을 진화 개념으로 설명할 수 있다. 빈 칸에 알맞은 말을 '같은', '다른', '비슷한' 중 한 개로 채우시오.

[가] 내용에서 종이 (　　　) 슈거글라이더와 날다람쥐는 (　　　) 환경에 적응하면서 진화한 결과 날아다니는 능력을 공통적으로 갖고, 유사한 생김새를 갖게 되었다.
[나] 내용은 (　　　) 종의 개체가 각자 (　　　)환경에 적응하여 부리 모양이 환경에 맞게 변한 것이다.

"

렌즈를 사용하여 안경이나 카메라 등을 만든다.

렌즈의 원리는 광통신에도 적용될까?
어항속의 물고기는 왜 커 보일까?

"

3

렌즈의 이용

개념다지기

쏙 쏙 빈칸을 채워 개념을 완성하세요!

● 빛의 굴절 때문에 나타나는 현상

① 별의 위치

② 아지랑이

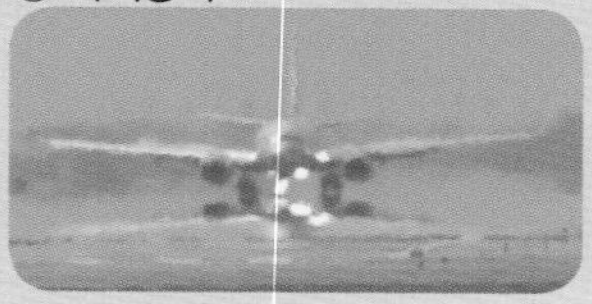

③ 신기루

④ 물체가 떠 보이거나 꺾여 보임

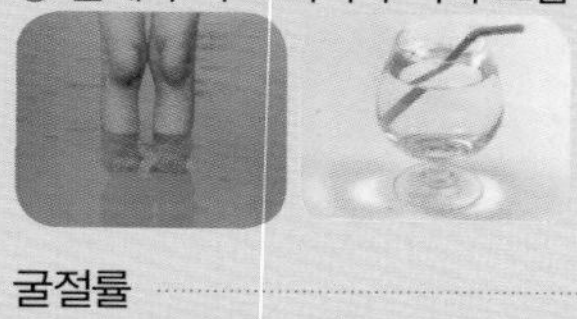

● 굴절률

물질에 따라 경계면에서 빛이 굴절되는 정도. 굴절률이 큰 물질일수록 통과하는 빛의 속력이 느리다.

매질	진공에 대한 굴절률 (= *절대 굴절률(n))
진공	1
공기	1.00029
물	1.33
유리	1.52
다이아몬드	2.42

● 과학단어

★파동 에너지가 진동의 형태로 전달되는 현상. 빛도 파동의 일종이다.

★매질 파동을 매개하는 물질. 매질 입자의 진동이 곧 파동이다. 힘과 같은 물리적 작용을 전달하는 매개물을 말한다.

★절대굴절률 일반적인 굴절률이며, 진공에 대한 굴절률

★상대굴절률 절대굴절률이 다른 물질들 간의 상대적인 굴절률

❶ 빛의 굴절

(1) 빛이 굴절하는 이유 : 빛은 두 매질의 경계면에서 굴절하는데, 두 매질 속에서 빛의 ❶ ______ 가(이) 다르기 때문이다.

(2) 빛의 굴절 때문에 나타나는 현상

① 태양이나 별의 실제 위치는 보이는 위치보다 낮다.

② 봄철에 아지랑이가 보이고, 뜨거운 난로 위에서 건너편 물체가 아른거려 보인다.

③ 사막에서 신기루가 보인다.

④ 물 속의 물체가 떠 보인다.

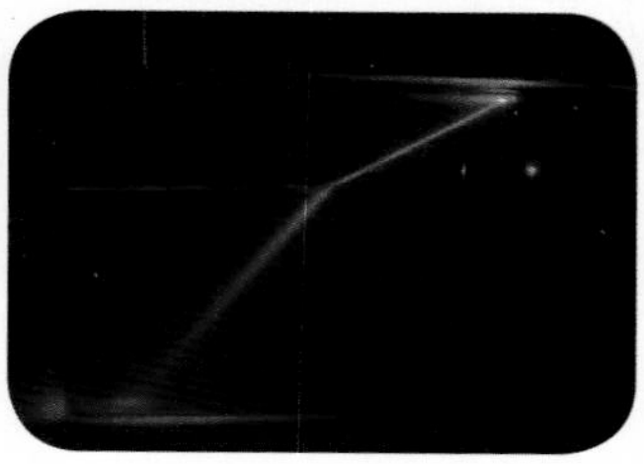

(3) 굴절의 법칙

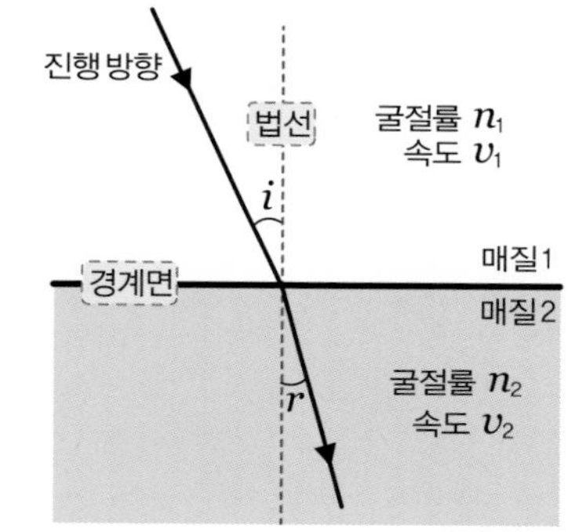

굴절의 법칙

$$n_{12} = \frac{v_1}{v_2} = \frac{n_2}{n_1}$$

n_{12} : 매질 1에 대한 매질 2의 *상대 굴절률

i : 입사각 r : 굴절각

① *매질의 굴절률과 파동의 진행 속도 : *파동의 ❷ ______ 가 큰 매질일수록 굴절률이 작다.

② 물질에서의 빛의 속도 : 빛도 파장이 짧은 파동의 한 종류이므로 굴절의 법칙이 적용된다.

(빛이 공기(진공) 중에서 굴절률 n인 물질로 나아가는 경우)

$$\frac{n_2}{n_1} = \frac{v_1}{v_2} \rightarrow \frac{n(매질2)}{1(매질1(공기))}$$

$$= \frac{c\ (공기\ 중\ 속도)}{v\ (물질\ 중\ 속도)}, \quad v = \frac{c}{n}$$

(4) 떠 보이기 : 빛의 굴절 때문에 물속의 물체가 떠 보인다.

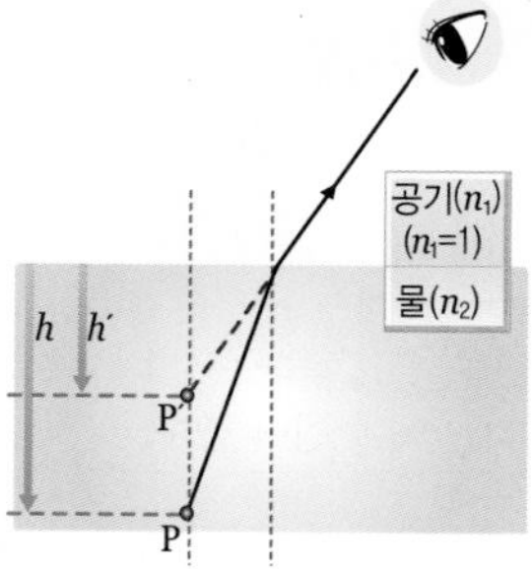

· 사람 눈으로 들어오는 빛 : P 점의 물체에서 나온 빛이 굴절된 것이다.

· 사람이 느끼는 빛 : P' 점의 물체에서 빛이 나온다고 느낀다.

$$\frac{h'}{h} = \frac{n_1}{n_2} = \frac{1}{n_2}$$

$$h'(겉보기\ 깊이) = \frac{h(실제\ 깊이)}{n_2}$$ (매질 1 이 공기(진공)일 때)

❷ 렌즈에 의한 빛의 굴절과 상

(1) 볼록 렌즈와 오목 렌즈에 의한 빛의 굴절

① 렌즈의 *초점을 통과하는 빛의 굴절

볼록 렌즈 : 렌즈 축에 나란한 빛은 볼록 렌즈에 의해서 굴절되어 초점(F)에 모이거나, 초점에서 나간 빛은 렌즈 축에 나란하게 굴절된다.(f : 초점거리)

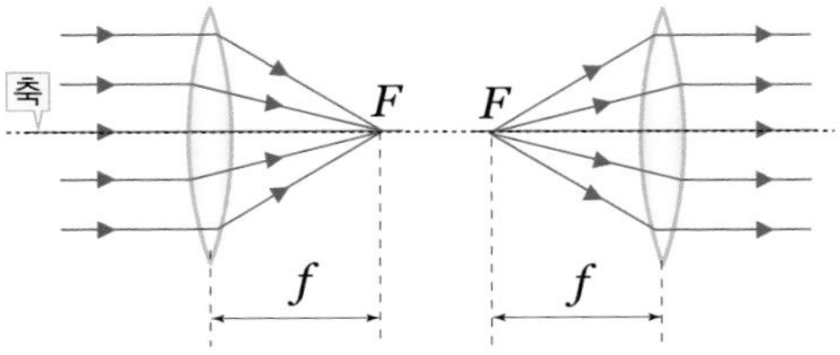

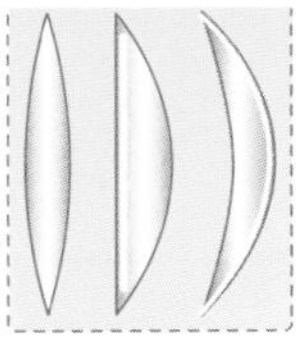

가운데가 두껍다

볼록렌즈

오목 렌즈 : 반대편의 초점(F')을 향해서 들어온 빛은 오목렌즈에 의해 굴절되어 축에 나란하게 굴절되어 나가고, 렌즈 축에 나란하게 들어온 빛은 초점에서 나간 것처럼 굴절된다.

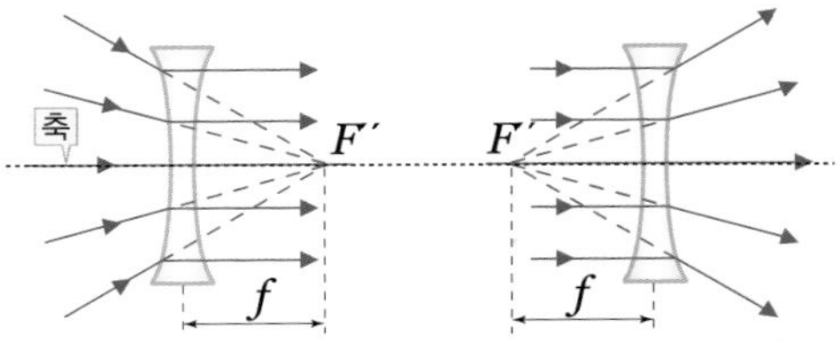

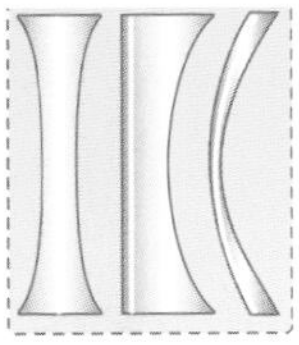

가장자리가 두껍다

오목렌즈

② 렌즈의 ❸ ______ 을 통과하는 빛 : 굴절되지 않고 *직진한다.

(2) 볼록 렌즈와 오목 렌즈에 의한 상

① ❹ ______ 에 의한 상 : 물체와 렌즈 사이의 거리에 따라 물체보다 크거나 작은 거꾸로 된 상, 물체보다 크고 바로 선 상이 생긴다.

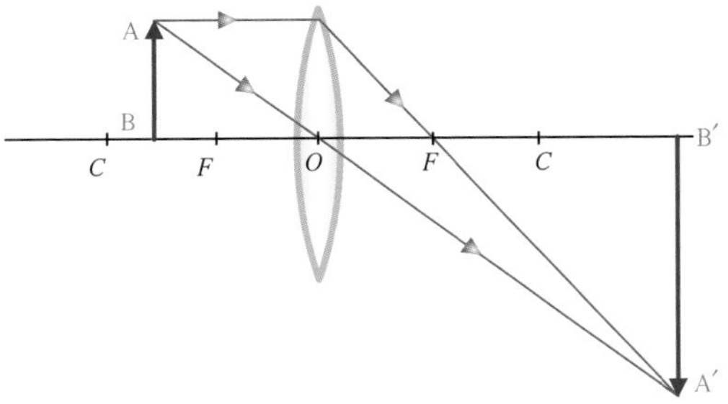

초점보다 멀리 있는 물체 AB의 B점에서 나간 빛이 렌즈 반대쪽 B'에 모인다 : 거꾸로 선 상(*확대 또는 *축소)

초점보다 가까이 있는 물체 AB의 B점에서 나오는 빛은 렌즈 반대 쪽에서 봤을 때 B'점에서 나오는 것으로 보인다 : 바로 선 상(확대)

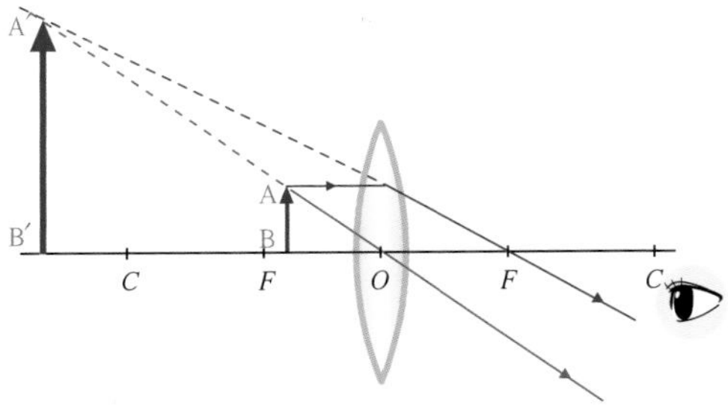

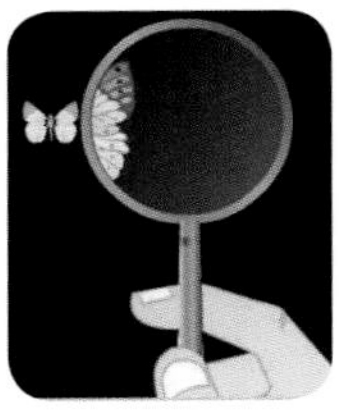

볼록 렌즈를 통한 확대(바로 서고 확대된 상) : 물체가 렌즈의 초점 거리 안에 있어야 한다.

볼록렌즈와 오목렌즈를 통과하면서 빛이 굴절하는 모습

오목렌즈는 초점에서 나온 것처럼, 볼록렌즈는 초점을 향하여 굴절된다.

▲ 오목렌즈를 통한 빛의 굴절

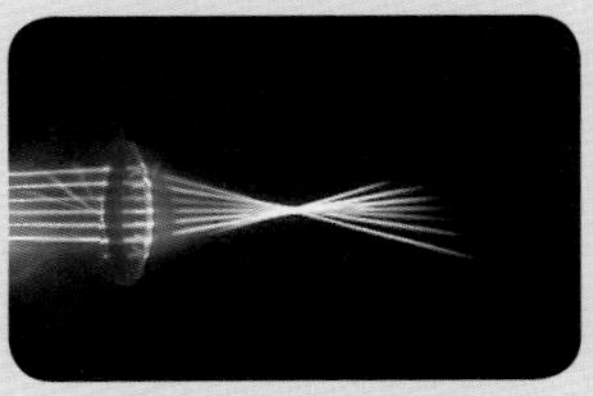

▲ 볼록렌즈를 통한 빛의 굴절

우리 주변에서 렌즈 역할을 하는 것들

① 오목렌즈 역할을 하는 것 : 위에서 본 유리컵의 바닥 등

▲ 유리컵의 밑바닥에 나타난 글씨

② 볼록렌즈 역할을 하는 것 : 물방울, 물이 담긴 둥근 어항, 물이 든 컵의 옆면, 물이 든 투명한 비닐 봉지 등

▲ 물방울은 볼록렌즈의 역할을 한다.

과학단어

★초점 렌즈나 구면 거울 따위에서 입사 평행 광선이 한곳으로 모이는 점. 또는 어떤 점을 통과하여 모두 평행 광선으로 될 때의 점

★확대 상의 모양이 커짐

★축소 상의 모양이 작아짐

★직진 똑바로 나아감

개념다지기

쏙쏙 빈칸을 채워 개념을 완성하세요!

근시, 원시와 명시 거리

안경을 쓰지 않았을 때 보통 눈의 명시거리는 25cm이지만, 원시가 되면 명시 거리가 늘어나고, 근시가 되면 명시 거리가 줄어든다.

***수차**

렌즈에 의한 상은 렌즈에 의해 굴절된 빛이 한 곳에 모여야 선명해진다. 실제로는 빛의 색깔별로 다르게 굴절되고(색수차), 렌즈의 가장자리와 가운데가 다르게 굴절되어서(구면 수차) 렌즈로 선명한 상을 얻는데는 한계가 있다.

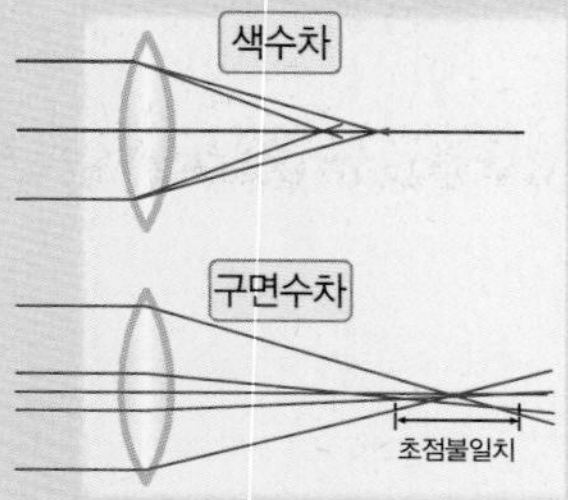

▲ 색수차와 구면 수차

② ❺ ______ 에 의한 상 : 물체와 렌즈 사이의 거리에 관계없이 물체보다 작은 바로 선 상만 생긴다.

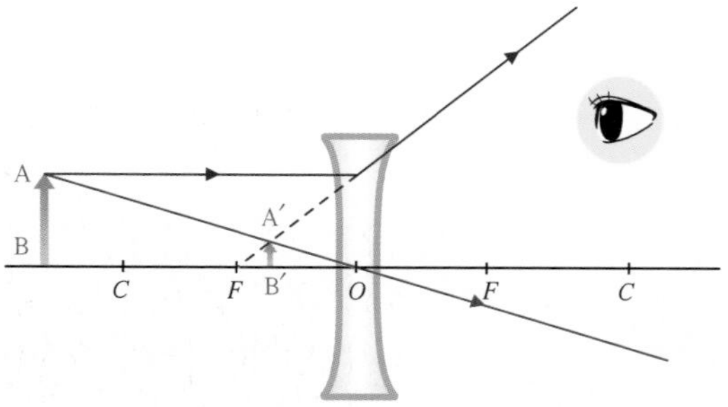

오목 렌즈의 반대쪽에서 물체(AB)를 보면 물체는 항상 축소되어 보인다.
: 정립 허상(축소)(A'B')

▲ 오목렌즈에 의한 상

(3) 돋보기(볼록렌즈)로 물체 확대해서 보기 : 초점 안에 물체를 두어 확대된 허상이 *명시 거리에 생기게 한다.

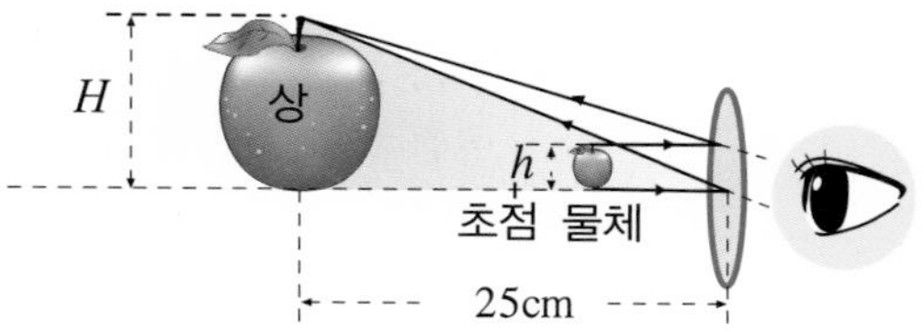

돋보기를 통해 물체를 확대해 보는 경우 : 물체를 돋보기의 ❻ ______ 안에 두면 확대된 상으로부터 빛이 우리 눈에 도달하는 것처럼 느낀다.

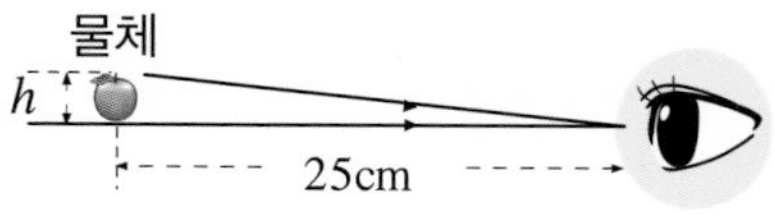

돋보기를 통하지 않고 물체를 보는 경우 : ❼ ______ 에 있는 물체가 가장 잘 보인다.

(4) 돋보기로 종이 태우기 : 평행광선인 햇빛에 돋보기를 대면 햇빛이 초점에 모이므로 강한 열이 발생하여 종이를 태울 수 있다.

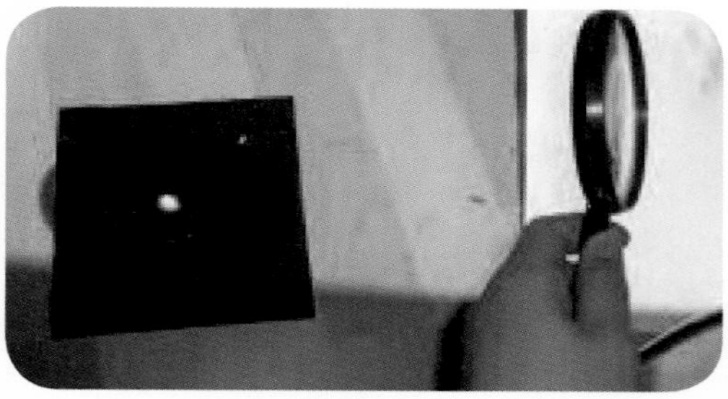

검은 종이일수록 빛을 잘 흡수하므로 더 잘 태울 수 있다.

과학단어

★명시 거리 물체를 놓았을 때 우리 눈으로 제일 잘 보이는 거리

★수차 빛이 렌즈나 거울에 의하여 상을 만들 때, 광선이 한 점에 완전히 모이지 아니하고 상이 흐려지거나 비뚤어지는 현상

❸ 렌즈가 사용되는 기구

(1) 눈 : 수정체의 두께를 변화시켜 망막에 물체의 선명한 상을 맺게 한다.
(2) 안경 : *근시나 *원시를 교정시킨다.

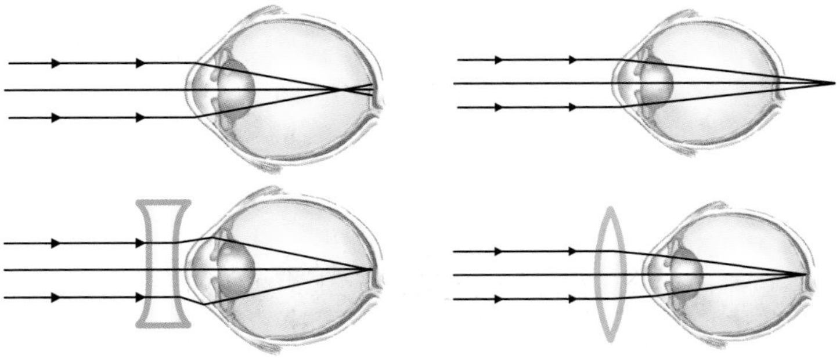

▲ 근시 교정(오목렌즈)　　▲ 원시 교정(볼록렌즈)

(3) 사진기 : 볼록렌즈에 의한 상이 필름에 맺힌다.
(4) 망원경 : 렌즈에 의해 멀리 있는 물체를 크고 가깝게 볼 수 있다.
(5) 현미경 : 아주 작은 물체를 확대하여 큰 상으로 볼 수 있다.

사진기의 원리

물체로부터 나온 빛이 볼록렌즈에 의해 필름에 모인다.

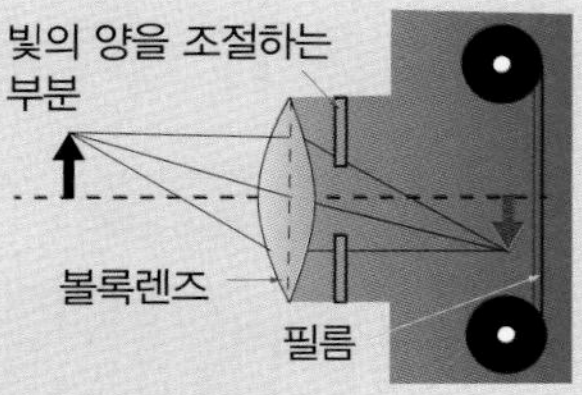

❹ 간이 사진기

(1) 간이 사진기로 물체 관찰하기 : 볼록렌즈에 의한 거꾸로 된 상이 기름 종이에 맺힌다.

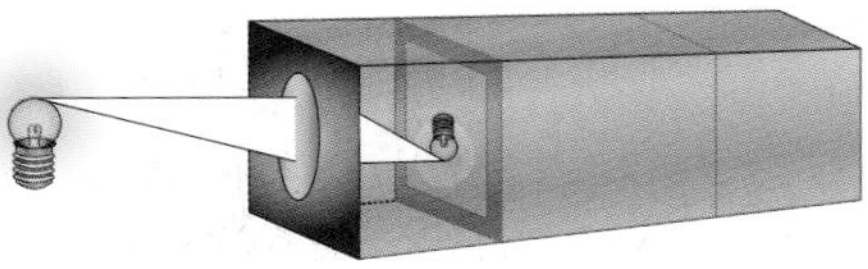

(2) 간이 사진기에서 물체의 모습이 거꾸로 보이는 이유 : 볼록 렌즈에 의해 물체의 위, 아래에서 나온 빛이 각각 아래, 위로 굴절되기 때문이다.

(3) 검은 색 종이로 간이 사진기의 볼록 렌즈를 반쯤 가렸을 때 : 사진기 안으로 들어오는 빛의 양이 줄어들기 때문에 ❽ ________ 상이 생긴다.

간이 사진기에서 볼록렌즈의 역할

빛을 모아 물체의 상이 선명하게 생기도록 한다.

과학단어

★근시 가까이 있는 물체는 잘 보이나 멀리 있는 물체는 잘 안보이는 눈

★원시 멀리 있는 물체는 잘 보이지만 가까이 있는 물체는 잘 안보이는 눈

SPEED CHECK!

기본확인문제

1. 두 매질 속에서 (빛의 속도, 빛의 색)이 다르면 두 매질의 경계면에서 빛이 굴절한다.
2. 물속에 있는 물체는 빛의 (반사, 굴절) 때문에 떠 보인다.
3. 매질 2에서의 빛의 속도를 매질 1에서의 빛의 속도로 나누면 매질 2의 매질 1에 대한 상대 굴절률이 된다. (O / X)
4. 물속에서 물체가 떠 보일 때 겉보기 깊이는 실제 깊이보다 (크다, 작다)
5. 초점에서 나간 빛이 렌즈 축에 나란하게 굴절되는 렌즈는 (볼록, 오목)렌즈이다.
6. 렌즈에 의해서 물체의 상이 생길 때 거꾸로 된 상이 생기는 렌즈는 (볼록, 오목)렌즈이다.
7. 물체의 상이 물체보다 항상 작은 렌즈는 (볼록, 오목)렌즈이다.
8. 돋보기로 물체를 확대해서 보려면 물체를 초점의 바깥에 두어야 한다. (O / X)
9. 근시는 물체의 상이 눈의 망막 앞에 맺힌다. (O / X)
10. 검은 색종이로 간이 사진기의 볼록렌즈를 반쯤 가리면 사진기에 맺히는 상도 물체 모습의 반으로 보인다. (O / X)

개념다지기 정답 | ❶ 속도(속력) ❷ 진행 속도 ❸ 중심 ❹ 볼록렌즈 ❺ 오목렌즈 ❻ 초점 ❼ 망시가리 ❽ 희미한

탐구. 렌즈에 의한 상

탐구주제

① 오목렌즈와 볼록렌즈를 사용하여 여러 종류의 상을 만들어 본다.
② 렌즈와 초점, 물체를 그리고 물체로부터 나오는 빛이 렌즈를 통해 굴절되어 상이 만들어지는 과정을 작도해 본다.

탐구과정

준비물
오목렌즈, 볼록렌즈

① 볼록렌즈를 준비하여 렌즈로부터 멀리 떨어지게 물체를 놓고 물체를 관찰하고, 렌즈를 통해 볼 때 가장 선명하게 보이는 위치를 알아낸다.

①-1 렌즈로부터 멀리 떨어진 물체에 의한 상을 작도하여 상이 생기는 위치를 알아낸다.

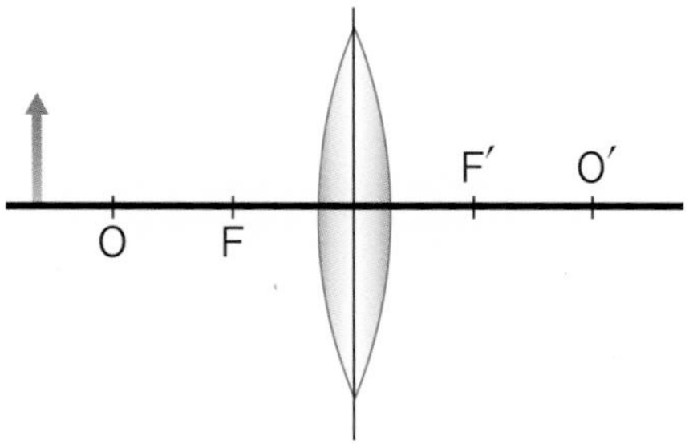

② 볼록렌즈를 물체에 접근시키면서 렌즈를 통하여 물체를 관찰하되 렌즈를 통하여 물체를 가장 선명하게 보이는 위치를 알아내고, 작도하여 만든 상과 비교한다.

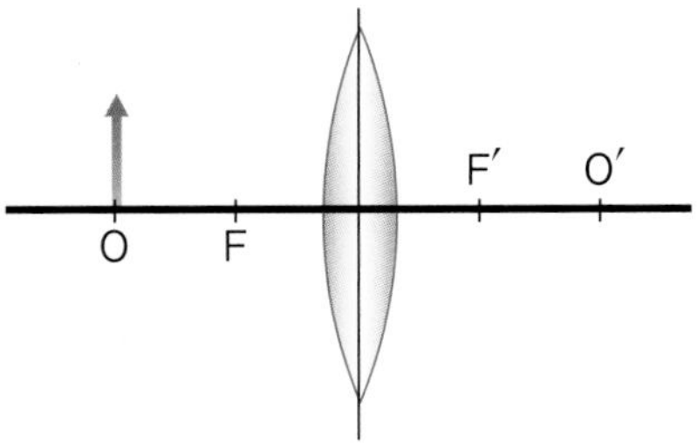

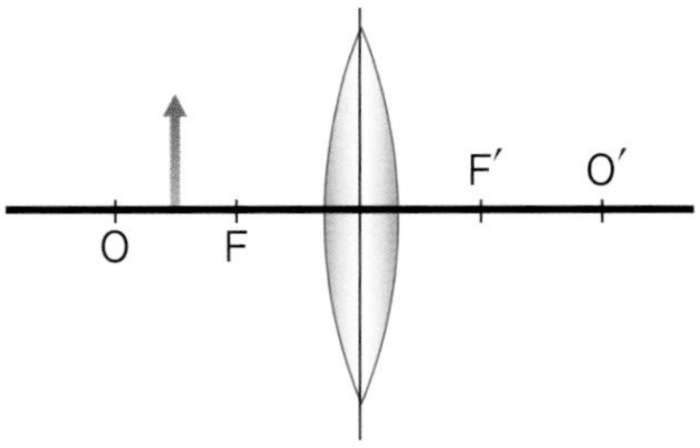

③ 물체를 볼록렌즈의 초점 안쪽에 위치시킨 후 물체를 관찰하면서 볼록렌즈를 통하여 가장 선명하게 물체를 볼 수 있는 위치를 알아내고, 작도하여 만든 상과 비교한다.

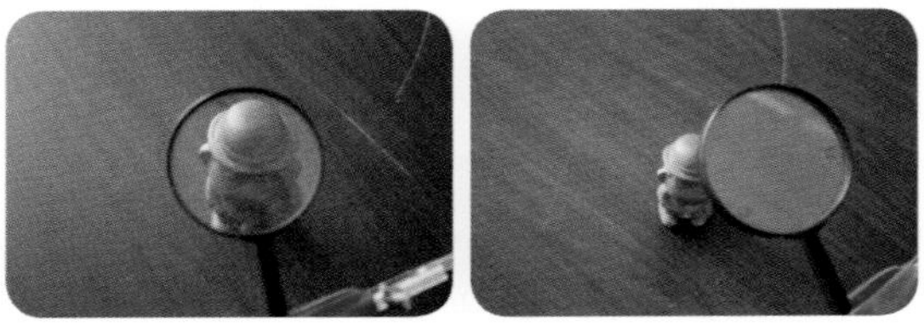

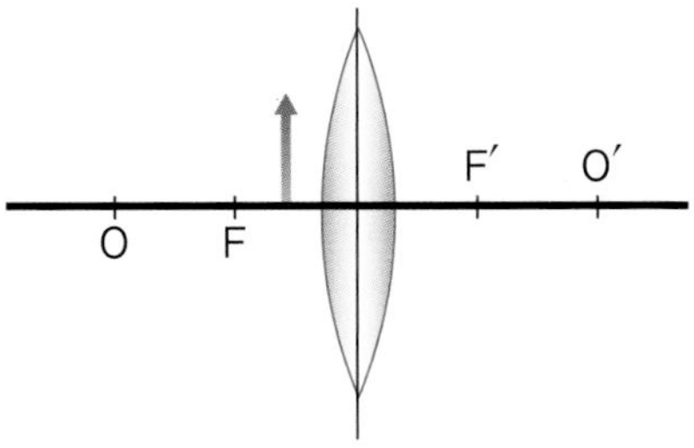

④ 오목렌즈를 통하여 물체를 관찰하고, 직접 작도하여 만든 물체의 상과 비교한다.

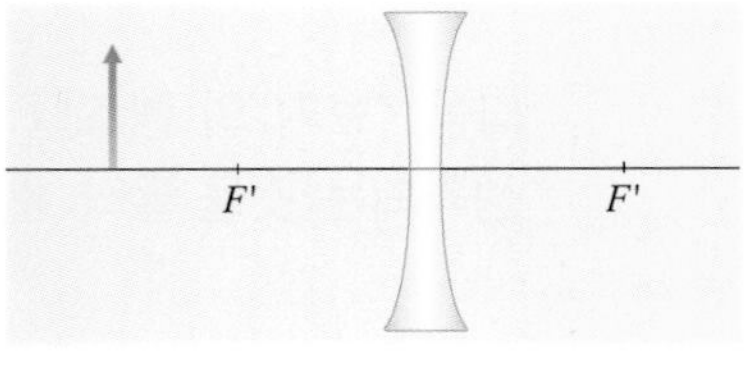

탐구문제

1. 물체가 볼록렌즈의 초점에 위치하면 상은 어떻게 되겠는지 설명해 보시오.

2. 거꾸로 선 상과 바로 선 상의 차이점을 설명해 보시오.

01 다음 설명 중 옳은 것을 모두 고르시오.

① 볼록렌즈로 물체를 보면 항상 커 보인다.
② 볼록렌즈로 빛을 모아서 물체를 태울 수 있다.
③ 볼록렌즈를 반 가리고 물체를 보면 물체의 반만 보인다.
④ 볼록렌즈는 가운데보다 가장자리가 더 두꺼운 렌즈이다.
⑤ 볼록렌즈로 만든 안경은 할아버니 할머니가 많이 사용한다.
⑥ 멀리 있는 물체의 볼록렌즈에 의한 상은 축소되어 거꾸로 선다.
⑦ 물체 가까이에서 볼록렌즈로 물체를 보면 물체는 바로 서 있다.

02 다음 그림과 같이 폭 20cm 인 상자에 나란한 빛이 상자의 왼쪽에서 들어와서 오른쪽으로 진행한다. 이 상자 안의 A 와 B 위치에는 두 개의 렌즈가 나란히 들어 있다.

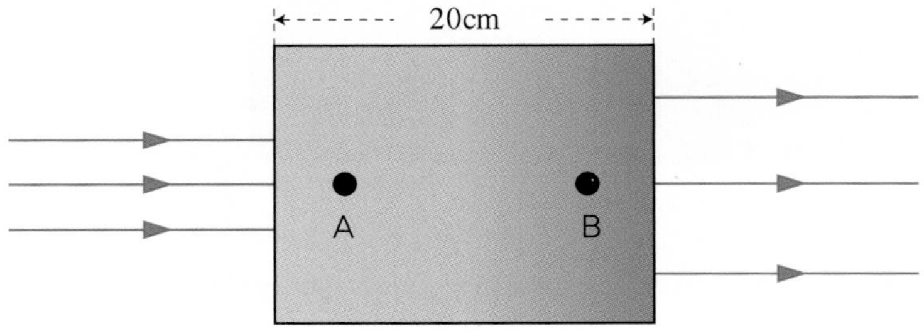

다음 〈보기〉의 렌즈들 중 상자 안에 들어 있는 A 와 B 위치에 놓인 2개의 렌즈라고 생각되는 것을 골라 위 상자에 그리고 빛이 이동하는 경로를 표시하시오.

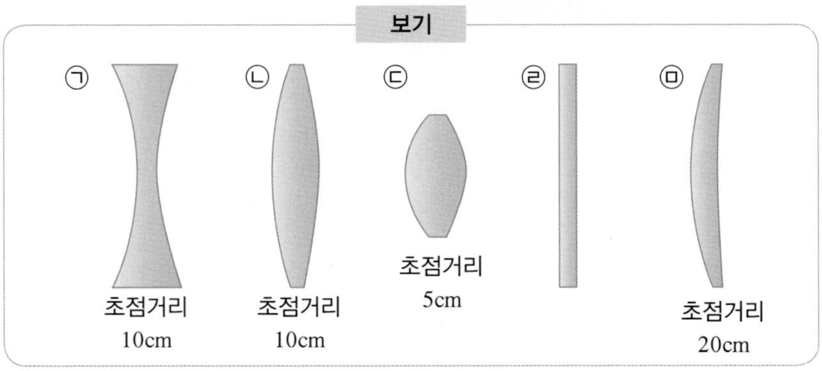

03

은재는 다음 그림과 같이 돋보기를 물속에 넣고 물속의 작은 생물들을 관찰하였다. 물고기가 어떻게 보일지 추리하여 쓰시오.

04

간이 사진기로 전구의 모습을 보았더니 다음 그림과 같이 전구의 상하 좌우가 뒤집어진 모습이 보였다. 그 까닭이 무엇인지 쓰시오.

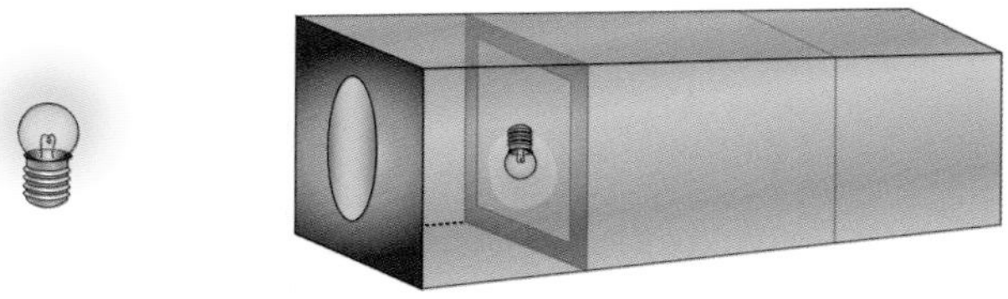

05

사막에서 멀리 나무들이 보일 때 실제로 가 보면 나무들이 없다는 것을 알게 되는 경우가 종종 일어난다. 이러한 현상을 '신기루 현상'이라고 한다. 다음 그림은 신기루가 생기는 원리를 간단하게 나타낸 것이다. 이 현상에 대하여 바르게 설명한 것을 보기에서 모두 고르시오.

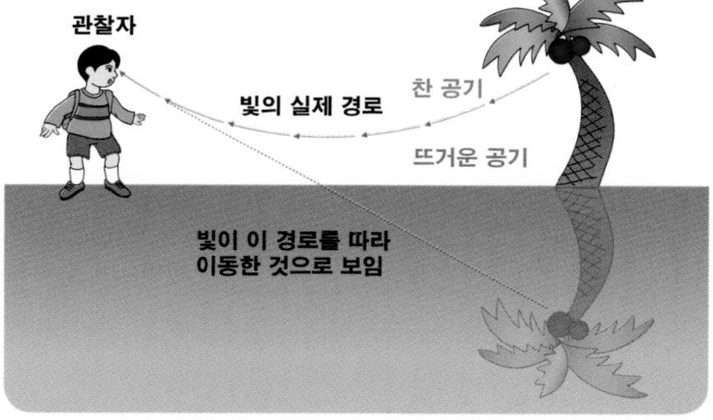

① 이 현상은 빛의 굴절에 의한 현상이다.
② 이 현상은 빛의 반사에 의한 현상이다.
③ 같은 매질이라도 온도가 높을수록 빛의 진행 속도가 빠르다.
④ 이 현상은 매질마다 빛이 진행하는 속도가 다르기 때문에 나타난다.
⑤ 이 현상은 매질의 온도 차이가 있으면 빛이 지나갈 때 진행 속도도 차이가 나기 때문에 발생한다.

06 다음은 눈과 사진기에서 물체의 상이 맺히는 모습을 나타낸 것이다. 눈과 카메라의 각 부분의 역할을 비교하여 나타낸 표의 빈 칸을 채워 완성하시오.

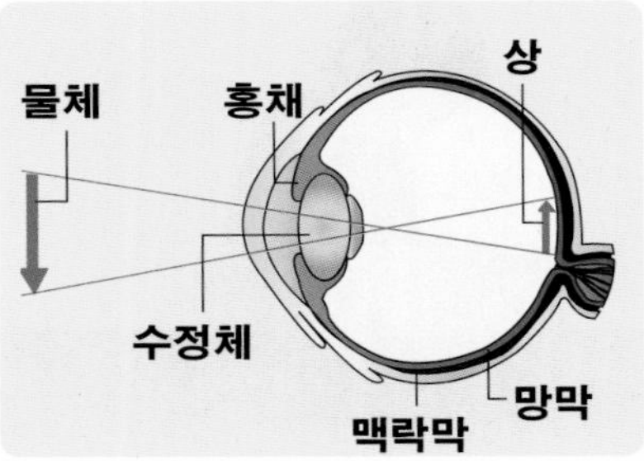

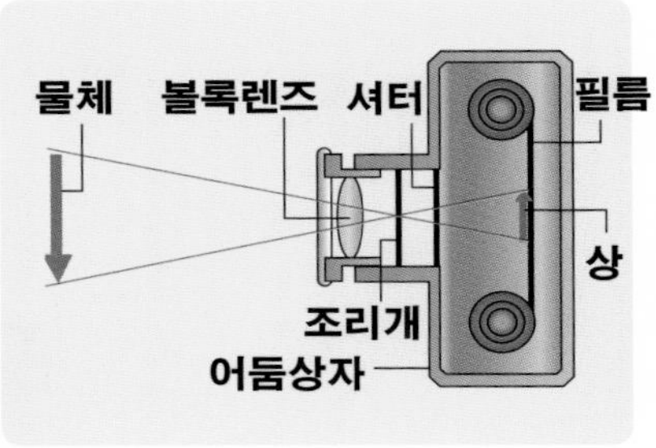

눈의 각 부분	역할	대응되는 카메라의 부분
수정체		
홍채		
맥락막		
망막		

07 그림은 어떤 사람의 눈에 들어오는 빛이 수정체를 통과하면서 굴절하는 그림이다. 이에 대한 설명으로 옳지 않은 것은?

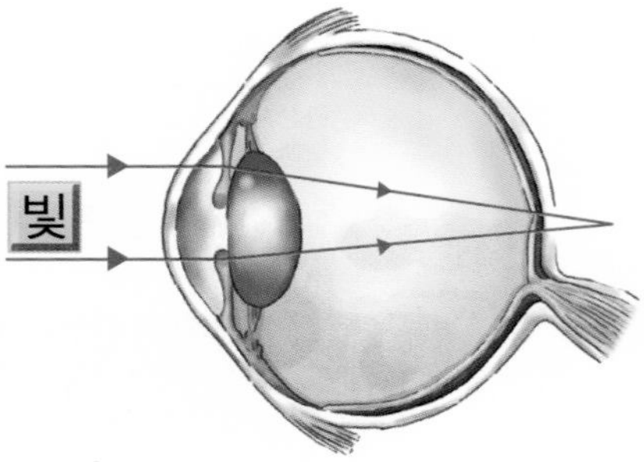

① 이 사람은 원시이다.
② 이 사람에게는 가까운 곳의 물체는 잘 안 보인다.
③ 이 사람의 눈을 교정하려면 오목 렌즈가 필요하다.
④ 이러한 현상은 주로 노인에게서 많이 일어난다.
⑤ 이 사람이 볼록 렌즈 안경을 쓰면 가까운 곳의 물체가 잘 보인다.

08

빛의 굴절에 대한 설명 중 옳지 않은 것은?

① 빛이 공기에서 물로 들어갈 때 일어난다.
② 하늘이 파랗게 보이는 것은 빛의 굴절 때문이다.
③ 빛이 진행하는 속도가 다른 두 매질의 경계면에서 일어난다.
④ 빛이 공기에서 물로 들어갈 때 입사각이 커지면 굴절각도 따라서 커진다.
⑤ 빛이 속도가 작은 매질에서 속도가 큰 매질로 들어갈 때에는 입사각이 굴절각보다 작다.

09

그림처럼 물속에 보이는 물고기를 작살과 레이저를 이용해서 잡으려고 한다면 작살과 레이저를 어느 방향으로 겨냥해야 하는지 각각 고르시오.

작살 : (　　), 　레이저 : (　　)

10

동전이 든 컵에 물을 부었더니 안보이던 동전이 눈에 보이게 되었다. 다음 중 빛의 진행 경로가 옳은 것은?

①

②
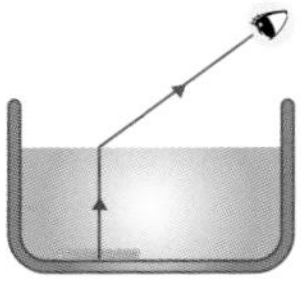

③
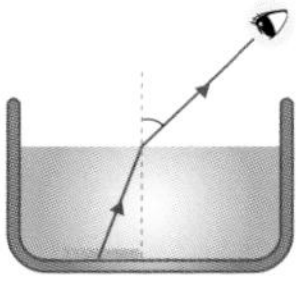

④
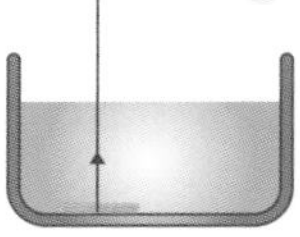

⑤
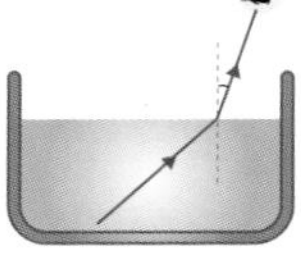

문제해결력 키우기

11 그림처럼 빛이 진행하기 위해서 A 와 B 에 어떤 형태의 렌즈가 들어갈지 렌즈를 각각 그려 넣고, 각 렌즈의 초점을 표시하시오.

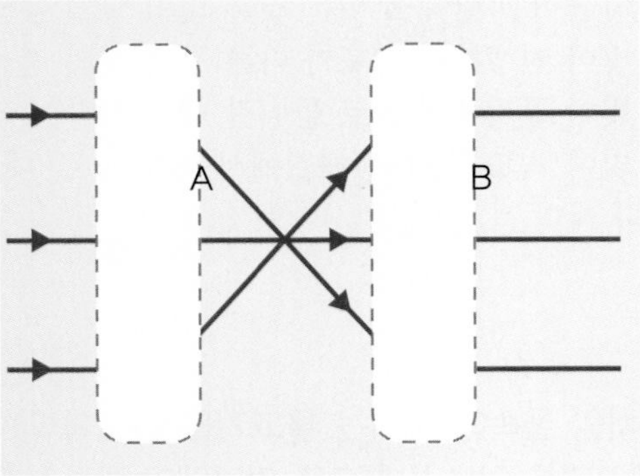

12 다음 그림은 해안으로 들어오는 파도를 나타낸 것이다. A, B, C 점 중 수심이 가장 깊은 곳은 어디인가?

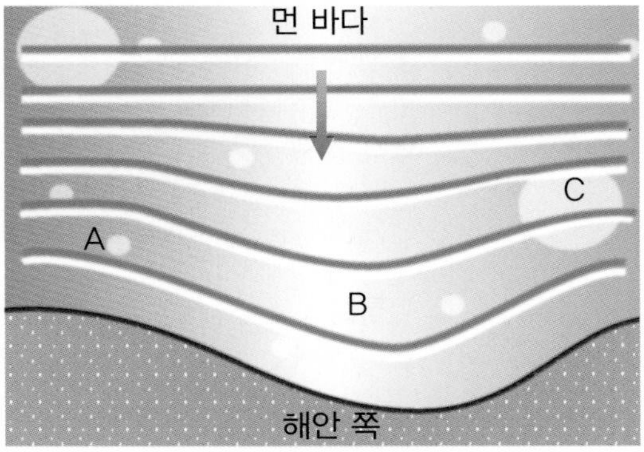

13 두꺼운 유리를 통해 유리 뒤의 물체를 보았더니 물체가 B 위치에 있는 것으로 보였다. 이 물체는 실제로 A, B, C 중 어느 위치에 있겠는가?

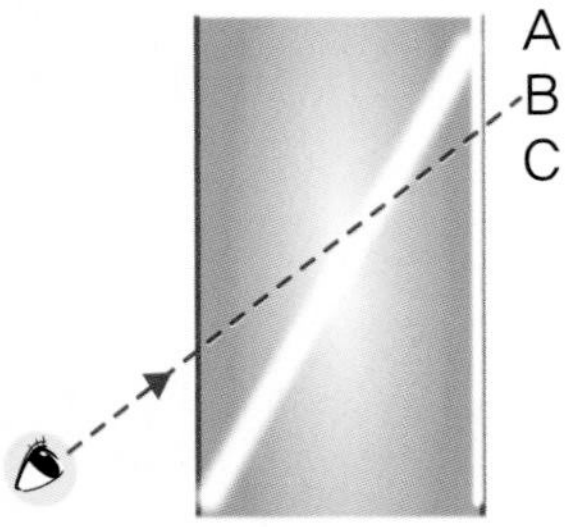

14

얇은 볼록 렌즈 앞에 촛불을 놓았더니 반대편의 스크린에 도립 실상이 생겼다. 그 상태에서 그림과 같이 렌즈의 일부를 조리개로 가리면 어떻게 되겠는가?

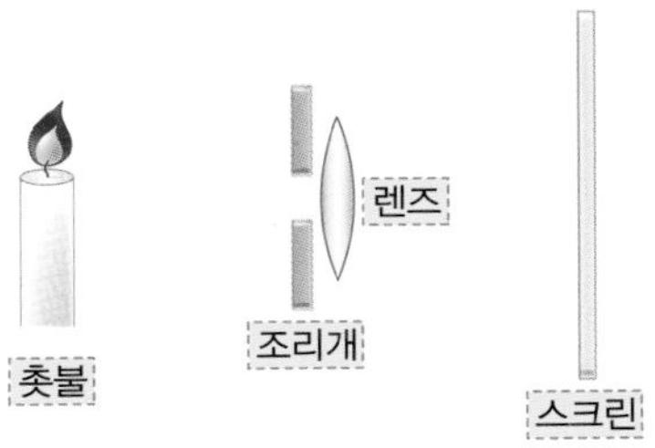

① 상의 일부가 가려진다.
② 상의 크기가 줄어든다.
③ 아무런 상이 생기지 않는다.
④ 상의 밝기가 전체적으로 줄어든다.
⑤ 초점 거리가 변하여 선명도가 떨어진다.

15

다음 그림과 같이 매질 Ⅰ, Ⅱ, Ⅲ 이 서로 겹쳐져서 경계면을 이루고 있다. 광원에서 나온 단색광이 매질 Ⅰ과 Ⅱ의 경계면에서 전반사하고, 매질 Ⅱ 와 Ⅲ 의 경계면에서는 일부는 반사되고, 일부는 굴절되어 나가는 모습이다. 매질 Ⅰ, Ⅱ, Ⅲ 의 굴절률을 각각 n_1, n_2, n_3 라고 할 때 각 매질의 굴절률의 크기는 어떠한가? 단, 전반사는 굴절률이 큰 매질에서 작은 매질로 빛이 나아갈 때 경계면에서 빛이 모두 반사하여 되돌아 오는 현상을 말한다.

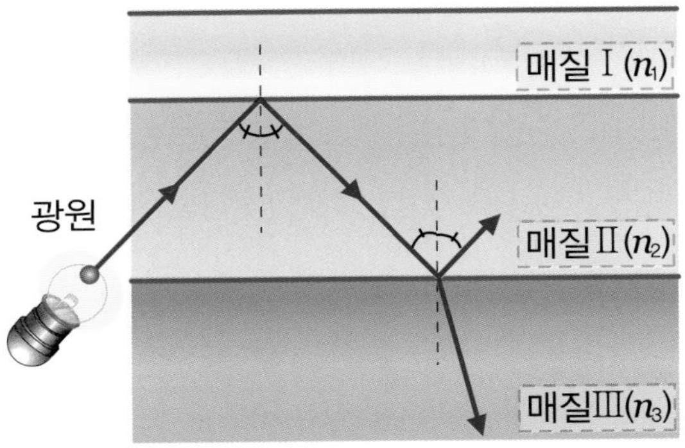

① $n_1 > n_2 > n_3$　② $n_1 > n_2 > n_3$　③ $n_1 = n_2 > n_3$
④ $n_1 = n_2 < n_3$　⑤ $n_2 < n_1 < n_3$

16 어떤 매질 속으로 빛이 들어갔을 때 빛의 속력이 $\frac{1}{n}$ 이 되면 그 매질의 굴절률은 n 이다. 공기 중에서의 빛의 속력을 c 라고 할 때 다음 표의 물과 유리에서의 빛의 속력 (a), (b) 를 각각 구해 보시오. $c = 30만\ km/s = 3 \times 10^5\ km/s = 3 \times 10^8\ m/s$ 이다.

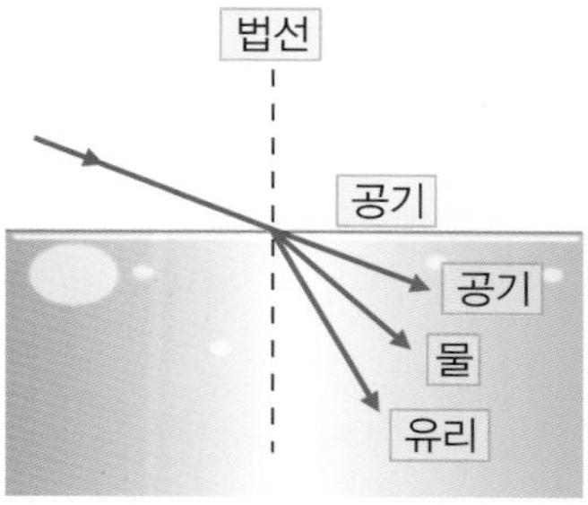

매질	굴절률	빛의 속력
공기	1	c
물	$\frac{4}{3}$	(a)
유리	$\frac{3}{2}$	(b)

17 그림은 투명한 플라스틱 속의 공기가 들어 있는 원형의 공간이다. 플라스틱에서 공기방울 속으로 빛이 들어갈 때의 진행 경로는 어느 것인가?

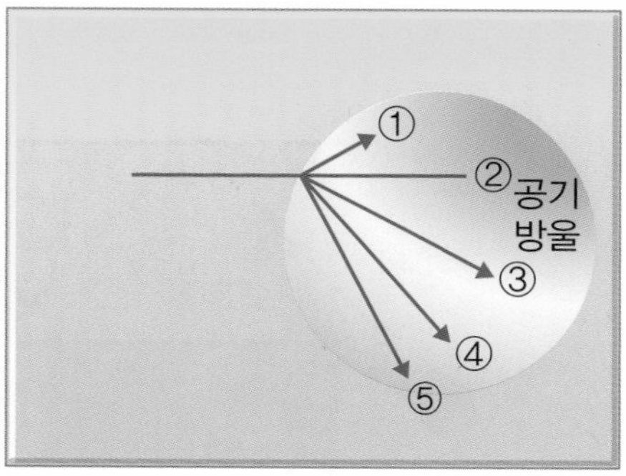

18

그림의 1m 깊이에 있는 물고기는 물 위에서 본다면 수면으로부터 몇 m 의 깊이에 위치하는 것으로 보일지 계산하시오. 단, 공기에 대한 물의 굴절률은 $\frac{4}{3}$ 이다.

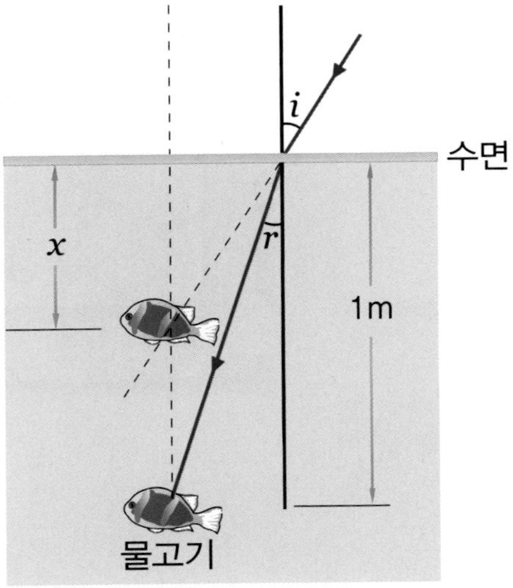

19

다음 그림은 근시안과 원시안에서 빛이 수정체에서 굴절되는 모습을 나타낸 것이다. 다음 글의 (   )를 (가) 또는 (나)로 채우시오.

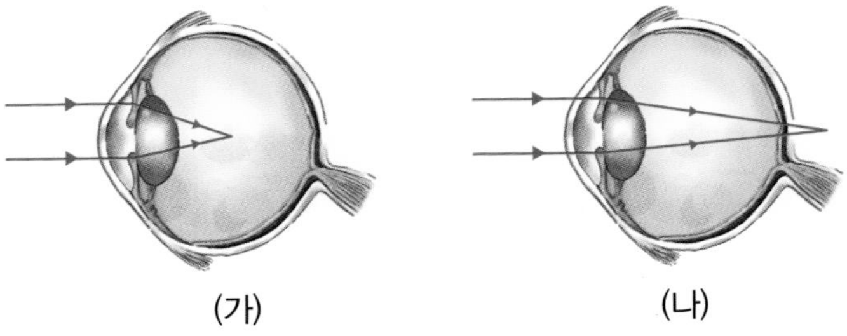

(1) 가까운 것이 잘 안 보이는 눈은 (   )이고, 먼 것이 잘 안보이는 눈은 (   )이다.

(2) 볼록 렌즈 안경을 써야 하는 눈은 (   )이고, 오목 렌즈 안경을 써야 하는 눈은 (   ) 이다.

01

그림과 같이 물결파 투영 장치의 파라핀 막대 사이에 유리판을 밑바닥에 깔았다. 물결파가 유리판에 도달하였을 때 파동의 진행 방향을 그리고, 파동의 속력 변화와 매질의 굴절률의 변화를 서술하시오.

- 유창성
- ✓ 융통성
- 독창성
- ✓ 정교성

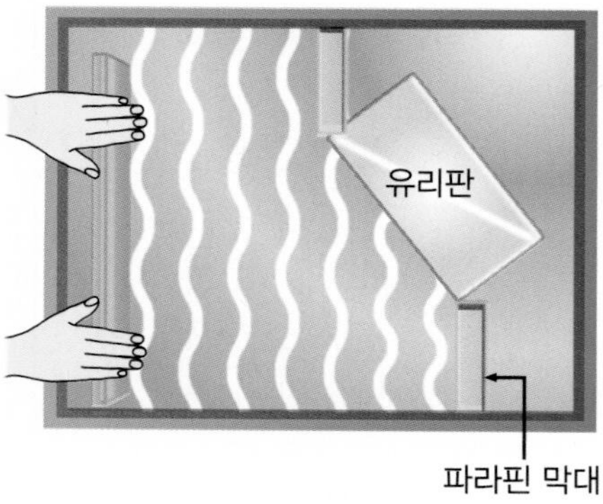

02

투명한 유리 속에 사각형 모양의 빈 공간이 있고 빈 공간에는 공기가 들어 있다. 빨간색 레이저 빛이 그림처럼 입사한다면 그 빛은 어떻게 진행할지 빛의 진로를 그림에 직접 그리시오.

- 유창성
- ✓ 융통성
- 독창성
- ✓ 정교성

03

- 유창성
- ✔ 융통성
- 독창성
- ✔ 정교성

그림은 벽돌을 물 밑바닥에 깔아서 깊이를 달리하였을 때 물결파의 진행을 나타낸다. 깊은 곳과 얕은 곳의 경계가 그림처럼 원호 모양일 때 경계를 지난 물결파의 퍼져 나가는 파면의 모양을 그려 보시오.

(1) 깊은 곳에서 얕은 곳으로 진행할 때

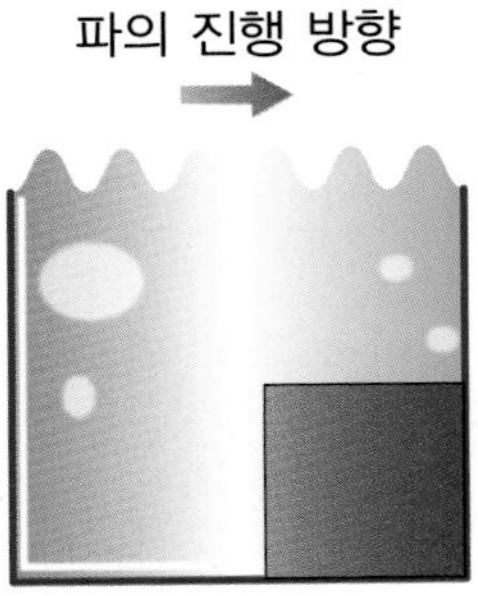

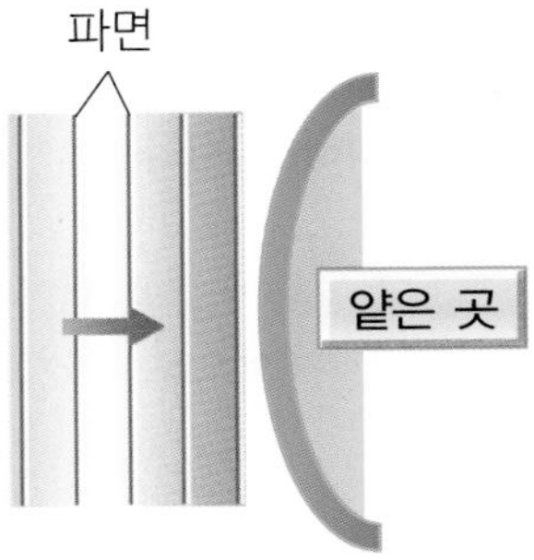

(2) 얕은 곳에서 깊은 곳으로 진행할 때

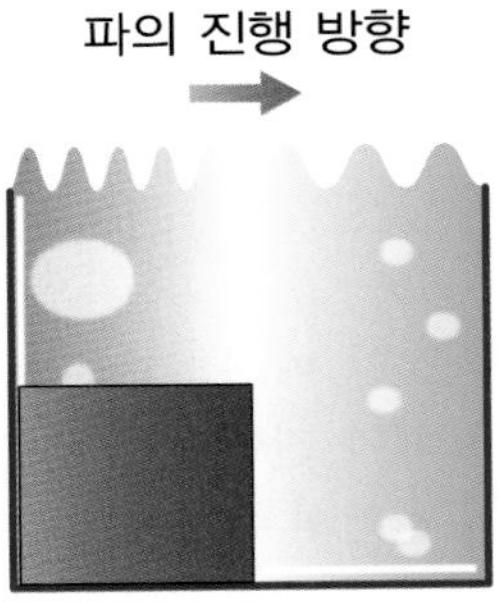

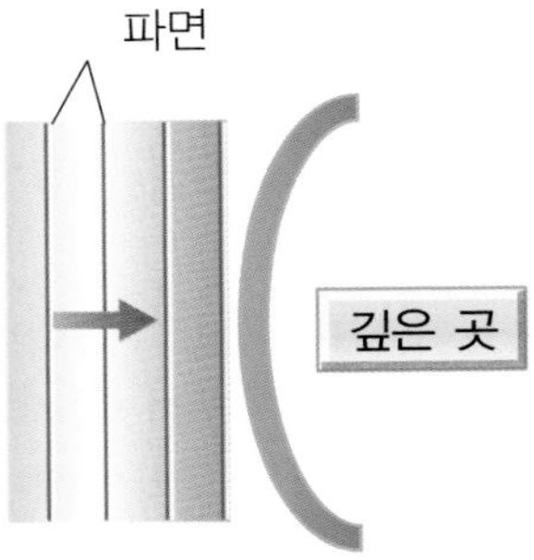

STEAM융합형 문제 해결하기

01

서로 접해 있는 두 매질을 가로질러서 운동하는 경우 직선 운동이 최단 시간 운동은 아니다. 수영하는 것보다 뛰어가는 것이 더 빠른 인명구조원이 A 지점에서 B지점으로 조난자를 구하기 위하여 간다면 가장 빠른 경로는 오른쪽 그림과 같다. 즉, 속도가 빠른 곳에서 더 많이 가는 것이 시간적으로는 이득이다.

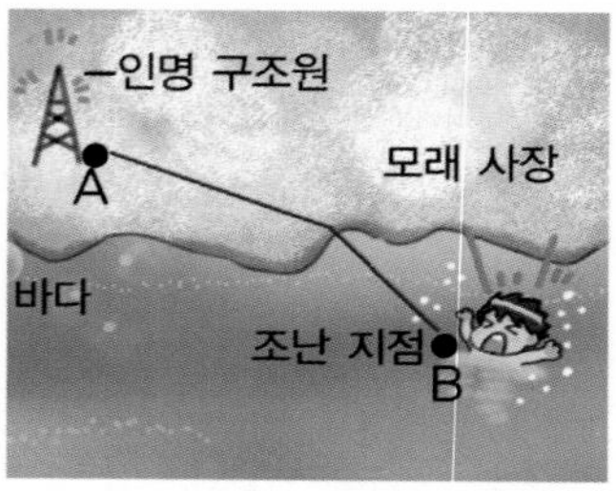

파동의 반사와 굴절에는 '최단 시간의 원리' 가 적용된다. 파동이 반사하거나 굴절할 때에는 한 점에서 파동이 출발하여 다른 곳까지 갈 때 최단 시간에 가는 경로를 선택하게 된다.

(1) A 지점의 새가 바닥에 있는 모이를 쪼아 먹고 B 지점으로 가려고 한다.

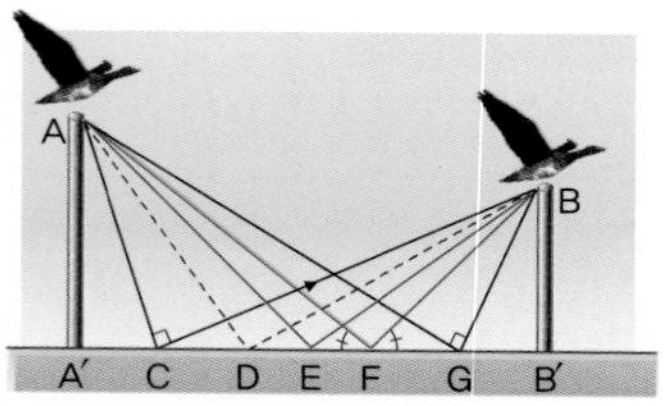

① 공간 상에서 두 지점 사이를 일정한 속력으로 간다고 했을 때 가장 시간이 적게 걸리려면 두 지점 사이를 어떤 경로로 가야 하는가?

② 위 경로 중에 위의 조건을 만족하는 경로가 있는가? 그 이유는 무엇인가?

③ 빛이 반사 되는 경우 어느 경로로 반사가 되겠는가? 그 이유는 무엇인가?

(2) 굴절률 1 인 공기와 굴절률 2 인 매질 사이에서 P점에서 Q점으로 물체가 진행하는 경우이다. 매질 1 에서의 물체의 속력은 10m/s 이고, 매질 2 에서의 물체의 속력은 5m/s 이다.

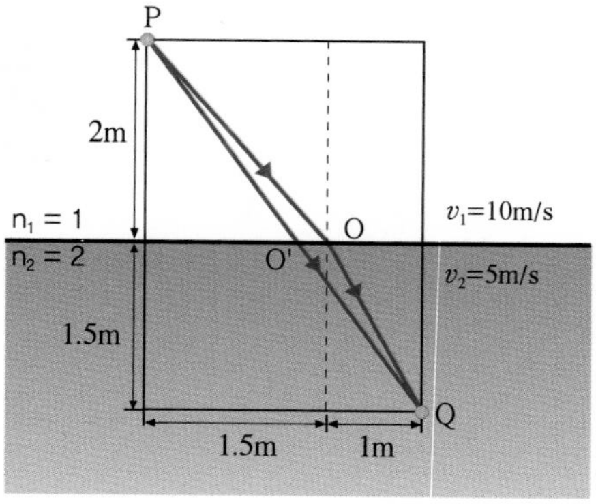

① 이 물체가 POQ 경로로 이동할 때의 시간과 PO'Q 직선 경로로 이동할 때의 시간을 비교하시오.

② 이 경우는 굴절의 법칙과 관계가 있는가? 설명하시오.

"

산소와 이산화 탄소를 구별하려면?

산소와 이산화 탄소는
색깔이나 냄새로 구별될까? 산소와 이산화 탄소를 구별하는
방법에는 어떤 것들이 있을까?

"

4

여러 가지 기체

개념다지기

쏙 쏙 빈칸을 채워 개념을 완성하세요!

❶ 우리 생활에서의 산소

(1) 공기의 성분

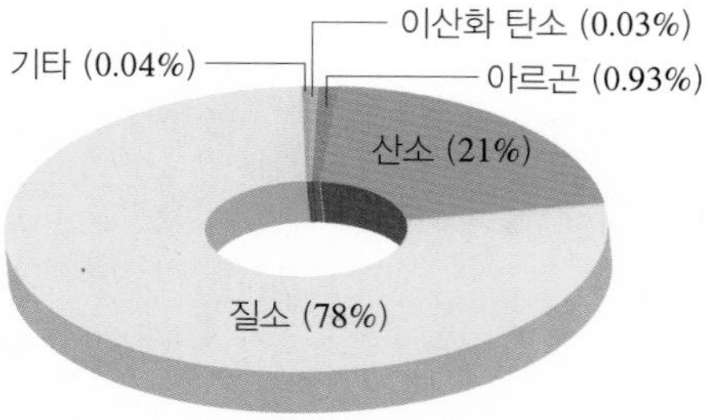

공기 중 가장 큰 비율을 차지하는 기체는 ❶ ______ 이고, 그 다음 많은 기체가 산소이다.

(2) 호흡과 산소

① 생물이 숨 쉴 때 공기 중의 산소를 필요로 한다.

② 호흡으로 들이마신 산소는 생물이 활동하는데 필요한 에너지를 얻는데 사용된다.

(3) 생활 속 산소의 이용

잠수부	우주인	등산가	응급 환자	금속 용접	로켓 발사

❷ 산소 기체

(1) 산소의 발생

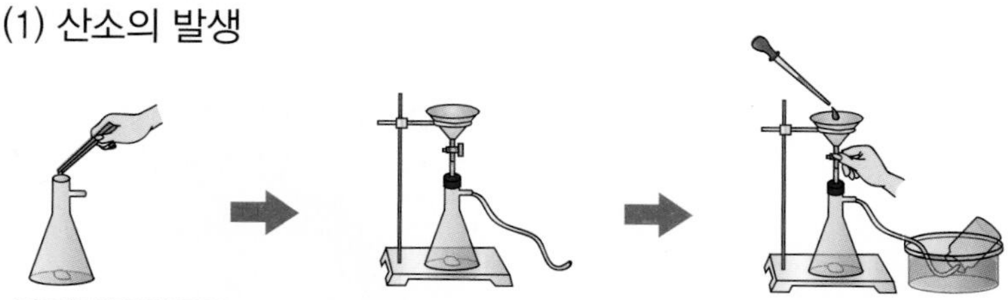

가지달린 삼각 플라스크에 이산화 망간을 1g 정도 넣고 물을 조금 넣는다.

→ 유리관을 끼운 고무마개를 삼각 플라스크에 끼우고, 유리관과 깔때기를 핀치 클램프를 끼운 고무 관으로 연결한다.

→ 삼각 플라스크의 가지와 집기병을 고무관으로 연결하고 물을 가득 채운 집기병을 물속에서 거꾸로 세우고 고무관을 집기병 속으로 넣는다. 핀치 클램프를 열어 깔때기의 ❷ ______*를 떨어뜨린다.

집기병에 산소가 모이면서 집기병 속의 물의 높이가 점점 ❸ ______ .

● 철의 부식, 과일의 갈변

산소는 철을 녹슬게 하므로 철의 부식을 막기 위해 페인트칠이나 기름칠을 한다. 과일의 껍질을 깎아 공기 중에 두었을 때 갈색으로 변하게 하는 것도 산소 때문인데, 과일의 갈변 현상을 막기 위해서 과일에 설탕을 뿌리거나 소금물에 담그는 방법을 이용한다.

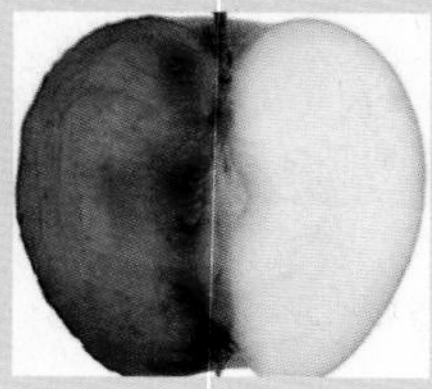

▲ 사과의 갈변 현상

● 과학단어

★과산화 수소 강한 표백력을 가지는 액체로 물에 녹녹으면 과산화 수소수가 된다. 햇빛이나 열에 의해 쉽게 분해되므로 갈색병이나 플라스틱 병에 넣어서 보관해야 한다.

(2) 산소의 성질 관찰

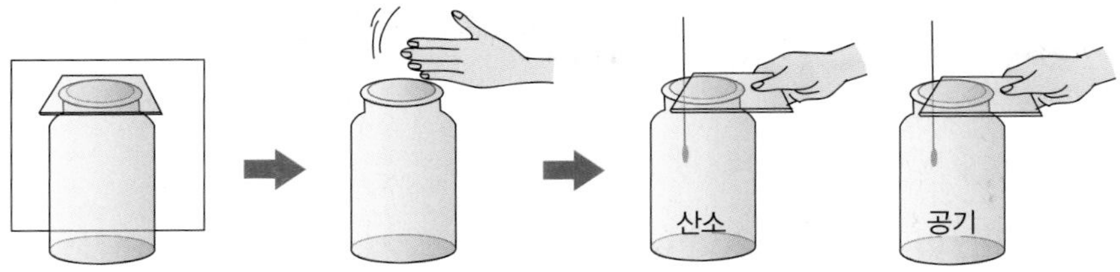

흰 종이를 뒤에 대고 색깔을 관찰한다. → 색깔이 없다.	손으로 부채질 하듯이 저어 냄새를 맡아본다. → 냄새가 없다.	산소와 공기가 든 집기병에 깜부기불을 각각 넣고 비교해본다. → 산소는 다른 물질을 잘 타게 도와주는 기체이다.

(3) 산소의 성질

① 색깔과 냄새가 없는 기체이다.
② 물에 거의 녹지 않는다.
③ 공기보다 (아주) 약간 무겁다.
④ 다른 물질을 잘 타게 도와 준다.(조연성)

❸ 이산화 탄소 기체

(1) 이산화 탄소의 발생

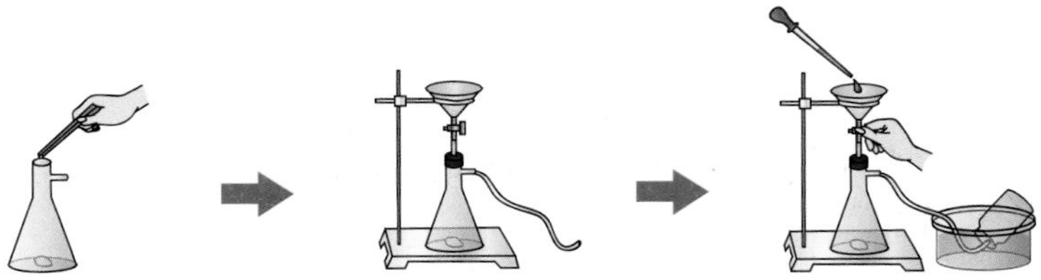

가지달린 삼각 플라스크에 대리석 조각을 넣는다.	유리관을 끼운 고무마개를 삼각 플라스크에 끼우고, 유리관과 깔때기를 핀치 클램프를 끼운 고무 관으로 연결한다.	삼각 플라스크의 가지와 집기병을 고무관으로 연결하고 물을 가득 채운 집기병을 물속에서 거꾸로 세우고 고무관을 집기병으로 넣는다. 핀치 클램프를 열어 깔때기의 ❹ ______*를(을) 떨어뜨린다.

집기병에 이산화 탄소가 모이면서 집기병 속의 물의 높이가 점점 낮아진다.

(2) 이산화 탄소의 성질 관찰

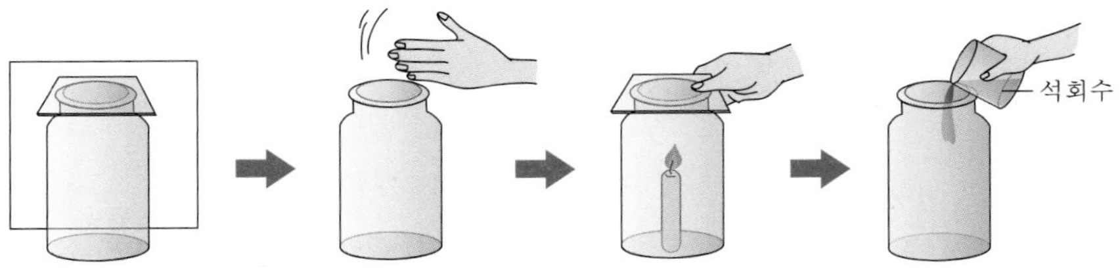

흰 종이를 뒤쪽에 대고 색깔을 관찰한다. → 색깔이 없다.	손으로 부채질하듯이 저어 냄새를 맡아본다. → 냄새가 없다.	집기병 속에 촛불을 넣고 관찰한다. → 촛불이 꺼진다.	집기병 속에 석회수를 넣고 관찰한다. →석회수가 뿌옇게흐려진다.

화학 약품의 냄새를 맡는 방법

유독한 물질일 수 있으므로 코를 가까이 대고 들이마시지 말고, 손으로 가볍게 부채질 하듯 바람을 일으켜 냄새를 맡아야 한다.

플로지스톤설

18세기 초에 화학자들은 플로지스톤을 가지고 있는 물질은 잘 탈 수 있고, 반면에 플로지스톤을 가지고 있지 않은 물질은 타지 못한다고 생각했다. 이러한 생각은 잘못된 것으로 실제 연소란 물질이 산소와 격렬하게 반응하는 일종의 산화 반응이다.

기체 포집 방법

① 수상치환 : 물에 녹지 않는 기체를 물속에서 포집하는 방법

② 상방치환 : 물에 녹고, 공기보다 가벼운 기체를 포집하는 방법

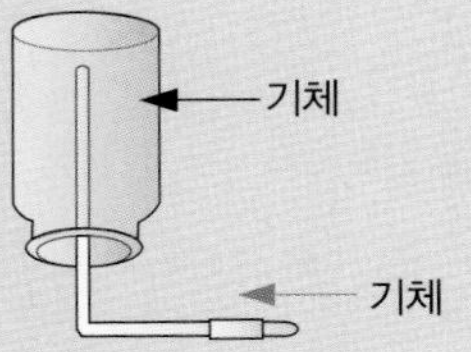

③ 하방치환 : 물에 녹고, 공기보다 무거운 기체를 포집하는 방법

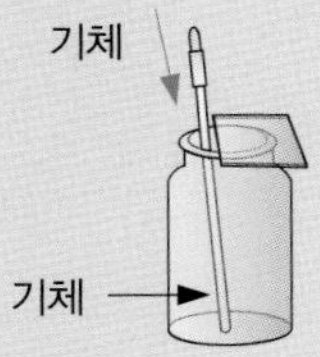

과학단어

★염산 염산은 물에 염화 수소가 녹은 염화 수소 수용액으로 대표적인 강한 산이다. 위산의 주성분이고, 산업용으로 널리 이용된다. 염산은 부식성이 있으므로 주의해서 다뤄야 한다.

개념다지기

쏙 쏙 빈칸을 채워 개념을 완성하세요!

● 이산화 탄소가 불을 끌 수 있는 까닭

이산화 탄소는 스스로 타는 성질이 없으며, 공기보다 무거워 아래로 가라앉으면서 불에 공급하는 산소의 공급을 차단하기 때문에 불이 꺼지는 것이다.

● 이산화 탄소가 이용되는 예

▲ 탄산 음료 ▲ 소화기

▲ 광합성 ▲ 포장 냉각제

● 연료로서 수소의 장점

① 연소 생성물로 물이 생기므로 공해가 없는 청정 연료이다.
② 물을 원료로 하여 수소를 얻을 수 있으므로 자원이 풍부하다.

● 과학단어

★연료전지 연료의 산화 반응에 의해 생기는 화학 에너지를 직접 전기에너지로 변환시키는 전지이다.

(3) 이산화 탄소와 공기의 무게 비교

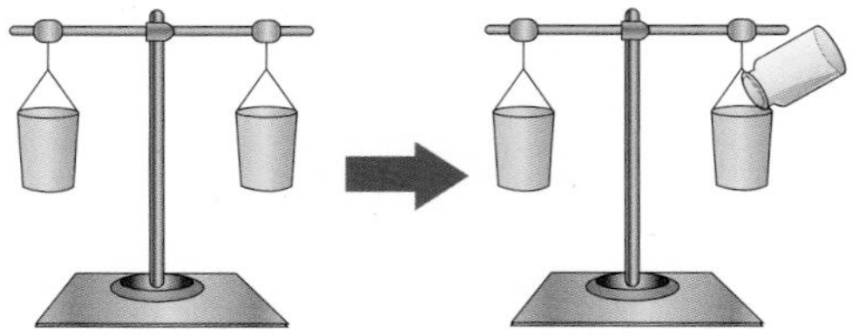

양팔 저울에 종이컵을 매달고 수평이 되게 한다.

한쪽 종이컵에 이산화 탄소를 천천히 부으며 변화를 관찰한다.

· 이산화 탄소를 부은 쪽이 아래로 내려간다.
· 이산화 탄소가 공기보다 무겁다는 것을 알 수 있다.

(4) 이산화 탄소의 성질

① 색깔과 냄새가 없는 기체이다. ② 공기보다 무겁다.
③ 스스로 타지 않고, 불을 끈다. ④ 석회수를 뿌옇게 흐리게 한다.

❹ 수소 기체

(1) 수소의 발생

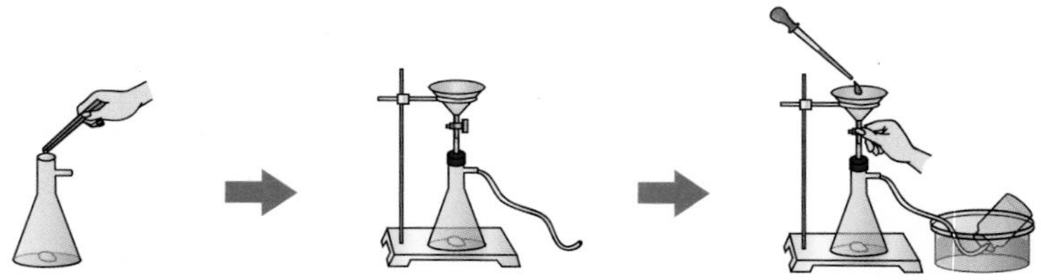

가지달린 삼각 플라스크에 마그네슘 조각을 넣는다.

유리관을 끼운 고무마개를 삼각 플라스크에 끼우고, 유리관과 깔때기를 핀치 클램프를 끼운 고무 관으로 연결한다.

삼각 플라스크의 가지와 집기병을 고무관으로 연결하고 물을 가득 채운 집기병을 물속에서 거꾸로 세우고 고무관을 집기병으로 넣는다. 핀치 클램프를 열어 깔때기의 ❺ ________ 를 떨어뜨린다.

(2) 수소의 성질

① 색깔과 냄새가 없는 기체이다. ② 물에 잘 녹지 않는다.
③ 스스로 타는 성질이 있다.(가연성) ④ 공기보다 가볍다.

(3) 수소의 폭발성 : 수소는 폭발의 위험이 있으므로 불씨를 가까이 가져가면 위험하다. 그런 위험 때문에 애드벌룬이나 비행선에는 반응성이 없는 헬륨 기체를 사용한다.

❺ 여러 가지 기체의 이용

(1) 질소와 우리 생활

과자 포장	자동차용 *에어백	질산 비료 제조	기름 탱크 청소

(2) 헬륨과 우리 생활

		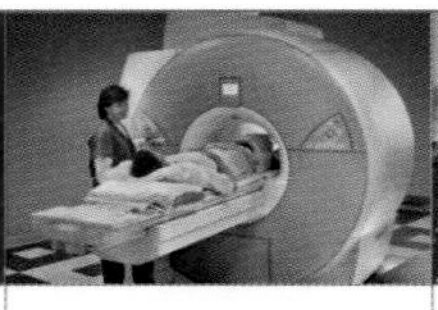	
광고용 비행선	심해 잠수부 호흡 가스에 넣음	*자기공명영상 (MRI) 장비	자기부상 열차

(3) 액화 가스

① 액화 석유 가스(LPG) : 프로페인과 뷰테인이 주성분인 석유 가스를 액체 상태로 만든 것으로 공기보다 ❻ ______.

② 액화 천연 가스(LNG) : 메테인이 주성분인 천연 가스를 액체 상태로 만든 것으로 수송관을 통해 수송된다. 청정 에너지이며 공기보다 ❼ ______.

(4) 그 밖의 기체의 이용

아르곤	네온	프로페인	뷰테인
			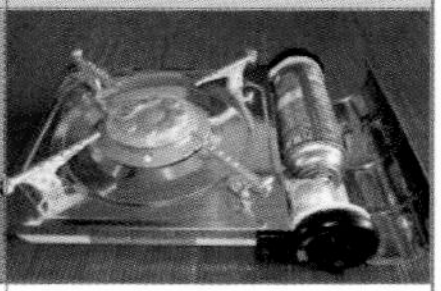
필라멘트 보호	간판이나 광고	연료	연료

헬륨을 심해 잠수용 호흡 가스에 넣는 까닭

깊은 바다 속은 압력이 높기 때문에 기체의 용해도가 크다. 잠수부가 수면 가까이로 올라올 때 압력이 감소되면서 녹았던 기체가 기포가 되어 몸에 피해를 줄 수 있기 때문에 용해도가 낮은 헬륨을 호흡 가스에 넣어 이런 위험을 줄이는 것이다.

대기오염

① 대기를 오염시키는 기체 : 이산화 황, 일산화 탄소, 탄화 수소, 이산화 질소, 프레온 가스 등
② 대기 오염을 줄일 수 있는 방법 : 청정에너지의 사용, 수소 자동차의 개발, 나무를 많이 심고 가꾸기 등

산성비

자동차의 질소 산화물 및 가정에서 사용하는 화석 연료의 연소시 발생하는 질소 산화물 및 황 산화물이 대기 중에 과도하게 분포하다가 비에 섞여 내리는 것이다. 이 비는 pH 5.6 이하의 산성으로 환경에 해롭다.

과학단어

★에어백 차량 충돌 때 폭발 가스로 인해 백이 순간적으로 부풀어 충격으로부터 승객을 보호하는 장치이다.

★자기공명영상(MRI) 장비 자기장을 이용하여 생체의 영상을 보여주는 첨단 의학용 장비이다.

SPEED CHECK!

기본확인문제

1. 공기 중 가장 큰 비율을 차지하는 기체는 질소이다. (O / X)
2. 대리석과 묽은 염산이 반응하면 이산화 탄소 기체가 발생한다. (O / X)
3. 수상 치환은 물에 잘 녹는 기체를 포집하기에 적당한 방법이다. (O / X)
4. 수소는 공기보다 가볍고, 헬륨은 공기보다 무겁다. (O / X)
5. 산소, 수소, 이산화 탄소는 모두 무색 기체이다. (O / X)
6. 산소와 공기가 든 집기병에 향불을 각각 넣으면 공기 쪽 향불의 불꽃이 더욱 크게 타오른다. (O / X)
7. 석회수는 수산화 나트륨 수용액이다. (O / X)
8. 이산화 탄소는 공기보다 무거운 기체이다. (O / X)
9. 수상 치환을 하면 집기병에 기체가 모이면서 집기병 속의 물의 높이는 점점 낮아진다. (O / X)

개념다지기 정답 | ❶ 질소 ❷ 과산화 수소 ❸ 낮아진다 ❹ 염산 ❺ 염소 ❻ 무겁다 ❼ 가볍다

탐구력 키우기

탐구1. 산소 기체의 발생

탐구과정

준비물
아이오딘화 칼륨(또는 이산화 망가니즈), 색소, 액체 비누, 과산화 수소, 눈금실린더, 향, 성냥, 쟁반

1. 소량의 물에 액체 비누와 색소, 아이오딘화 칼륨 한 숟가락을 넣어 잘 섞은 후 눈금실린더 안에 넣는다.

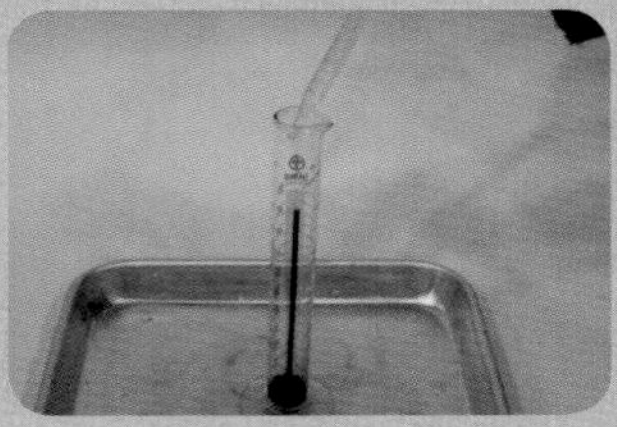

2. 1의 눈금실린더에 과산화 수소 10mL를 넣어 준다.

3. 눈금실린더 안의 거품에 깜부기 불을 넣어 본다.

※ 주의 : 용액이 흘러 넘치므로 깔개를 깔거나, 수조 안에서 진행한다.

탐구결과

1. 비눗방울 안에 모인 기체는 무엇인가?

2. 깜부기 불을 넣었을 때의 결과와 그 이유를 쓰시오.

탐구문제

1. 실험에서 액체 비누를 넣어주는 이유는 무엇인가?

2. 기체의 발생 실험에서 아이오딘화 칼륨 또는 이산화 망가니즈의 역할은 무엇인가?

탐구2. 이산화 탄소 기체의 성질

탐구과정

준비물
드라이아이스, 양초, 수조

[실험1] 이산화 탄소의 성질1

1. 드라이아이스를 비닐 봉지에 담아 밀봉한다.

2. 비닐 봉투에 포집한 기체를 불이 붙은 양초에 부어 본다.

[실험1] 이산화 탄소의 성질2

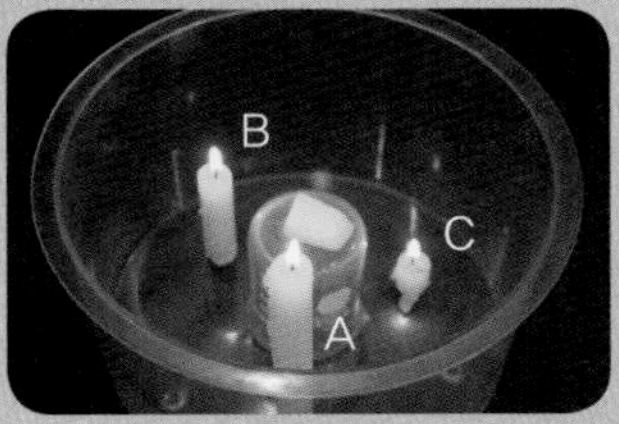

키 큰 양초와 키 작은 양초를 세운후 드라이 아이스를 중간 높이에 두고 수조 윗부분을 덮어준다.

탐구결과

1. 비닐 봉지에 모인 기체는 무엇인가?

2. 실험2에서 촛불이 빨리 꺼지는 순서대로 나열하시오.(단, 촛불의 키는 A > B > C 순이다.)

탐구문제

1. 실험1에서 기체가 모아진 비닐봉투 안에 석회수를 부으면 어떻게 되겠는가?

2. 실험1과 실험 2를 통해 알게된 이 기체의 성질을 쓰시오.

문제해결력 키우기

01 다음 (가)~(라)의 성질에 해당하는 기체를 보기에서 골라 쓰시오.

(가) 공기의 성분 중 가장 큰 비율을 차지하며, 반응성이 거의 없다.
(나) 전기 방전에 의해 특유의 색이 나타나므로 광고 간판 등에 사용된다.
(다) 연소를 돕는 물질이며, 호흡에 필수적인 기체이다.
(라) 탈 수 있는 기체로서, 연소 생성물로 물이 생성되므로 환경 오염이 없다.

보기

질소 산소 이산화 탄소 수소 네온 메테인

(가) : (나) :

(다) : (라) :

02 다음 중 이산화 탄소를 발생시킬 수 있는 방법이 아닌 것은?

① 달걀 껍데기와 식초
② 탄산 수소 나트륨과 식초
③ 조개 껍데기와 묽은 염산
④ 탄산 칼슘과 묽은 염산
⑤ 석회수와 묽은 염산

03 명수는 어항 속의 금붕어가 수면 위로 올라와 입을 뻐끔거리는 것을 보고, 그 현상이 매우 신기하게 느껴졌다. 그런데 이와 같은 현상은 주로 더운 여름날 많이 일어난다. 왜 그런 것인지 설명하시오.

04 보통 산소는 공기 중에서 모으지 않고 물속에서 포집한다. 다음 물음에 답하시오.

(1) 산소를 물속에서 포집할 수 있는 것은 산소의 어떤 성질 때문에 가능한지 쓰시오.

(2) 기체를 물속에서 포집하는 것이 가지는 유리한 점을 2가지 쓰시오.

05

다음 표는 지표와 고도 8.8km의 에베레스트 산 위에서의 대기의 압력과 대기 중 산소의 비율을 보여주는 것이다.

지표		에베레스트 산	
대기의 압력	산소의 비율	대기의 압력	산소의 비율
1기압	약 21%	약 0.3기압	약 21%

위의 표를 참고하면 지표에서나 에베레스트 산 위에서나 전체 공기 중에서 산소가 차지하는 비율에는 차이가 없다. 그럼에도 높은 산을 등반할 때 산소통을 짊어지고 가는 이유는 무엇 때문인지 쓰시오.

06

다음 이산화 탄소에 관한 물음에 답하시오.

(1) 양팔 저울에 종이컵을 매달고 수평이 되게 한 다음, 한쪽 종이컵에 이산화 탄소를 천천히 부으며 어떤 변화가 생기는지 관찰하였다. 이 실험의 관찰 결과와 그것을 통해 알 수 있는 사실을 쓰시오.

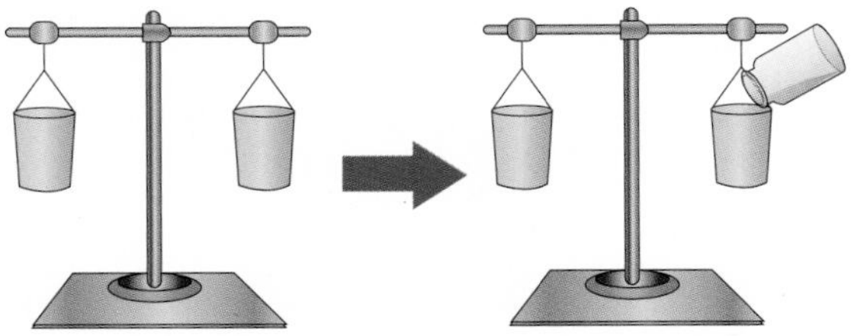

· 관찰 결과 :

· 관찰 결과 알 수 있는 사실 :

(2) 드라이아이스를 수조 밑바닥에 넣고 드라이아이스가 승화하기 시작한지 2~3분이 경과한 후 비눗방울을 만들어 수조에 넣어 본다. 이 실험의 관찰 결과와 그것을 통해 알 수 있는 사실을 쓰시오.

· 관찰 결과 :

· 관찰 결과 알 수 있는 사실 :

STEP BY STEP

07

영수는 다음과 같은 실험을 하였다. 다음 물음에 답하시오.

(가) 주사기 A에 건조한 공기 50mL를 넣었다.
(나) 〈그림 Ⅰ〉과 같이 주사기 A와 공기를 뺀 주사기 B를 구리 코일이 담긴 유리관으로 연결한다.
(다) 유리관을 충분히 가열한 다음, 〈그림 Ⅱ〉와 같이 주사기 A의 공기를 주사기 B쪽으로 모두 밀어낸다.

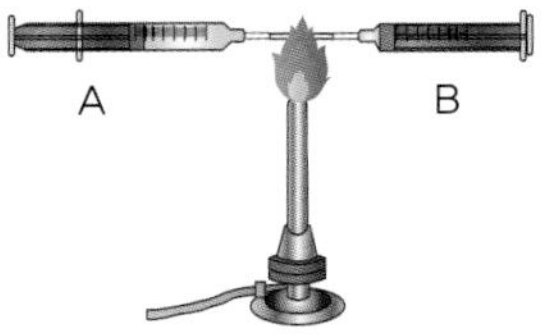

〈그림 Ⅰ〉

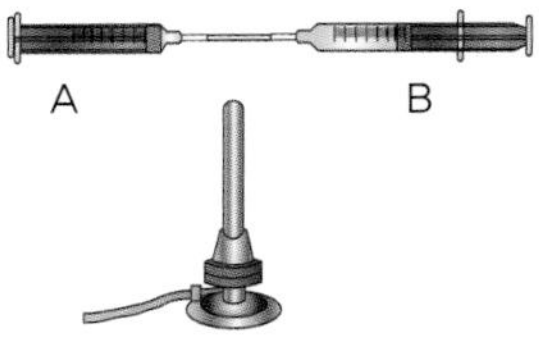

〈그림 Ⅱ〉

(라) 장치를 충분히 식혀서 가열 전과 같은 온도가 되도록 한 다음, 주사기 B에 들어있는 기체의 부피를 측정한다.

(1) 위 〈그림 Ⅱ〉의 주사기 B 속에 남아 있는 기체의 대부분을 차지하는 기체는 무엇인가?

(2) 영수가 실험 과정을 잘 따르며 올바르게 실험했다면, (라)에서 주사기 B 속에 들어 있는 기체의 부피는 얼마일까? (단, 유리관 속에 넣어 준 구리의 양이 충분했고, 충분히 가열하였기 때문에, (다)의 가열 과정 중 연소에 필요한 기체는 모두 소모되었다.)

① 10.5mL ② 28.8mL ③ 39.6mL ④ 45.1mL ⑤ 48.7mL

STEP BY STEP

08

다음 그림은 건조 공기를 이루는 주요 성분 기체 A, B, C, D의 부피비를 나타낸 것이다. 다음 물음에 답하시오.

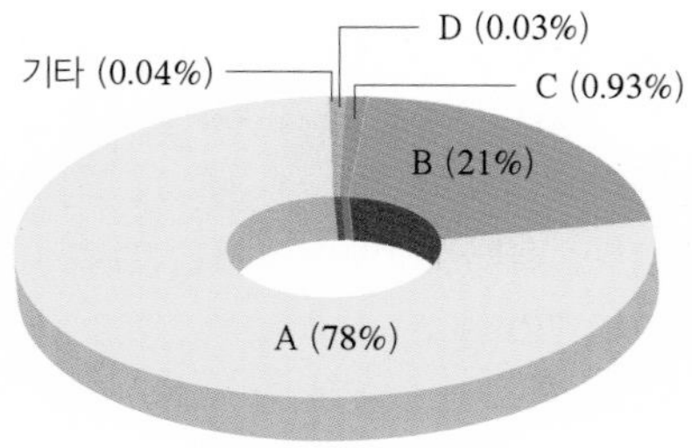

(1) 위 기체 A~D가 일상 생활에서 사용되는 예를 보기에서 골라 바르게 짝지은 것은?

보기

㉠ 비행선의 기체　　㉡ 자동차의 에어백
㉢ 필라멘트 보호용 충전 기체　　㉣ 소화기

① A - ㉡　② B - ㉠　③ B - ㉢　④ C - ㉣　⑤ D - ㉠

(2) 다음 중 기체 B를 이용하는 예에 해당하는 것을 2개 고르시오.

① 인공 호흡기
② 자기공명영상장비
③ 가정이나 음식점의 연료
④ 금속 재료의 용접과 절단
⑤ 튀김 과자 포장의 충전제

STEP BY STEP

09 성희는 다음 그림과 같이 수조 속에 높이가 다른 촛불을 여러 개 세우고, 이산화 탄소를 수조 바닥 쪽으로 흘려 넣었다. 그 결과 시간이 지남에 따라 촛불이 하나 둘 꺼졌다. 다음 물음에 답하시오.

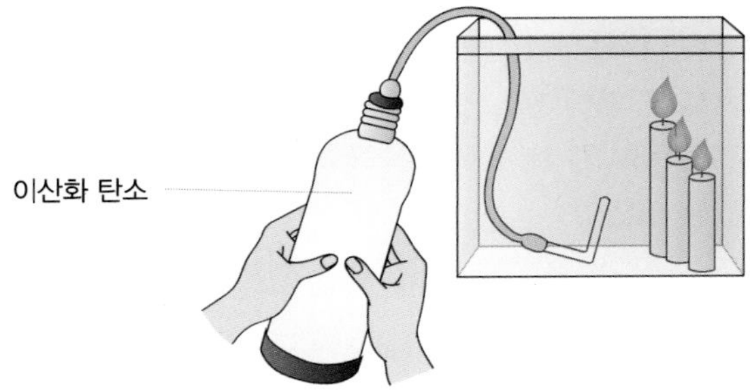

(1) 가장 먼저 불이 꺼지는 양초는 어떤 양초인가?

(2) 보기는 이산화 탄소의 성질을 정리한 것이다. 성희가 위 실험 결과를 통해 알 수 있는 이산화 탄소의 성질을 모두 고르시오.

보기

㉠ 색이 없다.
㉡ 냄새가 없다.
㉢ 공기보다 무겁다.
㉣ 석회수를 뿌옇게 흐리게 한다.
㉤ 스스로 타지 않고 불을 끄는 성질이 있다.

STEP BY STEP

10 다음 이야기를 읽고 물음에 답하시오.

힌덴부르크호는 대서양을 횡단하며 승객을 실어 나르는 대형 비행선이었는데, 비행선을 채우는 기체로 수소 기체를 사용하였다. 힌덴부르크호는 1937년 5월 6일 불길에 휩싸인 채 추락하여 35명의 사망자가 발생하는 불행을 낳았다.

(1) 힌덴부르크호와 같은 비행선에 수소를 채웠을 때 비행선이 뜨는 것은 수소의 어떤 성질과 관계있는지 쓰시오.

(2) 힌덴부르크호가 불길에 휩싸인 것은 무엇 때문이었을지 쓰시오.

(3) 수소 대신 어떤 기체를 사용했더라면 힌덴부르크호의 불행을 막을 수 있었을지 생각해 보시오.

STEP BY STEP

11 다음 표는 LNG에 대한 몇 가지 성질을 나타낸 것이다. 다음 물음에 답하시오. (단, 공기의 밀도는 25℃에서 1.25g/mL이다.)

구분	주성분	발열량(kJ/g)	가격(원/kg)	25℃에서의 밀도(g/L)
LNG	메테인	56	1200	0.71
LPG	프로페인, 뷰테인	50	1500	2.28

(1) LPG 21g이 연소되었을 때 방출되는 열의 양은 몇 kJ인가?

(2) LPG 21g을 연소시키면 물 10g의 온도를 얼마나 높일 수 있을지 구하시오. (단 물 1g을 1℃ 높이는데 필요한 열에너지는 4.2kJ 이며, 연료의 연소로 방출되는 열이 모두 물의 온도를 높이는데 쓰였다고 가정한다.)

(3) 같은 금액의 LNG와 LPG를 연소시킬 때 LNG와 LPG로부터 방출되는 열량의 비를 구하시오.

(4) LNG와 LPG의 가스 누출 경보기의 위치는 각각 어느 곳에 달아야 할까? 이유와 함께 쓰시오.

창의력 키우기

01

유창성 / 융통성 / 독창성 / 정교성

철수는 과학 시간에 두 개의 집기병에 산소와 이산화 탄소를 각각 포집하는 실험을 하였다. 그런데 어느 집기병에 어느 기체를 포집하였는지를 표시하지 않는 실수를 하고 말았다.

집기병 1 집기병 2

집기병 1과 2에 포집된 기체가 각각 무엇인지 알아보기 위한 방법은 무엇이 있는지 모두 제시하시오.

02 아래 장치를 보고 물음에 답하시오.

- 유창성
- 융통성
- 독창성
- ✓ 정교성

거꾸로 세운 둥근 바닥 플라스크에 염화 수소(HCl) 가스를 넣고 아래 그림처럼 장치한 다음 스포이트의 고무를 눌러서 작은 양의 물을 둥근 바닥 플라스크로 주입시키면, 둥근 바닥 플라스크 안의 긴 유리관으로부터 물이 분출된다.

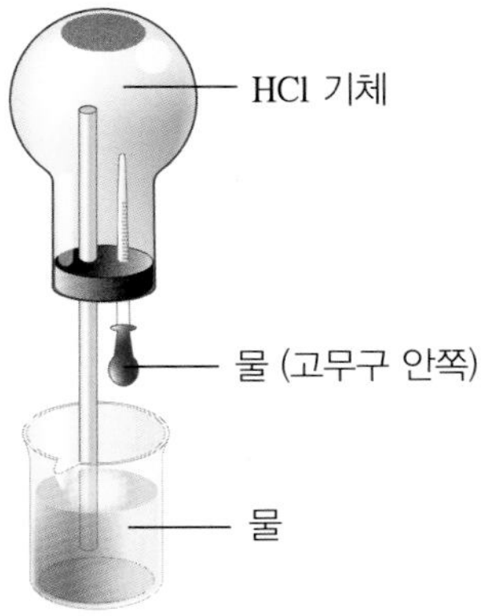

물이 분출되는 원리를 설명하시오. (단, 염화 수소는 물에 녹는 성질이 있다.)

01 현화는 TV에서 헬륨 기체를 마시면 목소리가 높은 음으로 변하며 소리가 이상하게 되는 것을 보았다. 그러한 현상이 매우 신기하게 느껴진 현화는 여러 가지 책에서 보기와 같은 자료를 수집하였다. 다음 물음에 답하시오.

보기

㉠ 소리의 진동수가 목소리의 높낮이를 결정하게 되는데. 진동수가 클수록 높은 소리인 고음이 된다.
㉡ 공기의 밀도는 1.2kg/m^3 인데, 헬륨의 밀도는 0.18kg/m^3 로 공기보다 가볍다.
㉢ 입 안에서의 소리의 속도는 입 안에 있는 기체의 밀도에 따라 변하게 된다.
㉣ 매질의 밀도가 작으면 소리의 이동 속도는 빨라지게 된다.

(1) 현화는 성인 남자 목소리와 성인 여자 목소리 중에서 어느 쪽의 진동수가 더 큰지 알아보기 위한 실험을 하려고 한다. 실험에서 같게 해야 할 조건과 다르게 해야 할 조건, 그리고 실험에서 측정해야 할 값을 쓰시오.

· 같게 해야 할 조건 :

· 다르게 해야 할 조건 :

· 측정해야 할 값 :

(2) 입 안에 공기가 있을 때와 헬륨이 있을 때 중에서 소리가 더 빠르게 이동하는 것은 어느 경우인가? 그렇게 판단한 근거를 제시하시오.

(3) 헬륨 기체를 마셨을 때 소리의 높이에 생기는 변화를 토대로 하여, 매질의 밀도와 진동수 사이의 관계를 설명하시오.

"

계절은 어떻게 생기는 것일까?

적도 근처 지방에서는 겨울이 없고, 극지방 근처에서는 여름이 없다.
그 이유가 무엇일까?

"

5

계절의 변화

개념다지기

쏙 쏙 빈칸을 채워 개념을 완성하세요!

❶ 계절에 따른 기온과 밤낮의 기온 변화

(1) 계절에 따른 기온 변화

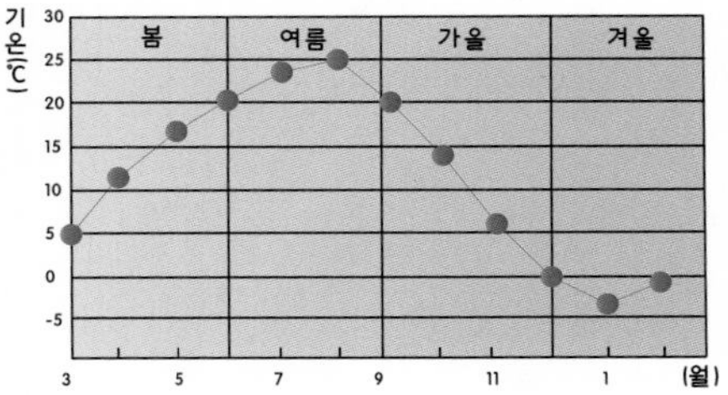

봄부터 기온이 차차 높아져서 한여름인 8월에 평균 기온이 가장 ❶ ______ , 다시 기온이 낮아져서 1월에 월 평균 기온이 가장 ❷ ______ .

(2) 계절에 따른 낮의 길이 변화

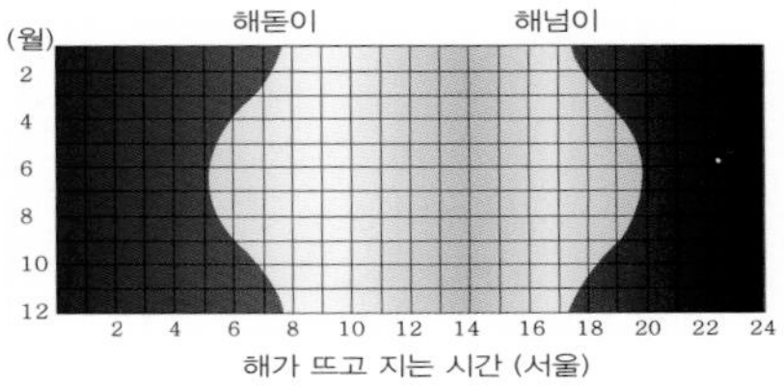

낮의 길이는 겨울(동지)를 지나면서 여름(하지)까지는 점점 길어지고, 이후에 다시 점점 짧아진다.

1년 중 낮의 길이는 하지(6월 21일)에 가장 길지만, 태양 복사 에너지가 지면을 데우는 데 시간이 걸려서 기온은 8월에 가장 높아진다. 반대로 지면이 식는데도 시간이 걸리므로 낮의 길이가 가장 짧은 동지(12월 22일 또는 23일)를 지나 1월이 되어야 기온이 가장 낮아진다.

❷ 태양 고도에 따른 그림자의 길이와 기온 변화

(1) 하루 동안의 그림자의 길이와 기온 변화 측정

시각	태양의 이동	태양의 고도	그림자의 길이	기온의 변화
아침	동 → 남	점점 높아짐	점점 짧아짐	점점 높아짐
점심	남	12시 경에 가장 높음	가장 짧음	오후 2시 경이 가장 높음
저녁	남 → 서	점점 낮아짐	점점 길어짐	점점 낮아짐

(2) 하루 동안의 태양의 고도와 그림자 길이와의 관계 : 태양의 고도가 ❸ ______ 그림자의 길이는 짧아진다.

태양의 고도와 그림자 길이 ▶

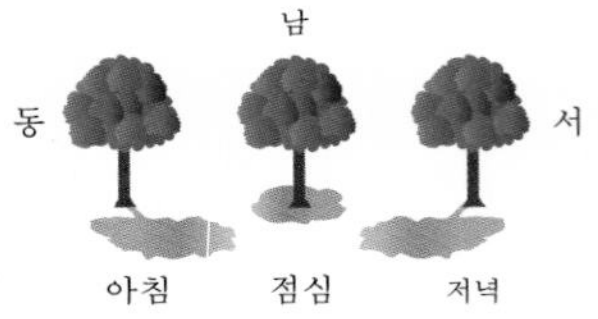

(3) 하루 동안의 태양의 고도와 기온과의 관계

① 태양의 고도가 높을수록 기온이 높다.

② 태양의 고도는 12시 30분에 가장 높고, 기온은 약 2시 무렵에 가장 높다.

● 태양의 *고도 측정 방법

막대에 생기는 그림자와 실을 이용하여 지면으로부터의 태양의 고도를 측정한다.

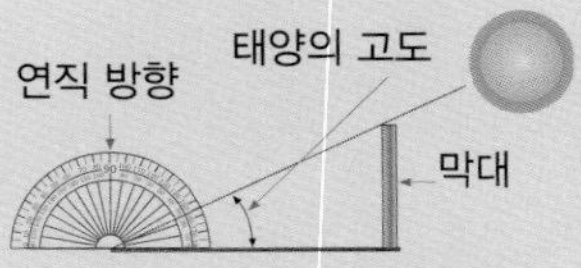

▲ 태양의 고도 측정

● 태양의 고도와 기온

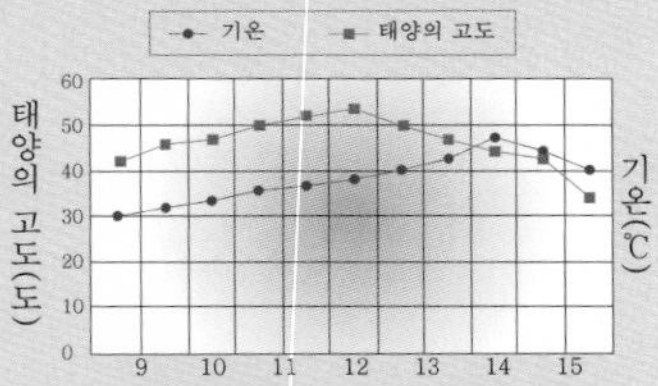

태양의 고도가 높을수록 들어오는 태양 복사 에너지는 많지만 지면을 데우는데 시간이 걸리므로 태양 고도가 가장 높은 시각보다 늦은 오후 2시 경에 기온이 가장 높게 형성된다.

● 과학단어

★고도 태양이나 별이 떠 있는 정도를 지표면으로부터의 각도로 나타낸 것

(2) 태양의 고도가 높으면 기온이 높은 이유

① 태양의 고도와 에너지와의 관계

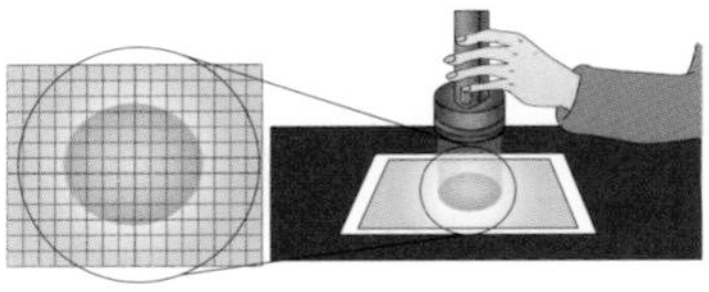

▲ 손전등을 수직으로 비출 때

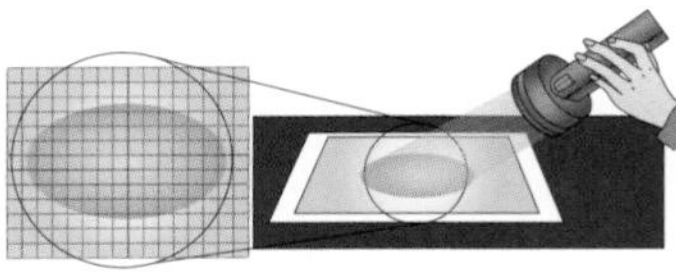

▲ 손전등을 비스듬히 비출 때

손전등을 수직으로 비출 때가 비스듬히 비출 때보다 비추는 면적이 ❹ ______. 손전등에서는 동일한 에너지가 나가므로 같은 면적에 대해 들어오는 에너지는 수직으로 비출 때가 더 ❺ ______.

구분	태양 복사 에너지 양	기온
태양 고도가 높을 때	단위 면적당 에너지양이 많음	높음
태양 고도가 낮을 때	단위 면적당 에너지양이 적음	낮음

● 손전등이 비추는 면의 넓이 구하기

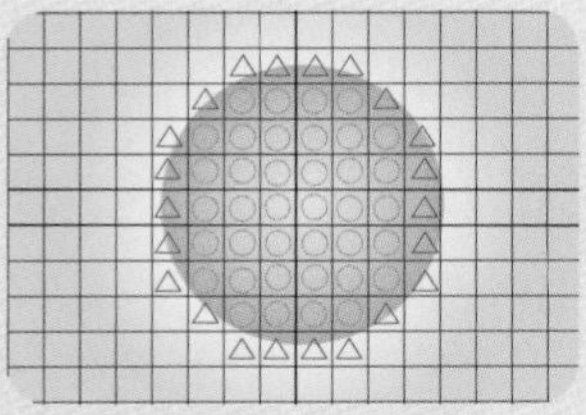

손전등이 완전히 비추는 면은 ○로 부분만 비추는 면은 △로 표시하여 개수를 세고, △는 1/2 면적으로 하여 합하여 비추는 면의 넓이를 구할 수 있다.

❸ 계절에 따른 태양의 고도 변화(우리나라)

(1) 절기에 따른 태양의 뜨고 지는 위치 변화 : 동지에서 하지로 갈수록 태양이 뜨는 위치는 점점 북쪽으로 이동한다. 태양은 남쪽으로 비스듬히 기울어진 채 움직이므로 ❻ ______ 때 낮의 길이가 가장 길다.

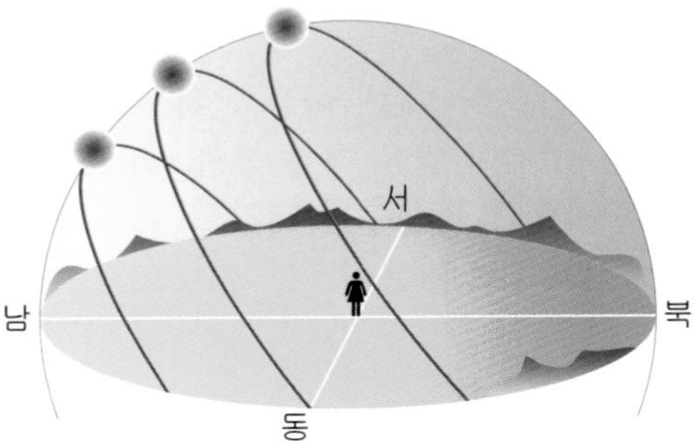

▲ 절기에 다른 낮의 길이

구분	해 뜨는 위치	해 지는 위치
춘분	정동쪽	정서쪽
하지	북동쪽	북서쪽
추분	정동쪽	정서쪽
동지	남동쪽	남서쪽

● 24 절기

계절에 맞지 않는 음력의 단점을 보완하기 위해 태양의 움직임을 기준으로 1년을 24개의 시기로 나눈 것으로 계절의 변화와 잘 맞아떨어진다. 춘분, 추분, 동지, 하지도 24절기에 포함된다.

(2) 계절에 따른 태양의 *남중고도, 낮의 길이, 기온의 변화

계절(절기)	태양의 남중고도	낮의 길이	기온
봄(춘분)	중간	12시간	중간
여름(하지)	가장 높다(하지)	가장 길다(하지)	높다
가을(추분)	중간	12시간	중간
겨울(동지)	가장 낮음(동지)	가장 길다(동지)	낮다

● 과학단어

★남중 고도 태양이 정남쪽에 위치했을 때의 고도. 하루 중 태양의 고도가 가장 높을 때의 고도이다. 이때 그림자는 정북쪽을 가리키며 그림자의 길이가 가장 짧다.

개념다지기

쏙 쏙 빈칸을 채워 개념을 완성하세요!

● 위도와 경도

① 위도는 지도상의 가로선을 말한다. 위도는 북반구, 남반구를 각각 90°로 나누어서 북위 0~90°, 남위 0~90°로 한다. 위도 0°는 적도이며 90°는 남극과 북극이다.

· 예 : 북위 33°, 남위 57°

② 경도는 지구를 세로선으로 나눈 것이다. 경도는 0~동쪽180°, 0~서쪽 180°까지 있는데, 0°는 영국의 그리니치 천문대를 지나는 자오선(*본초자오선)이다. 동경 180°와 서경 180°가 만나는 세로선을 날짜변경선이라고 해서 이 선을 넘어가면 날짜를 1일 더하던가(동→서), 1일 빼다(서→동).

· 예 : 동경 115°, 서경 30°

● 자전축

지구가 자전할 때 중심이 되는 축이다. 현재 지구의 자전축은 북극성을 가리키고 있다.

● 과학단어

★본초자오선 지구의 남극과 북극을 지나는 큰 원을 자오선이라고 하며, 같은 자오선에 있는 지역들은 경도가 같다. 자오선 중 영국의 그리니치 천문대를 지나는 자오선을 본초자오선이라고 하고 경도 0°이며, 지구 반대쪽은 날짜변경선이 된다.

(3) 위도에 따른 태양의 고도 변화

① 위도에 따른 태양의 고도와 그림자의 길이 변화

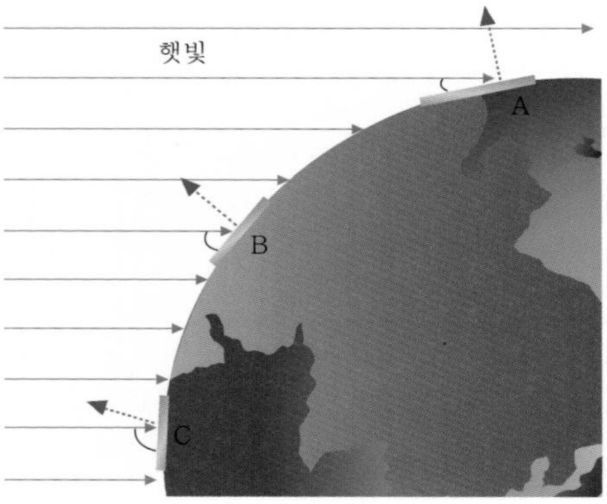

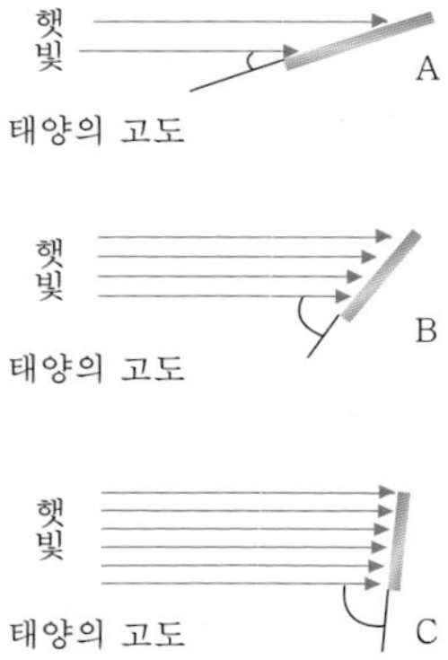

구분	태양의 고도	그림자의 길이	기온의 변화
위도 높을수록	점점 낮아짐	점점 길어짐	점점 낮아짐
위도 낮을수록	점점 높아짐	점점 짧아짐	점점 높아짐

② 위도에 따라 기온이 다른 이유 : 위도가 낮을수록 태양의 고도는 ❼ ______ 지면이 받은 태양 복사 에너지의 양이 많으므로 기온이 높다. 반대로 위도가 높을수록 태양 고도가 낮아 지면이 받는 태양 에너지의 양이 적으므로 기온이 낮다.

❹ 계절에 따른 태양의 남중고도와 그림자의 길이 변화

(1) 자전축의 기울기에 따른 태양의 고도와 그림자의 길이 변화(북반구)

① 자전축이 수직일 때

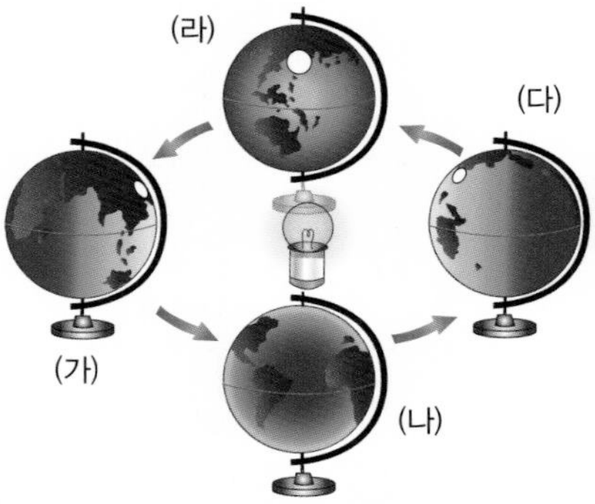

② 자전축이 기울어졌을 때

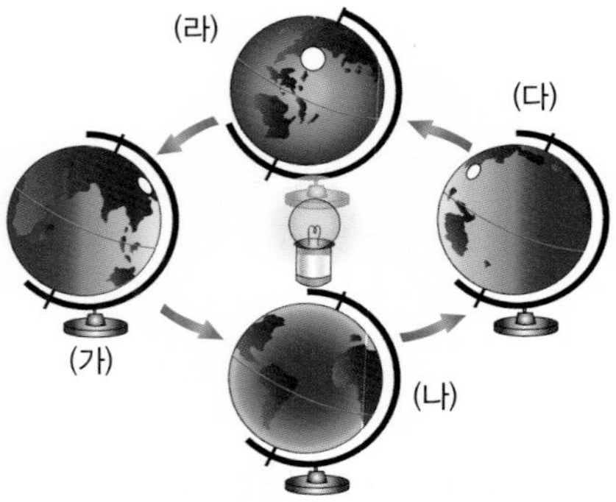

지구본의 위치	태양의 고도	그림자의 길이	지구본의 위치	태양의 고도	그림자의 길이
(가)	변화 없음	변화 없음	(가)	높음	짧음
(나)	변화 없음	변화 없음	(나)	중간	중간
(다)	변화 없음	변화 없음	(다)	낮음	긺
(라)	변화 없음	변화 없음	(라)	중간	중간

(2) 계절에 따라 태양의 남중고도와 기온이 달라지는 이유 : 지구의 자전축이 기울어져 ❽ ________ 하기 때문에 태양의 남중고도가 변하여 기온의 변화가 생긴다.

(3) 계절의 변화(*북반구) : 지구의 자전축이 공전궤도면과 66.5°기울어져 공전하기 때문에 공전궤도 상의 지구의 위치에 따라 태양 복사 에너지가 들어오는 각도가 달라지게 된다. 이러한 차이로 인해 계절이 생긴다.

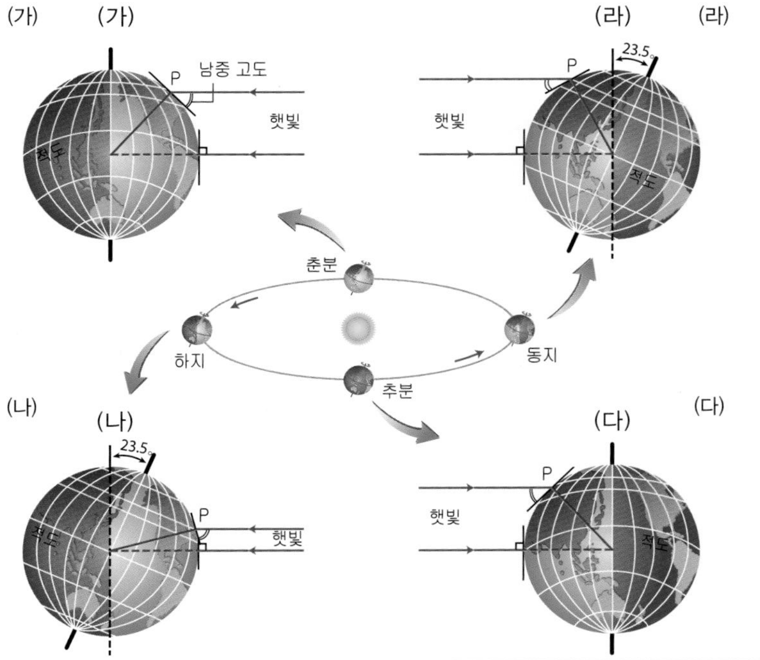

위치	절기(계절)	태양의 남중 고도 (h)	밤낮 길이	해뜨는 쪽	해지는 쪽
(가)	춘분(봄)	90° - 그 지방의 위도(φ)	밤 = 낮	정동	정서
(나)	하지(여름)	90° - 그 지방의 위도(φ) + 23.5°	밤 < 낮	북동	북서
(다)	추분(가을)	90 - 그 지방의 위도(φ)	밤 = 낮	정동	정서
(라)	동지(겨울)	90° - 그 지방의 위도(φ) - 23.5°	밤 > 낮	남동	남서

지구의 자전축과 공전궤도면

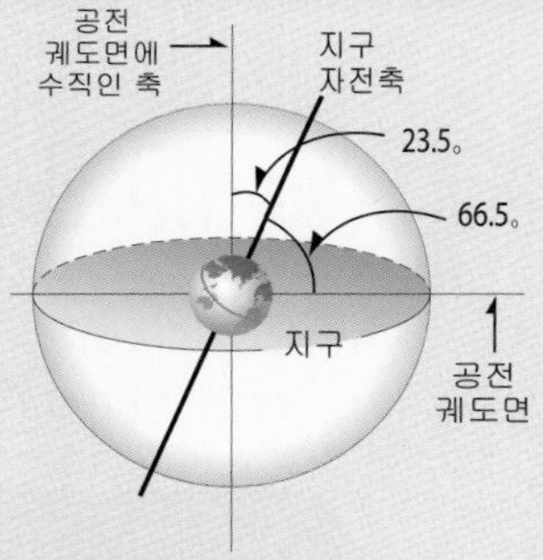

지구가 공전하는 평면을 공전궤도면이라고 할 때 공전궤도면에 대해 지구의 자전축은 66.5 ° 의 각을 이룬다.

과학단어

★남반구 지구의 적도를 기준으로 남쪽의 반구를 말한다.

★북반구 지구의 적도를 기준으로 북쪽의 반구를 말한다.

SPEED CHECK!

기본확인문제

1. 태양이 떠서 정오가 되기까지 태양의 고도는 점점 (높아진다, 낮아진다).
2. 태양의 고도가 높을수록 같은 넓이에 도달하는 태양 복사 에너지의 양은 (많아진다, 적어진다).
3. 태양의 고도가 가장 높을 때 그림자의 길이가 가장 (길다, 짧다).
4. 북반구에서 1년 중 낮의 길이가 가장 긴 날은 (춘분, 하지, 추분, 동지) 이다.
5. 춘분에서 하지로 갈수록 태양이 뜨는 위치는 점점 (남쪽, 북쪽) 으로 이동한다.
6. 북반구에서 1년 중 태양의 에너지가 가장 적게 들어오는 날은 (춘분, 하지, 추분, 동지)이다.
7. 하지 때는 해 뜨는 쪽이 (정동, 북동) 쪽이다.
8. 추분에서 동지로 갈수록 태양의 남중고도는 점점 (높아진다, 낮아진다).
9. 자전축이 공전궤도면과 (66.5°, 23.5°) 기울어져 있기 때문에 계절의 변화가 나타난다.
10. 남반구의 계절은 북반구의 계절과 (같다, 반대이다).

개념다지기 정답 | ❶ 높고 ❷ 낮다 ❸ 높을수록 ❹ 높다 ❺ 많다 ❻ 하지 ❼ 높아져 ❽ 공전

탐구력 키우기

탐구1. 시간에 따른 태양 복사 에너지의 변화

준비물
태양복사에너지 측정장치, 온도계

▲ 태양 복사 에너지 측정 장치

▲ 각도 조절판

탐구과정

① 태양 복사 에너지 측정 장치(그림)의 사각몸통에 물을 채운 후 온도계를 윗부분의 구멍에 끼워 준비한다.

② 축봉을 이용하여 태양광선에 수직으로 전면 검은판이 배치되도록 각도 조절판으로 각도를 맞춘다.

③ 30분 간 태양광선을 쬐고 온도 변화를 기록한다.

④ 2시간 간격으로 같은 실험을 반복하여 시간별 온도 변화를 표로 기록하고 그래프를 그린다.

탐구결과

실험 시작 시간	8시	10시	12시	14시	16시
온도 변화(℃)					

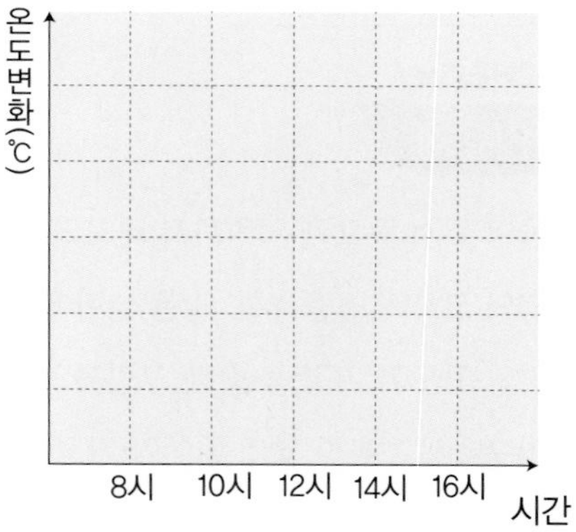

탐구문제

1. 하루 중 들어오는 태양 복사 에너지가 가장 클 때는 언제인가?

탐구2. 계절별 태양의 남중 고도 계산하기

준비물
자

북반구에서 남중고도는 하루 중 태양의 고도가 가장 높을 때의 고도로, 태양이 정남에 위치했을 때의 고도이다. 공전궤도면은 지구의 자전축과 66.5°의 각을 이룬다. 우리나라(북위 37°)에서의 춘분, 하지, 추분, 동지 때의 남중고도를 다음 과정으로 계산해 보자.

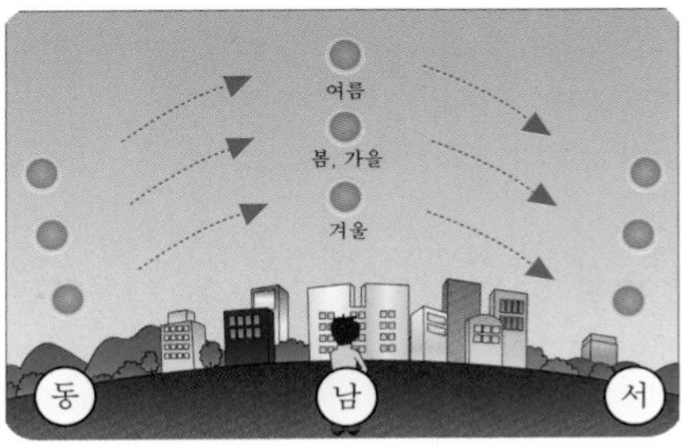

탐구과정

① 공전궤도면이 지구의 중심을 통과하도록 하고, 춘분, 하지, 추분, 동지 때 남중한 지구의 자오선을 그린다.

② 각 절기에서 지구의 자전축과 적도를 그려 넣고, 자오선 상에서 관측자의 위치를 그려 넣는다.

③ 관측자의 위치에 들어오는 태양광선을 그려 넣는다.

④ 관측 위치에서 지구 중심까지 선을 그리고 위도를 표시한다.

⑤ 각 절기에서의 수평면과 태양광선이 이루는 각을 계산한다.

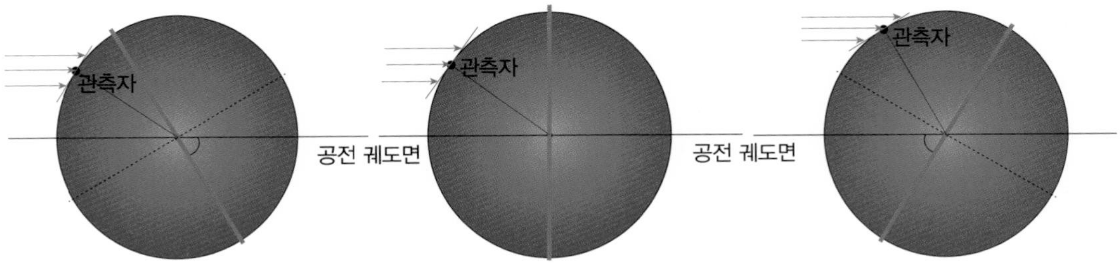

▲ 하지 ▲ 춘, 추분 ▲ 동지

탐구문제

1. 각 절기에서의 남중고도는 각각 몇° 인가?

2. 하지와 동지의 남중 고도의 차이는 몇° 인가?

01 다음은 우리나라의 하루 동안의 태양의 고도 변화와 그림자의 길이 변화, 기온의 변화를 나타낸 그림이다.

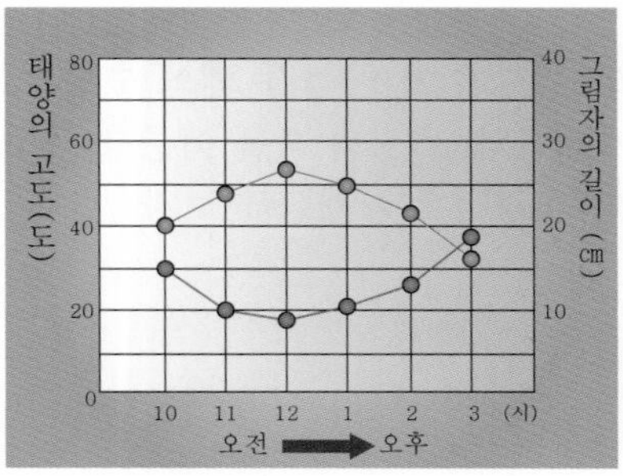

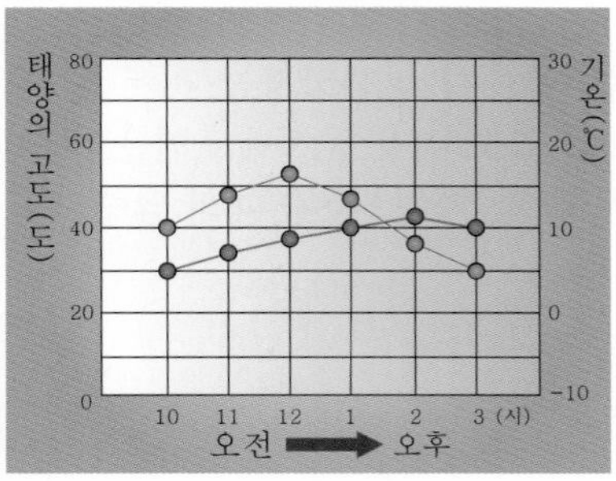

(1) 위 그림에 대한 다음 설명 중 잘못된 것을 모두 고르시오.

① 태양의 고도가 높을수록 그림자의 길이는 짧아진다.
② 태양의 고도가 가장 높을 때 그림자는 남쪽을 향한다.
③ 태양의 고도가 가장 높을 때 하루 중 기온도 가장 높다.
④ 하루 동안 그림자는 태양과 같이 동에서 서쪽으로 움직인다.
⑤ 남반구에서는 태양의 고도가 높을수록 그림자의 길이는 짧아진다.

(2) 다음 그림과 같이 태양의 고도를 측정할 때, 태양의 고도는 무엇인지 기호를 쓰시오.

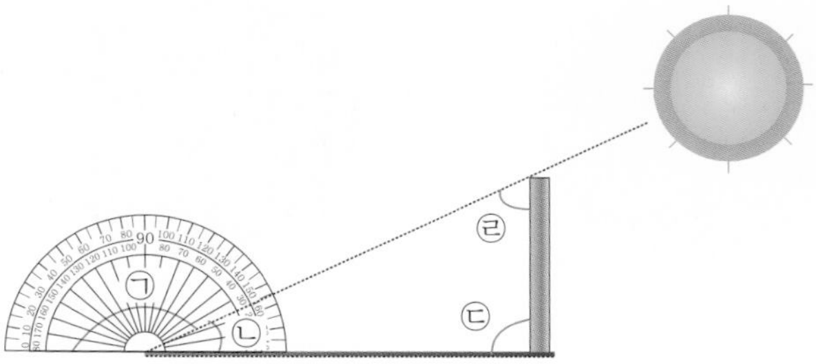

02

계절의 변화가 생기는 가장 근본적인 원인은 무엇인가?

① 지구가 태양의 둘레를 공전한다.
② 태양의 고도가 계절에 따라 달라진다.
③ 계절에 따라 별자리의 위치가 다르다.
④ 지구 자전축이 공전궤도면에 대해 66.5° 기울어져 있다.
⑤ 지구의 공전궤도가 타원이므로 지구에서 태양까지의 거리가 변한다.

03

다음 그림은 계절에 따른 태양의 하루 동안의 이동 경로를 나타낸 그림이다. 춘분, 하지 , 추분, 동지에 해당하는 것으로 바르게 연결한 것은?

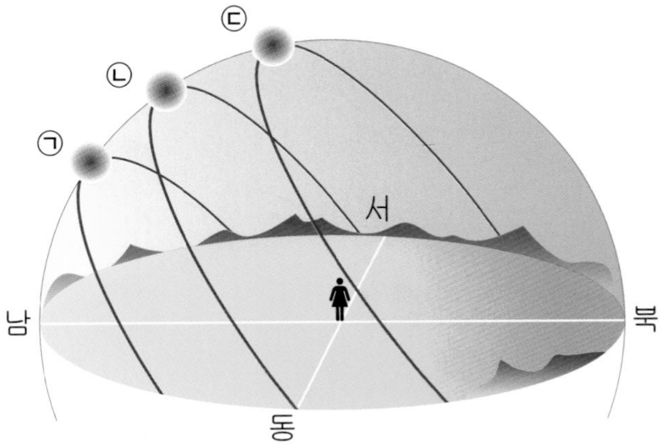

	춘분	하지	추분	동지
①	㉠	㉡	㉢	㉡
②	㉡	㉢	㉡	㉠
③	㉢	㉡	㉠	㉡
④	㉡	㉠	㉡	㉢
⑤	㉢	㉠	㉡	㉢

04 다음 그림은 북위 23.5° 되는 위치에서 남중고도가 90° 가 되는 하지 때의 모습을 나타낸 것이다. 태양 광선은 평행하므로 북위 23.5° 를 비추는 햇빛과 북위 37.5° 인 우리나라에 들어오는 태양광선은 평행하다. 이 날 우리나라에서의 태양의 남중고도는 얼마인가?

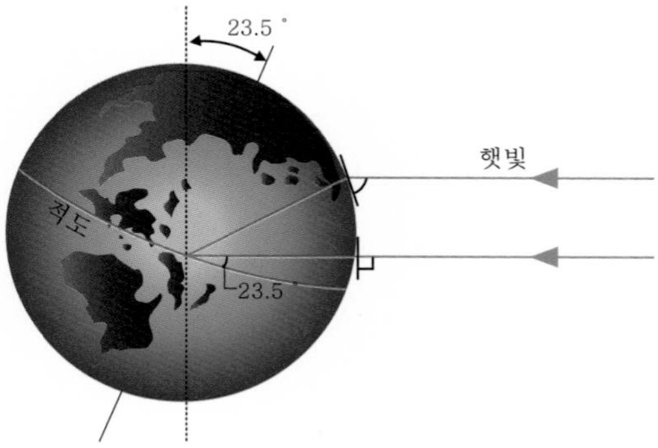

① 23.5° ② 37.5° ③ 61° ④ 76 ° ⑤ 90°

05 다음 그림은 태양 주위를 공전하는 지구의 모습을 나타낸 것이다. 북반구의 계절이 바르게 연결된 것은?

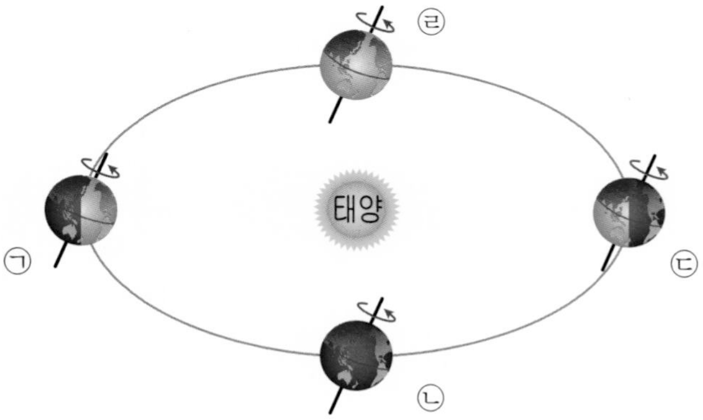

	봄	여름	가을	겨울
①	㉠	㉡	㉢	㉣
②	㉡	㉢	㉣	㉠
③	㉢	㉣	㉠	㉡
④	㉣	㉠	㉡	㉢
⑤	㉡	㉠	㉣	㉢

06

다음은 절기에 따른 태양의 남중고도의 변화를 나타낸 그래프이다. 다음 중 절기에 따라 이 그래프와같은 변화 양상을 보이는 것을 고르시오.

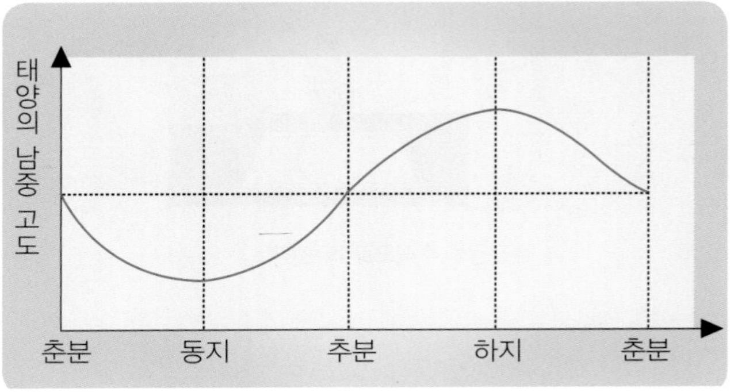

① 낮의 길이 변화
② 밤의 길이 변화
③ 평균 기온의 변화
④ 태양으로부터 지구까지의 거리
⑤ 태양이 남중할 때 그림자의 길이 변화

07

다음 그림은 위도가 다른 A, B, C 세 지역에 태양이 비치는 모습을 나타낸 것이다. 다음 중 설명이 잘못된 것을 모두 고르시오.

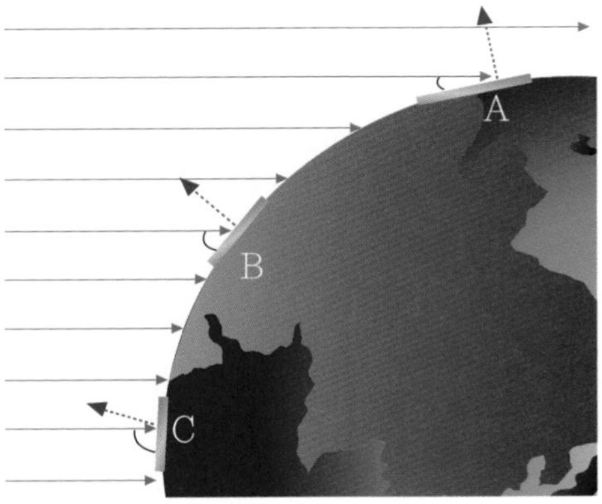

① C 지역에서 태양의 남중고도가 가장 높다.
② A, B, C 중 A 지역의 평균 기온이 가장 낮다.
③ A, B, C는 모두 같은 시각에 태양이 남중한다.
④ 태양이 남중할 때 C 지역에서의 그림자의 길이가 가장 길다.
⑤ 단위 면적당 도달하는 태양 복사 에너지는 A 지역에서 가장 많다.

STEP BY STEP

08 그다음 그림은 태양의 고도에 따른 지표면에 들어오는 에너지를 알아보는 실험이다. 물음에 답하시오.

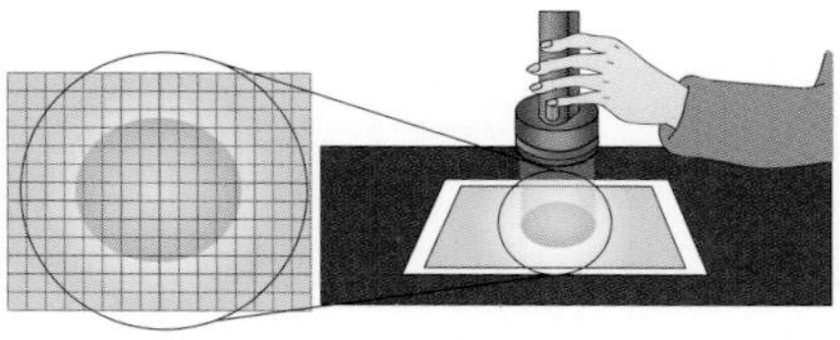

▲ 손전등을 수직으로 비춘 경우

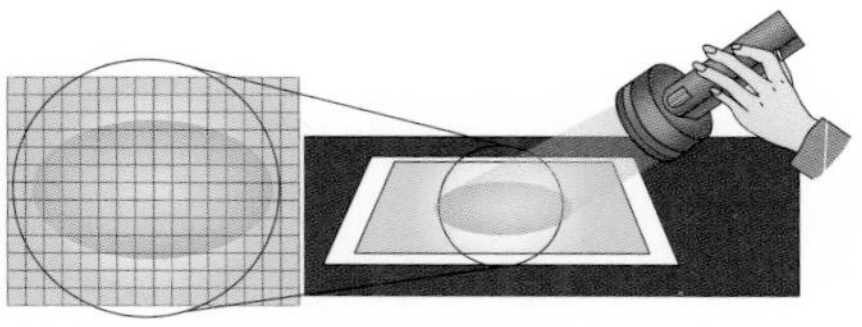

▲ 손전등을 비스듬히 비춘 경우

(1) 종이의 네모 칸 중 빛이 완전히 비춰지는 부분은 ○로, 부분적으로 비춰지는 부분은 △로 표시하고, △는 $\frac{1}{2}$ 로 계산할 때, 손전등을 수직으로 비춘 면과 비스듬히 비춘 면의 면적비를 계산하시오.

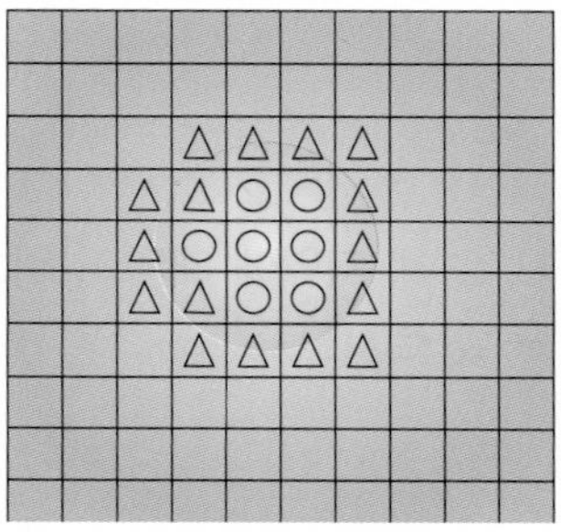

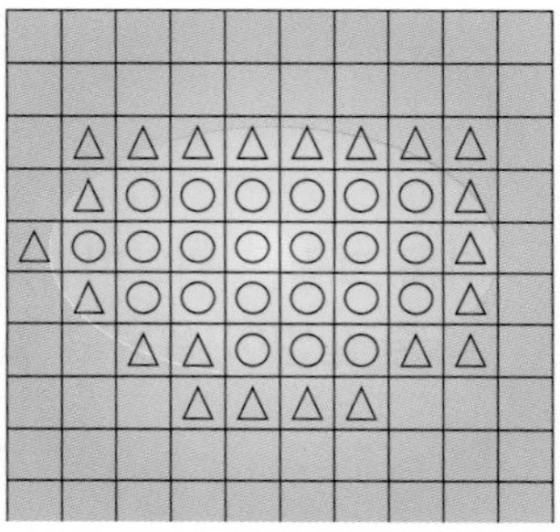

(2) 손전등을 수직으로 비춘 경우는 비스듬히 비춘 경우에 비해 같은 면적당 몇 배의 에너지가 더 들어오는지 계산하시오.

(3) 위 (2)의 결과를 고려할 때 태양의 고도에 따라 같은 면적의 지표면에 도달하는 태양 복사 에너지는 어떤 변화가 있는지 설명하시오.

STEP BY STEP

09

지구는 자전축이 23.5° 기울어져서 태양 주위를 공전하고 있다. 다음 물음에 답하시오.

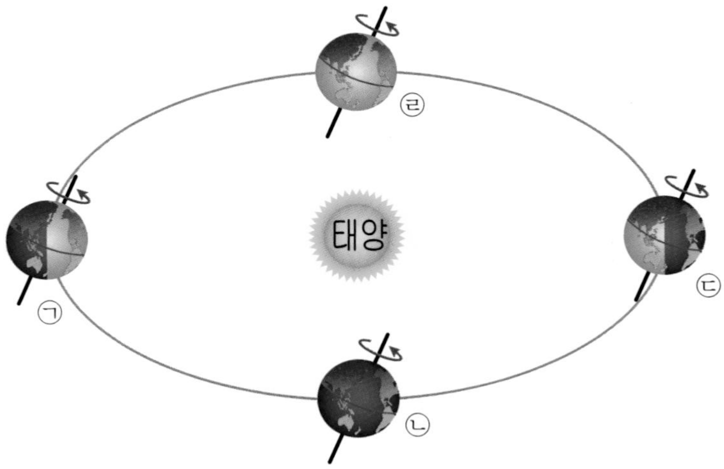

(1) 지구가 ㉠ → ㉢ 방향으로 공전하는 동안 우리나라에서는 낮의 길이가 어떤 변화를 보이는지 설명하시오.

(2) 지구가 ㉠ → ㉢ 방향으로 공전하는 동안 우리나라에서는 태양의 남중고도가 어떤 변화를 보이는지 설명하시오.

(3) 지구가 ㉠ → ㉢ 방향으로 공전하는 동안 북극 지방에 도달하는 태양 복사 에너지의 변화에 대해 설명하시오.

STEP BY STEP

10 다음과 같이 지구의 자전축이 수직으로 서 있다고 가정할 때, 일어날 수 있는 변화에 대한 다음 물음에 답하시오.

(1) 계절은 지금과 비교할 때 어떻게 변화하는지 설명하시오.

(2) 낮의 길이는 지금과 비교할 때 어떻게 변화하는지 설명하시오.

(3) 지구가 공전하는 동안 적도 지방의 태양의 남중 고도는 어떻게 변화하는지 설명하시오.

STEP BY STEP

11 다음 그림은 같은 날 북반구의 네 곳에서 태양이 남중했을 때 생기는 수직 막대의 그림자의 길이를 측정한 것이다. 다음 물음에 답하시오.

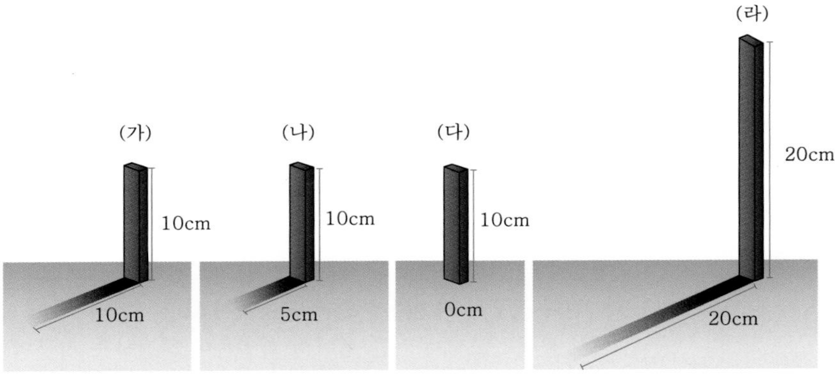

(1) (가)~(라) 지역의 태양의 남중고도를 비교하시오.

(2) (가)~(라) 중에서 같은 면적에 들어오는 태양 복사 에너지의 양이 가장 적은 곳은 어디인가?

(3) (가)~(라) 중에서 위도가 가장 낮은 곳은 어디인가?

(4) 그림자 길이를 측정한 날이 하지였다면 (다)의 위도는 어떻게 되며, 그렇게 되는 이유를 설명하시오.

창의력 키우기

01

● 유창성
✓ 융통성
✓ 독창성
● 정교성

다음 〈보기〉는 유고슬라비아의 과학자 밀란코비치가 제시한 이론의 일부이다. 밀란코비치는 과거 지구 기후의 장기적인 변동에서 나타나는 주기적인 변화를 태양 주위를 공전하는 지구의 공전 궤도의 변화와 자전축의 변화에 의해 생긴 현상으로 설명하고 있다. 이와 관련된 다음 질문에 답하시오.

보기

〈밀란코비치의 이론〉

ㄱ. 타원 궤도의 변화 : 지구가 태양 주위를 도는 공전궤도는 원이 아니라 타원이고, 태양은 중앙에서 한쪽 방향으로 치우쳐 있다. 그런데 이 타원의 납작한 정도가 413,000년을 주기로 변한다.

ㄴ. 자전축의 변화 : 지구의 자전축은 41,000년을 주기로 22.1°~24.5°의 변화를 보인다. 현재 지구의 자전축은 23.5°기울어져 있다.

ㄷ. 세차 운동 : 쓰러져 가는 팽이의 회전축이 회전하듯 지구의 자전축도 약 26,000년을 주기로 회전을 한다. 따라서 약 13,000년이 지나면 지구의 자전축이 반대로 기울어지게 된다.

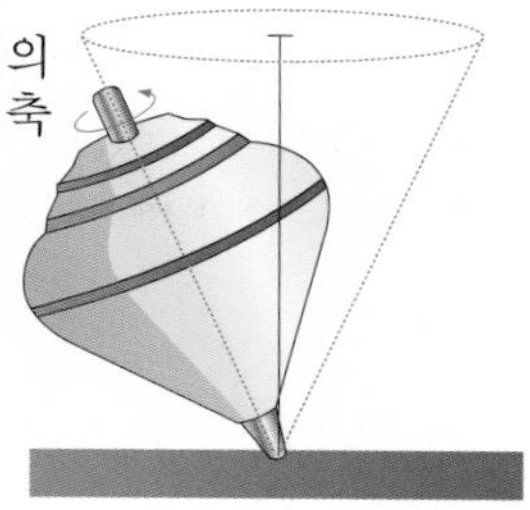

▲ 팽이 회전축의 회전

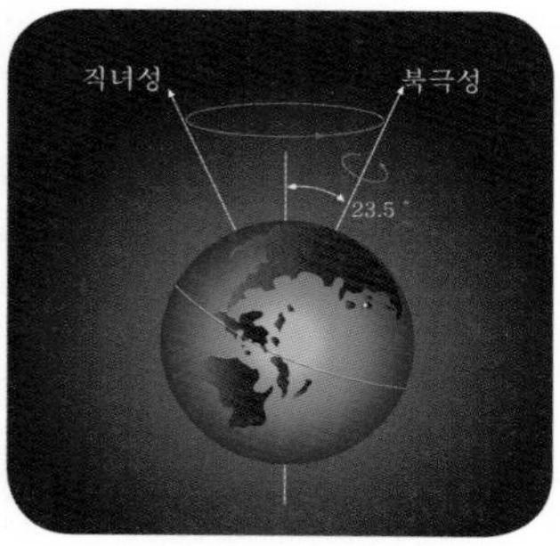

▲ 자전축의 회전 : 13,000년 후에는 지구 자전축이 반대로 기울어진다.

(1) 밀란코비치의 이론에 따르면 현재 태양은 아래와 같이 타원의 중심에서 한쪽으로 치우쳐 있다. 세차 운동에 의해 약 13,000년 후에는 지구 자전축의 기울기가 반대로 된다고 한다. 현재 우리나라의 (가)~(라) 위치에 해당하는 계절과 13,000년 후 우리나라의 (마)~(아) 위치에 해당하는 계절은 무엇인지 쓰시오.

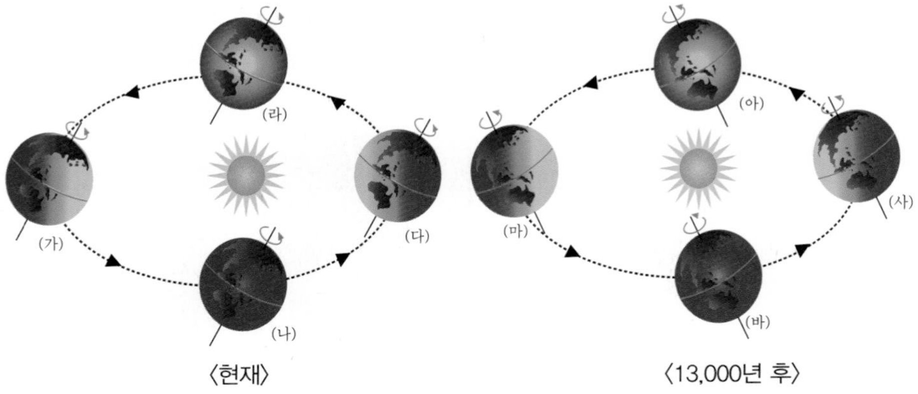

현재	(가)	(나)	(다)	(라)
계절				
13,000년 후	(마)	(바)	(사)	(아)
계절				

(2) 위 (1)의 경우에 태양과 지구 사이의 거리를 고려할 때 13,000년 이후의 겨울 기온은 현재의 겨울 기온에 비해 어떻게 변할 것인지 설명하시오.

(3) 그림과 같이 현재 23.5° 기울어진 지구의 자전축이 24.5° 로 기울기가 변한다고 했을 때 다음 물음에 답하시오.

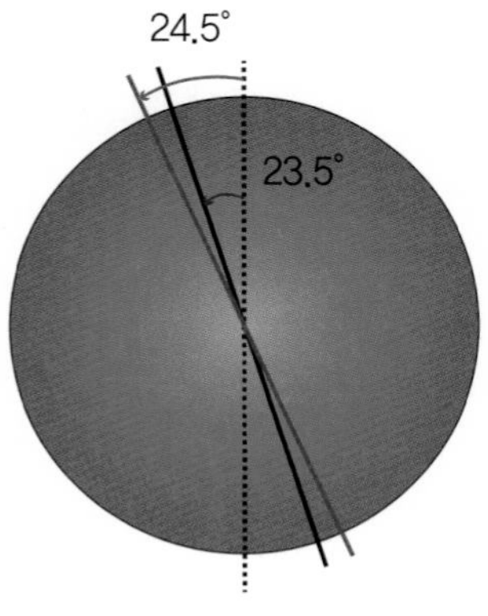

① 여름과 겨울의 기온은 어떻게 달라질지 예상하고 그 이유를 쓰시오.

② 우리나라의 하지 때 태양의 남중고도는 어떻게 달라지는지 쓰시오.

③ 춘분, 추분일 때 낮의 길이는 어떻게 달라지는가?

STEAM융합형 문제 해결하기

01

태양 주위를 도는 행성 중 태양으로부터 7번 째 행성인 천왕성은 자전축이 북쪽 방향에 대해 95° 기울어져 있기 때문에 특이한 계절을 갖는다.

◀ 천왕성과 고리

천왕성의 공전 주기는 84년, 자전 주기는 16시간이다. (가)는 천왕성의 자전축이 공전궤도면과 일치하면서 공전하는 모습이고, (나)는 천왕성의 극과 적도에 입사되는 태양 빛의 양을 84년의 공전 주기에 걸쳐 표현한 그림이라고 할 때, 다음 물음에 답해 보자.

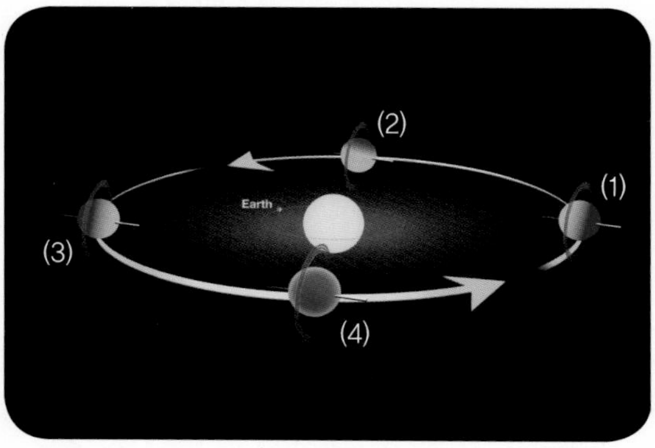

(가)

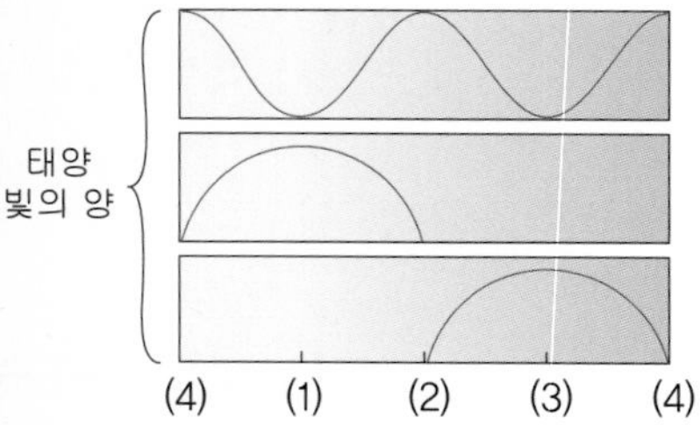

(나)

(1) 천왕성의 위치가 (1) → (2)로 갈 때까지의 기간은 얼마인가?

(2) 하루는 보통 태양이 뜨고 지는 것을 기준으로 정한다. 우주 비행사가 천왕성의 남극에 도달했을 때 1년은 총 몇 일로 이루어져 있을까?

(3) 만약 이 우주 비행사가 천왕성 남극에 기지를 세우면 낮과 밤의 지속 기간은 얼마인가?

“

초원의 생태계는 유지될까?

먹이 그물은 먹이 연쇄가 여러 개 얽혀서 그물처럼 나타나는 것이다.
어느 날 밀렵꾼이 나타나 호랑이를 멸종시킨다면
이 생태계는 어떻게 될까?

”

6

쾌적한 환경

개념다지기

쏙쏙 빈칸을 채워 개념을 완성하세요!

❶ 환경

(1) 생물적 요소와 비생물적 요소

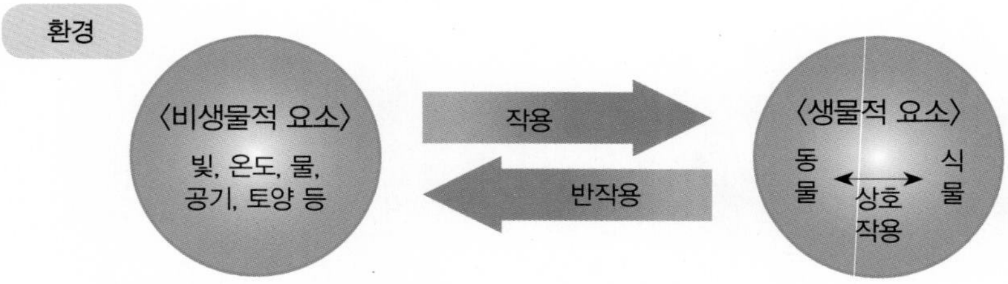

① 작용 : 비생물적 요소가 생물적 요소에 영향을 미치는 것
② 반작용 : 생물적 요소가 비생물적 요소에 영향을 미치는 것
③ ❶ ________ : 생물과 생물 사이에 주고 받는 영향

(2) 생물적 요소의 상호 작용

① 초식 : 생물이 식물을 먹는 것
② 포식 : 생물이 다른 생물(동물)을 잡아 먹는 것
③ 기생과 질병 : 생물이 다른 생물의 양분을 이용하거나 해를 가하는 것
④ 부생 : 생물의 시체나 배설물 및 이들의 분해물이 기생하여 양분을 취하며 생활하는 것
⑤ 경쟁 : 서로에게 해가 되는 관계
⑥ 중립 : 서로 아무 이익이나 해가 없는 관계
⑦ 편리 공생 : 한편은 이익을 받지만 다른 편은 아무런 이익이나 해가 없는 관계
⑧ 편해 공생 : 한편은 해를 받지만 다른 편은 아무런 이익이나 해가 없는 관계
⑨ 상리 공생 : 두 편 모두가 이익을 얻는 관계

❷ 생태계의 구성

(1) ❷ ________ : 지구상에 생산자. 소비자, 분해자와 같은 생물적 요소와 비생물적 요소가 상호작용을 통해 균형과 조화를 이루고 있는 것

구분		특징	예
생산자		★광합성을 통해 양분을 스스로 만들어 살아가는 생물들	물풀, 연, 부들, 검정말, 개구리밥, 무, 배추 등
소비자	1차 소비자	식물을 먹이로 하여 양분을 얻는 생물들	토끼, 말 등
	2차 소비자	동물을 먹이로 하여 양분을 얻는 생물들	호랑이 사자, 독수리 등
분해자		생물의 시체나 배설물 중에 있는 유기물을 분해하는 미생물	각종 미생물, 박테리아 등

● 한정 요인

생물에 영향을 미치는 요인 중에서 한 요인이 부족하면 다른 요인이 충분하여도 생물의 생활에 영향을 받는다. 이와 같이 부족한 환경 요인을 한정 요인이라 한다.

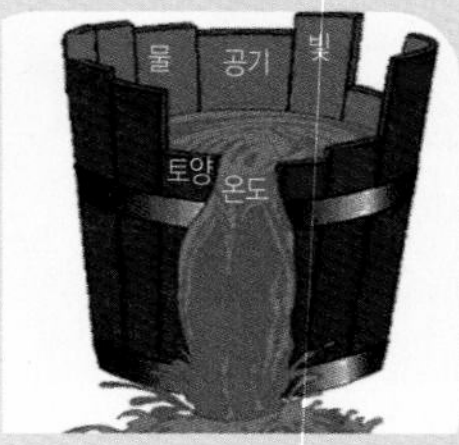

▲ 한정 요인은 온도이다.

● 비생물적 요소

빛	잎의 두께와 광합성 속도에 영향
온도	씨앗을 맺는 생식 기관 생물의 분포와 물질 대사의 속도 조절
물	생물이 살 수 있는 필수 조건으로 세포 원형질의 성분이며, 생리 작용에 이용
공기	산소는 호흡에 필요 이산화 탄소는 광합성에 필요
뿌리	동물과 식물 및 미생물의 생활 장소

● 과학단어

★광합성 물과 이산화 탄소를 재료로 빛에너지를 이용하여 포도당을 만드는 과정으로 산소가 부산물로 생산된다.

(2) 생태계의 기능

① 에너지 흐름 : 에너지는 *태양 복사 에너지→ 생산자→ ❸ ______ 의 순서로 한 형태에서 다른 형태로 전환되어 이동하며 다시 사용될 수 있다.

② 물질의 순환 : 화학 물질 원소와 화합물들은 이용되는 동안 손실되지 않고 생물적, 비생물적 구성원들 사이에서 순환한다.

❸ 먹이 그물

(1) 먹이 연쇄 : 생물들 사이의 먹고 먹히는 관계가 마치 사슬처럼 연결되어 있는 것으로 연쇄의 관계는 간단하게 화살표로 나타낸다. 화살표의 뒤는 잡아 먹히는 생물을, 화살표의 앞은 잡아먹는 생물로 표시

녹색 식물 (생산자) → 메뚜기 (1차소비자) → 개구리 (2차 소비자) → 뱀 (3차 소비자) → 매 (최종 소비자)

(2) 먹이 그물 : 먹이 연쇄가 여러 개 얽혀서 마치 그물처럼 나타나는 것

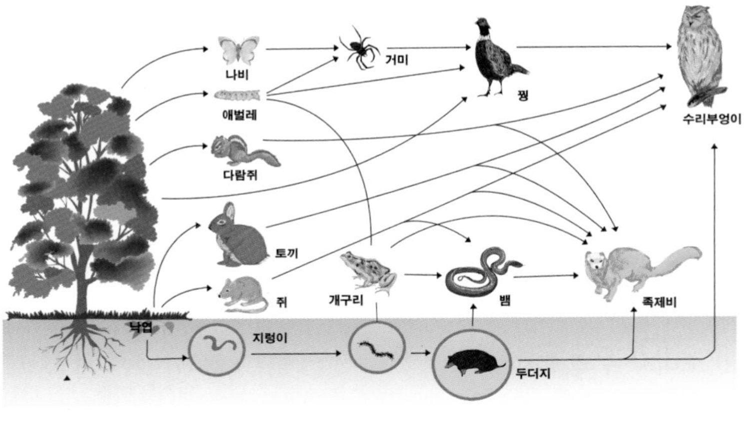

(3) 먹이 관계가 먹이 그물처럼 ❹ ______ 하면 좋은 점

① 어떤 먹이가 부족해지면 다른 먹이를 먹고 살아갈 수 있다.

② 어떤 먹이가 부족하더라도 쉽게 생물이 멸종하지 않는다.

❹ 먹이 피라미드

(1) 먹이 피라미드 : 먹이 연쇄의 단계에 따라 생물의 수를 표시하였을 때 나타나는 피라미드 모양으로, 생산자를 아래로 최종 소비자를 위로 가게 하여 개체 수 등을 나타내면, ❺ ______ 모양을 이루게 된다.

● 먹고 먹히는 관계의 표현

토끼 ——→ 뱀

화살표 뒤는 잡아먹히는 생물, 화살표 앞은 잡아먹는 생물이다.

● 먹이 피라미드와 관련된 상식들

① 피식자는 포식자보다 개수가 많다.
② 몸의 크기는 최종 소비자로 갈수록 커진다.
③ 먹이 피라미드의 최하부는 항상 녹색 식물이 차지한다.
④ 각 소비자는 바로 위 단계 소비자의 생활에 영향을 준다.
⑤ 피라미드의 아랫변(즉 생산자)이 넓을수록 피라미드가 안정된 구조이다.

● 과학단어

★태양 복사 에너지 태양은 온 우주로 핵융합 에너지를 방출하는데 이중 복사열의 형태로 사방으로 방출하는 에너지를 말한다.

개념다지기

쏙 쏙 빈칸을 채워 개념을 완성하세요!

● 생태계 평형의 파괴

① 자연에 의한 파괴 : 산불, 산사태, 화산, 지진 등의 돌발적인 환경 변화
② 인위적 파괴 : 산림의 남벌, 농약 남용, 토목 공사, 환경 오염, 전쟁
③ 귀화 생물에 의한 파괴 : 귀화 생물은 어떤 지역에 없던 새로운 생물이 들어와 살게 된 것으로 천적이 없으므로 대량 번식하여 생태계의 평형을 파괴함

● 생물 농축

생물 농축은 어떤 물질이 먹이 연쇄를 따라 점차 농축되는 현상을 말한다. 농약 등에 포함된 독성 유기 화합물이나 중금속과 같은 물질이 생태계에 유출되면 생물체 내에 흡수되어 분해되거나 배설되지 않아 체내에 쌓이게 된다.

생물	*DDT 농축
수중 식물	0.23
메기	2.80
외가리	3.5
제비 갈매기	6.40
독수리	13.80

● 과학단어

★DDT(다이 클로로-다이페닐-트라이 클로로 에테인) 살충제이며 1939년까지 이 물질이 곤충에게 독성을 준다는 사실은 밝혀지지 않았다. 발암 물질로 밝혀져 1972년 이후 사용을 전면 중단하였다.

(2) 생태계에서 생물의 수

생산자 > 1차 소비자 > 2차 소비자 > 3차 소비자

(3) 생산자인 식물이 많아야 하는 이유 : 생산자인 식물이 많아야 1차 소비자가 살 수 있고 1차 소비자가 많을수록 2차, 3차 소비자의 수도 많아지기 때문이다.

(4) 1차 소비자가 생산자보다 생물의 수가 적은 이유 : 생산자인 식물이 가지고 있는 에너지의 10%정도만 초식 동물인 1차 소비자에게 필요한 에너지나 일로 이용되고, 90% 정도는 다시 환경으로 배출된다. 따라서 10kg의 1차 소비자를 먹여 살리려면 100kg의 생산자가 필요하다.

❺ 생태계의 평형

(1) 생산자 수의 변화

① 생산자의 수가 갑자기 줄어들 때 : 1, 2, 3차 소비자가 모두 줄어든다.
② 생산자의 수가 갑자기 늘어날 때 : 1, 2, 3차 소비자가 모두 조금씩 늘어난다.

(2) 소비자 수의 변화

① 1차 소비자의 수가 갑자기 늘어날 때 : 생산자는 줄어들고, 일시적으로 2, 3차 소비자가 증가하다가 결국 1, 2, 3차 소비자 모두 줄어든다.
② 2차 소비자의 수가 갑자기 늘어날 때 : 생산자는 증가하고, 일시적으로 1차 소비자가 줄어들다가 결국 1, 2, 3차 소비자 모두 늘어난다.

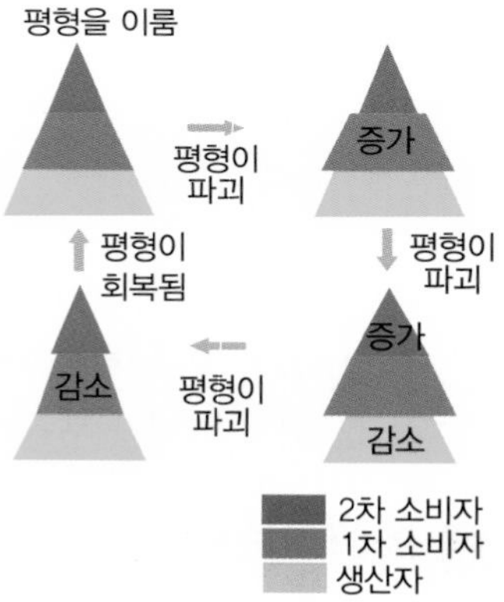

❻ 생태계의 에너지 흐름

(1) 생태계 에너지의 근원 : ❻ ______

(2) 에너지의 흐름 : 생태계 내에서 에너지는 한쪽 방향으로만 흐르고 순환하지 않는다.

(3) 에너지 이용량 : 생산자가 가장 ❼ ______ 최종 소비자로 갈수록 ❽ ______ 한다.

(4) 에너지 효율 : 생태계의 각 영양 단계에서 전 단계의 에너지양과 현 단계의 에너지 양의 비율을 이른다.

$$\text{에너지 효율 (\%)} : \frac{\text{현 영양 단계가 보유한 에너지 총량}}{\text{전 영양 단계가 보유한 에너지 총량}} \times 100$$

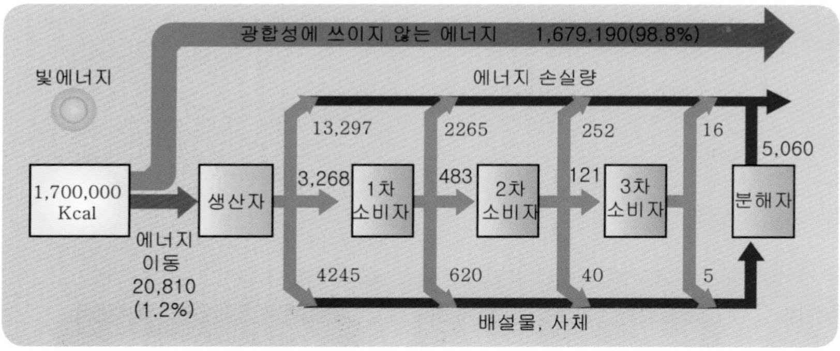

● 각 영양 단계의 에너지 효율

에너지 효율은 상위 단계로 올라갈수록 증가한다.

· 1차 소비자 에너지 효율

$= \frac{3268}{20810} \times 100 = 15.7\,\%$

· 2차 소비자 에너지 효율

$= \frac{483}{3368} \times 100 = 16.2\,\%$

· 3차 소비자 에너지 효율

$= \frac{121}{483} \times 100 = 25.1\,\%$

❼ 환경 오염

인간 활동에 의해 발생하는 물질에 의하여 대기, 토양, 물 등 환경의 구성 성분과 상태가 변하여 자연 환경 또는 생활 환경이 정상적이지 않은 상태로 된 것

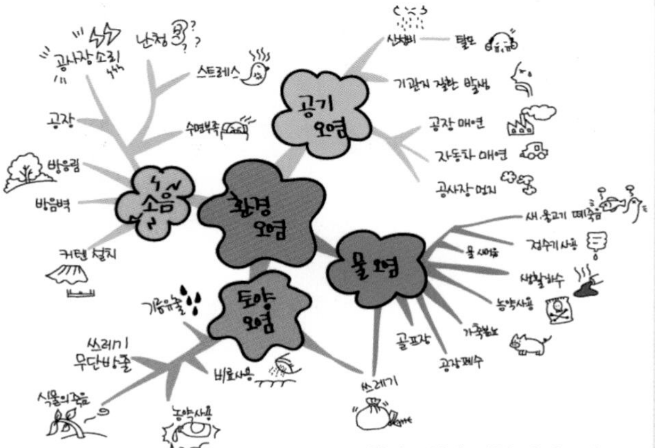

▲ 환경오염에 관한 마인드맵

● 환경 마크

상대적으로 환경 오염을 덜 시키는 저공해 상품, 녹색 상품, 저오염 상품에 대해 환경부가 품질을 인증해 주는 표시이다.

친환경0000

인증사유

SPEED CHECK!

기본확인문제

1. 비생물적 요소가 생물적 요소에 영향을 미치는 것을 (작용, 반작용)이라 한다.
2. 광합성을 통해 양분을 스스로 만들어 살아가는 생물들을 (생산자, 소비자, 분해자)라 한다.
3. 생태계에 제공되는 에너지의 근원은 (태양, 물)이다.
4. 먹이 관계는 (복잡할수록, 단순할수록) 좋다.
5. 개구리의 개체수가 갑자기 증가하면 일시적으로 메뚜기의 개체수는 (증가, 감소)하고, 뱀의 개체수는 (증가, 감소)한다.
6. 상호 작용은 생물과 생물 사이에 주고 받는 영향이다. (O / X)
7. 한편은 이익을 받지만 다른 편은 아무런 이익이나 해가 없는 관계를 편리 공생이라 한다. (O / X)
8. 생태계에서 에너지는 생물적 구성원들 사이에서 순환한다. (O / X)
9. 먹이 연쇄의 마지막 단계로 갈수록 개체수는 줄어든다. (O / X)
10. 화산 폭발이 일어나면 생태계의 평형이 파괴된다. (O / X)
11. 수중 생물보다 수중 생물을 잡아먹는 독수리가 독성 물질의 농축 정도가 심하다. (O / X)
12. 몸의 크기는 최종 소비자로 갈수록 작아진다. (O / X)
13. 에너지 이용량은 생산자가 가장 적고 최종 소비자로 갈수록 증가한다. (O / X)
14. 쓰레기를 바르게 처리하지 않으면 물과 토양 모두를 오염시킨다. (O / X)

개념다지기 정답 | ❶ 상호 작용 ❷ 생태계 ❸ 소비자 ❹ 복잡 ❺ 피라미드 ❻ 태양 복사 에너지 ❼ 많고 ❽ 감소

탐구력 키우기

탐구1. 콩이 잘 자라는 환경

탐구과정

준비물
페트리 접시, 솜, 물, 비누, 합성 세제, 강낭콩

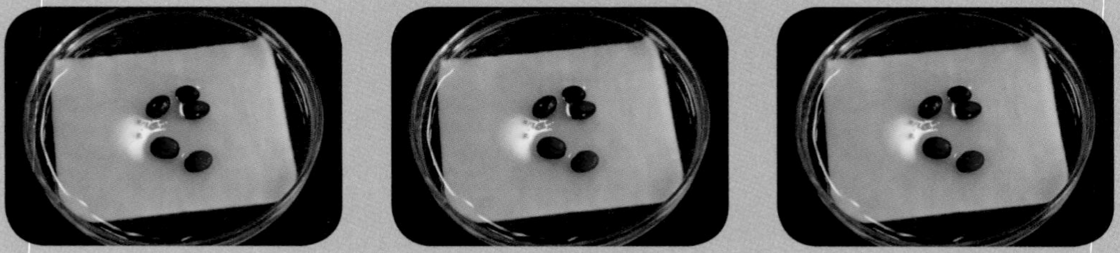

물 비눗물 합성세제물

① 페트리 접시 3개에 각각 솜을 깐다.
② 첫 번째 페트리 접시에는 물을 붓고, 두번째 페트리 접시에는 비눗물을, 세번째 페트리 접시에는 합성 세제를 탄 물을 같은 양만큼 넣는다.
③ 각 페트리 접시에 강낭콩을 올려 놓는다.
④ 페트리 접시를 덮고 햇빛이 들지 않는 곳에 놓은 후 관찰한다.(솜의 물이 마르지 않도록 한다.)

탐구예상

1. 위 실험 과정을 보고 실험을 설계한 사람이 생각한 가설은 무엇인지 쓰시오.

2. 위 실험 과정에서 실험 결과에 변화를 줄 수 있는 요인을 쓰시오.

3. 위 실험 결과를 예상하시오.

탐구문제

1. 다음과 같은 현상이 일어난 이유를 위 실험과 관련지어 설명하시오.

은진이네 동네에 공장이 들어서면서 동네 근처의 호수에서 냄새가 나고, 몇 년 후에는 물고기들이 죽기 시작했다.

2. 1번의 은진이네 동네에 있는 호수를 깨끗하게 하는 방법을 생각해 보시오.

탐구2. 수질 검사

탐구과정

준비물
수돗물, 세제, 포도당, 증류수, 비커, 수질검사 키트(과망가니즈산 칼륨), 묽은 수산화 나트륨 수용액, 스포이트

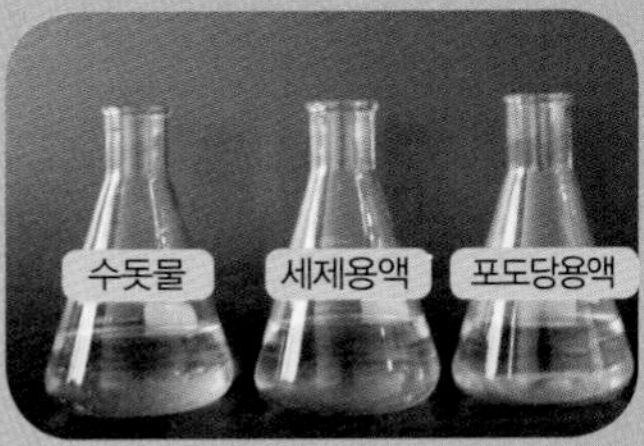

① 수돗물, 세제물, 포도당 용액을 준비한다.
② 각 용액의 겉보기색과 투명도, 냄새 등을 관찰한다.
③ 과망가니즈산 칼륨을 한 방울씩 떨어뜨리며 색깔 변화를 관찰한다. (단, 수돗물에는 묽은 수산화 나트륨 용액을 소량 넣어준다.)
④ 우리 주변의 하천이나 호수 등이 있다면 그곳의 물을 떠와서 실험해 본다.

※과망가니즈산 칼륨은 물속의 유기물과 반응하면서 색깔이 점점 옅어진다. 물속에 유기물의 양이 많은지 적은지 확인하는 시약이다.

탐구결과

	수돗물	세제 용액	포도당 용액
색깔 투명도			
냄새			
과망가니즈산 칼륨 색 변화			

탐구문제

1. 좋은 물의 조건은 무엇일까?

2. 과망가니즈산 칼륨의 색이 많이 변한다는 것은 무엇을 의미하는가?

문제해결력 키우기

01 우리나라는 쾨펜에 의한 기후 구분에 의하면 아래와 같이 나눌 수 있다. 우리나라는 1월 평균 기온 −3℃ 선을 기준으로 온대와 냉대 기후로 나눌 수 있는데 이 선은 쌀 보리 대나무의 북한계선과 일치한다. 이를 생태학적으로 바르게 설명한 것은?

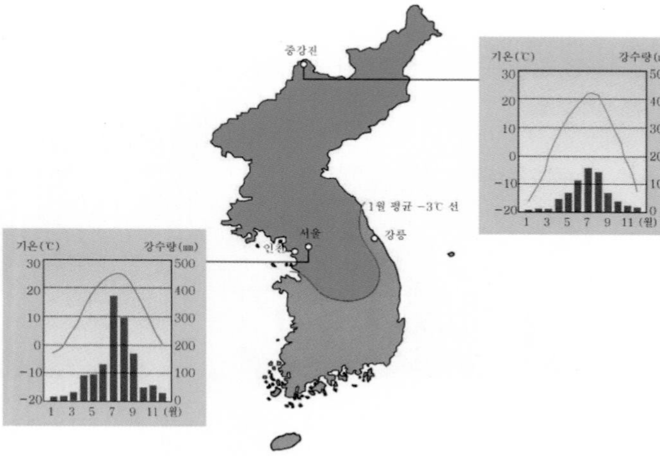

① 생물적 요소 사이에 영향을 주고 받는 것
② 생물적 요소가 비생물적 요소에 영향을 미치는 것
③ 비생물적 요소가 생물적 요소에 영향을 미치는 것
④ 생물이 다른 생물의 양분을 이용하거나 해를 가하는 것
⑤ 한편은 해를 받지만 다른 편은 아무런 이익이나 해를 주지 않는 것

02 평화롭던 초원에 화산이 폭발한 후 황폐화되었다. 아무런 생명체가 생존할 수 없을 것 같았던 곳에 아래와 같은 식물 군락의 천이 과정이 진행되었다.

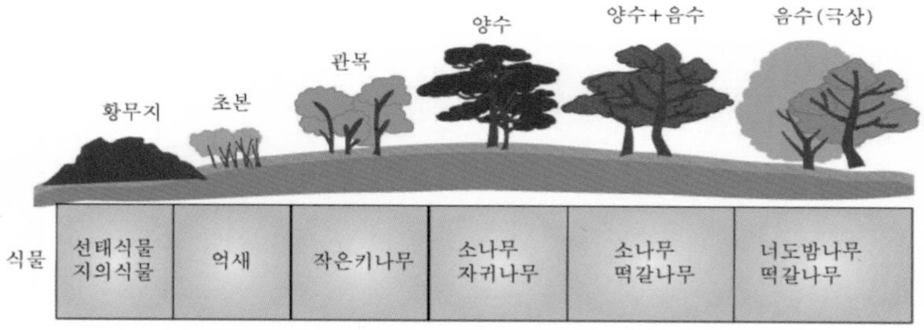

천이의 1단계에서 지의류나 이끼 식물이 용암에 부착하여 사는데, 이때 이끼류는 약한 산성 물질을 만들어 배출한다. 배출된 산성 물질은 암석에 스며들어 암석을 이루는 광물을 녹이는데, 이러한 현상을 생태학 용어로 무엇이라 하는가?

① 작용 ② 공생 ③ 경쟁 ④ 반작용 ⑤ 상호 작용

03

벌은 꽃에서 꿀을 얻고 이 과정에서 벌이 이 꽃 저 꽃 돌아다니면서 꽃의 수분이 이루어진다.

이와 관련이 가장 깊은 것은?

① 지렁이가 많은 땅의 토질이 좋다.
② 추운 북쪽 지방의 집은 벽이 두껍다.
③ 열대 지방에서는 옷을 거의 걸치지 않고 산다.
④ 햇빛이 잘 드는 남쪽 사면에는 활엽수가 많이 자란다.
⑤ 악어새는 악어의 입에 들어가 찌꺼기를 제거하고 악어새는 이를 먹이로 삼는다.

04

생태계는 생산자, 소비자, 분해자로 크게 구분할 수 있다. 이 중 생산자의 지위를 갖는 것은 식물이고 소비자의 지위를 갖는 것은 동물이다. 이 둘을 나누는 기준이 되는 특징은?

① 식물은 세포벽이 있으나 동물은 그렇지 못하다.
② 식물은 한 자리에 고정되어 있고 동물은 움직일 수 있다.
③ 식물은 뿌리가 있어 땅에서 양분을 흡수하나 동물은 그렇지 못하다.
④ 식물은 이산화 탄소를 흡수하여 산소를 배출하고 동물은 그 반대이다.
⑤ 식물은 광합성을 통해 양분을 스스로 만들지만 동물은 스스로 만들지 못한다.

05 다음 그림 속에서 생태계의 구성원을 모두 찾아보시오.

06 다음 그림은 어느 산림의 먹이 그물을 나타낸 것이다.

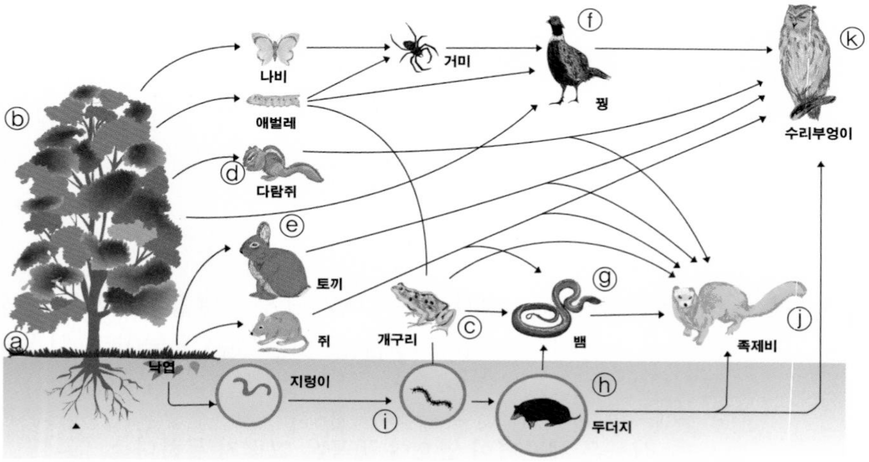

이 생태계에 대한 설명으로 바르지 못한 것은?

① ⓔ는 피식자, ⓚ는 포식자이다.
② ⓗ가 멸종되면 ⓙ도 멸종할 것이다.
③ ⓙ와 ⓚ는 이 생태계에서 최종 소비자이다.
④ ⓐ와 ⓑ는 이 생태계에서 개체 수가 가장 많다.
⑤ ⓚ는 ⓔ가 사라지면 ⓕ를 먹고 살아갈 것이다.

07

다음은 이솝 우화 '양치기 소년'의 일부이다.

> 양치기 소년은 매일 같이 양을 아침에 몰고 들판에 나가 하루 종일 풀을 먹이고 저녁에야 돌아오곤 했어요.
>
> 〈중간 생략〉
>
> 아무도 소년의 말을 믿지 않았어요. 그러는 사이에 늑대는 모든 양들을 잡아먹고 말았어요. " 아아, 이번에는 정말인데... 이를 어쩌면 좋아." 양치기 소년은 눈물을 흘리며 그제야 후회했지만 이미 너무 늦어버렸어요.

이에 대한 설명으로 바르지 못한 것은?

① 풀은 생산자이다.
② 양은 1차 소비자이다.
③ 늑대는 2차 소비자이다.
④ 양들이 없어지면 결국 늑대의 수도 감소할 것이다.
⑤ 늑대가 양들을 모두 잡아 먹어버리면 풀도 모두 죽는다.

08

(가)는 화력 발전소에서 에너지 전송 과정이고, (나)는 생태계에서의 에너지 흐름을 나타낸 것이다. (가)와 (나)의 공통점은?

(가)

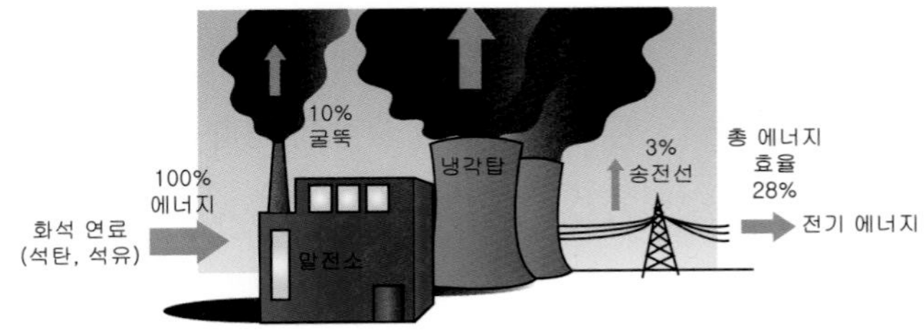

(나)

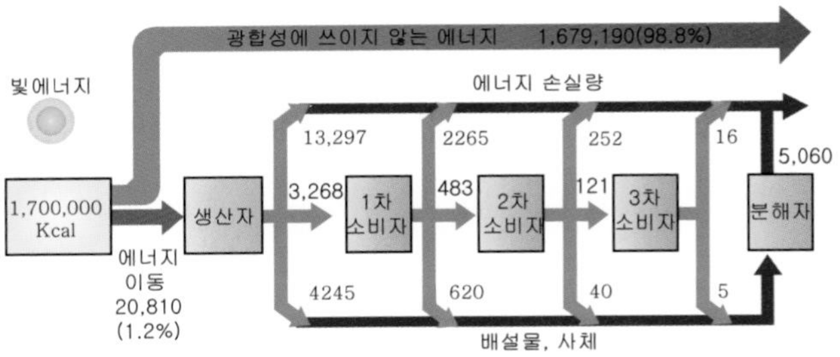

① 각 단계마다 에너지 효율은 100%이다.
② 에너지는 소비되는 것이 아니고 순환한다.
③ 에너지의 이용률은 최종 소비자 또는 가정으로 갈수록 높아진다.
④ 화력 발전소와 식물 모두 열에너지를 이용하여 에너지를 생산한다.
⑤ 한 단계에서 다음 단계로 넘어갈 때 에너지의 많은 부분이 손실된다.

STEP BY STEP

09 다음 표와 같이 성분비가 다른 배양액에서 식물을 물재배하였더니 완전 배양액인 크놉액과 A배양액에서는 식물이 정상적으로 자랐으나. B배양액에서는 잎에 갈색 반점이 생기고 잘 자라지 않았다. 다음 물음에 답하시오.

	크놉액	A 배양액	B 배양액
질산 칼슘	0.8	1.2	1.0
황산 마그네슘	0.2	0.2	0.2
질산 칼륨	0.2	0.2	0.1
인산 철	미량	미량	미량
생장 상태	정상	정상	비정상

(1) 크놉액을 기준으로 A배양액과 B배양액의 성분 원소의 양을 비교해 보시오.

(2) B배양액에서 식물의 생장에 영향을 미쳤을 것으로 생각되는 원소는 무엇인가?

(3) 위 실험 결과 배양액과 생장 상태를 비교하여 알 수 있는 사실은 무엇인지 쓰시오.

STEP BY STEP

10 다음 만화를 보고, 물음에 답하시오.

(1) 다음 단계에서는 어떤 일이 일어날지 생각해 보시오.

(2) 식물이 동물에 의존하지 않고 혼자서도 살아갈 수 있는 이유는 무엇인지 쓰시오.

(3) 녹색 식물의 광합성이 일어나지 않는다면 어떤 현상이 일어날지 생각해 보시오.

STEP BY STEP

11 다음 그림은 초원의 먹이 연쇄를 나타낸 것이다. 물음에 답하시오.

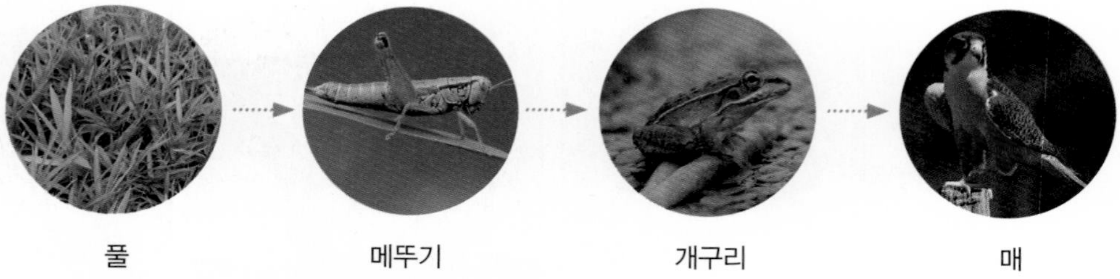

(1) 위 생물의 수가 많은 순서대로 나열하시오.

(2) 위 먹이 연쇄를 단계에 따라 생물의 수를 고려하여 생산자를 아래로, 최종 소비자를 위로 가게 하여 배열하면 어떤 모양을 이루게 될까?

(3) 풀과 메뚜기 중에서 생물의 수가 더 많은 것은 무엇인가? 그리고 이와 같이 생물의 수가 다른 이유를 설명하시오.

(4) 개구리 10kg 을 먹여 살리기 위해 풀은 얼마나 필요할까?

STEP BY STEP

12 다음 자료는 벼에 제초제, 살균제 등의 농약을 살포했을 때, 그 농약 속에 들어 있는 BHC가 먹이 연쇄를 통해 사람에게 전달되면서 농축되는 것을 보여준 것이다. 다음 물음에 답하시오.

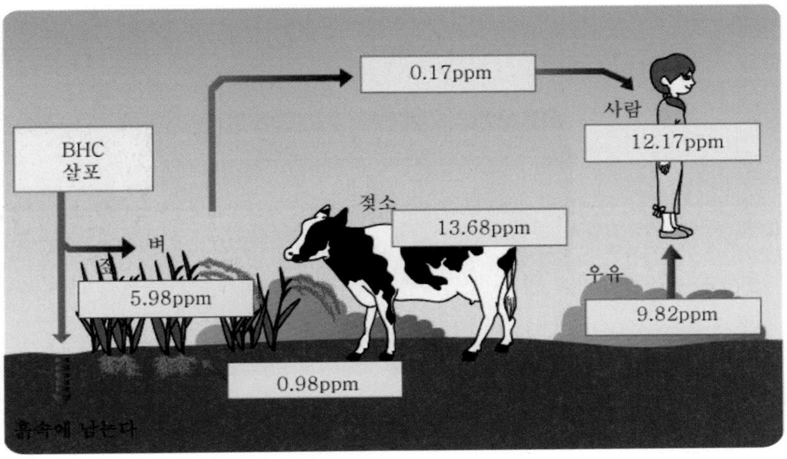

(1) BHC가 사람에게까지 전달되는 경로를 설명하시오.

(2) BHC가 사람에게 전달되는 동안 BHC가 농축되는 것을 수치로 나타내어 설명하시오.

(3) 이러한 농축 현상이 어떨 때 더 심해질까? (TIP! 오염된 쌀로 지은 밥을 하루에 3끼씩 평생을 먹고 우유를 하루에 한 잔씩 매일 마신다면?)

창의력 키우기

01

유창성

✓ 융통성

✓ 독창성

정교성

지구의 환경 오염과 여러 가지 사회 문제로 인하여 지구 이외의 행성을 찾을 계획을 수립하고, 우주 여행을 하던 중 생명체가 살 수 있을 것으로 보이는 미지의 행성을 찾았다. 다음 물음에 답하시오.

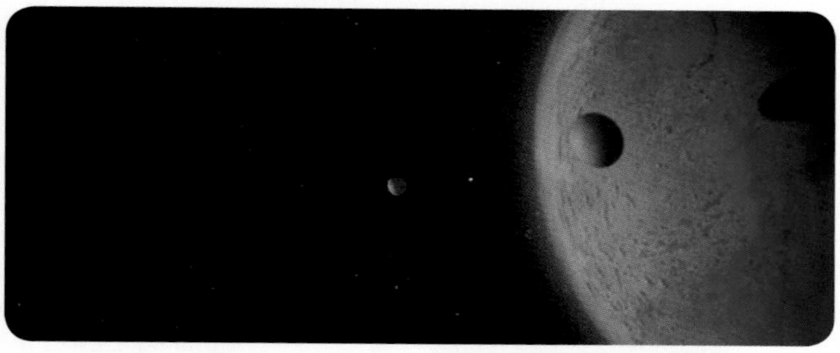

(1) 이 행성에 착륙하여 생명체가 존재하는지 또는 생명체가 존재할 수 있는지를 알아보기 위해 어떤 것을 조사해야 할까?

(2) 위 (1)번과 같이 조사해야 하는 이유를 설명하시오.

02

다음은 공원의 먹이 그물을 나타낸 것이다. 다음 물음에 답하시오.

- 유창성
- 융통성
- 독창성
- 정교성

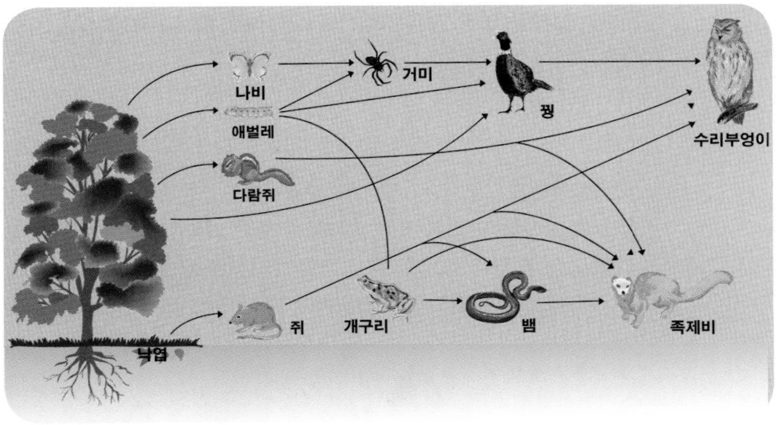

(1) 위 초원에 관광객을 유치하기 위해 토끼를 도입했다. 초원에서의 먹이 그물이 어떻게 되는지 화살표로 나타내시오.

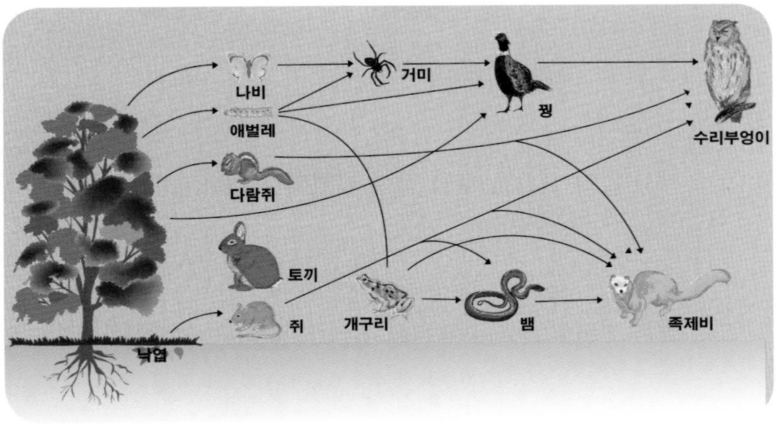

(2) 생태계의 평형을 이루고 있던 공원에 토끼가 도입되면서 생태계의 평형이 깨지게 된다. 이 생태계에 나타날 수 있는 변화와 생태계의 평형이 회복되는 과정을 설명하시오.

(3) 평화롭던 초원에 밀렵꾼이 나타나 수리 부엉이를를 멸종시켜 버렸다. 이로 인해 나타날 수 있는 생태계의 변화를 쓰시오.

01 화성에는 생명체가 살고 있을까? 다음은 이 질문에 답을 얻기 위해 1976년 화성에 착륙한 바이킹 2호에서 화성에 생명체가 존재하는지 알아보기 위한 실험을 나타낸 것이다. 다음 물음에 답하시오.

[실험 과정]
(가) 화성 토양이 들어 있는 용기에 방사성 기체 ($^{14}CO_2$, ^{14}CO)를 넣고 램프로 빛을 비춘다.
(나) 일정 시간이 지난 후 용기 내의 방사성 기체를 모두 제거한다.
(다) 가열 장치로 토양을 가열하면서 용기 내의 방사능을 측정한다.

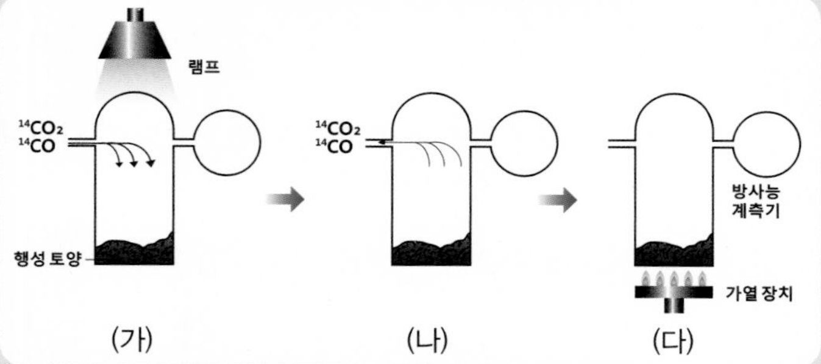

(1) 위의 실험은 토양 중에 생명체가 있다면 생물이 하는 작용 중 어떤 것을 확인하고자 한 것인가?

(2) 실험 (다)에서 가열을 하는 이유는 무엇인가?

(3) 생물의 체내에서 일어나는 물질대사는 동화 작용(합성 작용)과 이화 작용(분해 작용)으로 구분할 수 있다. 아래 그림을 참고로 하여 위에서 확인하고자 하는 물질대사의 종류를 말하시오.

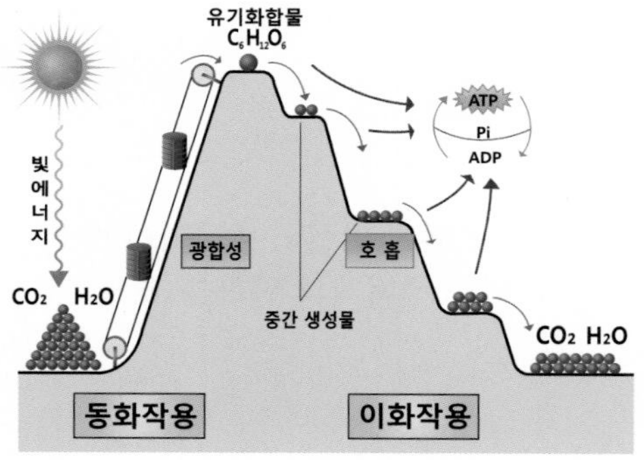

“

하늘로 올라간 풍선은 어떻게 될까?

놀이 동산에서 엄마가 사 주신 풍선에 매달린 끈을 놓쳐서 하늘 위로
풍선이 훨훨 날아갈 때면 너무나 안타까웠다.
그런데 하늘 위로 날아 올라간 풍선은 어떻게 되었을까?
우주로 날아간 것일까?

”

7

기체의 성질

개념다지기

쏙 쏙 빈칸을 채워 개념을 완성하세요!

❶ 기체의 압력

(1) 대기압의 측정

① 토리첼리가 수은 기둥을 이용하여 대기압을 측정하였다.(1643년)

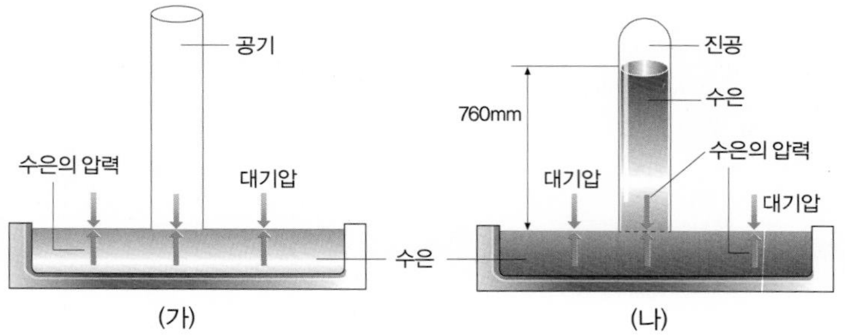

끝이 열려 있는 유리관을 수은이 담긴 용기에 세우면 유리관 내부와 외부의 높이는 같다. ➡ 열린 관 내부에서 누르는 기압과 외부의 대기압이 같기 때문이다.	➔	끝이 막혀 있는 유리관 속에 수은을 가득 채우고 수은이 담긴 용기에 거꾸로 세우면 760mm 까지 수은이 내려와 멈춘다. ➡ 수은의 높이가 760mm 일 때, 대기압과 수은이 누르는 압력이 같기 때문이다.

1기압 (0℃) = 수은 기둥의 높이가 760mm = 760mmHg = 76cmHg = 760torr

② 대기압은 시간과 장소에 따라 측정값이 다르다.

(2) 기체의 압력

① 기체의 압력이 나타나는 이유 : 기체 분자들이 끊임없이 움직이면서 용기 벽면에 ❶ ________ 하기 때문이다.

② 기체의 압력과 방향 : 기체 분자는 모든 방향으로 움직이므로 모든 방향의 압력은 같다. → 풍선이 둥근 모양을 갖는 이유이다.

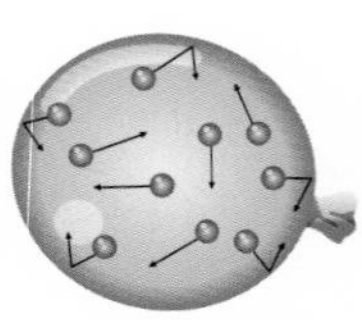

▲ 둥근 모양 풍선

③ 기체의 압력이 커지는 *요인

· 기체 분자의 수가 ❷ ________ → 용기 벽과 *충돌하는 횟수 증가

· 온도가 ❸ ________ → 기체 분자의 움직임이 빨라져 충돌 횟수 증가

· 부피가 ❹ ________ → 단위 부피당 분자 수가 증가해 충돌 횟수 증가

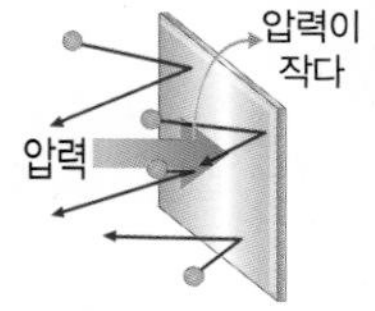

분자 수가 적고, 온도가 낮으면 기체 압력이 작다.

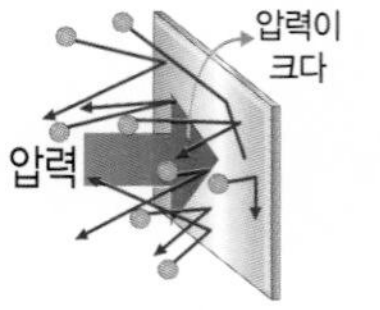

분자 수가 많고, 온도가 높으면 기체 압력이 크다.

● 압력

단위 넓이에 작용하는 힘의 크기

$$압력 = \frac{작용하는\ 힘의\ 크기(N)}{힘이\ 작용한\ 면의\ 넓이(m^2)}$$

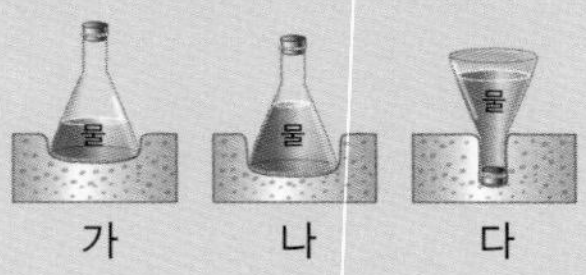

· 접촉 면적 가 = 나	· 접촉 면적 나 > 다
· 힘의 크기 가 < 나	· 힘의 크기 나 = 다
· 압력 크기 가 < 나	· 압력 크기 나 < 다
압력의 크기 : 가 < 나 < 다	

● 과학단어

★요인 조건이 되는 요소

★충돌 움직이는 두 물체가 접촉하여 짧은 시간 내에 서로 힘을 미침. 또는 그런 현상

❷ 압력 변화에 따른 기체의 부피 변화

(1) 압력과 기체의 부피 : 온도와 기체의 양이 일정할 때, 기체의 부피는 압력이 작아지면 커지고, 압력이 커지면 작아진다.

(2) 보일 법칙 : 일정한 온도에서 일정량의 기체의 부피는 압력에 반비례한다.

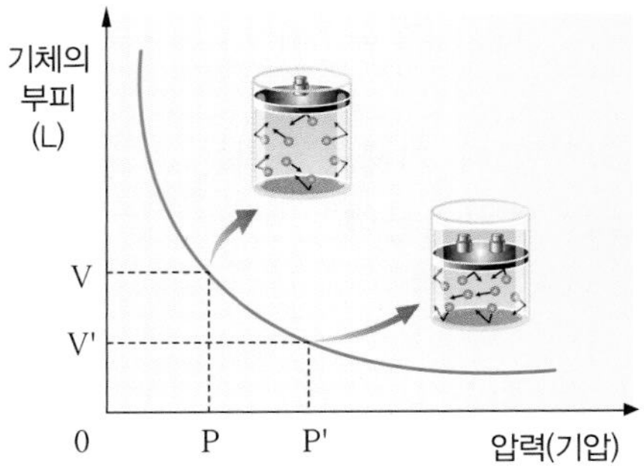

· 처음 압력(P)과 처음 부피(V)의 곱은 나중 압력(P′)과 나중 부피(V′)의 곱과 같다.

· 압력과 부피를 곱한 값은 ❺ 　　　 하다.

P × V = P′ × V′ = k(상수)

(3) 기체 분자와 보일 법칙

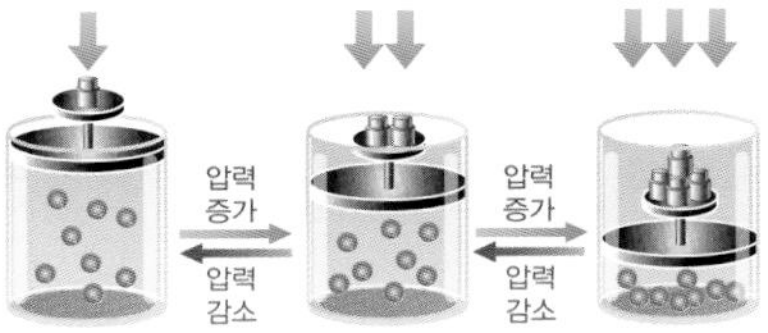

외부 압력 증가 → 부피 감소 → 기체 분자들이 용기 벽과 충돌하는 횟수 증가 → 용기 내부 기체의 압력 증가(외부 압력과 같아질 때까지)

(4) 생활 속 보일 법칙

① 풍선이 하늘로 올라가면 점점 커지다가 터진다.
② 잠수부가 내놓은 공기 방울의 부피는 수면 가까이 올라갈수록 커진다.
③ 산이나 하늘 높이 올라가면 귀가 먹먹해진다.
④ 보온병 꼭지를 누르면 액체가 나온다.

(5) 보일 법칙을 이용한 도구들

청소용 *압축 캔	청소용 에어건	펌프식 뚜껑	농구화 에어밑창	호버크래프트

● 힘을 가할 때의 기체와 액체의 부피 변화

액체는 힘을 가해도 부피의 변화가 거의 없지만, 기체에 힘을 가하면 부피가 줄어든다. 액체 분자들 사이의 거리는 가깝고 기체 분자들 사이의 거리는 서로 멀리 떨어져 있기 때문이다.

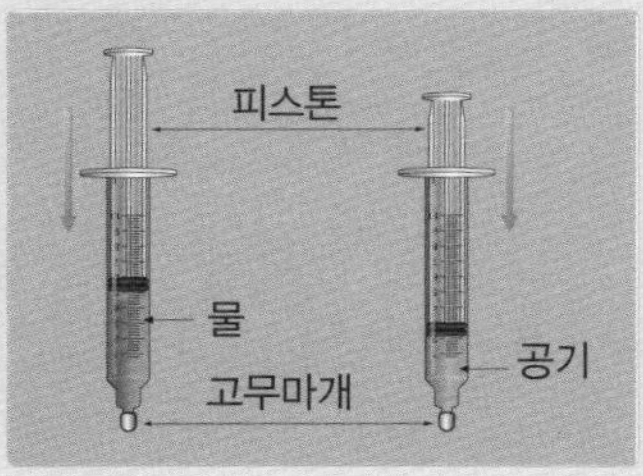

● 잠수병

물속에서는 10m 깊어질 때마다 1기압이 추가된다. 물속 10m 에서 사람이 받는 압력은 대기압과 수압으로 2기압이 된다. 우리 몸은 대부분이 수분이어서 압력의 변화에도 잘 적응한다. 하지만 폐와 기관지, 귓속 공간 등은 공기로 채워져 있어 잠수 후 갑자기 수면으로 올라오면 급격한 압력 감소로 인해 심한 경우 폐포가 파열되거나 고막이 손상되는 문제가 발생하게 된다. 그러므로 잠수 후 *수면으로 올라올 때는 10m 마다 한 번씩 멈춰서 외부 압력에 적응해야 한다.

● 호버크래프트

땅이나 물 위를 떠서 날아가는 비행 물체로 정식 명칭은 에어 쿠션정이다. 엔진의 프로펠러를 회전시켜 만든 바람을 선체 바닥의 공기 주머니로 보내 선체를 떠오르게 하고, 공기로 뒤로 추진력을 주어 배를 앞으로 나가게 한다.

● 과학단어

★수면 물의 겉면
★압축 물질에 압력을 가하여 부피를 줄임

개념다지기

쏙 쏙 빈칸을 채워 개념을 완성하세요!

❸ 온도 변화에 따른 기체의 부피 변화

(1) 온도와 기체의 부피 : 압력과 기체의 양이 일정할 때, 기체의 부피는 온도가 높아지면 커지고, 온도가 낮아지면 작아진다.

온도가 낮을 때 (얼음)	온도가 높을 때 (뜨거운 물)

비닐 장갑 속 기체의 부피가 작아진다.	비닐 장갑 속 기체의 부피가 커진다.

(2) 샤를 법칙 : 압력과 기체의 양이 일정할 때, 기체의 부피는 온도가 1℃ 증가할 때마다 ⑥ ____ ℃ 때의 부피의 $\frac{1}{273}$ 씩 증가한다.

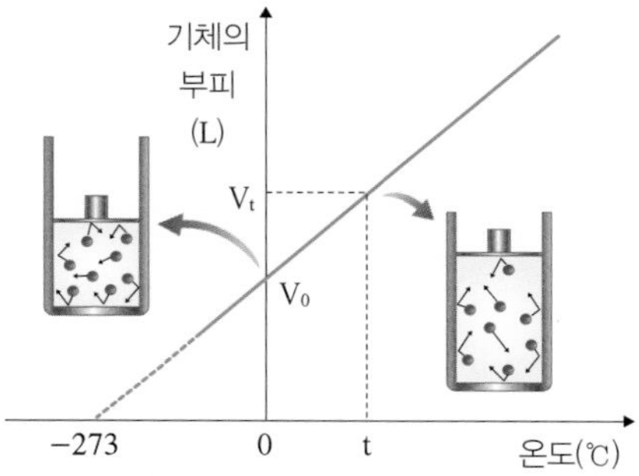

$$V_t = V_0 + V_0 \times \frac{t}{273}$$

V_t : t℃일 때의 기체의 부피

V_0 : 0℃일 때의 기체의 부피

기체의 부피는 *절대온도에 비례한다.

(3) 기체 분자와 샤를 법칙

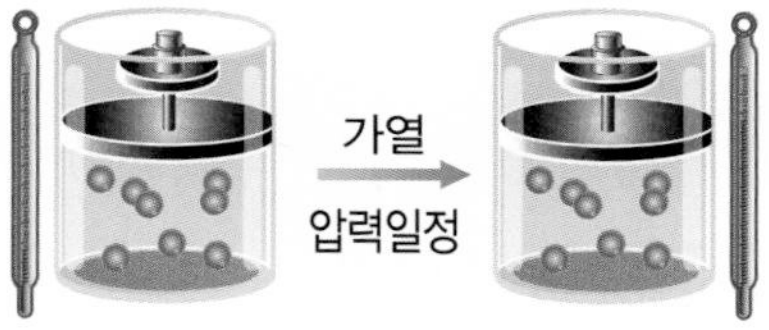

온도 증가 → 기체 분자들의 움직임이 활발해짐 → 용기 벽과 충돌하는 횟수 증가 → 용기를 밀어냄 → 기체 분자 사이의 거리 증가 → 기체의 부피 증가

(4) 생활 속 샤를 법칙

① 열기구 속 기체를 가열하면 열기구가 위로 떠오른다.

② 찌그러진 탁구공을 뜨거운 물에 넣으면 원래대로 펴진다.

③ 음료수가 반쯤 남은 페트병을 냉장고에 넣어 두면 찌그러진다.

④ 여름철에는 자동차 바퀴에 공기를 적게 넣는다.

⑤ 바닥이 오목한 그릇에 뜨거운 물을 담으면 저절로 움직인다.

⑥ 다 사용한 뷰테인 가스통은 구멍을 뚫은 후 버린다.

▲ 열기구 띄우기

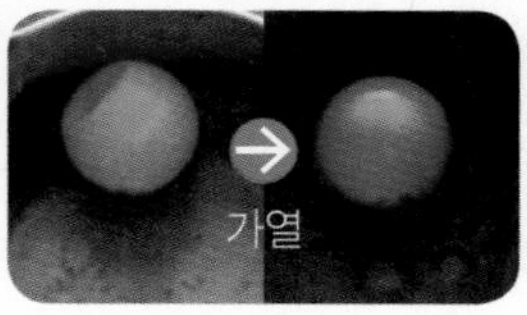

▲ 찌그러진 탁구공 부풀리기

▲ 가스통 구멍 뚫어 버리기

뜨거운 물을 담은 그릇이 저절로 움직이는 이유

분자 운동은 온도가 높을수록 활발해지는데, 그릇 바닥의 오목한 부분에 있는 기체 분자들이 뜨거운 물에서 나오는 열을 받아 분자 운동이 활발해지면서 부피가 커진다. 때문에 조금 들어올려진 그릇이 살짝 떨면서 움직이는 것이다.

뷰테인 가스통에 구멍을 뚫은 후 버리는 이유

가스통에 열이 가해지면 안쪽에 있던 기체의 부피가 커지면서 통이 폭발할 수 있기 때문에 남은 뷰테인 가스가 밖으로 나올 수 있도록 구멍을 뚫어서 버린다.

과학단어

★절대온도 절대 0도(0K)에 기초를 둔 온도의 단위로 0K은 섭씨온도인 -273℃와 같다.

❹ 물에 대한 기체의 용해

(1) 기체의 종류에 따른 *용해성

① 물에 잘 녹는 기체 : 암모니아(NH_3), 염화 수소(HCl) 등은 물에 잘 녹는다.

② 물에 잘 녹지 않는 기체 : 산소(O_2), 수소(H_2), 질소(N_2) 등은 물에 거의 녹지 않는다.

③ 산소는 아주 조금이지만 물에 녹아 있어 수중 생물들이 산소를 이용해 호흡할 수 있다.

④ 이산화 탄소(CO_2)는 물에 잘 안 녹는 기체이지만 산소, 수소, 질소에 비해서는 물에 많이 녹는 편이다.

(2) 온도에 따른 기체의 용해성

① *냉각된 탄산 음료와 냉각되지 않은 탄산 음료의 병을 동시에 따면 냉각되지 않은 탄산 음료에서 거품이 훨씬 많이 생긴다.

② 기체의 용해도는 온도가 올라가면 ❼ ______ 한다.

③ 온도가 낮을 때 기체의 용해도가 커지는 것은 온도가 낮아서 기체 분자의 운동 속도가 액체 분자의 운동 속도와 비슷하게 되어 기체가 밖으로 빠져나가지 않고 액체 속에 남아 있을 수 있기 때문이다.

압력과 기체의 용해도

압력이 높을수록 기체의 용해도는 증가한다. 사이다의 뚜껑을 따면 사이다를 누르고 있던 압력이 제거되어 사이다 속에 녹아 있던 이산화 탄소 기체가 빠져나와 거품이 생기는 것이다.

▲ 탄산 음료

과학단어

★용해 물질이 액체 속에서 균일하게 녹아 용액이 만들어지는 일. 또는 용액을 만드는 일

★냉각 식어서 차게 됨

SPEED CHECK!

기본확인문제

1. 수은 기둥의 높이가 76cm일 때 대기압은 1기압이다. (O / X)
2. 기체 분자가 많이 움직이는 방향으로 압력이 크게 나타난다. (O / X)
3. 기체 분자의 수가 많을수록, 온도가 높을수록 기체의 압력은 커진다. (O / X)
4. 온도와 기체의 양이 일정할 때, 기체의 부피는 압력이 비례한다. (O / X)
5. 압력과 기체의 양이 일정하 때, 기체의 부피는 온도가 높아질수록 작아진다. (O / X)
6. 온도가 높아지면 기체 분자의 움직임이 활발해지면서 용기 벽면에 충돌하는 횟수가 많아진다. (O / X)
7. 암모니아, 염화 수소, 산소 등은 물에 잘 녹는 기체이다. (O / X)
8. 온도가 높아지면 물에 대한 기체의 용해도는 증가한다. (O / X)
9. 압력이 높아지면 물에 대한 기체의 용해도는 증가한다. (O / X)

개념다지기 정답 | ❶ 충돌 ❷ 많을수록 ❸ 높을수록 ❹ 작을수록 ❺ 일정 ❻ 0 ❼ 감소

탐구력 키우기

탐구1. 보일 법칙

탐구과정

준비물
간이 보일실험 장치(또는 압력계에 주사기를 비닐관으로 연결하여 사용한다)

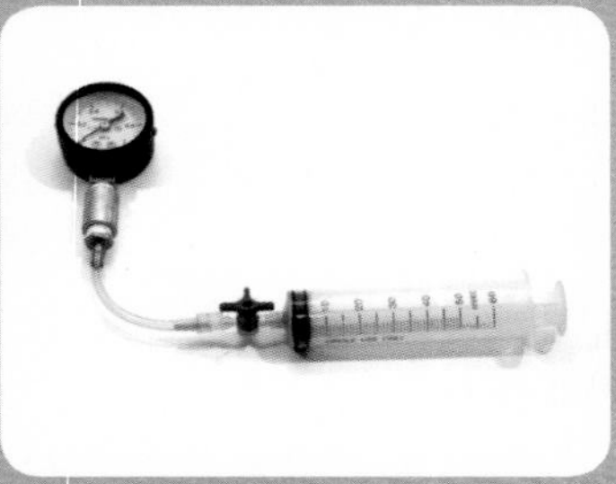

1. 간이 보일실험 장치를 준비한다.
2. 주사기 안에 공기를 20mL 넣는다.
3. 피스톤을 눌러 압력이 1기압, 2기압일 때, 공기의 부피를 각각 측정한다.

탐구결과

탐구결과를 표와 그래프로 나타내시오.

압력계 (기압)	0	1	2
실제 압력 (기압) (누른 압력 + 대기압)			
공기의 부피 (mL)			
압력 × 공기의 부피			

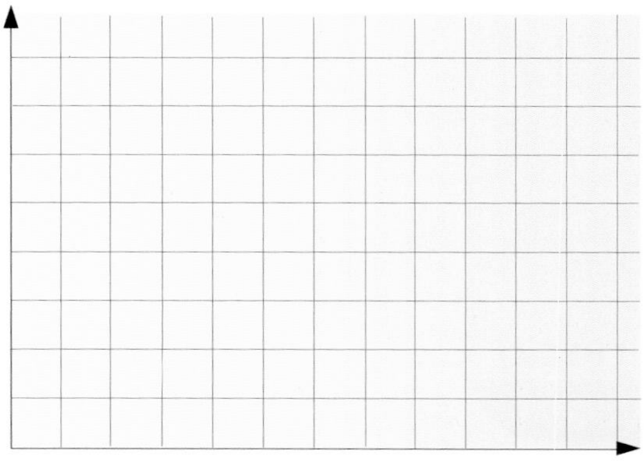

탐구문제

1. 다음 빈칸에 알맞은 말을 써 넣으시오.

· 온도가 일정할 때 기체의 부피는 압력에 (　　　　　)한다.

· 온도가 일정할 때 기체의 부피는 외부 압력이 커지면 (　　　　　)지고, 외부 압력이 작아지면 (　　　　　)진다.

2. 온도가 일정할 때 기체에 가해지는 압력과 기체의 부피와의 관계를 서술하시오.

3. 주사기 속 공기 분자의 개수는 각각 어떻게 변화하는가?

탐구2. 샤를 법칙

탐구과정

준비물
주사기, 고무마개, 비커, 온도계

1. 유리 주사기 안에 공기를 20mL를 넣은 후, 주사기의 입구를 막는다.
2. 20℃, 50℃, 80℃ 물에 주사기를 담그고, 주사기 안 공기의 부피를 측정한다.

탐구결과

탐구결과를 표와 그래프로 나타내시오.

온도 (℃)	20	50	80
공기의 부피 (mL)			

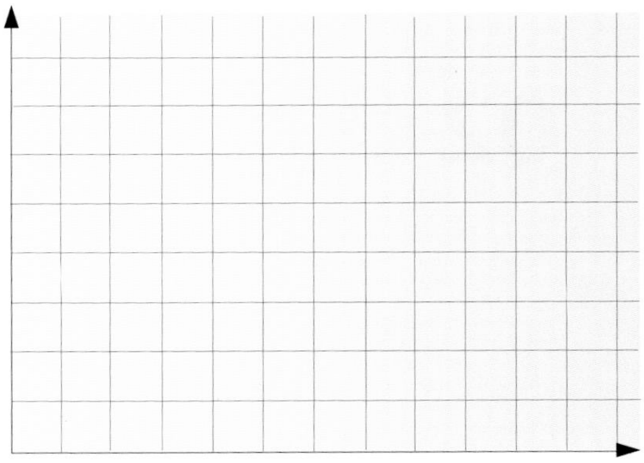

탐구문제

1. 다음 빈칸에 알맞은 말을 써 넣으시오.

· 압력이 일정할 때 기체의 부피는 온도에 (　　　　　)한다.

· 압력이 일정할 때 온도가 높아지면 기체의 부피가 (　　　　　)지고, 온도가 내려가면 기체의 부피가 (　　　　　)진다

2. 압력이 일정할 때 온도와 기체의 부피와의 관계를 서술하시오.

3. 2의 결과가 나오는 이유를 분자의 움직임으로 설명하시오.

01 다음 그림처럼 스폰지 위에 벽돌이 올려져 있다. 벽돌과 맞닿은 스폰지가 받는 압력이 큰 것부터 순서대로 나열하시오. (단, 벽돌 한 장의 무게는 모두 같고, 각각 스폰지와 닿은 면적의 비는 가 : 나 : 다 = 1 : 3 : 3 이다.)

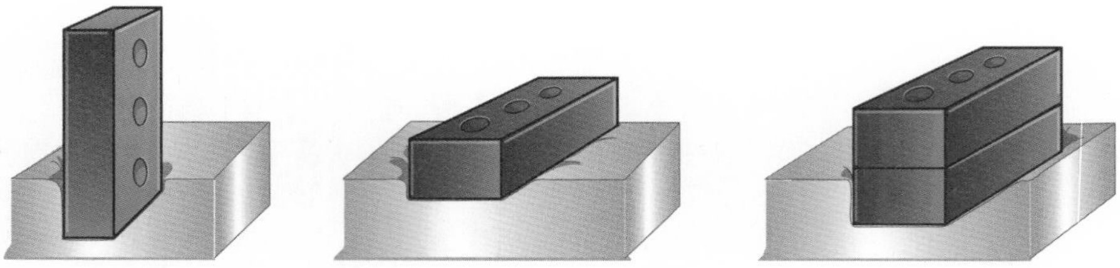

(가) (나) (다)

02 다음 그림은 고무 풍선 속 기체의 움직임을 모형으로 나타낸 것이다. 이에 대한 다음 설명 중 옳지 않은 것은?

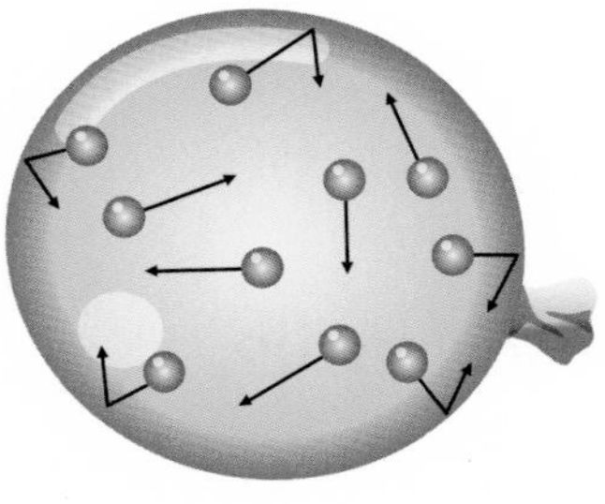

① 기체 분자들은 모든 방향으로 움직인다.
② 그림에서 화살표의 길이는 분자 운동 속도를 나타낸다.
③ 풍선의 온도를 높여도 기체 분자의 움직임에는 변화가 없다.
④ 기체 분자의 충돌 횟수가 많아지면 풍선이 받는 압력이 커진다.
⑤ 기체 분자가 풍선 안쪽 벽에 작용하는 압력이 커지면 풍선의 부피가 커진다.

03

주사기 두 개의 끝을 고무마개로 막고 같은 부피의 공기와 물을 각각 담았다. 같은 힘으로 피스톤을 눌렀을 때 오른쪽 그림과 같이 물에 비해 공기가 더 쉽게 압축되었다. 그 이유는 무엇인지 쓰시오.

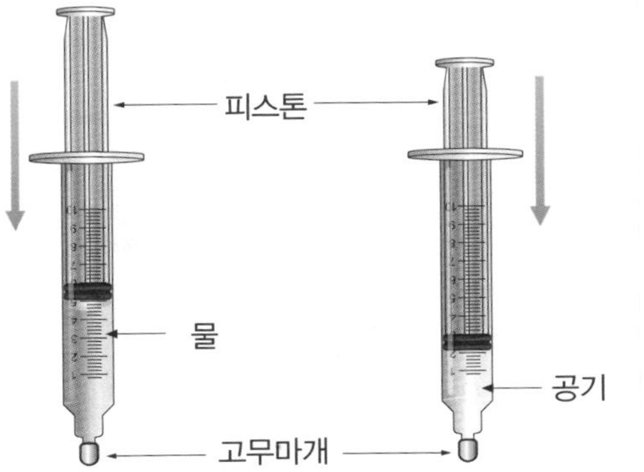

04

풍선의 외부에서 힘을 가하니, 풍선의 크기가 작아졌다. 풍선의 부피가 줄어 든 원인을 공기를 이루는 알갱이로 나타내려고 한다. 다음 모형 중 풍선의 부피가 줄어든 것을 가장 바르게 나타낸 것은? (단, 아래 알갱이는 공기를 이루는 기체 알갱이이다.)

	힘을 가하기 전	힘을 가한 후		힘을 가하기 전	힘을 가한 후
①	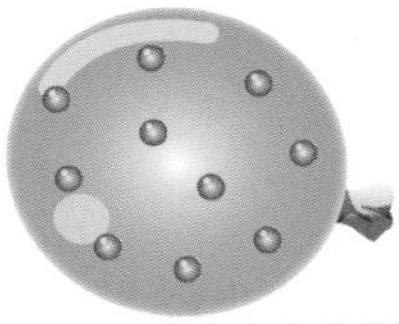	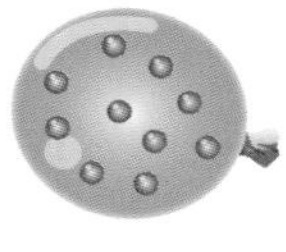	④	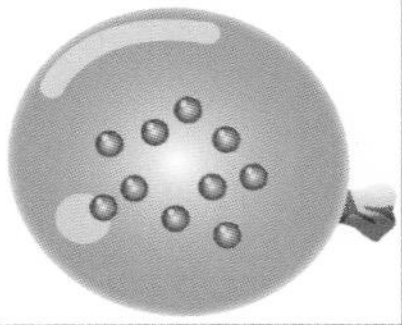	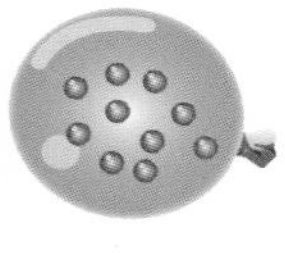
②	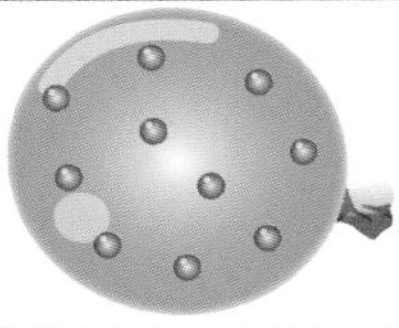		⑤	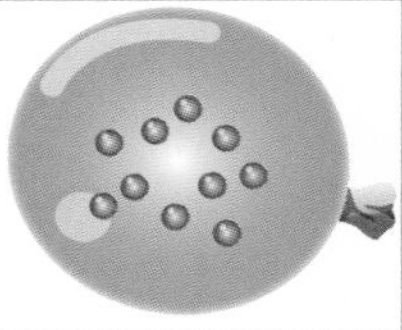	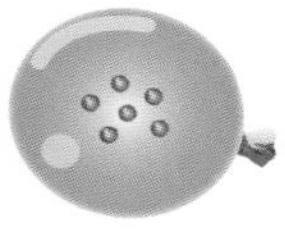
③	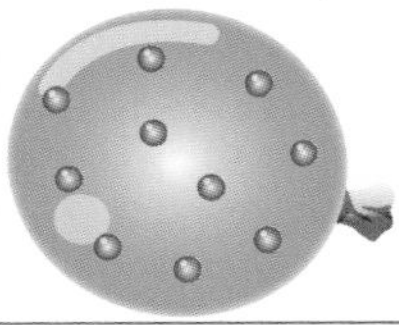	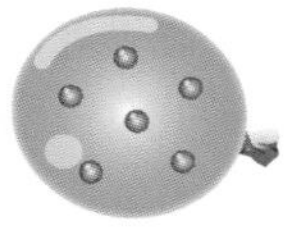			

05 아래 그래프는 일정한 온도에서 압력과 기체의 부피와의 관계를 나타낸 것이다. 다음 중 이 그래프와 관련 없는 현상을 고르면?

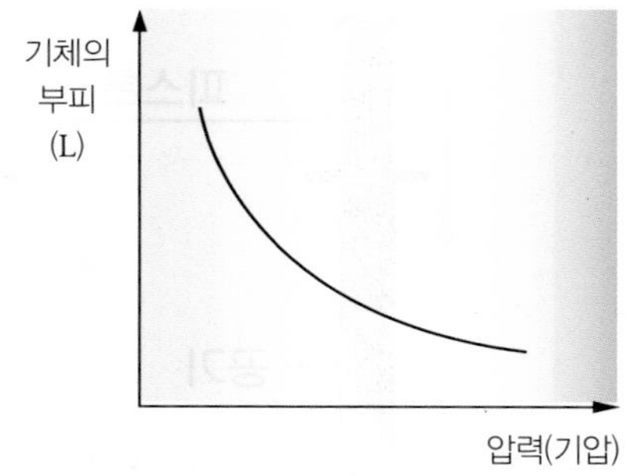

① 산에 높이 올라가면 귀가 먹먹해진다.
② 보온병의 꼭지를 누르면 물이 나온다.
③ 농구공을 뜨거운 물에 넣으면 딱딱한 느낌이 든다.
④ 하늘 높이 올라간 헬륨 풍선은 부피가 커지다가 터진다.
⑤ 잠수부가 내놓은 공기 방울은 수면 가까이 올수록 커진다.

06 그림과 같이 밀폐된 실린더 안에 어떤 기체를 채우고 일정한 압력에서 가열하였다.

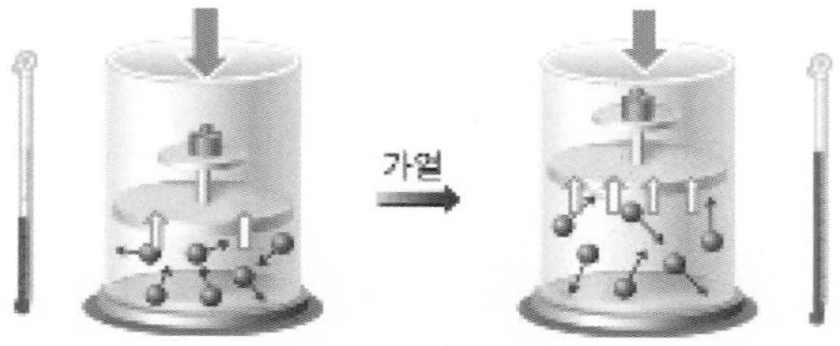

이에 대한 설명으로 옳지 않은 것은?

① 기체 분자의 크기가 증가한다.
② 기체 분자의 수에는 변화가 없다.
③ 기체 분자의 충돌 횟수가 증가한다.
④ 기체 분자의 운동 속도가 증가한다.
⑤ 기체의 압력이 외부 압력과 같아질 때까지 부피가 증가한다.

07

음료수가 반쯤 담긴 페트병을 냉장고에 넣어 두면 찌그러진다. 다음 중 냉장고의 페트병이 찌그러지는 것과 같은 원리로 설명할 수 있는 것을 모두 고르면?

① 
펌프식 뚜껑

② 
오줌싸개 인형

③ 
호버크래프트

④ 
열기구

⑤ 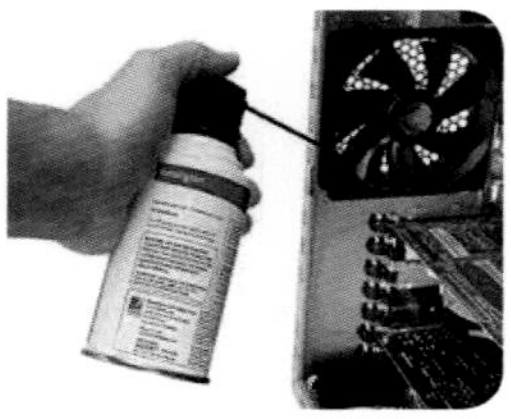
청소용 압축 캔

08

기체의 용해도와 온도와의 관계를 나타낸 그래프로 옳은 것을 고르시오.

① 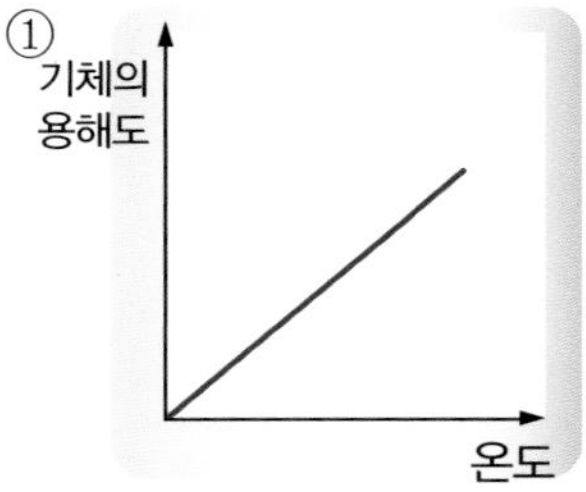

② 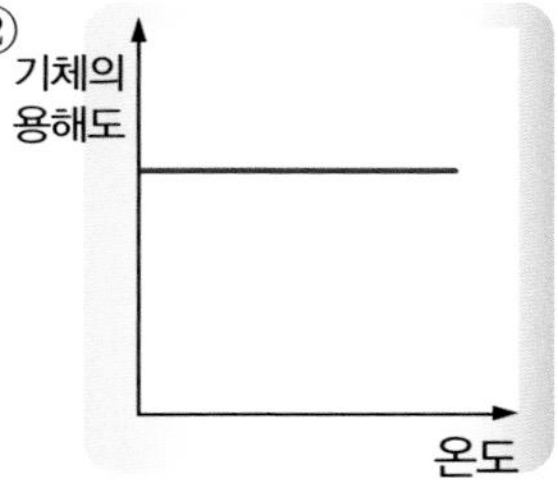

③ 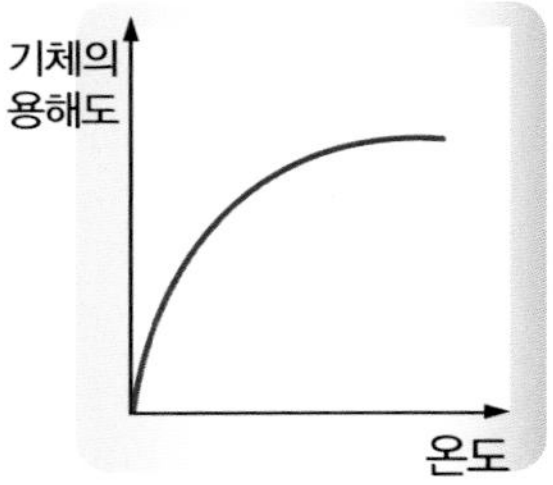

④ 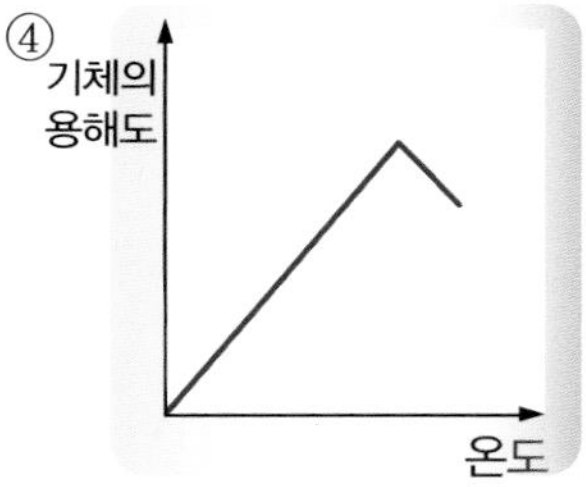

⑤ 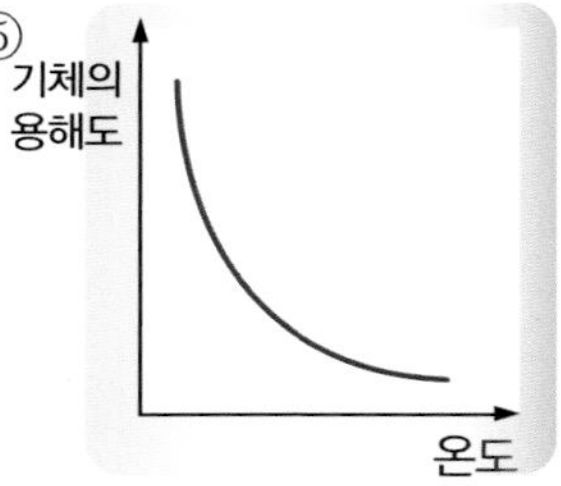

STEP BY STEP

09

철수는 공기도 무게를 가진다는 사실을 배운 후, 자신의 방 안을 채우고 있는 공기의 무게가 얼마나 될지 궁금하였다. 고등학교에 다니는 형의 화학책을 찾아보았더니 0℃, 1기압의 조건에서 공기 28.8g(공기의 평균 무게)이 차지하는 부피가 22.4L라는 사실을 알 수 있었다. 다음 물음에 답하시오. (단, 1L는 가로, 세로, 높이가 각각 10cm 인 정육면체의 부피와 같다.)

(1) 0℃, 1기압에서 공기의 밀도를 kg/m^3 단위로 나타내시오.

(2) 철수 방은 가로 5m, 세로 4m, 높이 2m라고 한다. 철수 방을 채우고 있는 공기의 부피는 몇 m^3 인지 구하시오.

(3) 철수 방의 온도가 0℃, 1기압이라면 철수의 방 안을 채우고 있는 공기의 질량은 얼마일지 구하시오.

(4) 실제 철수 방 안의 경우 공기의 압력은 1기압이지만, 온도는 20℃ 였다. 그렇다면 실제 철수 방 안을 채우고 있는 공기의 질량은 문제 (3)에서 구한 값보다 큰 값일지 작은 값일지 판단하고 그 근거를 제시하시오.

STEP BY STEP

10 다음 그래프는 일정한 온도에서 일정량의 어떤 기체에 압력을 달리 했을 때의 부피 변화를 나타낸 것이다. 다음 물음에 답하시오.

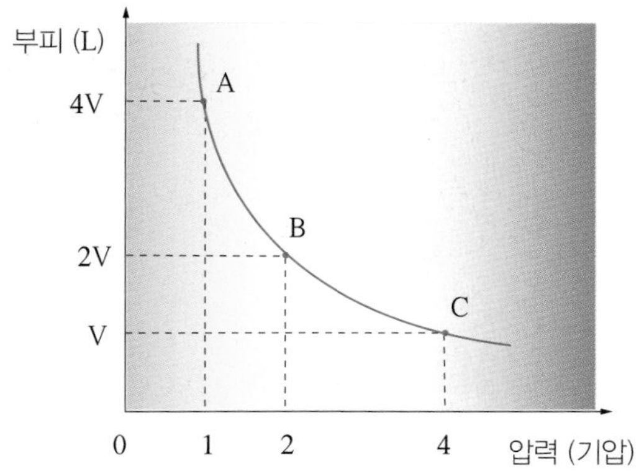

(1) 위의 그래프에 대한 설명으로 옳지 않은 것은?

① 압력과 부피를 곱한 값은 같다.
② 압력이 커지면 기체의 부피는 감소한다.
③ 압력이 줄어들면 기체의 분자 수도 줄어든다.
④ A>B>C 순으로 분자 사이의 거리가 멀다.
⑤ 기체 분자의 충돌 횟수는 C점이 가장 많다.

(2) C점의 부피가 10L 라면 B점에서 이 기체의 부피는 몇 L 가 되는지 구하시오.

(3) A점에서 이 기체의 부피가 60mL 이다. 온도를 일정하게 유지하면서 이 기체에 압력을 3기압으로 높이면 이 기체의 부피는 몇 mL 가 되는지 구하시오.

STEP BY STEP

11 다음 그림과 같이 삼각플라스크에 풍선을 끼우고 가열한 후에 얼음이 담긴 용기에 넣어 보려고 한다. 다음 물음에 답하시오.

(1) 얼음이 담긴 용기에 가열한 삼각플라스크를 넣으면 풍선의 크기는 어떻게 변화할지 쓰시오.

(2) 풍선 안에 들어 있는 기체 분자의 운동 속도와 풍선 안 벽면과의 분자 충돌 횟수가 어떻게 변화하는지 서술하시오.

STEP BY STEP

12 다음 그래프는 압력이 일정할 때 어떤 기체의 부피와 온도와의 관계를 나타낸 것이다. 다음 물음에 답하시오.

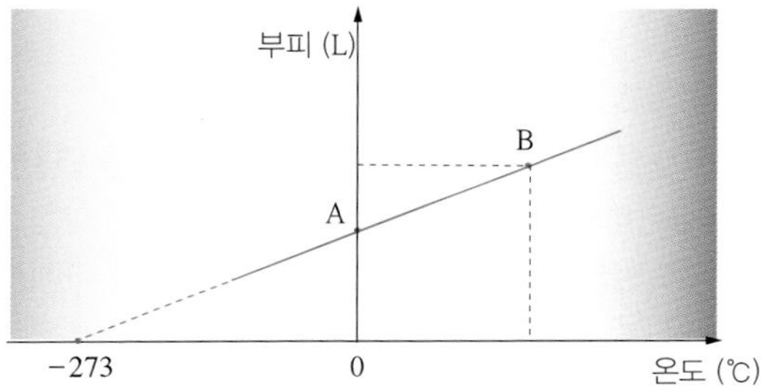

(1) 위 그래프에 대한 설명으로 옳지 않은 것을 고르면?

① 기체 분자의 종류와 크기는 변함없다.
② A에서 B로 갈수록 분자의 움직임이 둔해진다.
③ A에서 B로 갈수록 분자 사이의 거리가 멀어진다.
④ A에서 B로 갈수록 분자의 충돌 횟수가 증가한다.
⑤ 이론상으로 -273℃ 에서 기체의 부피는 0이 된다.

(2) 위 실험의 '어떤 기체' 대신 사용해서 같은 결과를 얻을 수 있는 물질을 다음에서 고르면?

① 수증기 ② 산소 ③ 헬륨 ④ 질소 ⑤ 모두 다

(3) A점에서 용기 안에 5L 의 수소 기체가 들어 있다. 압력의 변화없이 온도를 546℃ 로 올린 것이 B점이라면 수소의 부피는 몇 L 가 되는지 구하시오.

창의력 키우기

01

영희네 반에서는 잠수함처럼 물 속을 오르내릴 수 있는 기구를 만들어 보기 위하여 빨대와 페트병으로 다음과 같은 실험을 하였다.

- 유창성
- ✓ 융통성
- 독창성
- ✓ 정교성

[실험방법]

1. 빨대를 반으로 꺾고, 클립으로 빨대 끝을 연결한 다음 추를 매단다.
2. 페트병에 물을 넣고 잠수함 모형을 넣은 다음 뚜껑을 꼭 닫는다.
3. 페트병을 손으로 누르면 잠수함 모형이 아래로 가라앉고, 손을 놓으면 다시 떠오르는 것을 관찰할 수 있다.

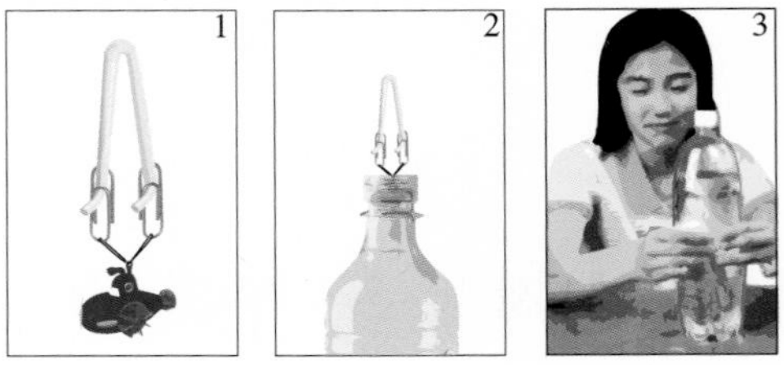

(1) 페트병을 손으로 눌렀을 때 나타나는 현상을 바르게 설명한 것을 모두 고르시오.

① 페트병의 부피가 늘어난다.
② 페트병 속의 압력이 높아진다.
③ 잠수함 모형 안으로 물이 들어간다.
④ 잠수함 모형 전체의 무게가 가벼워진다.
⑤ 잠수함 모형의 빨대 속 공기의 부피가 늘어난다.

(2) 잠수함 모형이 오르내리는 원리를 설명하시오.

02 빨대를 이용해 물을 마시려고 한다. 에베레스트 산 정상과 산 아래 중에서 물을 마시기 쉬운 곳은 어디일지 쓰고 이유를 설명하시오.

- 유창성
- 융통성
- 독창성
- ✓ 정교성

01 이탈리아의 과학자 토리첼리는 그림과 같이 수은을 가득 채운 유리관을 수은이 담긴 용기에 거꾸로 세워 수은의 높이가 760mm 로 유지되는 실험을 통하여 해수면에서 대기압이 1기압, 760mmHg 인 것을 측정하는 데 성공하였다. 다음 물음에 답하시오.

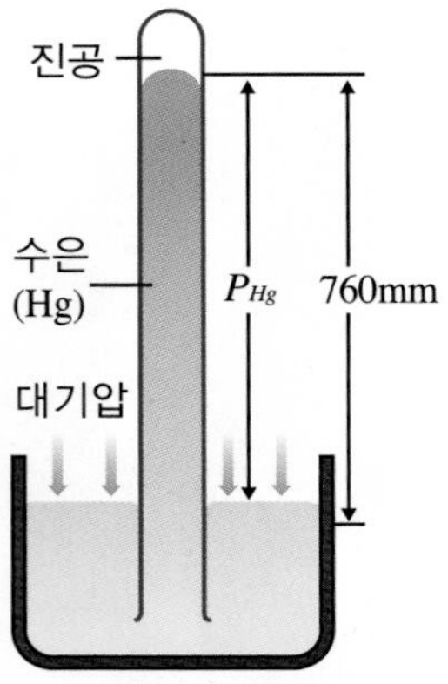

(1) 더 가는 유리관을 사용하여 실험한다면 수은의 높이는 어떻게 될지 설명하시오.

(2) 유리관을 기울인다면 수은의 높이는 어떻게 될지 설명하시오.

(3) 높은 산의 정상에서는 수은 기둥의 높이가 어떻게 될지 말하시오.

(4) 오른쪽 그림은 서울특별시과학전시관에 설치된 물 기압계이다. 전시관 내의 기압이 1기압일 때 버튼을 누른다면 물기둥은 몇 m까지 올라갈지 설명하시오. (단, 수은의 밀도는 13.6g/cm^3)

“

별은 왜 반짝거릴까?

우주 공간의 수많은 별은 반짝이지 않지만
지구에서 그 별을 보면 반짝인다.
그 이유가 무엇일까?

”

8

별자리를 찾아서

개념다지기

쏙 쏙 빈칸을 채워 개념을 완성하세요!

● 별을 관찰하기 좋은 조건
· 구름이 없는 날
· 달이 뜨지 않는 날
· 주변이 어두운 곳

● 별이 반짝이는 이유
별빛이 지구 대기를 통과하면서 *굴절, *산란되면서 반짝이는 것처럼 보인다. *지평선에 가까운 별일수록 더 두꺼운 대기를 통과해야 하기 때문에 산란의 정도가 심하여 더 반짝인다.

● 은하수
수많은 별들이 모여 있어 마치 하늘을 흐르는 강처럼 보이는 것을 말한다. 우리나라에서는 '미리내' 서양에서는 'Milky Way' 라고 부른다.

▲ 은하수

● 과학단어
★지평선 평평한 땅의 끝과 하늘이 맞닿아 보이는 경계선
★산란 태양광선이 공기 입자와 충돌하여 흩어짐
★굴절 빛의 속도가 서로 다른 매질의 경계에서 빛의 진행 방향이 꺾이는 현상

❶ 밤하늘의 별 관찰하기

(1) 밤 하늘의 별 모습

① 밝기와 색깔이 다양하다.

② 수 많은 별들이 사방으로 흩어져 있거나 무리지어 있다.

③ 밤하늘의 별들은 시간에 따라 ❶ ______ 가 변한다.

(2) 별자리판을 사용하여 별자리 찾기

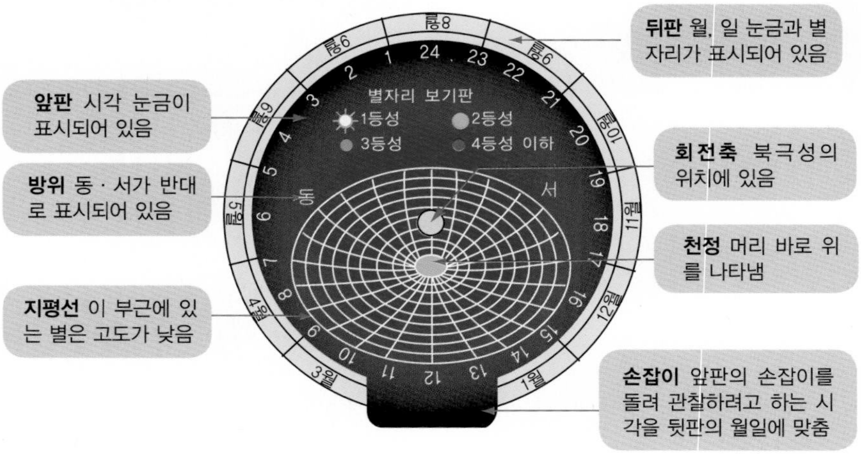

① 별자리판의 앞판을 돌려 관찰하려는 월 · 일 눈금과 시각 눈금을 맞춘다.

② 별자리판의 앞면이 지면을 향하도록 머리 위로 들고, 별자리판의 방위와 실제 방위를 일치시킨다. ➜ 별자리판의 동쪽과 서쪽이 바뀌어 있는 이유이다.

③ 별자리판을 보고 관찰하려는 별자리의 대략적인 위치를 파악한 후, 하늘에서 관찰하려는 별자리를 찾아 모양과 위치를 기록한다.

(3) 북극성 찾기 : ❷ ______ 이나 ❸ ______ 를 이용한다.

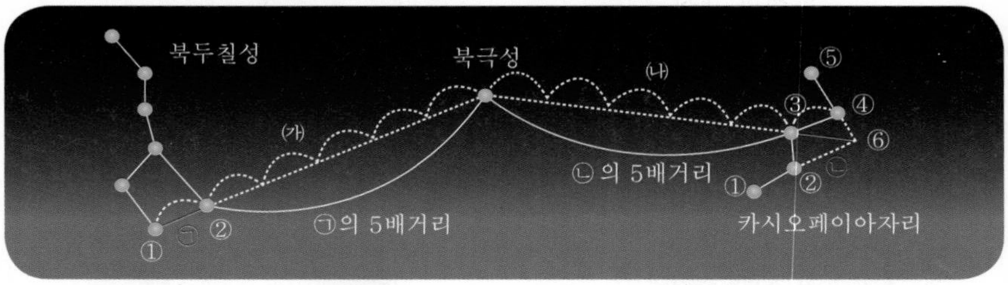

북두칠성 이용(봄, 여름)
북두칠성의 ①번과 ②번의 별을 이어, 그 거리 ㉠의 5배만큼 연결한 곳에 북극성이 있다.

카시오페이아자리 이용(가을, 겨울)
카시오페이아 자리의 ③번과 가상의 ⑥번의 별을 이어, 그 거리 ㉡의 5배만큼 연결한 곳에 북극성이 있다.

❷ 별자리 이용과 별자리 관련 유물

(1) 별자리의 이용

옛날	오늘날
· 길이나 방향을 찾을 때 · 계절이나 시각을 알고자 할 때 · 달력을 만들 때 · 앞날을 예측할 때	· 별자리의 위치를 나타낼 때 · 하늘의 영역을 나눌 때

(2) 별자리와 관련된 우리 조상들의 유물

① 천문도 : 천상열차분야지도, 진파리와 덕흥리 *고분(고구려), 서곡리 고분(고려) 등

② 유물 및 장치 : 첨성대, 혼천의, 간의 등

❸ 계절에 따른 별자리 알아보기

(1) 계절에 따른 별자리

구분	북쪽	동쪽 · 남쪽 · 천정	서쪽
봄(4월 15일)	작은곰, 큰곰	목동, 처녀, 사자	쌍둥이, 작은개
여름(7월 15일)	작은곰, 큰곰	거문고, 독수리, 백조	목동, 처녀
가을(10월 15일)	작은곰, 카시오페이아	페가수스	거문고, 독수리, 백조
겨울(1월 15일)	작은곰, 카시오페이아	황소, 오리온, 쌍둥이 마차부, 큰개, 작은개	페가수스

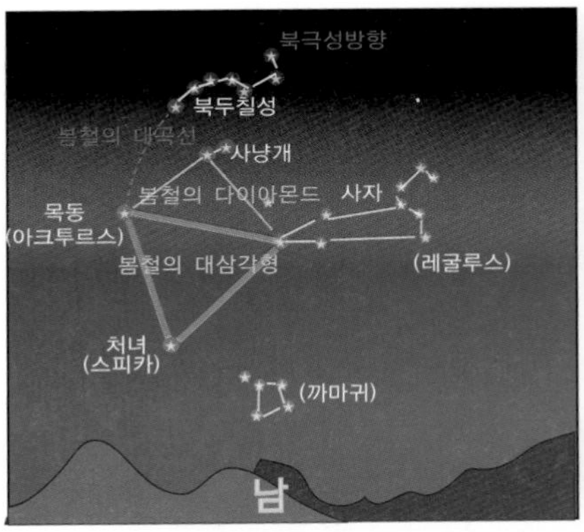

봄철의 대삼각형

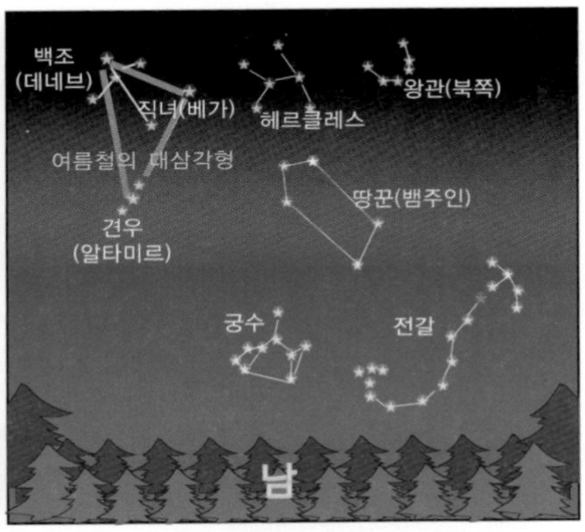

여름철의 대삼각형

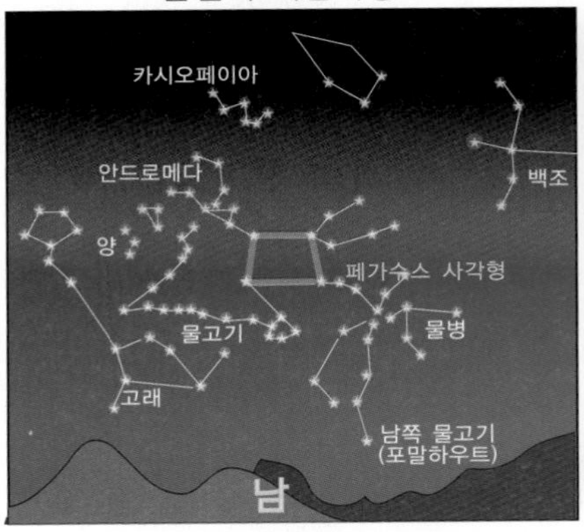

가을의 페가수스 사각형

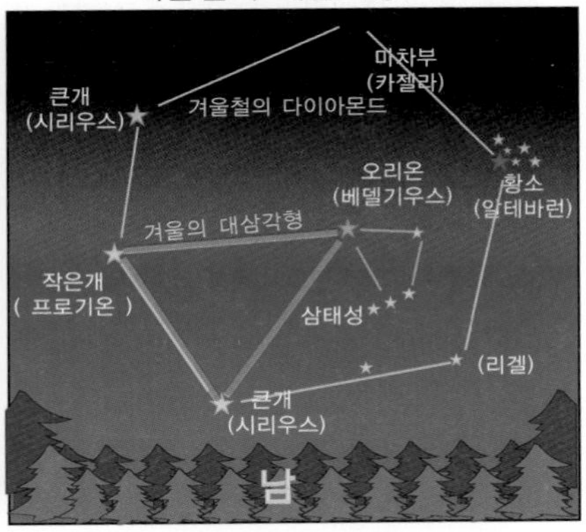

겨울철의 대삼각형

● 별자리의 유래

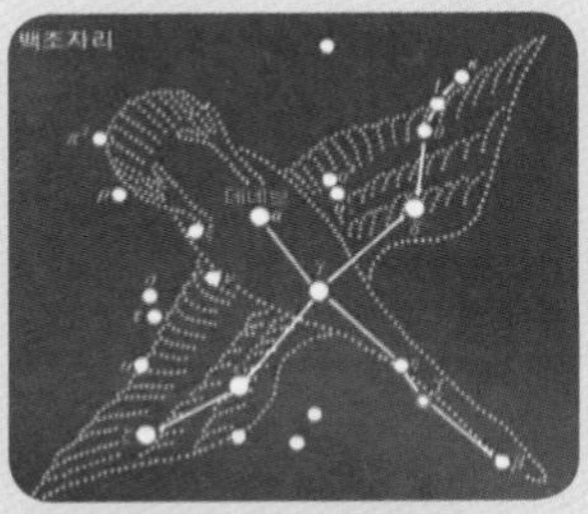

밤하늘의 밝은 별을 기준으로 그 주변의 별을 연결하여 동물의 모양이나 신화에 나오는 신들의 형상을 빌어 이름 붙인 것으로, 기원전 수 천년 전 바빌로니아 지방의 유목민들에 의해 만들어진 것으로 보인다. 그림은 백조 자리

● 천상열차분야 지도

조선시대의 천문도(1687년,보물 제837호)로 하늘의 모양(별자리)을 차례대로 나눈 그림이란 뜻. 여러 겹의 장지를 겹쳐 만들었으며 구성과 내용에 누락된 곳 없이 상세히 적혀 있다.

● 혼천의

고대 중국에서 천체의 운행과 위치를 관측하던 장치. 지평선을 나타내는 둥근 고리와 지평선에 직각으로 교차하는 자오선을 나타내는 둥근 고리, 하늘의 적도와 위도 따위를 나타내는 눈금이 달린 원형의 고리를 한데 짜 맞추어 만든 것이다.

● 과학단어

★고분 고대에 만들어진 무덤

개념다지기

쏙 쏙 빈칸을 채워 개념을 완성하세요!

● 여름철 별의 대삼각형

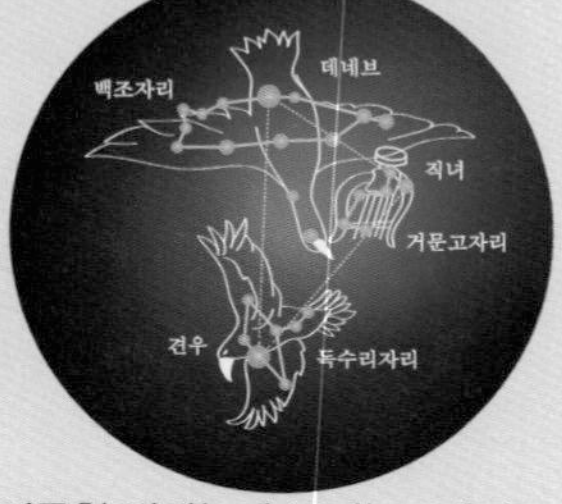

여름철 밤하늘에 보이는 3개의 1등성을 연결한 삼각형이다.

데네브(백조자리) – 직녀(거문고자리) – 견우(독수리자리)

● 겨울철 별의 대삼각형

겨울철 남쪽하늘에 보이는 유난히 밝은 별 3개를 연결한 삼각형이다.

프로키온(작은개자리) – 베텔게우스(오리온자리) – 시리우스(큰개자리)

● 별의 *일주 운동

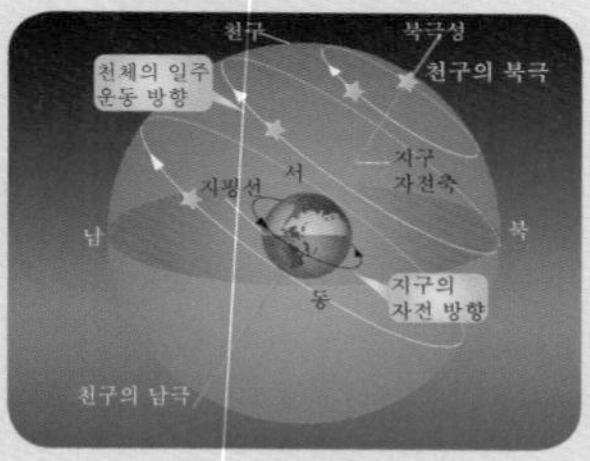

① 일년 내내 볼 수 있는 별자리 : 작은곰자리(북극성), 카시오페이아자리, 큰곰자리(북두칠성)

② 사계절의 대표적인 별자리: 밤이 깊어져도 동쪽 · 남쪽 · 천정 부근에 보이는 별자리는 계속 볼 수 있고, 계절에 따라 보이는 별자리가 다르므로 이 별자리를 계절의 대표 별자리라고 한다.

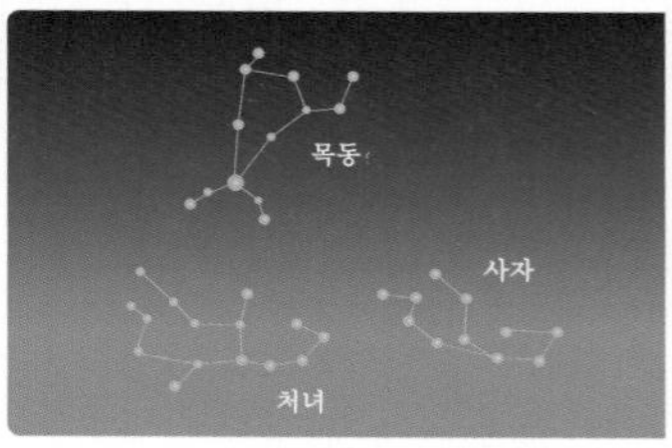

봄의 대표 별자리

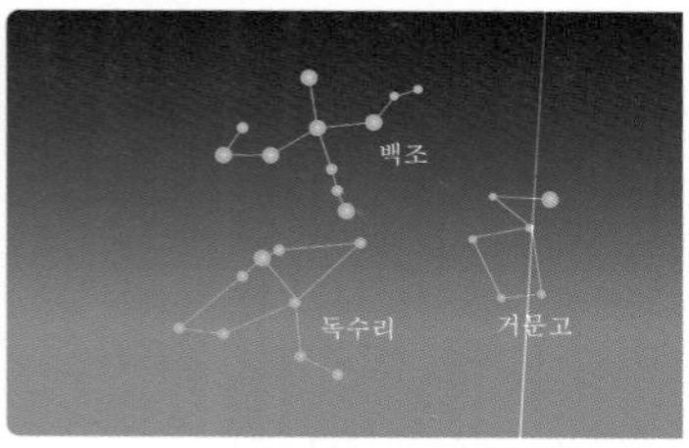

여름의 대표 별자리

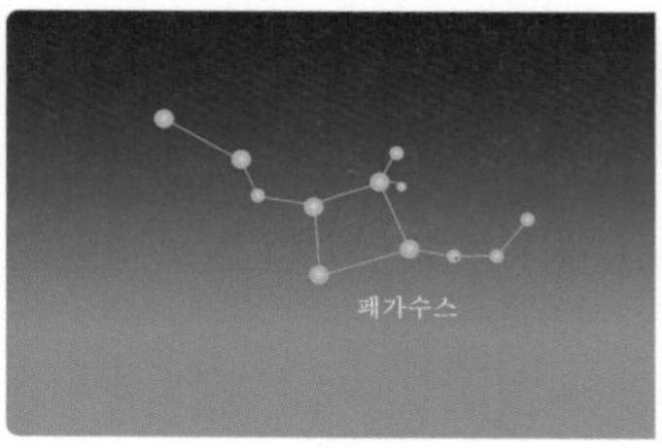

가을의 대표 별자리

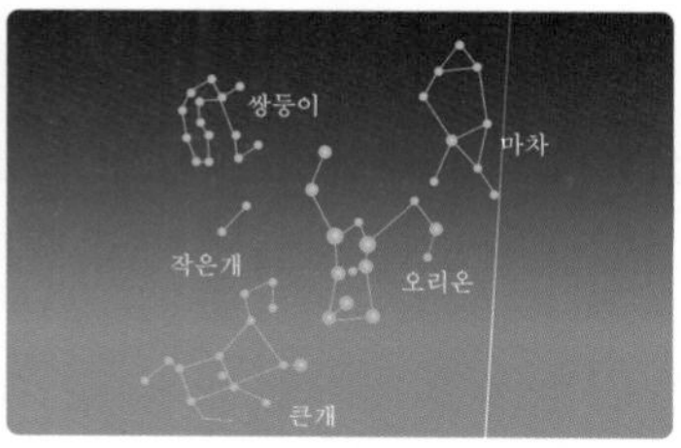

겨울의 대표 별자리

③ 별자리의 이동

시간에 따른 변화	같은 지역이라도 지구가 자전하기 때문에 별자리가 동에서 서로 변함 : 북극성 근처 별자리들은 천구의 북극을 중심으로 1시간당 15°씩 반시계 방향으로 회전
계절에 따른 변화	지구의 ④ ______ 때문에 계절에 따라 달라짐 : 별자리는 하루에 1°씩 서쪽으로 이동하여 1년 후 처음 위치로 돌아옴

④ *황도 12궁 : 태양이 지나가는 길에 있는 12개의 대표적 별자리

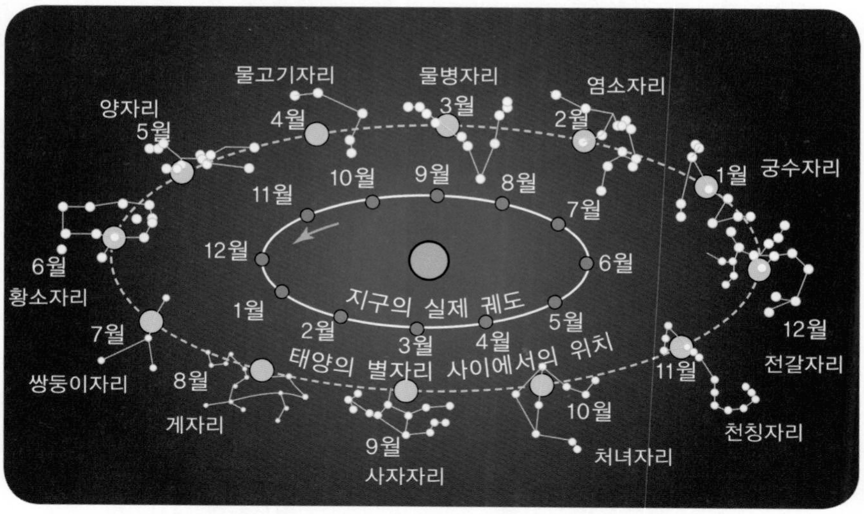

▲ 황도 12궁 : 태양의 정반대편 별자리를 그 위치에서 볼 수 있다.

● 과학단어

★일주 운동 지구의 자전 운동으로 인하여 모든 천체가 천구와 함께 지구의 자전 방향과 반대 방향으로 도는 것처럼 보이는 운동

★황도 천구 상의 태양이 지나가는 길

❹ 하룻동안 별자리의 움직임(일주 운동)

(1) 북쪽하늘의 별자리의 움직임 : 일주 운동

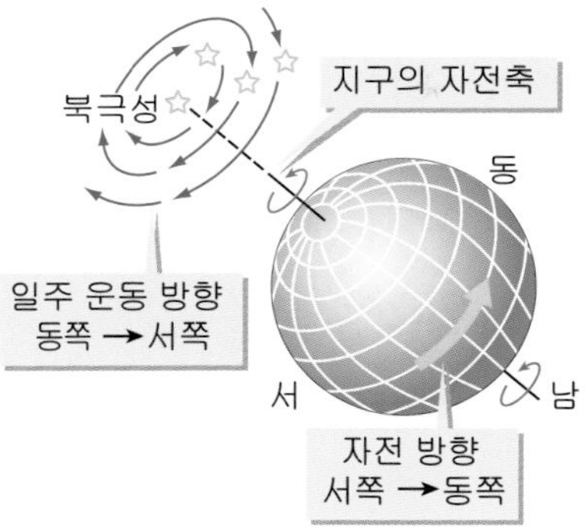

(2) 북두칠성의 위치 변화 : 북극성을 중심으로 시계 반대 방향으로 한 시간에 ❺ ______ 씩 움직이기 때문에 위치를 보고 시각을 알 수 있다.

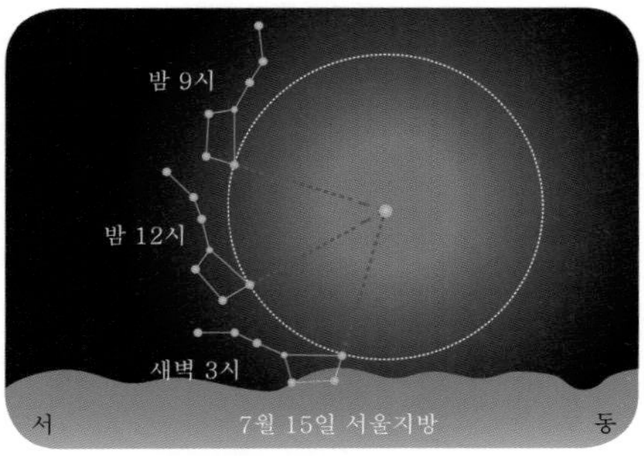

(3) 하룻동안 별들의 움직임 : 지구의 ❻ ______ 때문이다.

① 북극성 : 북극성은 지구의 정북쪽 자전축 바로 위에 있어서 거의 움직이지 않는 것처럼 보인다.

② 북극성 근처에 있는 별들 : 북극성을 중심으로 하루에 한 바퀴씩(1시간에 15° 씩) 시계 반대 방향으로 돌고 있다.

③ 북극성 근처에 있지 않은 별들 : 하루에 한 바퀴씩 동쪽에서 떠서 서쪽으로 지는 일주 운동을 하고 있다.

● 우리나라(북반구 중위도 지방)에서 별의 일주 운동

▲ 동쪽 하늘 ▲ 서쪽 하늘

▲ 남쪽 하늘 ▲ 북쪽 하늘

· 동쪽 하늘 : 동쪽 지평선에서 별들이 하나둘씩 떠오른다.
· 서쪽 하늘 : 서쪽 지평선 아래로 별들이 하나둘씩 진다.
· 남쪽 하늘 : 별들이 동쪽에서 서쪽으로 수평하게 이동한다.
· 북쪽 하늘 : 북극성을 중심으로 반시계 방향으로 회전한다.

● 과학단어

자전 지천체가 스스로 고정된 축을 중심으로 회전함

북반구 지구의 적도를 기준으로 북쪽의 반구를 말한다.

SPEED CHECK!

기본확인문제

1. 북쪽 하늘의 대표적인 별자리는 큰곰자리, 작은곰자리, 카시오페이아자리이다. (O / X)
2. 북쪽 하늘에 언제나 볼수 있는 별로 북쪽을 찾는 데 기준이 되는 별은 북두칠성이다. (O / X)
3. 북극성을 중심으로 북두칠성과 카시오페이아자리는 서로 반대편에 위치하고 있다. (O / X)
4. 북극성은 큰곰자리에 속하고 북두칠성은 작은곰자리에 속한다. (O / X)
5. 태양을 중심으로 지구가 자전하기 때문에 계절에 따라 별자리가 달라진다. (O / X)
6. 여름에 동쪽 · 남쪽 · 천정 부근에서 거문고자리, 독수리자리, 백조자리를 볼 수 있다. (O / X)
7. 카시오페이아자리는 가을철의 대표적인 별자리이다. (O / X)
8. 북쪽 하늘의 별자리는 하룻동안 시계 방향으로 1시간에 15° 씩 움직인다. (O / X)
9. 하룻동안 별자리의 위치가 달라지는 까닭은 지구가 하루에 한 바퀴씩 자전하기 때문이다. (O / X)
10. 우리나라의 남쪽 하늘에서 별의 일주 운동은 반시계 방향으로 회전한다. (O / X)

개념다지기 정답 | ❶ 위치 ❷ 북두칠성 ❸ 카시오페이아자리 ❹ 공전 ❺ 15° ❻ 자전

탐구. 별자리보기판을 이용하여 별 찾기

탐구과정

준비물
별자리보기판, 철사옷걸이, OHP 필름, 유성펜, 집게

다음의 별자리보기판을 이용하여 별을 찾아보자.

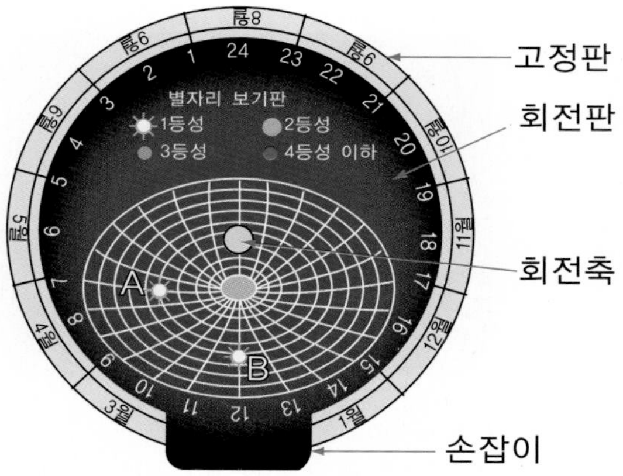

[활동 1] 별자리 기억하기

① 별자리보기판을 준비한다.
② 별자리보기판의 바깥쪽의 월, 일과 안쪽 테두리에 있는 시간을 맞춘다.
③ 현재 볼 수 있는 별자리를 동서남북 각 방향별로 1개 이상 적어 본다. 방향을 잘 기억하면서 현재 동서남북 쪽 각 방향에 있는 별자리를 대략적으로 그려 보자.

동　　서　　남　　북

[활동 2] 실제 밤하늘 관찰하기

① 옷걸이를 구부려서 그림과 같은 모양으로 만든 다음 투명한 비닐(OHP)등을 테이프로 붙여둔다.

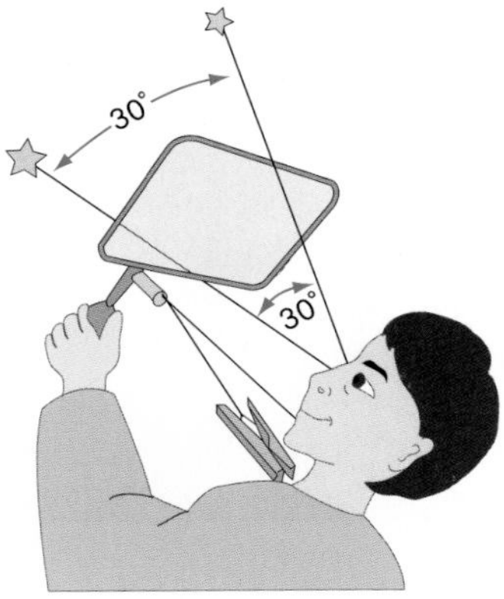

② 집게와 실을 이용해 거리를 일정하게 유지하면서, 방향을 한곳 정해 별자리를 관찰하고 유성펜으로 별의 위치를 찍어 본다.

③ 각자 만든 별자리를 [활동1]에서 그린 별자리와 비교한다.

탐구결과

1. 별자리 보기판에 있는 별자리는 시간이 지나감에 따라 어느 방향으로 이동하였는가?

2. 별자리 보기판을 돌려서 매월 같은 시각에 보이는 별자리를 찾아보자. 별들은 어느 방향으로 이동하였는가?

3. 도시에서는 별자리를 구성하는 모든 별을 다 찾지 못하는 이유는 무엇일까?

4. 다른 친구가 만든 별자리 찾기 틀에 있는 별자리는 무엇인가? 밤하늘을 보고 찾아보자.

탐구과제

1. 어두운 밤하늘에 나가서 지금의 계절에 맞는 별자리를 찾아보자. 어떠한 별자리를 관찰할 수 있는지 써 보자.

문제해결력 키우기

01 다음 중 밤하늘의 별에 대한 설명 중 옳은 것을 모두 고르시오.

① 별들의 밝기가 다양하다.
② 별들의 색깔은 모두 같다.
③ 별이 지구와 가까울수록 밝다.
④ 수많은 별들이 무리지어 있는 데도 있다.
⑤ 같은 위치에서는 언제나 똑같은 별들을 관찰할 수 있다.

02 다음 중 별자리판에 대한 설명으로 옳은 것을 모두 고르시오.

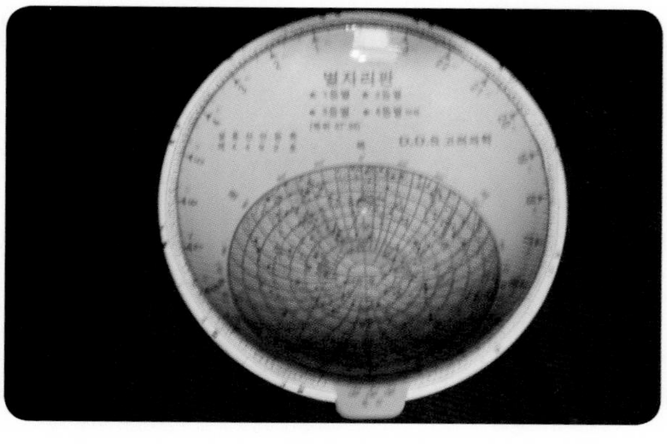

① 별자리판의 회전축에는 북두칠성이 있다.
② 별자리판 앞판에 둥글게 표시된 것은 지평선이다.
③ 별자리판을 아래도 내려다보면 동 · 서가 바뀌어 있다.
④ 별자리판의 뒤판에는 시각 눈금과 별자리가 표시되어 있다.
⑤ 별자리판의 투명한 부분에서 모든 별자리를 한 번에 볼 수 있다.

03 다음 별자리에 관한 내용 중 옳은 것을 모두 고르시오.

① 별자리의 이름은 천문학자들이 붙인 것이다.
② 별자리는 가장 밝은 1등성 별들만 연결하여 만든다.
③ 별자리의 위치를 보면 계절이나 시각을 알 수 있다.
④ 별자리는 근처의 뚜렷한 별들을 서로 선으로 이어서 만든다.
⑤ 큰곰자리는 우리 조상들이 지은 별자리 이름으로, 천상열차분야지도에 기록되어 있다.

04 다음은 민지네 반 학생들이 별의 모양을 그린 것이다. 별의 모양으로 바르다고 생각되는 것을 고르시오.

① ② ③ ④ ⑤

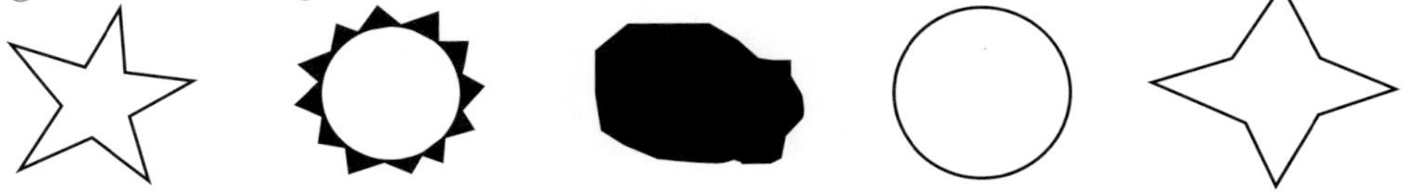

05 우주에서 별을 보면 반짝이지 않고 가만히 빛나고 있다. 하지만 지구에서 별을 보면 별빛이 반짝거린다. 지구에서만 별이 반짝이는 이유를 쓰시오.

06 별자리에 대한 일반적인 설명 중 옳은 것을 보기에서 모두 고르시오.

보기

ㄱ. 한 별자리의 별들은 모두 거리가 같은 별들이 아니다.
ㄴ. 우리나라에서 보이는 별자리는 호주에서의 별자리와 다르다.
ㄷ. 태양이 지나가는 길에 있는 12개의 별자리를 황도 12궁이라고 한다.

07 우리는 별을 관찰할 때 별자리판을 이용한다. 별자리판을 아래로 내려 관찰해 보면 실제 방위와 다르게 동쪽과 서쪽이 바뀌어 있는 것을 관찰할 수 있다. 별자리 판의 동쪽과 서쪽이 다른 이유를 쓰시오.

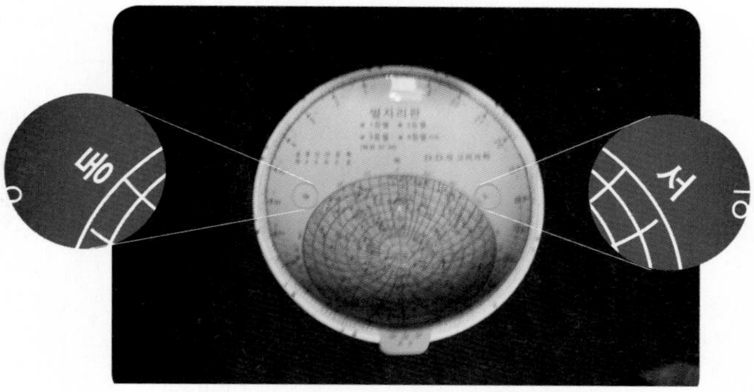

〈별자리판을 아래로 하였을 때의 방위〉

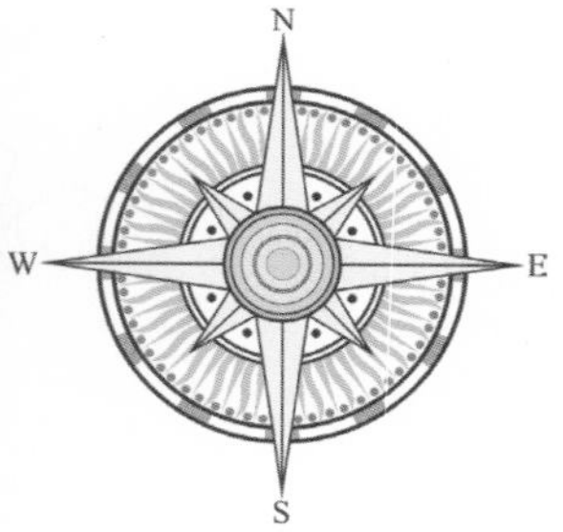

〈실제 방위〉

08

다음 그림은 북쪽 하늘에 보이는 북두칠성과 카시오페이아자리의 모습이다. 북극성의 위치를 찾아 그리시오.(단, 북극성을 찾기 위해 이용한 방법도 그림으로 나타내시오.

09

아래 그림은 어느 날 서울 지방 (37°N)에서 북쪽에 있는 별 A, B, C 의 일주 운동과 자정에서의 위치를 나타낸 것이다. 그림에 대한〈보기〉의 설명 중 옳은 것을 모두 고른 것은?

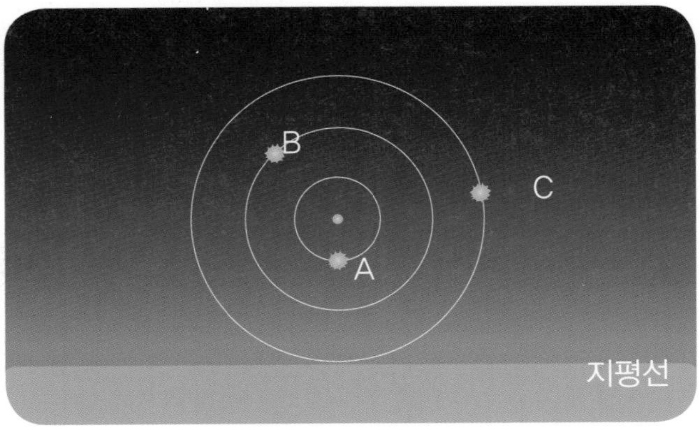

보기

ㄱ. 동심원의 중심에는 북극성이 위치한다.
ㄴ. 별들은 시계가 도는 방향으로 돈다.
ㄷ. A, B, C 별 모두 지지 않는다.

① ㄱ ② ㄴ ③ ㄷ ④ ㄱ, ㄴ ⑤ ㄱ, ㄷ

STEP BY STEP

10 다음 그림은 계절마다 볼 수 있는 별자리의 모습을 나타낸 그림이다. 물음에 답하시오.

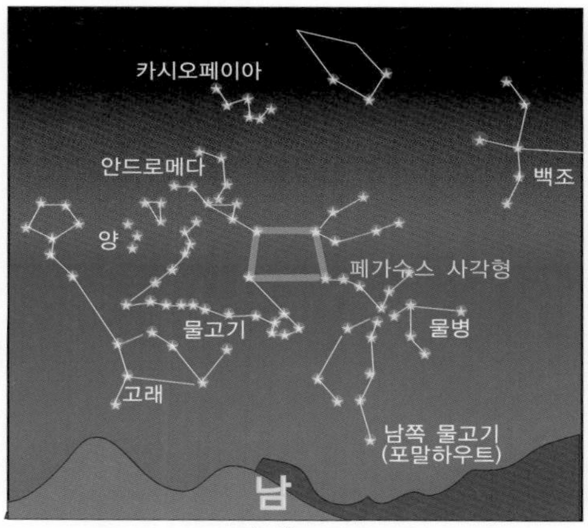

(가)

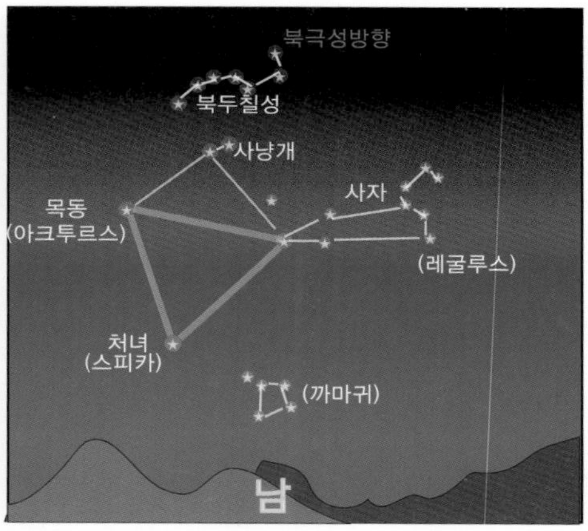

(나)

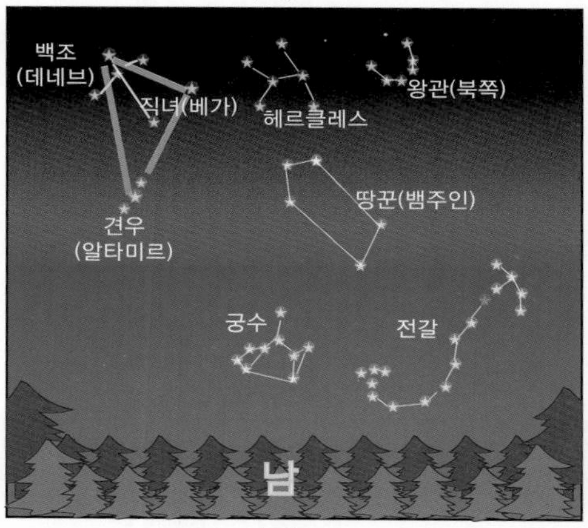

(다)

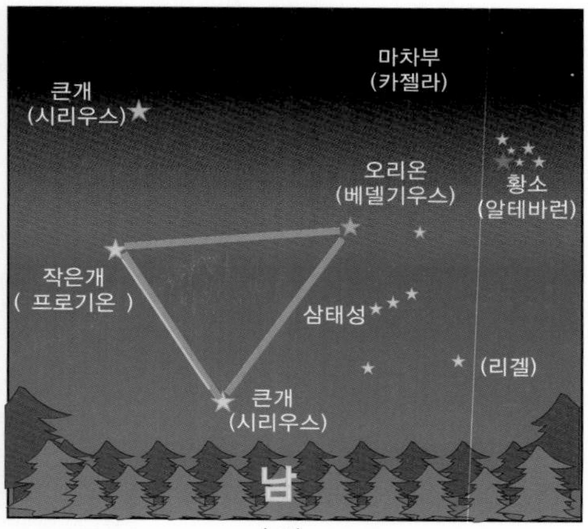

(라)

(1) 위 (가)~(라)는 어느 계절에 볼 수 있는 별자리인가? 각 계절에 맞는 별자리의 기호를 쓰시오.

· 봄 : (　　　) · 여름 : (　　　) · 가을 : (　　　) · 겨울 : (　　　)

(2) 위와 같이 계절에 따라 별자리가 달라지는 이유를 쓰시오.

STEP BY STEP

11 가연이는 구름없이 맑은 날 산 위에 올라가서, 북쪽 하늘을 향하여 사진기의 조리개를 열어 놓았다. 하루가 지난 후 확인해 보았더니 다음과 같은 사진이 찍혔다. 물음에 답하시오.

(1) 위 사진에서 많은 원들을 볼 수 있다. 이 원 모양은 무엇을 나타내는지 쓰시오.

(2) 위의 여러 원들은 한 점을 중심으로 회전하여 만들어졌다. 가운데 있는 이 점은 무엇인지 쓰시오.

(3) 위와 같이 원모양으로 사진이 찍힌 이유를 쓰시오.

12 다음 그림은 별의 일주 운동을 모형으로 나타낸 그림과 우리나라(북반구 중위도)에서 북쪽 하늘을 향해 찍은 별의 일주 운동 사진이다.

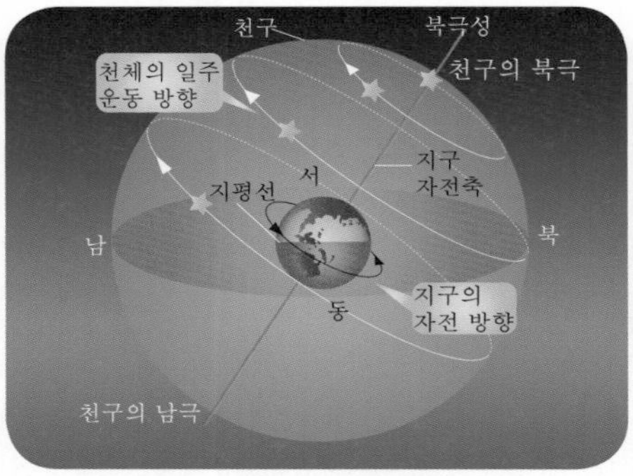

▲ 별의 일주 운동

▲ 북쪽하늘에서의 별의 일주 운동

다음 □ 안에 동쪽, 서쪽, 남쪽 하늘의 일주 운동 모습을 그리고, 화살표로 별의 이동 방향을 나타내시오.

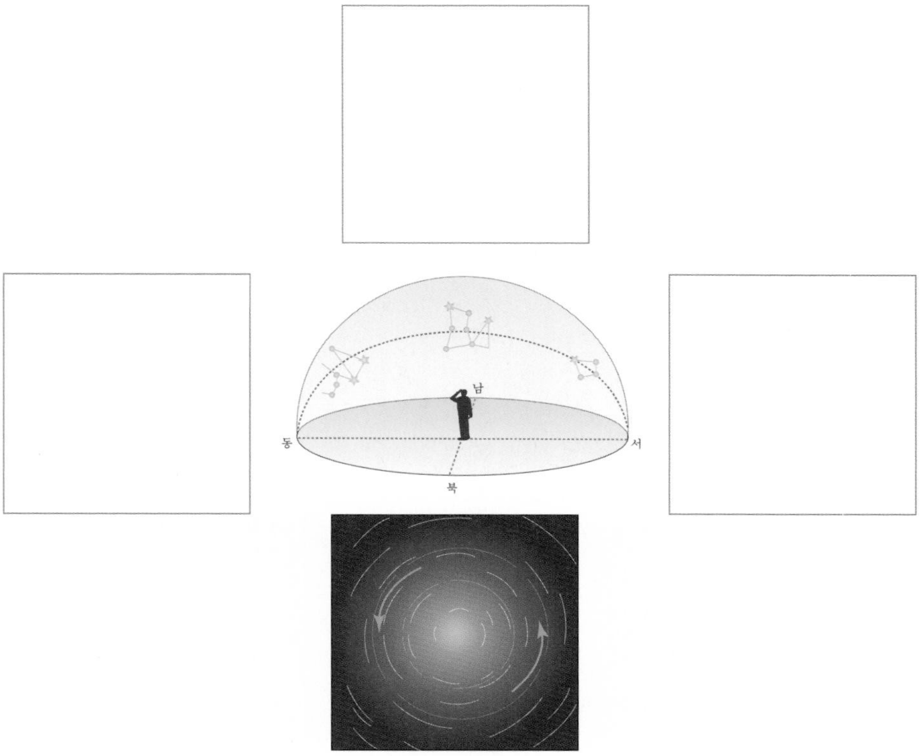

STEP BY STEP

13 순재는 어느 날 밤 8시에 다음 그림과 같이 북극성, 북두칠성, 카시오페이아 자리를 보았다. 물음에 답하시오.

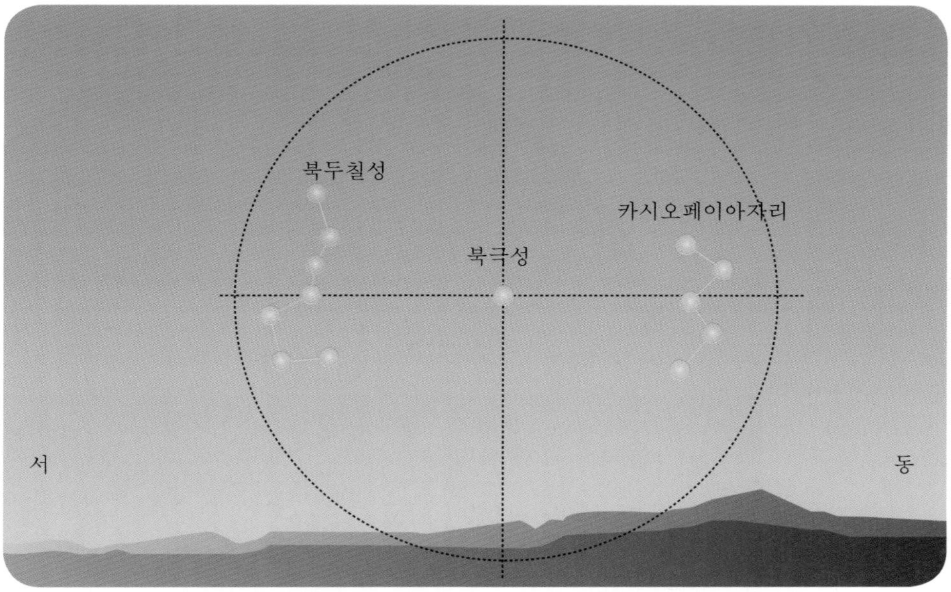

(1) 다음 날 새벽 2시에 보일 카시오페이아자리의 모습을 위의 그림에 그리시오.

(2) 다음의 ㉮와 ㉯ 두 이야기를 읽고 순재가 잘못 생각하고 있는 점이 무엇인지 찾아 그 이유를 설명하시오.

㉮ 순재는 높은 산으로 야영을 떠났다. 도시와는 다르게 불빛도 없고, 공기도 맑아 북극성을 쉽게 찾을 수 있을 것이라고 생각했다. 철이가 사는 동네보다 훨씬 높은 산이기 때문에 북극성이 지평선 부근에 떠 있을 것이라고 생각했다. 그래서 열심히 지평선을 따라 북극성을 찾아보았다.

㉯ 순재는 호주 여행을 가서 밤하늘의 북극성과 별자리를 관측할 예정이다. 우리나라에서 여러 번 별을 관측해 본 일이 있어서, 호주에서 북극성을 더 쉽게 찾을 수 있을 것이라고 생각했다.

㉮ :

㉯ :

01

그림 (가)는 어느 날 북반구에서 자정에 관측할 수 있는 황도 12궁을 나타낸 것이며 (나)는 지구 공전궤도에 따른 12궁을 나타낸 것이다. 다음 물음에 답하시오.

- 유창성
- ✔ 융통성
- 독창성
- ✔ 정교성

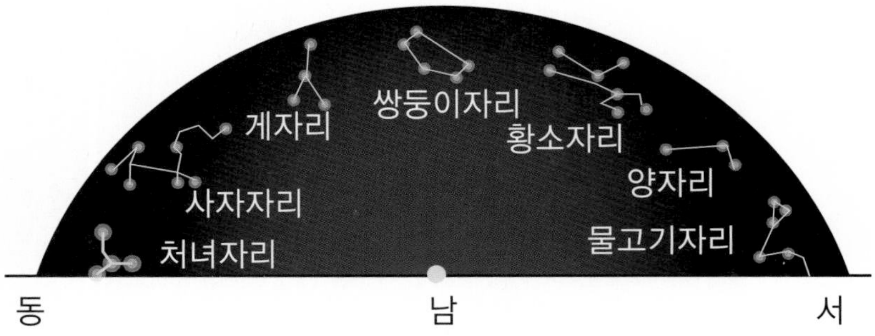

(가)

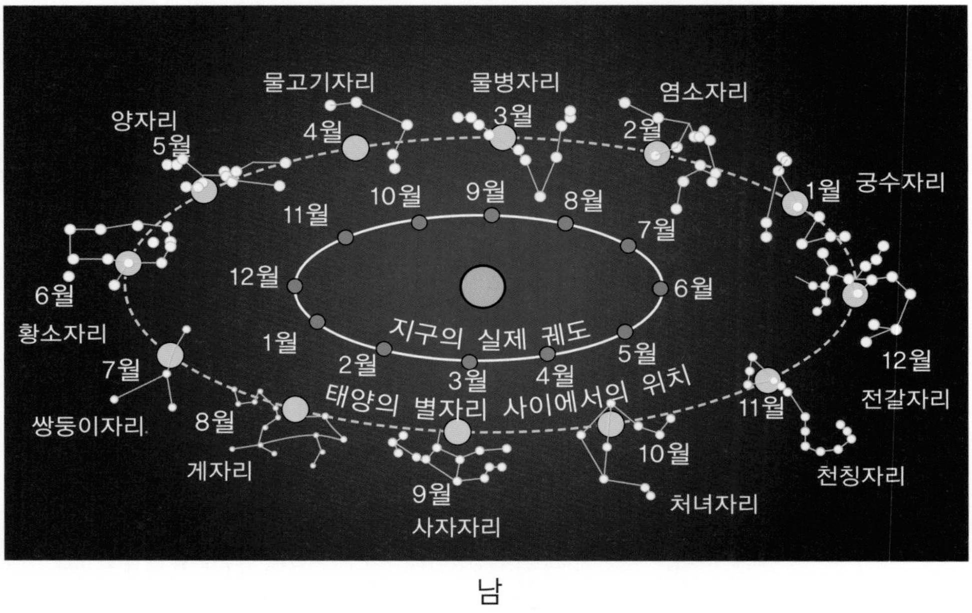

(나)

(1) 지구의 자전 방향은 위의 그림에서 어느 방향(시계 방향, 반시계 방향)인가? 또, 공전 방향은 어느 방향인가?

(2) 지구의 자전 방향을 참조로 하여 위 그림 (가)에서 앞으로 약 2시간 후에 정남쪽 하늘에 보일 별자리는 어느 것인가?

(3) 정남쪽에 보이는 별자리로 판단할때 지금은 몇 월경인가?

(4) 지구의 공전 방향을 참조로 그림 (가)와 (나)에서 약 6개월 후에 (가)와 같은 시각에 남쪽 하늘을 지나가는 별자리는?

02

그림은 우리나라의 여름철에 잘 나타나는 별자리를 방향별로 그려 놓은 것이다.

- 유창성
- ✓ 융통성
- 독창성
- ✓ 정교성

북쪽 하늘

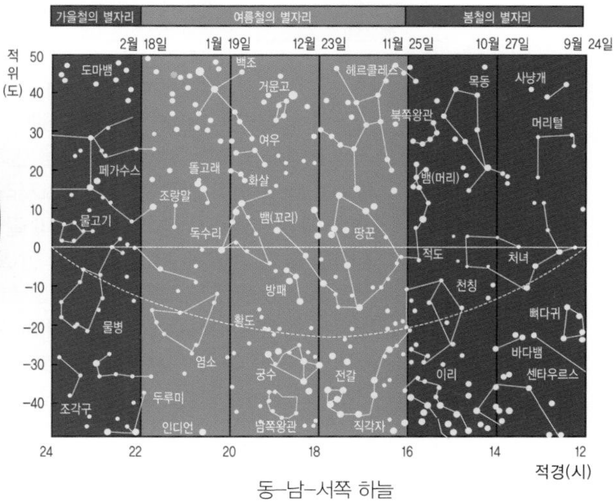

동–남–서쪽 하늘

이 별자리 중에서 우리나라에서 항상 볼 수 있는 별자리는 어느 것인가?

① 작은곰자리　② 목동자리　③ 땅꾼자리
④ 궁수자리　⑤ 물고기자리

01 다음 글은 철수가 맨눈과 망원경으로 밤하늘을 보고 달, 별자리, 행성에 대해 정리한 일기이고, 그림은 황도 12궁을 나타낸 것이다.

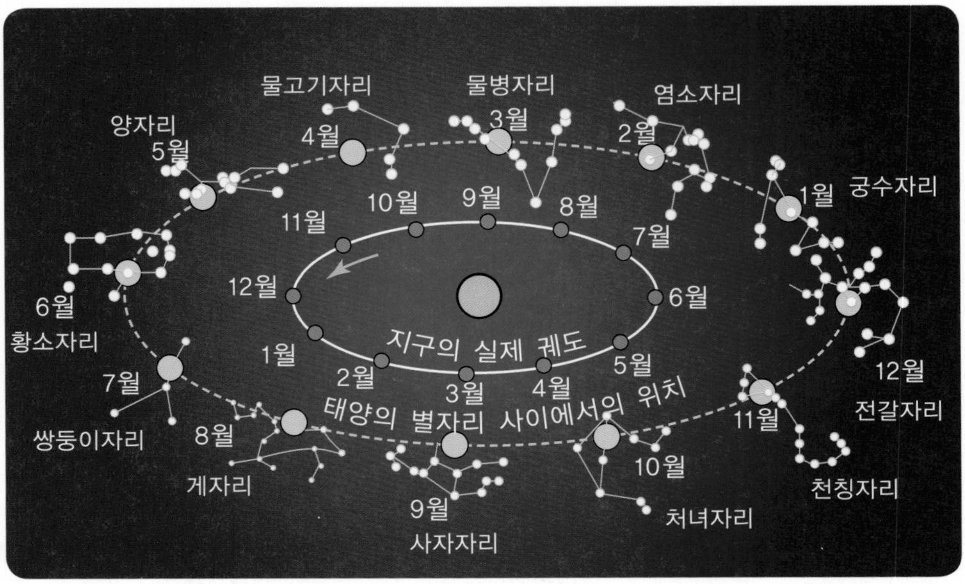

오늘은 하지라서 그런지 상당히 더웠다. 우리 집 식구들은 차를 타고 서울(북위 37.5°) 근처 친척 집에서 저녁을 먹었다. 밥을 먹은 다음 별과 행성을 많이 볼 수 있으리라 기대하고 밖으로 나왔다. 은하수는 잘 보이지 않았지만, ㉠황소자리에 상현달이 보였고, ㉡상현달의 남중 고도*를 쟀더니 오늘(하지) 낮 태양의 남중 고도와 거의 같았다. 높이 떠 있는 달 때문에 별들이 많이 보이지 않았다. 자정을 넘기고 달이 지니 별이 더 잘 보였고, ㉢목성을 맨눈으로 거문고자리에서 볼 수 있었다. ㉣굴절 망원경(렌즈 지름 150mm)을 설치해 목성을 보니 줄무늬가 눈에 띄었다. 갈릴레오 위성이 옆에서 목성을 지켜주는 것 같았다. ㉤염소자리와 물병자리 사이에서 해왕성도 맨눈으로 보였다. ㉥망원경으로 보는 해왕성은 푸른빛의 매우 작은 원반 모양이었다.
은하수도 볼 수 있었는데, 이런 아름다운 은하수를 본 지 2~3년은 된 것 같았다. ㉦은하수를 따라 밝은 성운 여러 개를 망원경으로 더 찾아보았다. 정말 잊을 수 없는 밤이었다.

(*남중 고도 : 하루 중 천체의 고도가 가장 클 때의 값)

위 글의 ㉠~㉦ 중에서 잘못된 부분 4곳을 골라 기호를 쓰고, 잘못된 이유를 설명하시오.

기호	잘못된 이유

"

어떻게 불을 끌 수 있을까?

큰 산불은 쉽게 잡을 수 없다. 풍부한 땔감과 산소를 공급받아
불꽃은 온 산을 감싸서 태운다.
어떻게 하면 큰 산불을 잡을 수 있을까?

"

9

연소와 소화

개념다지기

쏙 쏙 빈칸을 채워 개념을 완성하세요!

❶ 연소 반응

(1) 연소 : 물질이 빛과 열을 내며 타는 현상, 넓게는 물질이 산소와 결합하는 현상을 말한다.

(2) 연소의 예 : 촛불, 모기향 불, 가스 레인지 불, 담뱃불, 연탄불, 모닥불, 금속의 산화 등

(3) 탄소 화합물의 연소 반응 : 나무의 연소 반응

나무(고체) + **산소**(기체) → **수증기**(기체) + **이산화 탄소**(기체) + **재**(고체)

(C,H,O) + O_2 → H_2O↑ + CO_2↑ + C

닫힌계

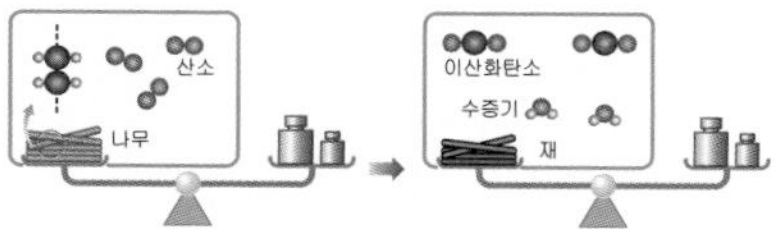

· 계 안의 산소 분자 3개만 반응에 참여한다.

· (나무 + 산소)의 질량
= (재 + 수증기 + 이산화 탄소)의 질량

열린계

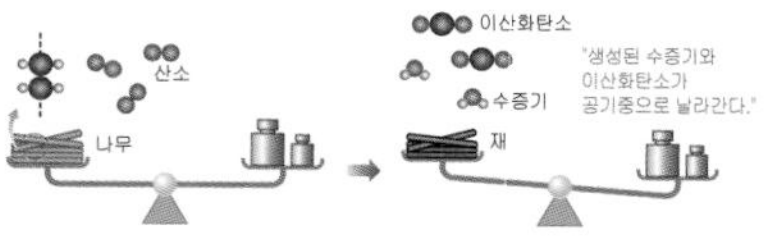

· 나무의 질량 > 재의 질량

· 나무의 질량 − 재의 질량
= 날아간 수증기와 이산화 탄소의 질량

(4) 금속의 연소 반응 : 강철솜의 연소 반응

강철솜(고체) + **산소**(기체) → **산화철**(고체)

Fe + O_2 → Fe_2O_3

닫힌계

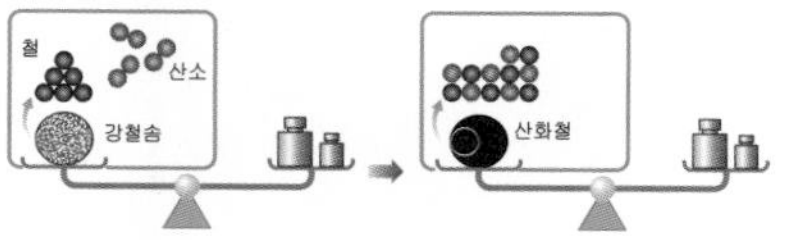

· 계 안의 산소 분자 3개만 반응에 참여한다.

· (강철솜 + 산소)의 질량
= 산화철의 질량

열린계

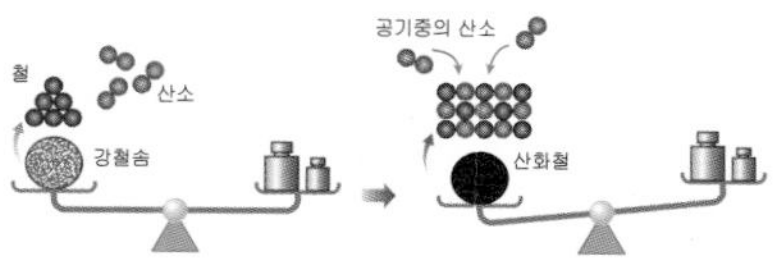

· 강철솜이 모두 연소될 때까지 공기 중의 산소와 반응하여 산화철이 생성된다.

· 강철솜의 질량 < 산화철의 질량

· 산화철의 질량 − 강철솜의 질량
= 결합한 산소의 질량

초가 탈 때 가운데 부분이 오목하게 되는 까닭

초가 타게 되면 양초의 열로 인해 밑에서 위로 향하는 공기의 흐름이 생기는데, 이 때문에 초의 안쪽에 비해 바깥쪽의 온도가 더 낮다. 초의 안쪽 부분은 심지를 따라 내려간 열 때문에 녹지만, 초의 바깥쪽은 심지가 없으므로 녹지 않아서 움푹 들어간 모양이 된다.

불꽃의 온도와 색깔

· 불꽃의 색깔 : 불꽃의 색깔은 온도에 따라 달라진다. 낮은 온도에서는 붉은색으로 보이고, 온도가 높아지면 점점 노란색으로 바뀌어 보이다가 불꽃의 온도가 더욱 올라가면 푸른색이 도는 흰색으로 바뀌어 보인다.
· 불꽃의 온도 : 불꽃의 바깥 부분인 겉불꽃은 산소와 접촉하는 양이 많아서 겉불꽃의 온도가 높다.

염화 코발트의 색

염화 코발트는 수분 검출 반응에 많이 쓰이는데, 코발트 이온이 물 분자가 없을 때는 푸른색을 나타내고, 물 분자와 결합하면 붉은색을 나타내는 성질을 이용한 것이다.

▲ 염화 코발트 ▲ 물과 결합한 염화 코발트

과학단어

★그을음 탄소가 포함된 물질이 불완전 연소되거나 열분해될 때 생기는 검은 색의 고운 가루 물질이다.

❷ 촛불의 관찰

(1) 촛불 불꽃의 관찰

흰 종이 대어보기	유리판 대어보기	흰 연기에 불꽃 대어 보기
	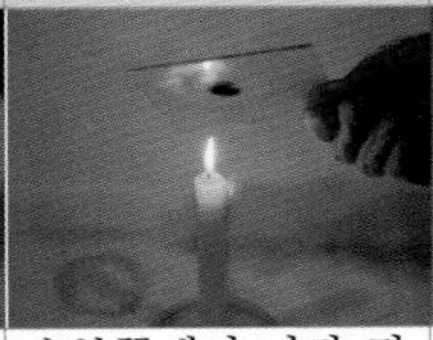	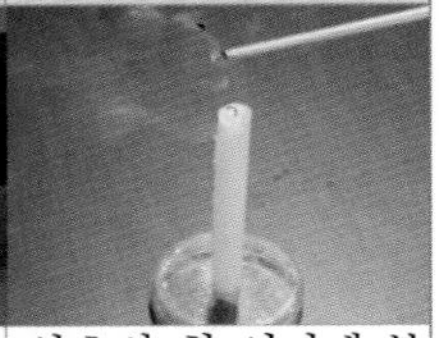
온도가 높은 겉불꽃에서 가장 많이 탄다.	속불꽃에서 가장 많은 *그을음이 생긴다.	양초의 흰 연기에 불꽃이 일면서 불이 붙는다.

① 초의 모양 변화 : 초가 열에 녹아 일부는 연소되고 일부는 촛농으로 흐르며, 흘러내린 촛농은 흰색으로 굳는다.
② 심지의 변화 : 촛불이 타면서 검게 되고 심지의 끝이 붉게 달아오른다. 초가 타는 동안 심지의 길이는 일정하게 유지된다.
③ 불꽃의 밝기 : 속불꽃 > 겉불꽃 > 불꽃심
④ 불꽃의 온도 : 겉불꽃 > 속불꽃 > 불꽃심

(2) 초의 연소 과정에서 생기는 연소 생성물

촛불에 집기병을 거꾸로 씌우고 집기병 안쪽 벽면이 뿌옇게 되면 촛불 끈다.	집기병 안쪽 벽면에 생긴 물질에 푸른색 염화 코발트 종이를 대본다.	촛불을 넣었다가 꺼낸 집기병에 석회수를 부어 변화를 관찰한다.

실험 결과	① 푸른색 염화 코발트 종이가 붉게 변한다. ② 석회수가 뿌옇게 흐려진다.
알 수 있는 사실	초가 연소하면 ❶ ______ 과(와) ❷ ______ 가 생긴다.

❸ 물질이 타기 시작하는 온도 비교하기

(1) 물질이 타기 시작하는 온도 비교하기

① 같은 크기로 자른 *성냥의 머리 부분과 나무 부분을 철판 위에 원 모양으로 놓는다.
② 철판의 중심을 가열한다.
③ 성냥의 머리 부분과 나무 부분 중 어느 쪽에 먼저 불이 붙는지 관찰한다.

실험 결과	성냥의 머리 부분에 먼저 불이 붙는다.
알 수 있는 사실	성냥 머리 부분의 발화점이 나무 부분의 발화점보다 더 ❸ ______.

산소로 가득 찬 방에서 성냥불 붙히기

탈 물질이 없이 산소만 있다고 해서 연소가 일어나는 것은 아니기 때문에 산소가 가득 찬 방에서 성냥불을 켜는 경우 처음에는 성냥이 격렬히 타지만 성냥이 모두 타고 나면 더 이상 탈 물질이 없기 때문에 불이 꺼지게 된다.

발화점과 연소

나무를 서로 문질렀을 때 마찰 열로 인해 나무의 발화점인 450℃가 넘어 불이 붙는 것이나 가스 레인지 스위치를 돌려 점화기에서 발생한 불꽃이 가스에 불을 붙이는 것 등은 발화점을 이용한 예이다.

여러 가지 물질의 발화점

물질	발화점 (℃)
흰 인	60
붉은 인	260
황	190
고무	350
숯	360
종이	450
나무	400~470
석탄	400~500
알코올	482
프로페인 가스	525

고무 풍선 속의 물 끓이기

물이 들어 있는 고무 풍선을 가열하면 물이 열을 흡수하고, 물이 끓는 동안 온도는 100℃가 유지된다. 따라서 고무의 온도는 100℃보다 높이 올라갈 수 없게 되는데 고무의 발화점이 100℃보다 높기 때문에 고무에 불이 붙지 않은 채 물은 계속 끓게 된다.

과학단어

★성냥 나뭇개비 끝에 붉은 인, 염소산 칼륨 등의 발화제를 발라 붙이고 성냥갑의 마찰면에는 유리 가루 등의 마찰제를 발라서 두 가지를 서로 마찰시켜서 불을 일으키는 물건이다.

개념다지기

쏙 쏙 빈칸을 채워 개념을 완성하세요!

● 기름으로 인한 화재

기름 화재의 경우 물을 뿌리면 불길이 더 커질 수 있으므로 모래를 뿌리거나 담요 등을 이용해 산소를 차단시켜 진화하는 것이 바람직하다.

● 연소와 표면적

연료의 표면적이 넓을수록 연소가 잘 일어나는데, 통나무보다 톱밥이 더 빠르게 연소되며, 철판보다 강철솜이 더 쉽게 연소된다.

(2) 발화점

① 어떤 물질이 불꽃이 없어도 저절로 타기 시작하는 온도를 발화점이라고 한다.

② 발화점은 물질의 종류에 따라 다르다.

③ 발화점이 낮을수록 더 낮은 온도에서 불이 붙는다.

④ 물질이 타기 위해서는 발화점 이상의 온도가 필요하다.

❹ 연소와 소화의 조건

(1) 연소의 조건

탈 물질 공급	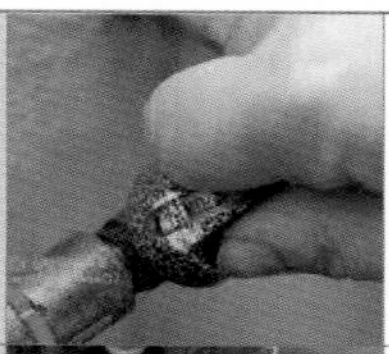	가스 밸브를 열어 탈 물질을 공급한다.		탈 물질인 장작을 많이 넣어 연소를 오래 지속시킨다.
공기(산소) 공급		부채질을 하여 산소를 공급한다.		가스 레인지의 공기 조절기를 열어 산소를 공급한다.
발화점 이상의 온도		발화점이 낮은 *착화탄에 먼저 불을 붙여 연탄불에 불이 붙도록 돕는다.	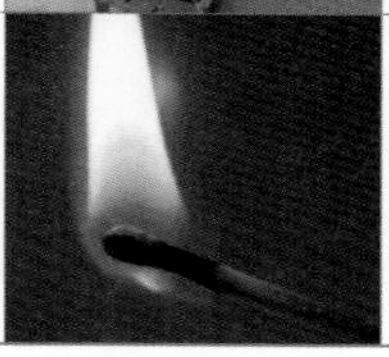	발화점이 낮은 성냥 머리에 먼저 불을 붙여 나무에 불이 붙도록 돕는다.

연소가 일어나기 위해서는 ❹ , ❺ , ❻ 이상의 온도가 필요하다.

(2) 소화의 조건

탈 물질 제거	공기(산소) 공급 차단	발화점 미만의 온도
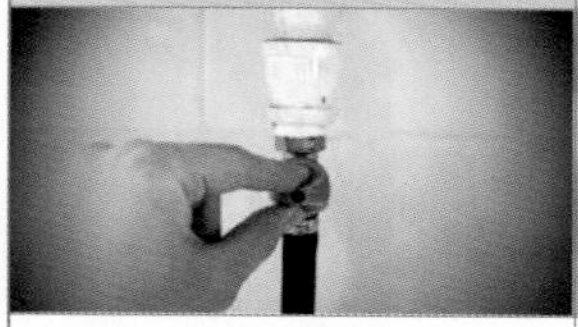	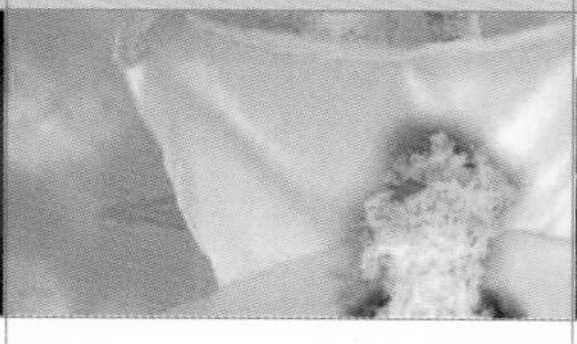	
불이 났을 때 가스 밸브를 닫아 탈 물질을 제거한다.	모래나 담요를 덮어 공기 중의 산소 공급을 차단한다.	물을 뿌려서 온도를 발화점 아래로 내리고, 수증기가 공기 중의 산소 공급을 차단한다.

불을 끄려면 연소의 세 가지 조건(탈 물질, 공기 중의 산소, 발화점 이상의 온도) 중 하나 이상을 제거하면 된다.

● 과학단어

★착화탄 착화탄은 연탄에 불을 쉽게 붙일 수 있도록 톱밥과 목피를 재활용해서 만든 물건이다. 윗부분에 흑색 화약과 같은 점화제를 뿌린 후, 압력을 가해 일정한 모양을 만든 다음 건조시켜서 만든다.

(3) 화재 예방 및 대처 요령

① 화재를 대비해 화재 경보 장치, 모래 주머니, 소화기, 세안 시설, 구급 약품 등을 구비해 둔다.
② 작은 불은 소화기나 옥내 소화전을 이용하여 끄고, 큰 불은 화재 경보 장치를 눌러 사람들을 대피시키고 119에 신고한다.
③ 옥내 소화전의 사용 시에는 설치된 밸브를 시계 반대 방향으로 틀어야 물이 나온다.
④ 화재 발생 시 연기에 의한 질식을 방지하기 위해 수건 등을 적셔 입과 코를 막고 낮은 자세로 몸을 숙여 대피한다.

❺ 간이 소화기 만들기

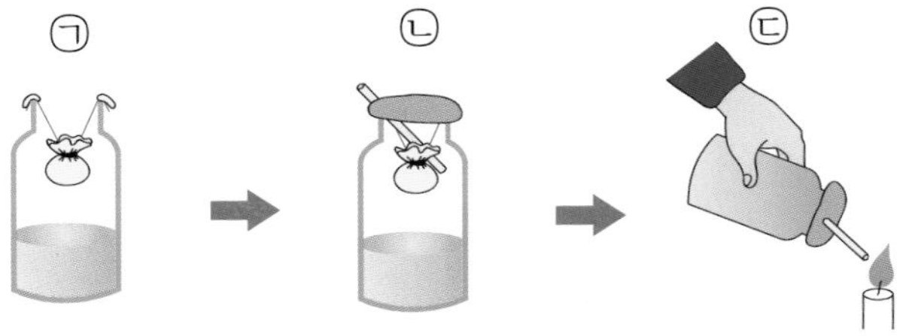

㉠ *탄산 수소 나트륨이 든 화선지를 *식초가 담긴 병 속에 매단다.	㉡ 빨대를 비스듬히 꽂은 다음 고무 찰흙으로 병 주둥이를 막는다.	㉢ 병을 기울여서 탄산 수소 나트륨과 식초가 반응하도록 하고 빨대를 촛불 가까이 가져가 관찰한다.

실험 결과	촛불이 꺼진다.
불을 끌 수 있는 이유	탄산 수소 나트륨과 식초가 반응해서 생성되는 ❼ ________ 는 공기보다 무거워서 산소를 차단하여 불을 끄게 된다.

여러 가지 소방 설비

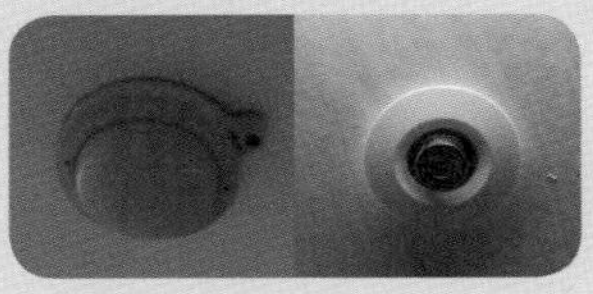

▲ 화재감지기 ▲ 스프링클러

▲ 옥내 소화전

소화기의 종류

① 포말(거품) 소화기 : 두 종류의 액체가 서로 섞여 이산화 탄소를 발생시키도록 한 소화기이다.
② 분말 소화기 : 소화 약품인 미세한 탄산 수소 나트륨 분말 등을 불에 뿌리는 소화기이다.
③ 할론 소화기 : 브롬 원자가 포함된 할론 가스를 사용하는 소화기로 목재, 섬유 등의 일반 화재 및 유류, 화학 약품 화재, 전기나 가스 화재 등 화재 전반의 진화에 사용된다.

과학단어

★탄산 수소 나트륨 무색의 결정성 가루로 가열하면 탄산 나트륨, 물, 이산화 탄소가 생긴다.

★식초 아세트산이 3~5% 포함되어 있는 신맛을 지닌 조미료이다.

SPEED CHECK!

기본확인문제

1. 촛불의 그을음은 겉불꽃 보다 속불꽃에서 많이 생긴다 (O / X)
2. 물은 붉은색 염화 코발트 종이를 푸르게 변화시킨다. (O / X)
3. 양초의 불꽃에서 온도가 가장 높은 부분은 겉불꽃이다. (O / X)
4. 이산화 탄소가 모아져 있는 집기병에 석회수를 부으면 뿌옇게 흐려진다 (O / X)
5. 성냥의 머리 부분의 발화점이 나무 부분의 발화점보다 낮다. (O / X)
6. 발화점이 높은 물질일수록 불이 붙기 쉽다. (O / X)
7. 화로 불에 부채질을 하면 탈 물질이 잘 공급되므로 연소가 잘 일어난다. (O / X)
8. 물을 뿌리면 온도가 발화점 이상으로 올라가게 된다. (O / X)
9. 알코올램프 뚜껑을 덮으면 온도가 낮아져 불이 꺼지게 된다. (O / X)

개념다지기 정답 | ❶❷ 물, 이산화 탄소 ❸ 낮다 ❹❺ 탈 물질, 산소 ❻ 발화점 이상의 온도 ❼ 이산화 탄소

탐구력 키우기

탐구1. 물질이 연소할 때 필요한 것

탐구과정

준비물
초, 크기가 다른 집기병

실험1 : 연소에 필요한 것

1. 덮개로 덮지 않고 초를 태운다.

2. 집기병으로 촛불을 덮고 연소시킨다.

3. 어느 정도 연소가 진행된 후 촛불이 꺼진다.

실험2 : 공기(산소)의 양과 연소와의 관계

1. 높이가 비슷한 양초 2개에 불을 붙인다.
2. 크기가 다른 집기병을 거꾸로 하여 촛불 2개를 각각 덮는다.

탐구결과

1. 실험 1의 결과와 그 이유를 쓰시오.

2. 실험 2의 결과와 그 이유를 쓰시오.

탐구문제

1. 물질이 연소하기 위해서는 몇 가지 조건이 필요하다. 위 실험에서 알게 된 조건 외에 어떤 조건이 필요한가?

탐구2. 강철솜의 연소

탐구과정

준비물
강철솜, 윗접시 저울, 점화기(또는 알코올램프), 핀셋

1. 윗접시 저울의 양쪽에 수평이 되도록 강철솜을 놓는다.

2. 한쪽 접시의 강철솜만 내려 놓고 점화기(또는 알코올램프)를 이용하여 연소시킨다.

3. 연소시킨 강철솜을 윗접시 저울에 올려 연소시키지 않은 강철솜과 비교해 본다

탐구결과

1. 연소 전 후 강철솜의 무게는 어떻게 변하였는가?

2. 강철솜의 연소에도 물과 이산화 탄소가 발생하는가?

탐구문제

1. 연소한 강철솜의 무게가 증가한 이유는 무엇일까?

2. 강철솜의 연소와 나무의 연소와의 차이점을 설명하시오.

문제해결력 키우기

01 다음 모형 (가), (나)와 같이 나무를 연소시킬 때, 나타나는 설명으로 옳은 것은?

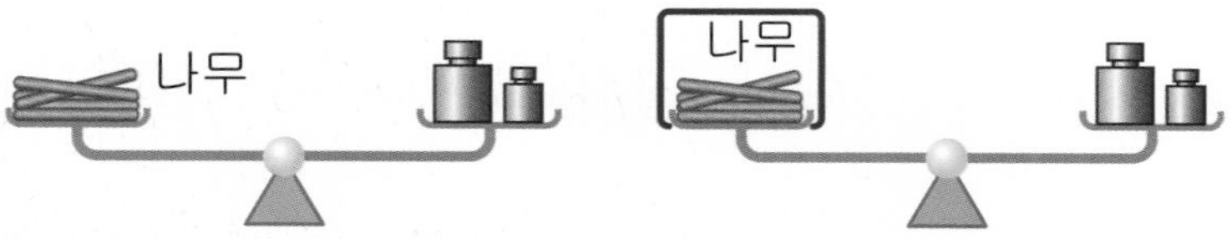

① (가)는 산소와 결합하므로 저울이 왼쪽으로 기운다.
② (가)는 기체가 빠져나가므로 저울이 오른쪽으로 기운다.
③ (나)는 생성된 기체의 질량 때문에 왼쪽으로 기운다.
④ (나)는 반응이 일어나지 않으므로 저울은 움직이지 않는다.
⑤ (가)와 (나) 모두 저울이 움직이지 않는다.

02 정원이는 촛불을 관찰하고 내용을 정리하였다. 정원이가 정리한 보기의 내용 중에서 옳은 것을 모두 고른 것은?

▲ 촛불

보기

㉠ 촛불의 겉불꽃 부분이 가장 밝은 붉은 색을 띤다.
㉡ 흰 종이를 불꽃의 가운데에 대어보면 속불꽃 부분이 가장 잘 탄다.
㉢ 촛불의 속불꽃과 겉불꽃 중에서 온도가 더 높은 쪽은 겉불꽃이다.
㉣ 그을음은 겉불꽃보다는 속불꽃 쪽에서 더 많이 생긴다.

① ㉠, ㉡　② ㉠, ㉢　③ ㉡, ㉢　④ ㉡, ㉣　⑤ ㉢, ㉣

03 물질마다 불이 붙기 시작하는 발화점이 다르다. 보기와 같은 준비물을 이용하여 연탄과 착화탄의 발화점을 비교하려고 한다. 올바른 실험 방법을 제시하시오.

보기

착화탄, 연탄, 알코올램프, 삼발이, 철판

04 높이가 비슷한 2개의 양초에 불을 붙인 다음, 크기가 다른 집기병을 거꾸로 하여 촛불을 각각 덮었다.

위 실험에 대한 설명으로 옳은 것을 보기에서 모두 고르시오.

보기

㉠ 두 집기병은 동시에 덮어야 한다.
㉡ 큰 집기병의 촛불이 먼저 꺼질 것이다.
㉢ 연소에는 공기 중의 산소가 필요하다는 것을 보여 주는 실험이다.

05 영수는 양초에 불을 붙인 다음 집기병을 거꾸로 씌워두었더니 집기병 안쪽 벽면이 뿌옇게 되는 것을 보았다. 연소 과정에서 생성된 물질을 확인하기 위해 보기와 같은 실험을 하였다. 물음에 답하시오.

보기

(가) 집기병 안쪽 벽면에 푸른색 염화 코발트 종이를 대본다.
(나) 촛불을 넣었다 꺼낸 집기병 안에 석회수를 부어 변화를 관찰한다.

(1) 위 (가)의 실험 결과는 무엇이며, 이를 통해 확인할 수 있는 연소 생성물은 무엇인지 쓰시오.

(2) 위 (나)의 실험 결과는 무엇이며, 이를 통해 확인할 수 있는 연소 생성물은 무엇인지 쓰시오.

06 원철이는 친구가 돋보기로 빛을 모아 마른 나뭇잎을 타게 하는 것을 보고 신기하게 느껴져 그 이유를 생각해 보았다. 마른 나뭇잎이 탄 이유는 무엇 때문인가?

① 발화점 이상의 온도가 되었기 때문이다.
② 탈 물질의 표면적이 넓어졌기 때문이다.
③ 탈 물질이 풍부하게 공급되었기 때문이다.
④ 타는 것을 돕는 산소의 공급이 원활해졌기 때문이다.
⑤ 연소 생성물로 생긴 이산화 탄소가 신속히 제거되었기 때문이다.

07

영수는 과학 시간에 연소가 일어나기 위한 조건과 불을 끄기 위한 조건에 대해 공부했다. 다음 물음에 답하시오.

(1) 연소가 일어나기 위해서는 탈 물질이 풍부하게 있고, 산소가 잘 공급되며, 발화점 이상의 온도에 도달되어야 한다. (가)~(바)는 각각 연소의 조건 중에서 어느 것을 보충한 것인지 각각 쓰시오.

	연소 돕기	연소의 조건
(가)	가스 레인지의 밸브를 열어 가스를 공급한다.	
(나)	가스레인지의 공기 조절기를 열어준다.	
(다)	착화탄을 이용하여 연탄에 불이 붙는 것을 돕는다.	
(라)	성냥의 머리 부분이 먼저 불이 붙어서 나무에 불이 붙도록 한다.	
(마)	벽난로에 장작을 계속 넣어주어 불을 계속 피운다.	
(바)	화로 불에 부채질을 해주어 불이 잘 일어나도록 한다.	

(2) 아래 보기의 (가)~(다)의 소화 방법의 공통적인 원리는 무엇인지 쓰시오.

	소화 방법
(가)	알코올 램프의 뚜껑을 덮는다.
(나)	담요나 카펫으로 덮는다.
(다)	모래나 흙을 뿌려준다.

08

현주는 텔레비전에서 산불이 났을 때. 아직 타지 않은 나무를 베어내어 불길을 잡는다는 뉴스를 보았다. 이와 같이 산불을 끄는 방법은 보기의 (가)~(마)의 소화 방법 중 어느 것과 가장 유사한가? 그리고 그렇게 판단한 근거를 제시하시오.

보기

(가) 알코올 램프의 뚜껑을 닫아 불을 끈다.
(나) 불이 났을 때 담요나 모래를 덮는다.
(다) 가스레인지의 밸브를 잠그면 불이 꺼진다.
(라) 물을 부려서 불을 끈다.
(마) 나선형으로 감은 구리줄을 양초의 불꽃 위에 올려놓아 불을 끈다.

STEP BY STEP

09 철민이는 아래와 같은 실험 준비물을 가지고 양초의 연소 실험을 하려고 한다. 다음 물음에 답하시오.

같은 길이의 양초 2개, 크기가 다른 집기병 2개, 성냥

(1) 철민이가 실험을 통해 알아보려고 하는 것은 무엇인지 쓰시오.

(2) 위 실험에서 크기가 같은 집기병 2개를 사용하면 실험 결과는 어떻게 달라지는지 쓰시오.

(3) 철민이가 실험에 사용할 양초를 자세히 살펴보았더니 다음 그림과 같았다. 이 양초로 실험하는 것은 어떤 문제점이 있는지 설명하시오.

STEP BY STEP

10

찬미는 양초와 밀가루를 가지고 다음과 같은 실험을 하였다. 다음 물음에 답하시오.

(가) 양초에 불을 붙인 뒤 쓰러지지 않도록 고정한다.
(나) 밀가루를 손가락으로 집어서 불꽃 위에 뿌린다.
(다) 올이 엉성한 헝겊에 밀가루를 넣어 주머니처럼 만든 후, 불 위에서 흔든다.

(1) 손가락으로 밀가루를 뿌렸을 때와 주머니에 넣어 뿌렸을 때 불꽃이 확 타오르는 경우를 고르고, 그 이유는 무엇인지 쓰시오.

(2) 위의 실험을 통해 알 수 있는 사실과 가장 관계가 깊은 사례를 고르면?

① LNG의 누출 경보기는 천장에 단다.
② 통나무보다 톱밥이 더 빠르게 연소된다.
③ 불을 끄는데 나일론 이불을 사용해서는 안 된다.
④ 연탄에 불을 쉽게 붙이기 위해 착화탄을 이용한다.
⑤ 물이 들어 있는 고무 풍선을 가열하여 물을 끓일 수 있다.

STEP BY STEP

11 아래의 준비물을 이용하여 간이 소화기를 만들려고 한다. 다음 물음에 답하시오.

㉠ 식초	㉡ 병	㉢ 화선지	㉣ 빨대
㉤ 고무 찰흙	㉥ 실	㉦ 탄산 수소 나트륨	㉧ 양초

(1) 간이 소화기를 만들 때 화선지로 탄산 수소 나트륨을 싸야 한다. 그 이유는 무엇인지 쓰시오.

(2) 위 준비물을 모두 사용하여 간이 소화기를 만드는 방법을 설명하시오.

(3) 위 준비물을 모두 사용하여 만든 간이 소화기의 소화 원리를 설명하시오.

STEP BY STEP

12 철수는 〈그림 Ⅰ〉과 같이 숯이 들어있는 집기병을 열어놓고 윗접시 저울 양쪽에 집기병과 추가 균형을 이룬 상태에서 숯을 연소시켰다. 영수는 〈그림 Ⅱ〉와 같이 숯이 들어있는 집기병을 밀봉하고 윗접시 저울 양쪽에 집기병과 추가 균형을 이룬 상태에서 전기적인 방법으로 점화시켜 숯을 연소시켰다. 물음에 답하시오.

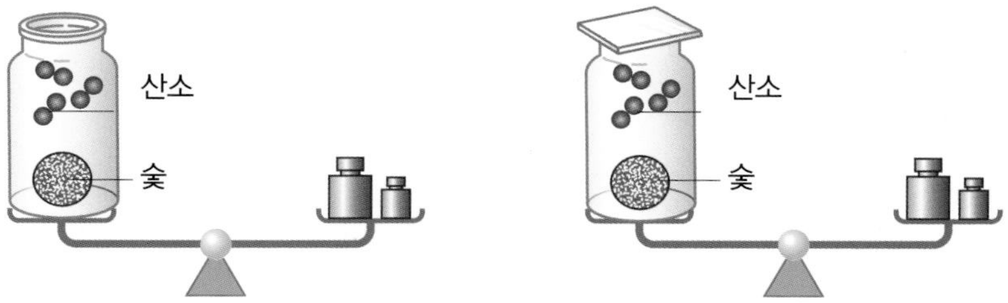

〈그림 Ⅰ〉 〈그림 Ⅱ〉

(1) 철수의 실험 결과와 영수의 실험 결과의 차이점을 쓰시오.

(2) 두 실험의 결과의 차이는 무엇에서 비롯되었는지 설명하시오.

(3) 다음은 위 실험 결과를 해석하고 결론을 도출한 것이다. 빈 칸에 알맞은 말을 쓰시오.

· 종이를 태우면 재만 남아 질량이 감소되는 것처럼 보이지만 사실 종이와 연소 과정에서 소모된 산소의 질량의 합은 재와 ( )와 ( )의 질량의 합과 같다.
· 강철솜을 태우면 연소 후 남은 강철솜의 질량과 연소 과정에서 소모된 산소의 질량을 합하면 연소 전의 강철솜의 질량과 ( ).
· 완전히 밀폐되고 통제된 조건에서 실험하면 반응물의 질량의 총합과 생성물의 질량의 총합이 ( )는 것을 확인할 수 있다.

01

- 유창성
- 융통성
- 독창성
- 정교성

수지네 가족이 캠핑을 갔다. 수지가 라면이 먹고 싶다고 하자 엄마가 종이를 꺼내서 접더니 물을 담고 불에 올려 놓으셨다. 수지가 불붙으면 어떻게 하냐고 했지만 엄마는 괜찮다고 하셨다. 엄마 말씀대로 라면이 다 끓을 동안 종이냄비에는 불이 붙지 않았다. 다음 물음에 답하시오.

▲ 라면이 끓고 있는 종이냄비

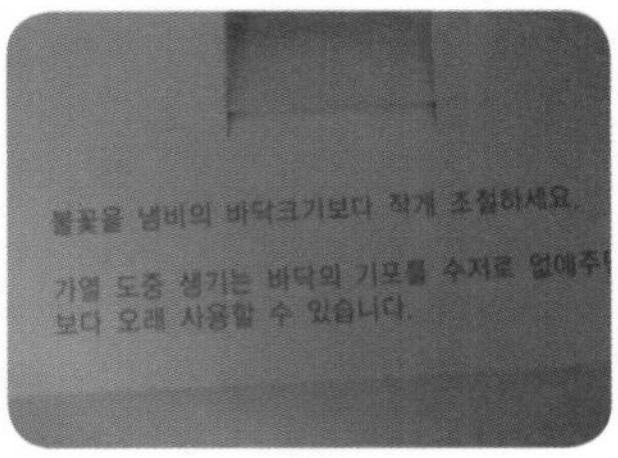

▲ 종이냄비 사용시 주의할 점

(1) 라면을 끓이는 동안 종이냄비가 타지 않는 이유는 무엇인지 쓰시오.

(2) 라면을 더 먹고 싶었던 수지가 직접 라면을 끓여 먹기로 했다. 물을 빨리 끓이기 위해 종이냄비에 물을 넣고 불꽃을 조금 크게 했더니 냄비의 윗쪽 모서리 부분에 불이 붙었다. 물이 들어 있는데 종이 냄비에 불이 붙은 이유는 무엇일까?

02

민이는 과학 시간에 양초의 연소에 관하여 다음과 같은 실험을 하였다.

유창성

융통성

독창성

✓ 정교성

[실험 과정]

① 페트리 접시에 양초를 세워 놓는다.

② 페트리 접시가 찰 정도의 높이까지 물을 붓는다.

③ 양초에 불을 붙이고 비커를 거꾸로 하여 양초를 덮는다.

[실험 결과]

(가) 연소 중에는 물이 거의 올라오지 않는다.

(나) 양초의 불이 점점 약해지면서 물이 점점 올라온다.

(다) 불이 꺼지는 순간 물이 급격하게 올라온다.

연소 중에는 물이 거의 올라오지 않다가 불이 꺼지자 물이 올라온 이유는 무엇인지 쓰시오.

STEAM융합형 문제 해결하기

01 지구를 벗어나 행성에 가까이 있지 않으면 우주 공간은 무중력 상태가 된다. 무중력 상태인 우주 공간에 떠 있는 우주선 안에서 우주인들이 여러 가지 탐구 실험을 수행하였다. 다음은 우주인들이 행한 여러 가지 탐구 실험 중 연소에 관한 것이다. 다음 물음에 답하시오.

(1) 다음 그림은 지구에서 양초가 타는 모습과 무중력인 우주선 안에서 양초가 타는 모습을 나타낸 것이다. 같은 재료로 만들어진 양초인데 촛불의 모양이 다른 이유는 무엇일까?

▲ 지구에서의 촛불

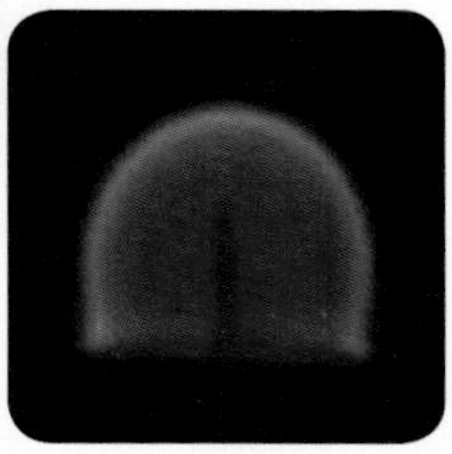

▲ 무중력 상태에서의 촛불

(2) 우주선에서 양초에 붙은 불이 곧 꺼져 버렸다. 다시 켜 보았지만 잠깐 동안만 불이 붙었다가 다시 꺼졌다. 그 이유는 무엇일까?

(3) 우주선에서 양초에 불이 계속 타오르게 하려면 어떻게 해야 하는지를 쓰시오.

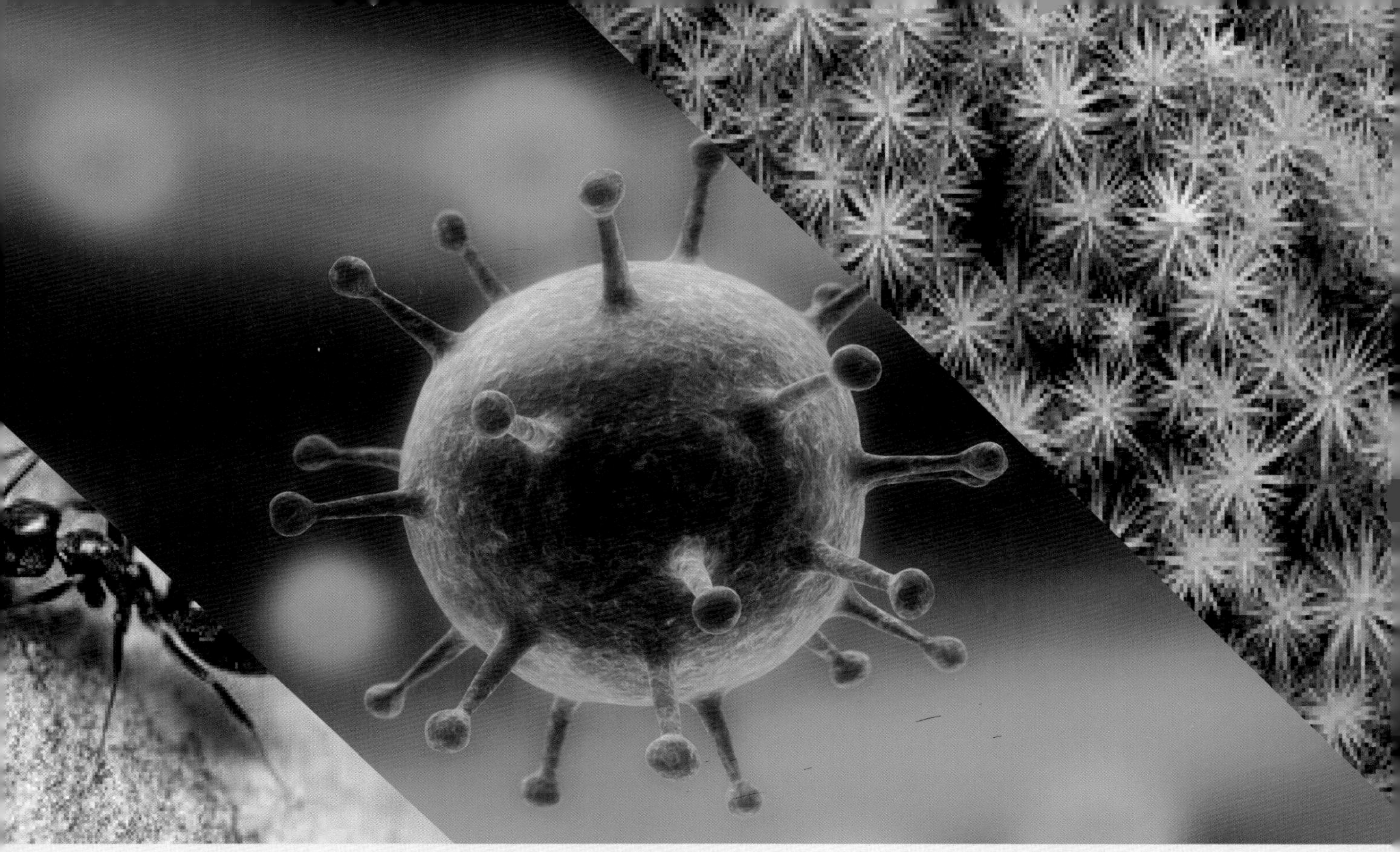

“

바이러스는 생물일까? 무생물일까?

바이러스는 생명체 안에서는 복제를 하여 번식하지만
생물체 밖에서는 단백질의 결정체로 번식을 하지 않는다.
그렇다면 바이러스는 생물로 봐야 할까?
아니면 무생물이라고 해야 할까?

”

10

주변의 생물

개념다지기

쏙 쏙 빈칸을 채워 개념을 완성하세요!

❶ 분류

(1) 분류

① 뜻 : 생물을 일정한 ❶ ＿＿＿＿＿＿에 따라 여러 무리로 나누는 것을 말한다. 생물이 가진 공통점과 차이점을 명확히 구분하면 분류가 쉬워진다.

② 목적 : 생물 상호 간의 *유연 관계와 진화의 계통을 밝히기 위해서이다.

(2) 분류의 종류

① 인위 분류 : 생물의 생태 또는 사람이 이용하는 용도에 따라 분류하는 방법

예 · 인간의 이용에 따라 : 식용으로 가능, 식용으로 이용 불가능
· 생물 식성에 따라 : 초식동물, 육식동물
· 서식지에 따라 : 육상에서 사는 동물, 물속에서 사는 동물

② 자연 분류 : 생물이 가진 고유한 특징을 기준으로 생물 사이의 관계를 고려해 분류하는 방법

예 · 외부 형태나 내부 구조에 다른 분류 : 척추동물, 무척추동물
· 생식방법에 따른 분류 : 종자식물, 포자식물

(3) 생물을 식물과 동물로 분류하기

구분	동물	식물

움직임	스스로 움직임	스스로 움직이지 못함
번식 방법	알이나 새끼를 낳음	씨나 포자로 번식함
영양분을 얻는 방법	다른 동물이나 식물을 먹음	광합성을 하여 스스로 만듦
외부 자극에 대한 반응	빠름	느림

(4) 종 : 생물을 분류하는데 가장 기본 되는 단위로 일반적으로 생물의 종류라고 하는 것이 이에 해당된다.

형태적 종	외부 형태와 구조가 유사한 개체를 같은 종으로 분류한 것 (올챙이와 개구리처럼 형태가 다른 것은 종을 구분하기 어려움)
생물학적 종	자연 상태에서 자유롭게 교배하여 생식 능력을 가진 자손을 낳을 수 있는 개체들을 같은 종류으로 분류한 것

생물의 특징

① 생장을 한다.
② 생식력이 있다.
③ 물질 교환 능력이 있다.
④ 외부 자극에 대해 반응한다.
⑤ 세포로 이루어져 있다.

*바이러스의 특징

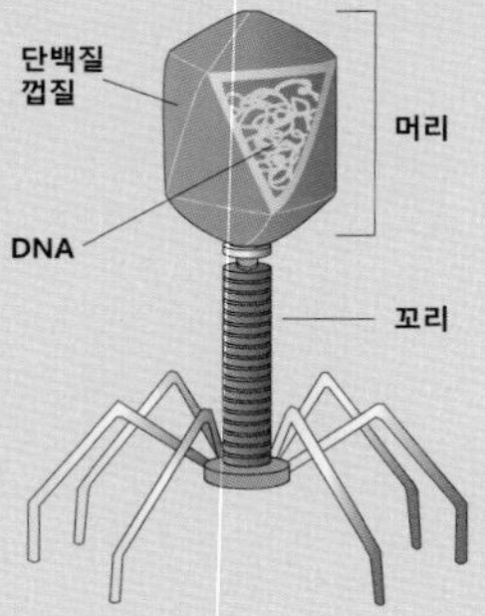

① 바이러스는 핵산과 단백질로 구성되어 있고, 핵이나 세포내 기관은 없다.
② 바이러스는 생물체 밖에서는 물질대사와 번식을 하지 못한다.
③ 바이러스는 살아 있는 세포에 기생하여 물질을 합성하고 증식한다.
④ 바이러스는 단백질의 결정체로 존재한다.

과학단어

★바이러스 사람이나 동식물의 몸에 병을 일으키며 세균보다 훨씬 작아서 전자 현미경으로만 관찰할 수 있다.

★유연관계 생물의 발생 계통 가운데 어느 정도 가까운가를 나타내는 관계를 말한다.

❷ 자연 분류에 따른 동물의 분류

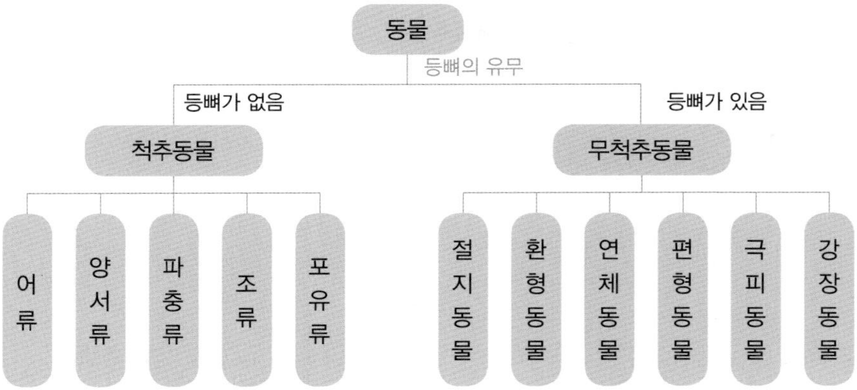

(1) ❷ ______ (등뼈가 있는 동물)의 분류

분류	특징				예
	체온	호흡	번식	피부	
어류	변함	아가미	알(체외수정)	비늘	잉어, 고등어 등
양서류	변함	(유충)아가미 (성충)폐, 피부	알(체외수정)	피부	개구리, 도롱뇽 등
파충류	변함	폐	알(체내수정)	비늘	도마뱀, 거북 등
조류	일정	폐	알(체내수정)	깃털	닭, 제비 등
포유류	일정	폐	새끼	털	토끼, 돌고래 등

(2) ❸ ______ (등뼈가 없는 동물)의 분류

❹ ______

· 몸이 마디로 구성
· 단단한 껍데기를 가짐
· 알을 낳아 번식
· 예 개미, 거미, 가재, 지네 등

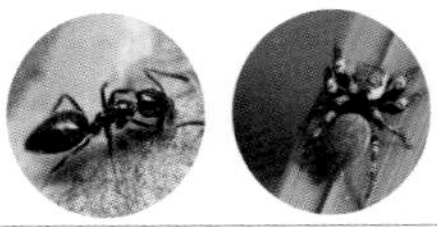

환형동물

· 몸에 마디가 있음
· 몸이 긴 원통형
· 다리가 없음
· 알을 낳아 번식
· 예 지렁이, 거머리, 갯지렁이 등

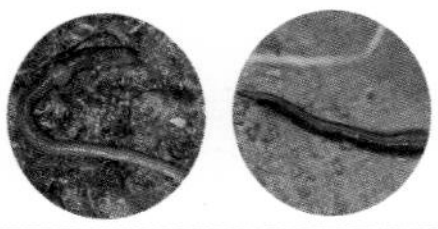

연체동물

· 몸이 연하고 마디와 뼈가 없음
· 아가미 호흡
· 알을 낳아 번식
· 예 소라, 조개, 문어, 오징어 등

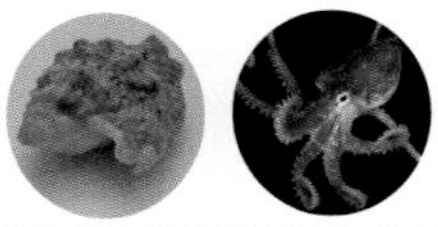

편형동물

· 몸이 연하고 납작함
· 물이나 축축한 땅에 삶
· 알을 낳아 번식
· 예 플라나리아, 촌충 등

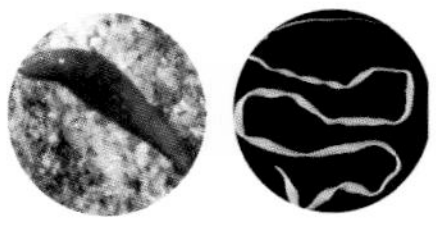

극피동물

· 몸이 딱딱한 껍데기로 덮여 있음
· 몸은 *방사 대칭형
· 알을 낳아 번식
· 예 불가사리, 성게 등

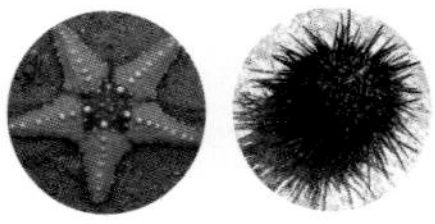

강장동물

· 몸이 연하고 발달 단계가 아주 낮음
· 입과 항문이 구별되지 않음
· 예 해파리, 말미잘 등

다른 종 사이의 잡종

서로 다른 종의 개체들 간의 교배에 의하여 태어난 잡종으로 생식 능력이 없어 자손을 낳지 못한다.

▲ 노새 (암말 + 수탕나귀)

▲ 라이거 (수사자 + 암호랑이)

외골격

뚫고 들어가기 어려운 단단한 덮개인 외골격은 보호와 지지의 두 가지 기능을 한다. 하지만 내부의 몸이 자라는 것에 맞추어 외골격이 자랄 수 없기 때문에, 탈피를 하여 더 큰 외골격을 만들어 다시 단단하게 만든다.

▲ 가재의 외골격

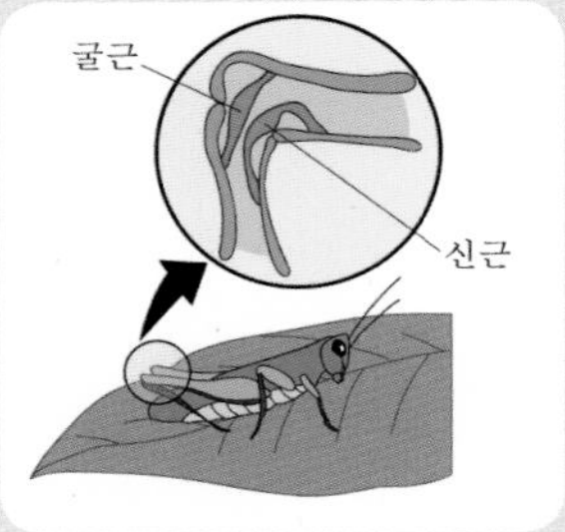

▲ 메뚜기의 외골격

과학단어

★방사 중심에서 사방으로 내뻗침

개념다지기

쏙 쏙 빈칸을 채워 개념을 완성하세요!

❸ 자연 분류에 따른 식물의 분류

● 속씨식물(복숭아)과 겉씨식물(소나무)의 꽃의 구조

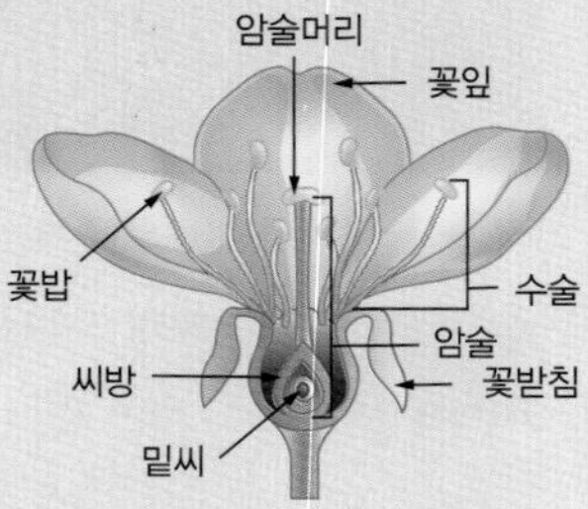

▲ 복숭아꽃의 구조

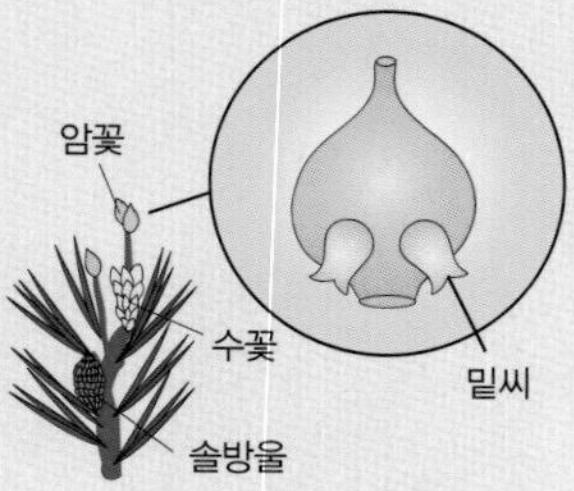

▲ 소나무꽃의 구조

식물

번식 방법
- 종자로 번식 → **꽃식물**
  - 씨방의 유무
  - 씨방있음 → **속씨식물**
    - 꽃잎과 꽃받침이 발달됨
    - 씨방이 있음
    - 암술과 수술이 한꽃에 있는 양성화가 대부분
    - 예 벼, 보리, 옥수수, 강아지풀 등
    - 떡잎의 수
      - 2장 → **쌍떡잎식물**
        - *떡잎이 2장
        - 잎이 대체로 넓음
        - *관다발이 규칙적으로 배열됨
        - 그물맥
        - 예 복숭아나무, 장미 등

      - 1장 → **외떡잎식물**
        - 떡잎이 1장
        - 잎이 길고, 잎이 줄기를 싸고 있음
        - 관다발이 불규칙으로 배열됨
        - 나란히맥
        - 예 벼, 보리, 옥수수, 강아지풀 등

  - 씨방없음 → **겉씨식물**
    - 꽃잎과 꽃받침이 없음
    - 씨방 없음
    - 암꽃과 수꽃이 따로 피는 단성화
    - 예 은행나무, 소나무, 소철, 잣나무 등

- *포자로 번식 → **민꽃식물**
  - 관다발의 유무
  - 관다발있음 → **양치식물**
    - 뿌리, 줄기, 잎의 구별이 뚜렷
    - 관다발 있음
    - 그늘지고 습한 토양에서 잘 자람
    - 예 고사리, 고비 등

  - 관다발없음 → **선태식물**
    - 줄기와 잎의 구별이 안됨. 뿌리는 헛뿌리
    - 관다발 없음
    - 습지에서 자람
    - 암수가 별도 존재
    - 예 솔이끼, 우산이끼 등

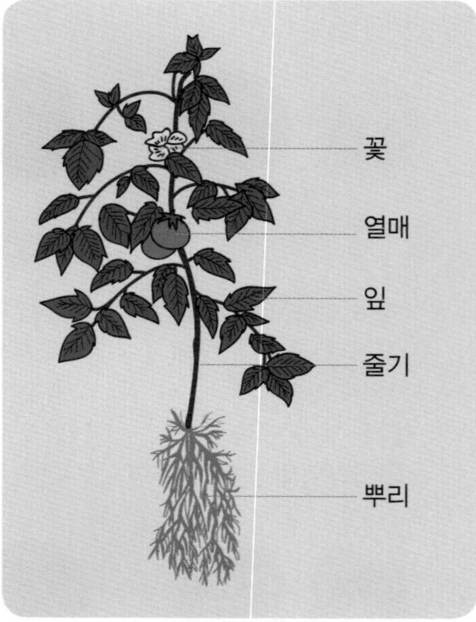

▲ 식물의 구조

● 과학단어

★포자 포자 식물의 무성적인 생식 세포로 보통 홀씨라고도 하는데 다른 것과 합체하는 일 없이 단독으로 발아하여 새 개체가 된다.

★떡잎 씨앗의 속에 있는 배에서 가장 처음으로 나온 잎이다.

★관다발 식물 양분의 통로인 체관과 물의 통로인 물관으로 이루어졌다.

❹ 생물의 다양성

(1) 생물이 환경에 적응한 생김새

	부엉이	두루미	소	금붕어
생물의 종류				
생김새와 특징	눈이 크고 밤에 잘 봄, 부리와 발톱이 날카로움	목이 길고 부리가 김	위가 발달함	몸이 *유선형임
영향을 끼친 요인	밤에 주로 활동하고 다른 동물을 잡아 먹음(육식)	물속에 있는 동물을 잡아먹음	풀을 먹고 소화시킴	물속에서 생활하여 헤엄치기에 알맞음

(2) 생물의 ❺ ________이 유지되어야 하는 이유

① 생물의 종이 다양할수록 생물의 종이 건강하게 유지되므로
② 생물의 종이 다양할수록 인간생활과 유익하게 연결되므로
③ 자연 생태계(환경)를 안정되게 하므로

● 천연 기념물

천연 기념물은 학술적 관상적 가치가 높아서 법률에 의한 보호와 보존을 지정한 동물과 식물 및 그 자생지, 지질 등을 말한다.

▲ 정이품송

▲ 저어새

● 과학단어
★유선형 유체 속을 운동할 때 저항을 덜 받도록 만든 물체의 형상이다.

SPEED CHECK!
기본확인문제

1. 허준이 약용식물과 그렇지 않은 것으로 분류한 것은 (자연 분류, 인위 분류)이다.
2. 파충류는 체온이 (변, 일정)하며 (아가미, 폐)로 호흡을 한다.
3. 고사리는 (종자, 포자)로 번식하는 (꽃, 민꽃)식물이다.
4. (포유류, 조류, 파충류, 양서류, 어류)는 체온을 일정하게 유지하는 정온 동물이다.
5. 식물은 수정을 하면 (밑씨, 씨방)이(가) 자라서 씨가 된다.
6. 사람의 주식으로 이용되는 곡물인 벼, 밀, 옥수수 등은 (외떡잎, 쌍떡잎)식물이다.
7. 자동차는 에너지를 소비하므로 생물이다.
8. 바이러스는 살아 있는 세포에 기생하여 물질을 합성하고 증식한다. (O / X)
9. 곤충은 뼈 대신 외골격을 갖는다. (O / X)
10. 거미는 머리, 가슴, 배로 이루어진 곤충류에 속한다. (O / X)
11. 지렁이의 몸은 원통형으로 몸에는 여러 개의 마디가 있다. (O / X)
12, 소나무는 씨방이 없는 겉씨식물로 꽃이 없다. (O / X)
13. 봉숭아는 쌍떡잎 식물로 그물맥을 갖는다. (O / X)
14. 소는 풀을 먹고 소화시키기 위해 위가 발달하였다. (O / X)

개념다지기 정답 | ❶ 기공 ❷ 척추동물 ❸ 무척추동물 ❹ 겉씨식물 ❺ 다양성

탐구력 키우기

탐구1. 식물 세포 관찰하기

탐구과정

준비물
양파, 아세트산 카민 용액, 칼, 핀셋, 스포이트, 거름종이, 슬라이드 글라스, 커버 글라스, 현미경

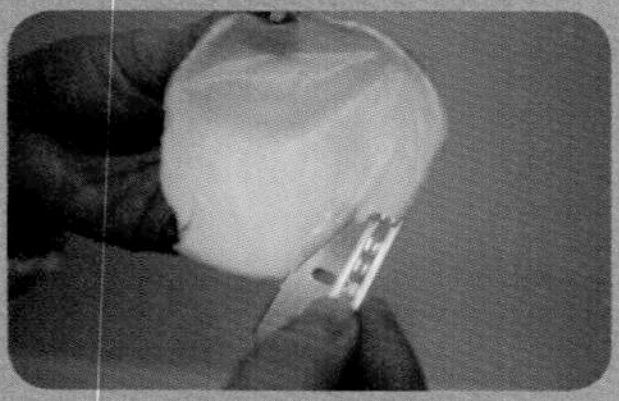

1. 양파의 표피를 5 × 5 mm 정도 크기로 자른다.

2. 양파의 표피를 슬라이드 글라스에 올려놓고 물을 한 방울 떨어뜨린 후 커버 글라스로 덮는다.

3. 아세트산 카민 용액을 한 방울 떨어뜨린 후 현미경으로 관찰한다.

※ 현미경에 올리기 전에 프레파라트를 거름종이로 살짝 눌러 액체를 흡수시킨다.

탐구결과

1. 아세트산 카민 용액이 염색하는 것은 세포의 어느 부분인가?

2. 양파의 표피세포를 관찰하여 다음 빈칸을 채우시오.

세포 배열	세포 모양	핵의 유무

3. 다음은 양파의 표피세포의 특징이 나타나는 이유를 설명한 글이다. 다음 (　　)안에 알맞은 세포의 구조를 쓰시오.

식물세포에는 두꺼운 (　　　　　)이 있어서 세포가 배열되어 일정한 구조와 모양이 나타난다.

탐구2. 동물 세포 관찰하기

탐구과정

준비물

메틸렌 블루 용액, 면봉, 스포이트, 거름종이, 슬라이드 글라스, 커버 글라스, 현미경

1. 면봉으로 입안의 안쪽 부분을 살짝 긁어낸다.

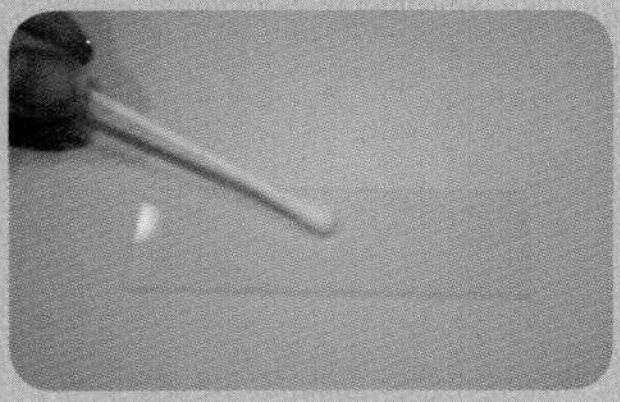

2. 구강 상피세포가 묻어 있는 면봉을 슬라이드 글라스 위에 문지르고 물을 한 방울 떨어뜨린 후 커버 글라스로 덮는다.

3. 메틸렌 블루 용액을 한 방울 떨어뜨린 후 현미경으로 관찰한다.

※ 현미경에 올리기 전에 프레파라트를 거름종이로 살짝 눌러 액체를 흡수시킨다.

탐구결과

1. 입 안의 상피세포를 관찰하여 다음 빈칸을 채우시오.

세포 배열	세포 모양	핵의 유무

2. 다음 보기는 양파 표피세포와 구강 상피세포를 관찰한 결과이다. 옳은 것을 모두 고르시오.

보기

ㄱ. 양파 표피세포에서만 엽록체와 세포막이 관찰된다.
ㄴ. 두 세포 모두 한 개의 세포에 한 개의 핵이 들어 있다.
ㄷ. 양파 표피세포의 모양은 일정하지 않으며 대체로 둥근 모양이다.
ㄹ. 입안 상피 세포의 핵은 메틸렌 블루 용액에 의해 푸른색으로 염색된다.

01 바이러스는 생물적 특성과 비생물적 특성을 모두 가지고 있는 중간적 존재이다. 바이러스의 여러 특성 중 생물적 특성에 해당하는 것을 모두 고르시오.

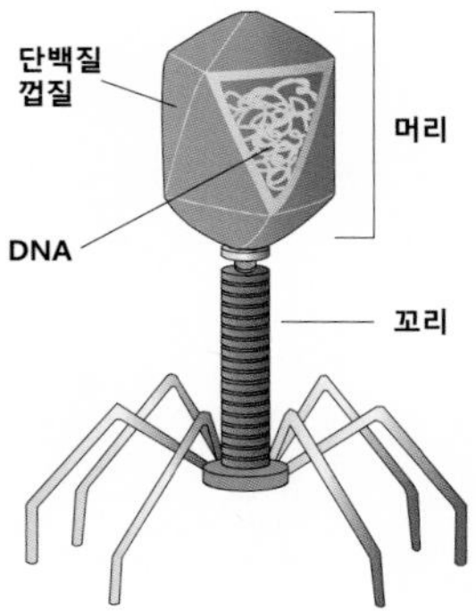

① 핵이나 세포내 기관이 없다.
② 바이러스는 단백질의 결정체로 존재한다.
③ 바이러스는 핵산과 단백질로 구성되어 있다.
④ 바이러스는 생물체 밖에서는 물질대사와 번식을 하지 못한다.
⑤ 바이러스는 살아 있는 세포에 기생하여 물질을 합성하고 증식한다.

02 진주는 동물을 다음과 같이 〈A그룹〉과 〈B그룹〉으로 나누었다. 이들을 나눈 기준으로 옳은 것은?

〈A그룹〉

〈B그룹〉

① 먹이에 따라
② 호흡 방법에 따라
③ 번식 방법에 따라
④ 척추의 유무에 따라
⑤ 몸의 생김새에 따라

03 오리너구리는 반수서 포유류로서 호주 동부 지역에 사는 호주 고유 동물이다. 분류학적으로 포유류이지만 조류의 특징을 많이 가지고 있다. 아래 오리너구리의 특징에서 포유류로 분류될 수 있는 근거로 가장 타당한 것은?

> 온몸은 갈색 털로 덮여 있어 공기의 단열층을 만들어 ① 체온을 유지시켜 주는데 평균 체온은 31~32℃로 일반적으로 새끼를 낳는 동물의 체온인 37℃와는 차이가 있다. 오리너구리는 ② 부리 주둥이, 비버와 같은 꼬리, ③ 수달과 비슷한 물갈퀴가 있는 발을 가지고 있는 특징이 있다. 수컷의 뒷발에는 독샘이 있고 ④ 암컷은 알을 낳아 번식하며 갓 태어난 새끼는 매우 약하고 눈을 뜨지 못하고 ⑤ 어미의 모유를 먹으면서 성장한다.
>
> * 반수서 : 물과 육지 동시에 서식함

04 아래 그림은 지렁이의 모습을 나타낸 것이다. 지렁이의 특징이 아닌 것은?

① 몸은 긴 원통형이다.
② 암수 한 몸이고, 알을 낳아 번식한다.
③ 입으로 흙을 먹어 영양분을 섭취한다.
④ 항문이 따로 발달하지 않아서 입으로 배설한다.
⑤ 몸에는 여러 개의 마디가 있고, 몸의 앞쪽에 환대가 있다.

05 뱀은 밤에 땅굴을 파고 들어가 나오지 않고 있다가 아침에 해가 뜨면 따뜻해진 바위나 햇빛이 잘 드는 곳에서 한참을 머무른 뒤 먹이 사냥을 한다.

이와 관련이 깊은 뱀의 특징은?

① 알을 낳는다.
② 폐호흡을 한다.
③ 체온이 변한다.
④ 척추 동물이다.
⑤ 피부는 비늘로 덮여 있다.

06 다음 식물의 특징으로 옳은 것은?

① 2장의 떡잎이 나온다.
② 잎이 나란히 맥이다.
③ 관다발이 규칙적이다.
④ 원뿌리와 곁뿌리의 구별이 있다.
⑤ 꽃잎은 주로 4~5의 배수이다.

07

어떤 생물의 생태적 특징은 그 생물의 형태적 특징에 영향을 미친다. 아래 사진과 같이 두루미는 목이 길고 긴 부리를 가지고 있다. 두루미의 형태적 특징에 영향을 준 생태적 요인은 무엇인가?

① 풀 먹고 소화시킴
② 밤에 주로 활동함
③ 비행시 방향을 잡아 줌
④ 몸에 해로운 벌레를 잡음
⑤ 물속에 있는 동물을 잡아먹음

08

천연 물질을 이용한 신약은 화학 합성 약품에 비해 부작용이 적은 것으로 알려져 있다.

〈천연 물질을 이용한 신약 개발의 예〉
· 기생충, 거머리 – 혈액 항응고제
· 복어독 – 진통제
· 주목 – 항암제

이와 관련하여 생물의 다양성이 유지되어야 하는 이유를 설명한 것은?

① 자연 생태계를 안정되게 하므로
② 생물 나름대로 존재할 의미가 있으므로
③ 인간이 다른 생물을 먹고 살아야 하므로
④ 생물의 생김새나 특징에 영향을 끼치므로
⑤ 다양한 생물은 인간 생활에 여러 가지 이용되므로

STEP BY STEP

09 그림 (가)는 사람 팔의 내부 구조를 나타낸 것이고, 그림 (나)는 곤충의 다리의 내부 구조를 나타낸 것이다. 다음 물음에 답하시오.

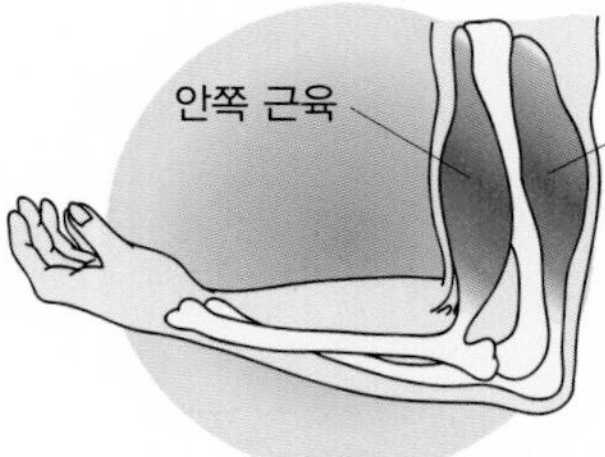

(가)

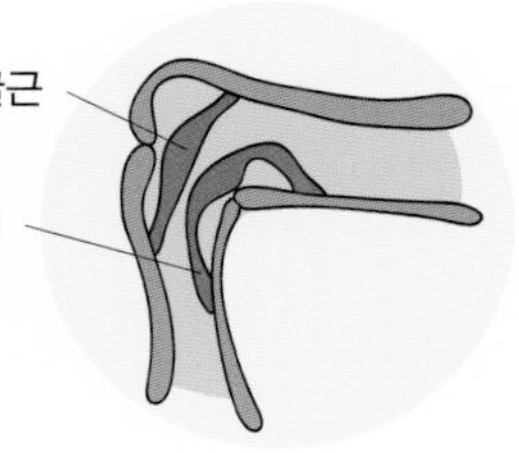

(나)

(1) 사람 팔과 곤충 다리의 뼈와 근육의 차이점을 쓰시오.

(2) 아래 그림의 로봇의 팔은 (가)와 (나) 중 어느 것과 비슷한지 쓰시오.

(3) 그림 (가)와 같은 사람의 팔을 굽히고 펼 때나 그림 (나)와 같은 곤충의 다리를 움직일 때 각각의 근육의 움직임을 설명하시오.

STEP BY STEP

10 다음은 우리 주변에서 볼 수 있는 식물들이다. 물음에 답하시오.

목련

고사리

소나무

(1) 위 세 식물을 다음과 같이 두 그룹으로 나누었다. 분류 기준은 무엇인가?

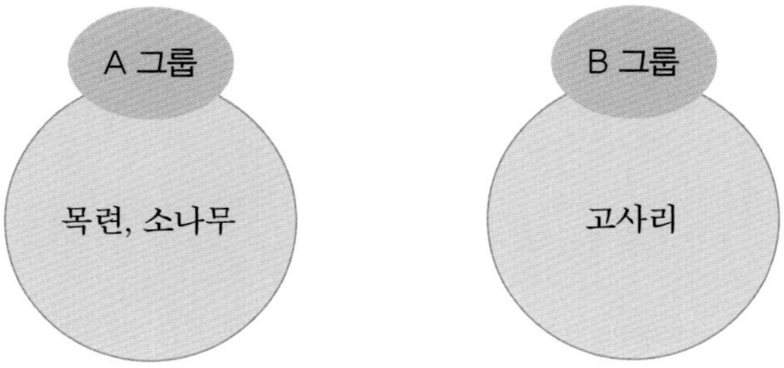

(2) A그룹에 속한 두 식물의 생식 기관과 생식 방법의 공통점과 차이점을 쓰시오.

· 공통점 :

· 차이점 :

(3) 위의 (1), (2)와 같이 분류하는 것은 자연 분류와 인위 분류 중 어느 것에 해당하며 그렇게 생각한 이유를 쓰시오.

STEP BY STEP

11 다윈은 비글호를 타고 갈라파고스 군도를 여행하였다. 그는 이 섬에서 여러 종류의 작은 핀치새를 관찰하였다. 다음 그림은 다윈이 관찰한 핀치새이다.

(1) 갈라파고스 군도의 핀치새를 다음 분류 기준에 따라 분류하시오.

· 나무에서 먹이를 얻는 종 :

· 땅에서 먹이를 얻는 종 :

(2) 위 (1)과같이 나눈 판단 기준은 무엇인지 쓰시오.

(3) 갈라파고스 군도의 핀치새는 대륙의 핀치새와는 다른 여러 가지 특징을 갖고 있었다. 이를 통해 무생물과 달리 생물이 갖는 특징은 무엇인지 쓰시오. (TIP! 다윈은 갈라파고스 군도의 핀치새를 보고 진화론을 생각했다고 한다.)

STEP BY STEP

12 아래 사진의 우뭇가사리, 다시마, 미역과 같이 바다 속에 사는 식물들은 꽃이 피지 않는다. 다음 물음에 답하시오.

우뭇가사리

다시마

미역

(1) 호박꽃은 암술이 있는 암꽃과 수술이 있는 수꽃이 따로 핀다. 아래 사진을 보고 수꽃의 꽃가루가 암꽃의 암술머리에 어떻게 갈 수 있는지 쓰시오.

호박꽃–암꽃

호박꽃–수꽃

(2) 꽃이 피지 않는 바다 속에 사는 식물들은 어떻게 번식하는지 쓰시오.

(3) 위 (1) 문항을 참고하여 바다 속에 사는 식물들이 꽃이 피지 않는 이유를 생각해 보시오. (TIP! 꽃이 피는 식물은 꽃의 암술과 수술이 만나서 번식한다.)

창의력 키우기

01

- 유창성
- ✓ 융통성
- 독창성
- ✓ 정교성

다음 사진의 (가)는 석순으로, 석회암이 이산화 탄소가 들어 있는 물에 녹아 땅 속의 깊은 암반층이나 동굴 바위에서 죽순처럼 솟아난 것이고, (나)는 콩의 새싹이다. 물음에 답하시오.

(가)

(나)

(1) 위 (가)와 (나)를 보고 공통점과 차이점을 생각해 보시오.

· 공통점 :

· 차이점 :

(2) 위 (가)와 (나)의 석순과 콩을 생물과 무생물로 분류하려면 어떤 특징을 분류 기준으로 사용하여야 하는가?

02

유창성
융통성
독창성
정교성

다음은 식충 식물로 알려진 파리지옥의 모습이다. 물음에 답하시오.

(1) 파리지옥이 갖는 동물적 특징을 쓰시오.

(2) 파리지옥이 식물이라는 사실을 증명할 수 있는 다양한 방법을 쓰시오.

STEAM융합형 문제 해결하기

01 다음은 진주의 일기이다. 서울 영재로의 가로수를 은행나무로 정하려고 하자 진주는 다음과 같은 경험을 예로 들며 반대하였다.

작년 가을에 시골 할머니 집에 내려갔다가 바닥에 떨어진 은행을 할머니와 함께 주웠다. 은행 열매의 껍질에서는 지독한 냄새가 나고 은행이 바닥에 떨어져서 바닥이 더러워졌다.

은행나무의 특징을 근거로 진주의 의견에 반박하시오.

〈은행 나무의 특징〉

· 은행의 열매는 한약재로 쓰이는 유용한 약재이다.
· 암꽃이 피는 암그루와 수꽃이 피는 수그루가 있다.

"

전기는 어떻게 불이 켜지게 하고 선풍기를 돌릴까?

전구를 밝게 하려면 어떻게 하면 좋을까?
어떻게 전동기가 돌 수 있을까?

"

11

전기의 작용

개념다지기

쏙 쏙 빈칸을 채워 개념을 완성하세요!

● 도체와 부도체의 *자유 전자

*도체 내부에 다량 존재하는 자유 전자는 음(−)전하를 띠므로 자유전자가 이동하는 방향과 전류의 방향은 서로 반대이다. *부도체 내부에는 자유 전자가 거의 존재하지 않아 전류가 흐르지 못한다.

● 1A(암페어)의 전류

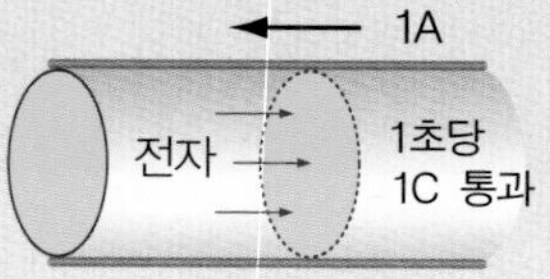

도선의 단면을 1초당 1C(쿨롱)의 전기량이 통과하고 있는 경우 도선에는 1A의 전류가 흐른다.

● 전기 기구와 전기 기호

도체 내부에 전기 회로는 전기 기구가 직접 연결된 회로이며, 전기 회로도는 전기 기호를 사용하여 연결한 회로이다.

명칭	전기기구	기호	명칭	전기기구	기호
건전지			전구		
스위치			저항		
전류계		Ⓐ	전압계		Ⓥ

● 전기 저항체

전구의 필라멘트, 텅스텐선, 니크롬선, 전기 발열 장치, 전기제품 내부의 전기 소모 장치 등 에너지(열)가 발생하는 곳 등

● 과학단어

★자유전자 도체를 구성하는 원자 사이를 자유롭게 운동할 수 있는 전자

★도체 내부에 자유전자가 많이 분포하여 전기를 잘 통하는 물질

★부도체 내부에 자유 전자가 존재하지 않아서 전기를 잘 통하지 않는 물질

❶ 전류(I)

(1) 전자의 이동과 전류의 흐름 : 도체 내부에는 수많은 ❶ ________ 가 있으며, 전류의 흐름과 반대 방향으로 이동한다.

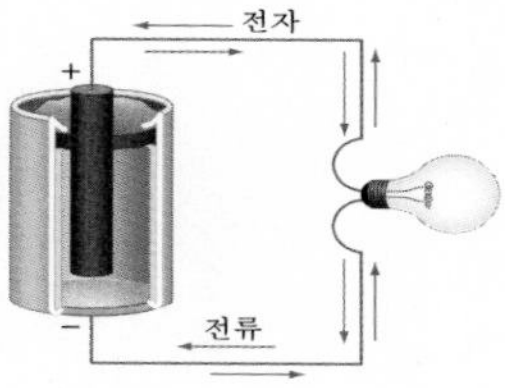

◀ 전자와 전류의 이동 방향

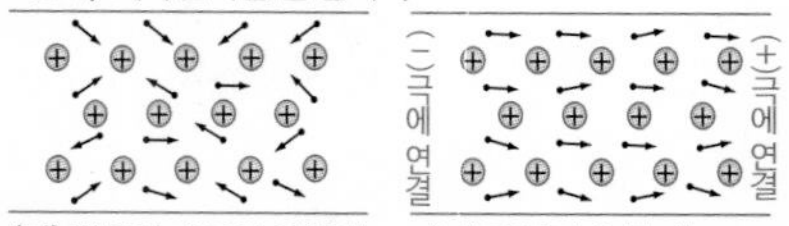

(가) 전류가 흐르지 않을때 (나) 전류가 흐를 때

▲ 도선 속의 전자 모형

① 전류(I) : 양(+) 전하의 흐름. 전자의 이동 때문에 생긴다.
② 전류의 방향 : 전자의 이동 방향과 반대 방향이다.
③ 전류의 단위 : A(암페어), mA(밀리암페어), 1A = 1000mA

(2) ❷ ________ 보존의 법칙 : 도선에 흐르는 전하의 양은 일정하게 유지된다. 그러므로 도선에 흐르는 전류의 양도 일정하게 유지된다.

❷ 전기 저항(R)

(1) ❸ ________ : 도체에 전류가 흐를 때 전류의 흐름을 방해하는 정도(단위 : Ω (옴)). 자유 전자가 이동하면서 고정되어 있는 원자와 충돌하기 때문에 생긴다.

(2) 전기 회로와 수도관의 비교

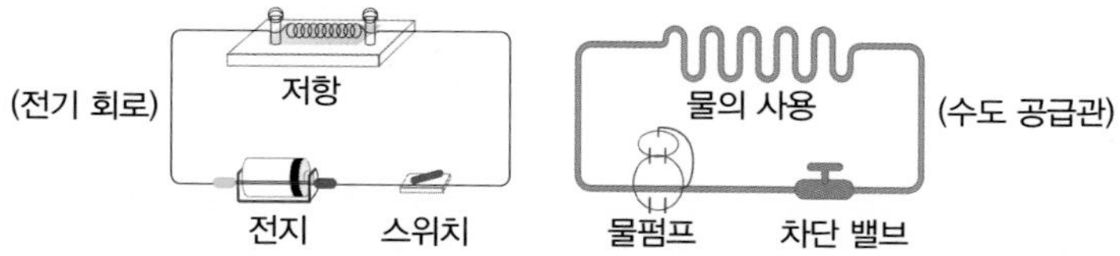

전지 : 수도관 회로의 펌프(물이 흐르게 함)	도선 : 수도관	전류 : 물
저항체 : 수도관 회로에서 물흐름을 방해하는 부분	스위치 : 수도관 회로의 밸브	

(3) 1Ω 의 뜻 : 전압이 1V일 때 1A의 전류가 흐르는 저항체의 저항값

❸ 전기 회로에서의 전압(V)과 저항(R), 전류(I)

(1) ❹ ________ (V : voltage) : 닫힌 전기 회로에서 전류를 흐르게 하는 능력

① 전기 회로와 물의 흐름의 비교

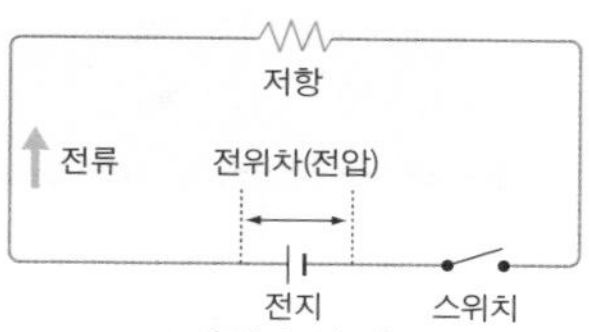

(전기 회로)

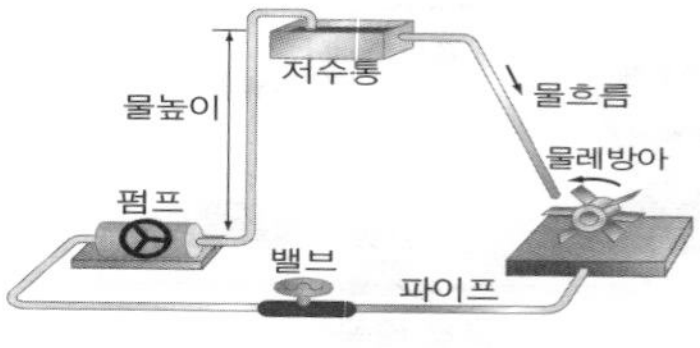

(물의 흐름)

전류 : 물　　전압(전위차) : 물높이(수위차)
꼬마전구(저항) : 물레방아　　스위치 : 밸브
전지 : 펌프　　도선 : 파이프

② 전압의 측정 : 두 곳의 전위차를 재는 것이므로 측정하고자 하는 두 곳을 전압계의 (+)극과 (-)극에 ❺ ______로 연결하여 눈금을 읽는다.

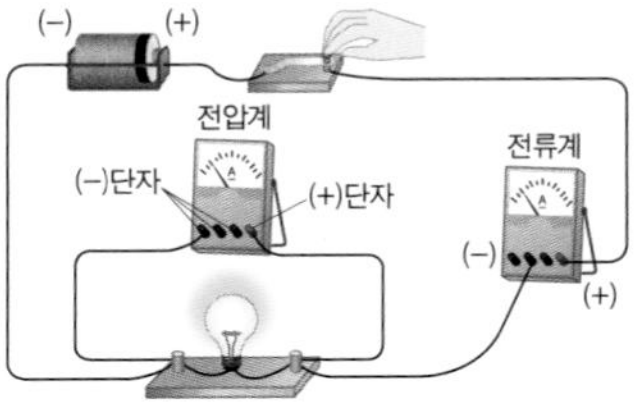

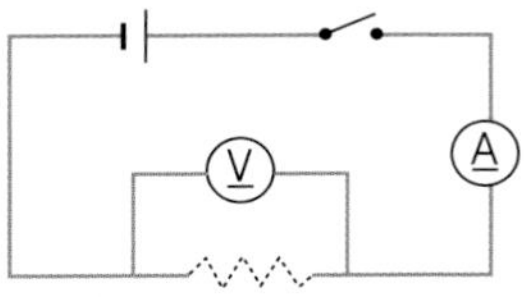

(2) 전지의 연결과 전압

① 전지의 *직렬연결

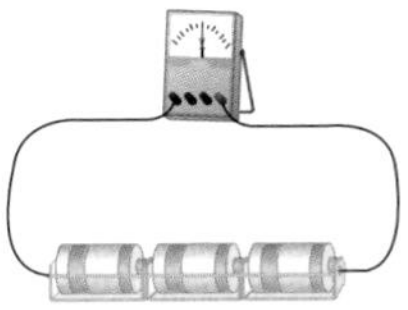

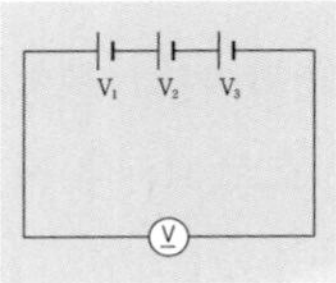

V (전체 전압) $= V_1 + V_2 + V_3$

· 전압이 세지고 전구의 밝기가 밝다.
· 전지를 오래 쓸 수 없다.

② 전지의 *병렬연결

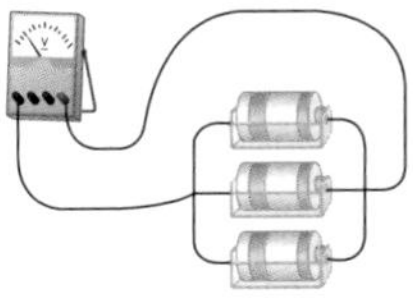

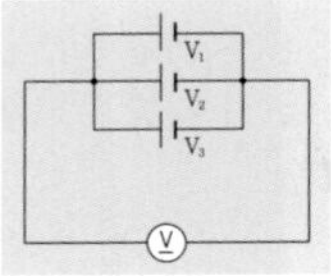

V (전체 전압) $= V_1 = V_2 = V_3$

· 전압은 세지지 않고 전구의 밝기도 일정하다.
· 전지를 오래 쓸 수 있다.

❹ 옴의 법칙

(1) 전기 회로도에서의 전압, 저항, 전류

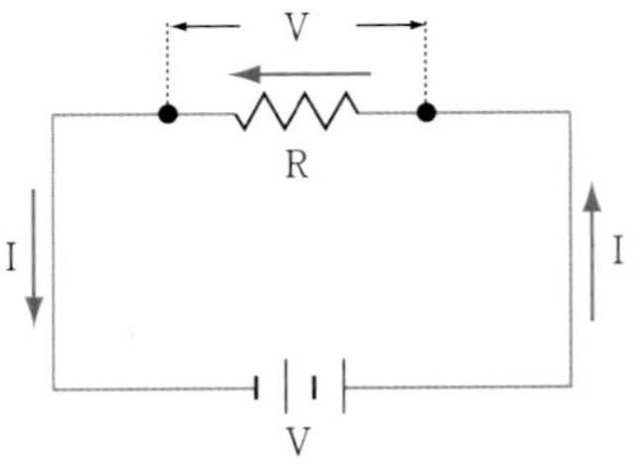

· 전지의 전체 전압이 V이면 저항 R 양끝 사이의 전압(걸리는 전압)이 V이다.
· 전류는 전지의 (+)극에서 (-)극으로 회로 전체에 일제히 흐른다.

(2) 옴의 법칙　전기 회로에 흐르는 ❻ ______는 전압(V)에 비례하고 저항(R)에 반비례한다.

$$I = \frac{V}{R} \qquad V = IR \qquad R = \frac{V}{I}$$

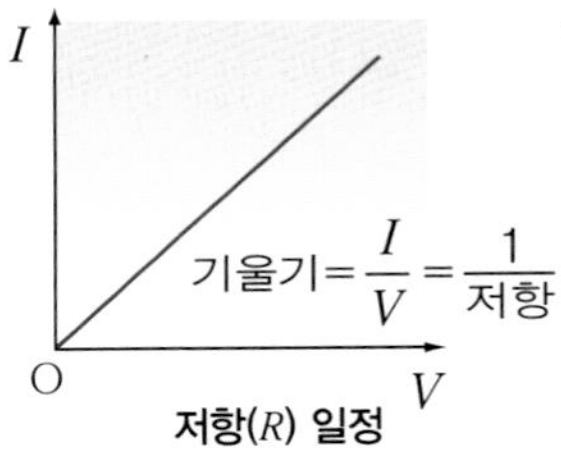

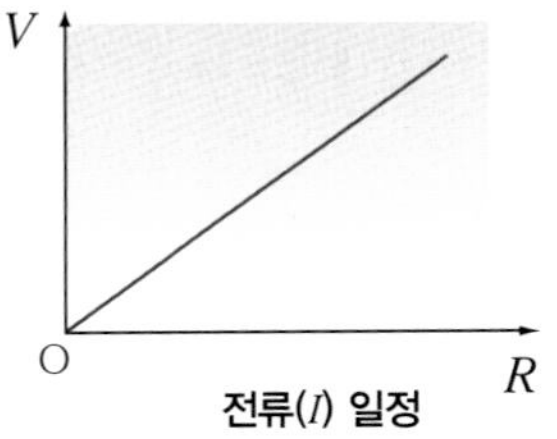

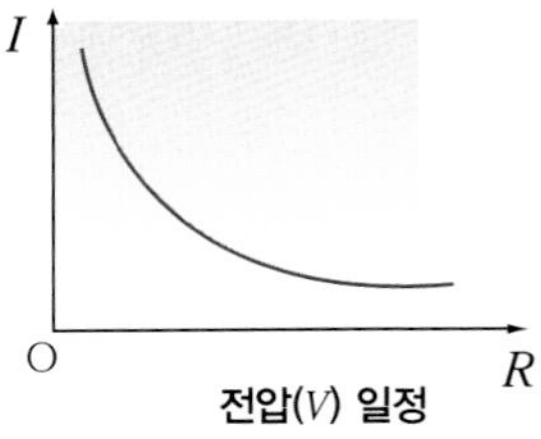

● 저항과 전류 전압의 비유

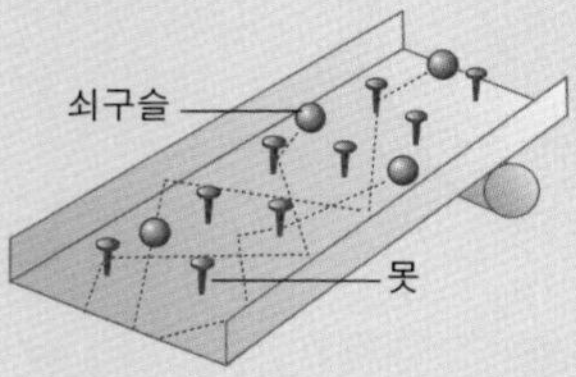

그림에서 쇠구슬이 전자라면 못은 원자, 쇠구슬과 못의 충돌은 저항, 빗면의 기울기는 전압에 비유된다.

● 전지의 기호

가늘고 긴 쪽이 (+)극이다.

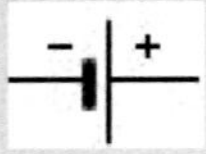

● 전지의 연결과 수압

전압은 수압과 비유할 수 있다.

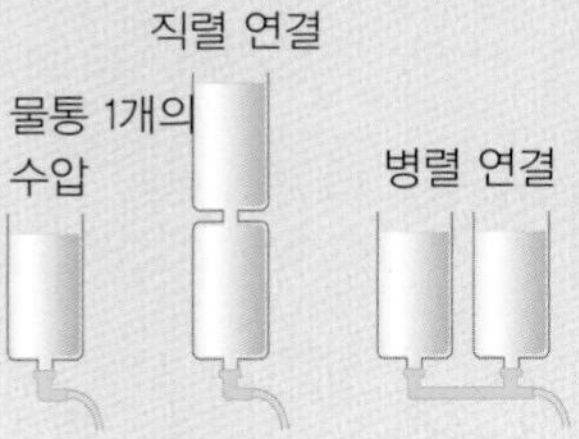

¤ 옴 (Georg. S. Ohm, 1789~1854)

독일의 물리학자. 1826년 옴의 법칙(Ohm's law)을 발표하였다.

● 과학단어

★직렬연결 2개 이상의 전기 기구 등을 일렬로 연결하는 것

★병렬연결 2개 이상의 전기 기구 등을 나란하게 연결하는 것

개념다지기

쏙 쏙 빈칸을 채워 개념을 완성하세요!

● 전구와 저항

전구도 저항체이며 발생하는 에너지가 크면 더 밝다.

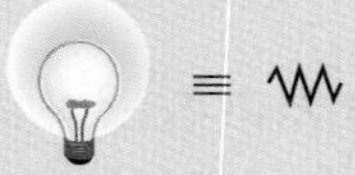

● 전구의 밝기

전구의 전력 (W(와트))에 비례한다.

전력(W) $= VI = I^2R = \frac{V^2}{R}$

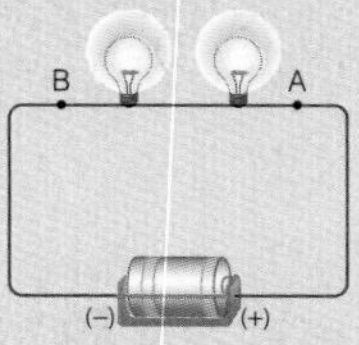

직렬로 연결된 같은 두 전구에 있어 흐르는 전류와 전압이 각각 같다. 따라서 전구의 밝기도 같다.

● 가정에서의 전기 회로

가전제품은 같은 전압이 걸리도록 병렬로 연결한다.

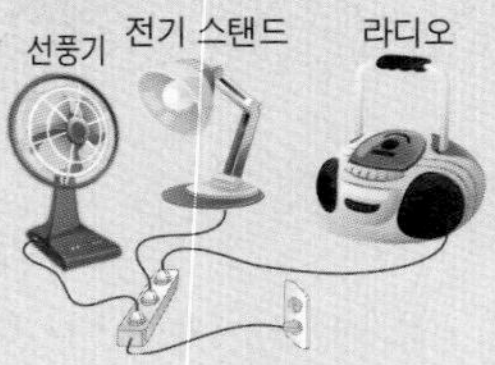

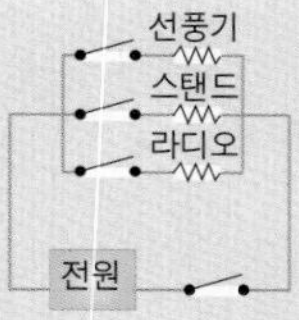

● *지자기

지구는 북극이 S극, 남극이 N극인 커다란 자석이다.

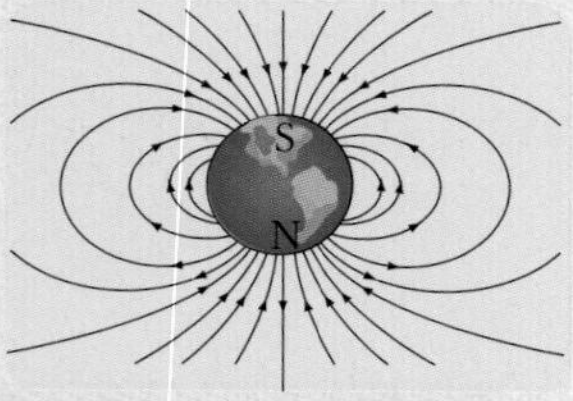

● 과학단어

★지자기 지구 주위에 형성된 자기장

★동심원 같은 중심을 가지며 반지름이 다른 원이 여러 개 겹쳐 있는 모습

❺ 저항의 연결과 전구의 밝기

(1) 직렬 연결 : 전구(저항)를 일렬로 연결하면 각 저항을 흐르는 ❼ ______ 는 서로 같고, 저항에 걸리는 전압은 저항값에 비례한다.

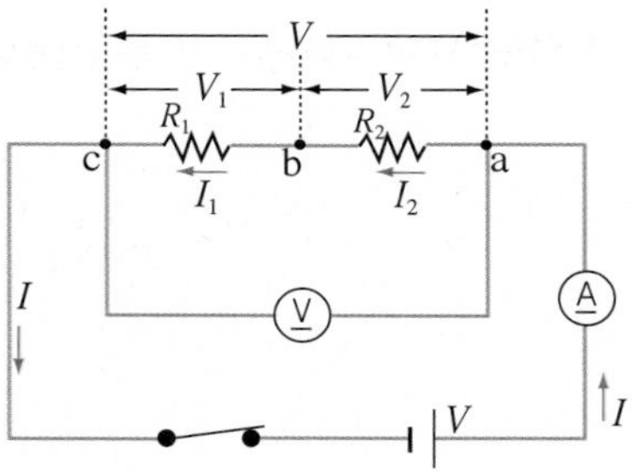

- $V = V_1 + V_2 = IR$(R은 합성 저항)
- $I_1 = I_2 = I$ (전하량 보존 법칙)
- $V_1 = I_1R_1 = IR_1$, $V_2 = I_2R_2 = IR_2$
- $IR(V) = IR_1(V_1) + IR_2(V_2)$

$\therefore R$(합성 저항) $= R_1 + R_2$

$V_1 : V_2 = R_1 : R_2$(비례)

(2) 병렬 연결 : 전구(저항)를 나란히 연결하면 각 저항을 흐르는 전류는 서로 저항에 반비례하게 나누어져 흐르고, 각 저항에 걸리는 ❽ ______ 은 서로 같다.

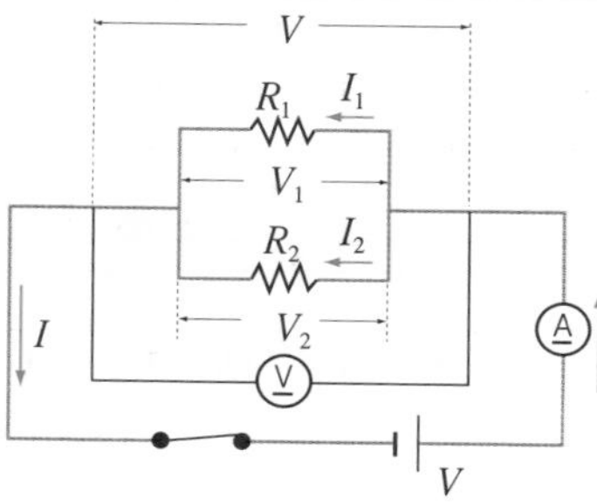

- $V = V_1 = V_2 = IR$ (R은 합성 저항)
- $I_1 + I_2 = I$(전하량 보존 법칙)
- $I = \frac{V}{R}$ $\quad I_1 = \frac{V_1}{R_1} = \frac{V}{R_1}$ $\quad I_2 = \frac{V_2}{R_2} = \frac{V}{R_2}$

$\frac{V}{R} = \frac{V}{R_1} + \frac{V}{R_2}$

$\therefore \frac{1}{R(\text{합성저항})} = \frac{1}{R_1} + \frac{1}{R_2}$, $R = \frac{R_1 \times R_2}{R_1 + R_2}$

$I_1R_1 = I_2R_2$, $I_1 : I_2 = R_2 : R_1$(반비례)

❻ 전류의 자기 작용

(1) 자기장 : 자기력이 작용하는 공간이다. 방향은 자기장 속에 나침반을 두었을 때 나침반의 ❾ ______ 극이 가리키는 방향이다. 자기력선을 화살표로 하여 나타내며, 자기력선이 빽빽할수록 세기가 세다.

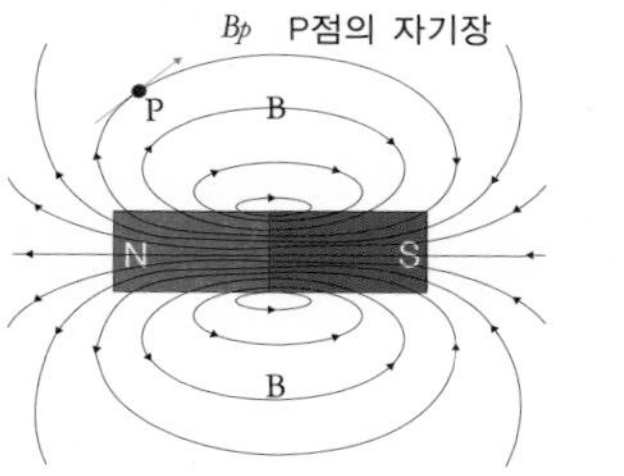

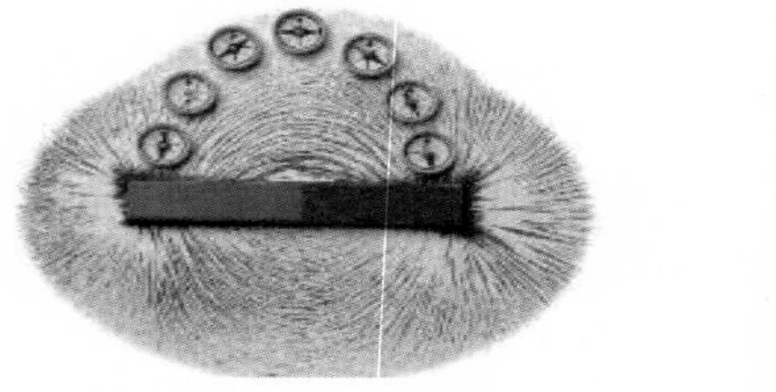

▲ 자침의 N극은 자기력선의 방향이다.

(2) 전류에 의한 자기장 : 도선에 전류가 흐를 때, 도선 주위에는 자기장이 생긴다.

① 직선 전류 주위의 자기장 : 도선 주위에는 *동심원 모양의 자기장이 생긴다.

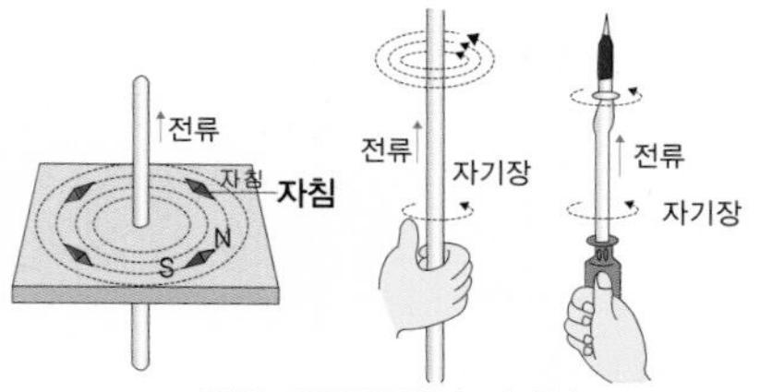

▲ 직선 전류 주위의 자기장

· 자기장의 방향 : 전류의 방향으로 엄지손가락을 향하게 하고 나머지 네 손가락으로 도선을 감아쥐었을 때 네 손가락이 가리키는 방향이다.

② 원형 전류 주위의 자기장 : 중심에서는 전류가 흐르는 방향으로 나사를 돌렸을 때 나사가 나아가는 방향으로 자기장이 생긴다.

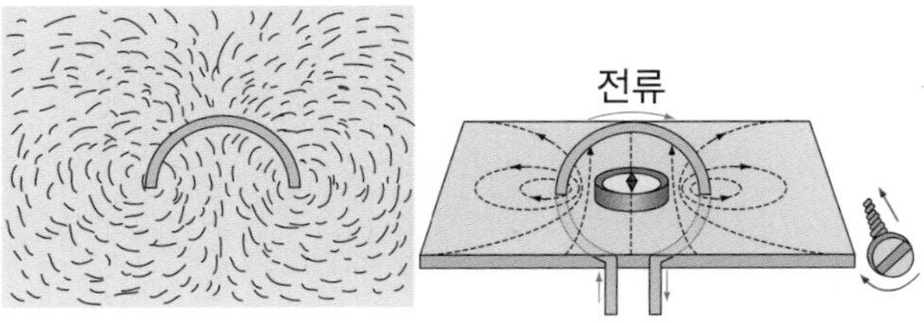

▲ 원형 전류 주위의 자기장

③ 전류가 흐르는 코일(*솔레노이드) 주위의 자기장 :

- 자기장의 모양 : 코일에 전류가 흐르면 막대자석이 만드는 자기장과 같은 모양의 자기장이 생긴다.
- 솔레노이드 내부의 자기장의 방향 : 그림처럼 전류가 흐르는 방향으로 오른손을 감아쥐면 ⑩ ______ 이 가리키는 방향이다.

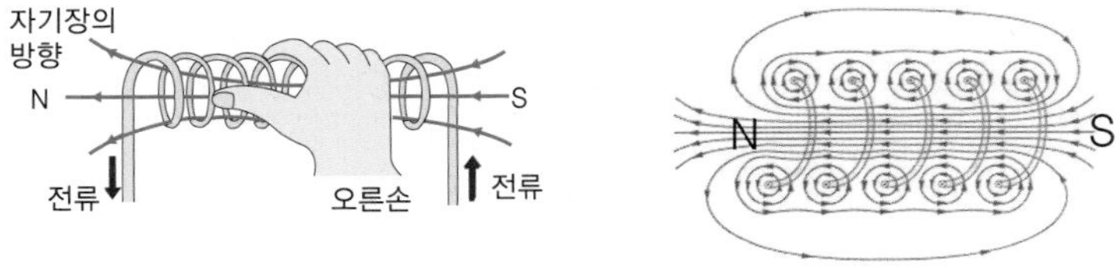

▲ 전류가 흐르는 코일 주위의 자기장

(3) 전자석 : 솔레노이드 내부에 철심을 넣은 것, 철심이 *자화되며 강한 자기장을 얻을 수 있다. 전류의 흐름을 변화시켜 자석의 세기를 바꿀 수 있는 장점이 있다. 스위치, 초인종, *기중기, 전화기, 도난 경보기 등 일상생활에 다양하게 이용된다.

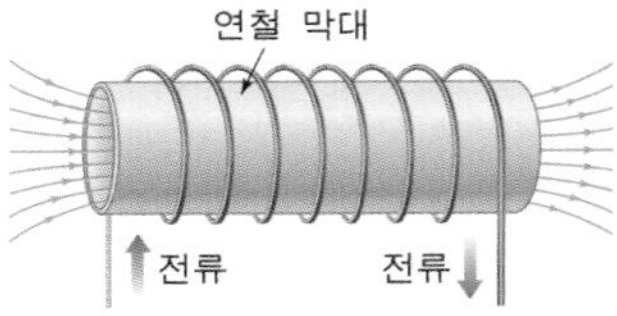

▲ 전자석

솔레노이드 주위의 자기장
코일에 전류를 통하면 자석과 같은 모양의 자기장이 형성된다.

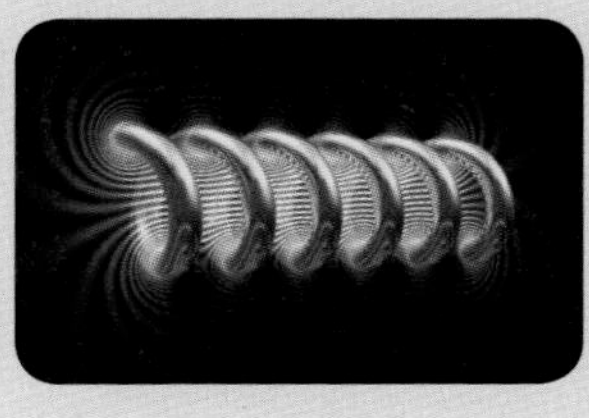
▲ 솔레노이드의 자기장

기중기(크레인)
전자석을 이용하여 쇠붙이를 이동시킨다.

▲ 크레인

과학단어
★자화 자석의 성질을 띰
★솔레노이드 둥근 대롱 모양으로 감은 코일. 전류를 흘리면 전자석이 된다.
★기중기 [crane, 起重機] 금속 동력을 사용하여 무거운 짐을 매달아 올리고 이것을 수평으로 이동시킬 수 있는 기계 장치

SPEED CHECK!
기본확인문제

1. 전기 회로에서 전자의 이동 방향과 전류가 흐르는 방향은 (같은 방향, 반대 방향)이다.
2. 도체에 전류가 흐를 때 전류의 흐름을 방해하는 정도를 (전압, 저항) 이라 한다.
3. 전기 회로와 물의 흐름의 비교할 때 물높이에 해당하는 것은 (전압, 전류) 이다.
4. 전지 2개를 직렬연결하면 전체 전압은 전지 1개인 경우(와 같다, 보다 세진다.)
5. 전지와 저항이 1개씩 연결된 회로에서 전류와 저항값은 (비례, 반비례)한다.
6. 전지에 전구 2개를 직렬연결하면 전구가 1개일 때보다 전체 저항값은 (커진다, 작아진다)
7. 전지에 전구 2개를 병렬연결하면 전구가 1개일 때보다 회로 전류는 (증가한다. 변함없다)
8. 자기력이 작용하는 공간을 (지자기, 자기장) 이라 한다.
9. 전류가 흐르는 직선 도선 주위에는 도선을 중심으로 하는 (동심원 모양의, 나란한 방향의) 자기장이 생긴다.
10. 코일에 전류가 흐르면 (막대 자석, 직선 전류) 이(가) 만드는 자기장과 같은 모양의 자기장이 생긴다.

개념다지기 정답 ❶ 자유전자 ❷ 전위차 ❸ 전기저항 ❹ 전압 ❺ 볼트 ❻ 전류 ❼ 전류 ❽ 전압 ❾ N ❿ 엄지손가락

탐구1. 간이 전동기 만들기

탐구과정

준비물
에나멜선 1m, 사포(커터칼), 클립, 둥근 자석, 전지(중간 크기), 연결 도선, 니퍼

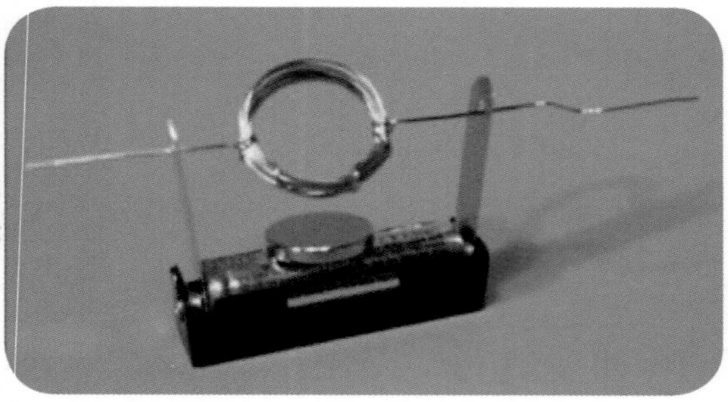

① 에나멜선을 준비하여 지름 약 3cm의 원형 모양으로 10번 정도 감는다.

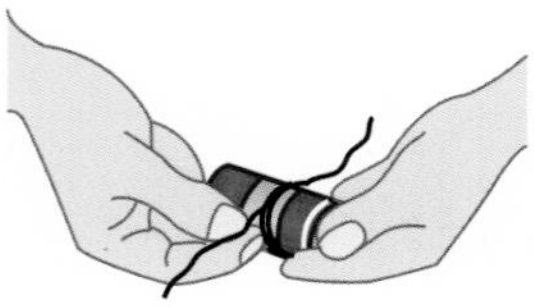

② 에나멜선이 잘 풀리지 않도록 원의 양쪽에서 한 바퀴 씩 감아서 묶고, 5cm 정도를 남기고 자른다.

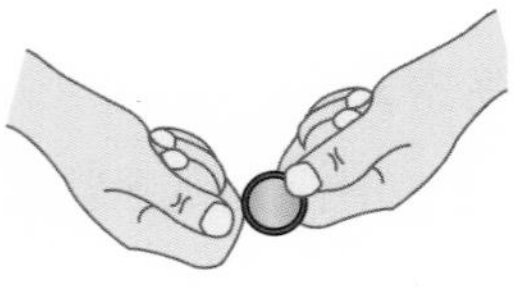

③ 양 끝의 에나멜을 2cm 정도 벗겨낸다. 이때 한 쪽은 완전히 벗기고, 다른 한 쪽은 에나멜선의 단면 360° 중 180°(절반)만 벗긴다.

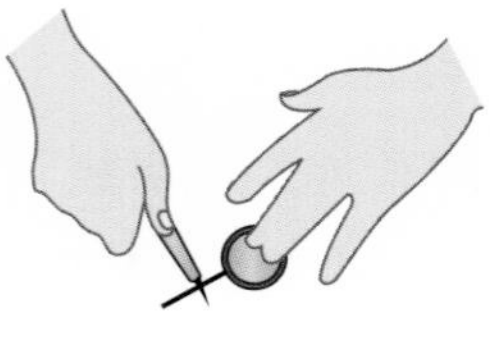

④ 클립 등으로 받침대를 만들고 받침대 사이에 동그란 자석을 놓는다.
⑤ 클립에 만든 원형 에나멜선을 자석 위로 올려놓고 양쪽 클립에 전지를 연결한다.

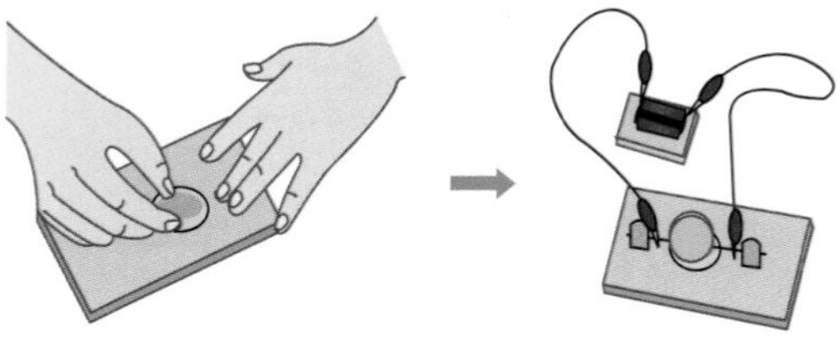

탐구결과

1. 스스로 만든 전동기가 돌아가는 원리를 서술해 보자.

2. 에나멜선 코일이 어떻게 자석의 성질을 띠는지 설명해 보자.

탐구문제

1. 다음 〈보기〉 중 전자석을 이용한 기구나 장치를 모두 골라 ○ 표 하시오.

보기

ㄱ. 초인종 (　　)	ㄴ. 안테나 (　　)	ㄷ. 전동기 (　　)
ㄹ. 레이더 (　　)	ㅁ. 온풍기 (　　)	ㅂ. 크레인 (　　)

2. 탐구 과정에 대한 설명으로 옳은 것을 보기에서 모두 고른 것은?

보기

가. 전지를 직렬로 추가 연결하면 코일의 자기장의 세기가 증가하므로 코일이 더 빨리 회전한다.
나. 에나멜선의 감은 횟수를 증가시키면 더 빨리 돈다.
다. 에나멜선의 양 쪽 끝을 모두 벗겨내면 에나멜선이 전자석이 되지 않으므로 회전하지 않는다.

① 가 ② 나 ③ 가, 나 ④ 가, 다 ⑤ 가, 나, 다

문제해결력 키우기

01 그림은 도선 내부의 원자의 배치와 전자의 운동을 나타낸 것이다.

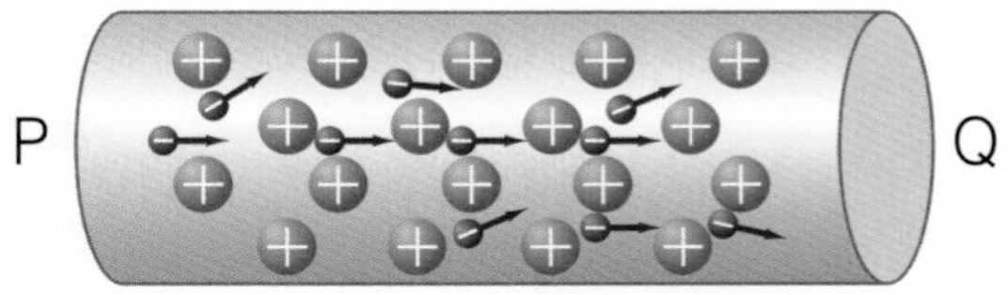

(1) 이 도선에는 전류가 흐르고 있는가? 흐르고 있지 않은가?

(2) 이 도선이 전지와 연결되어 있다면 전지의 +극은 P, Q 중 어디인가?

02 다음 전기 회로의 전기 회로도를 그리시오.

①

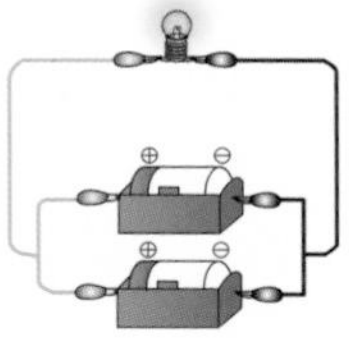

②

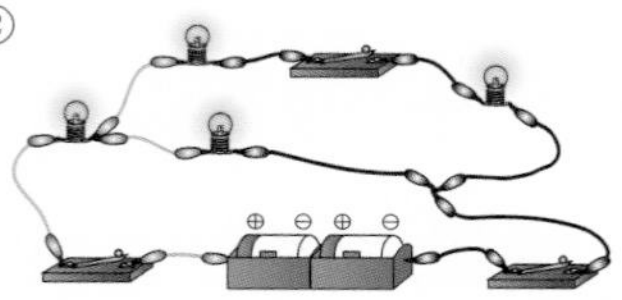

전기회로도

①

②

03 다음 〈보기〉의 전기 회로도 중에서 스위치를 닫아도 전구에 불이 켜지지 않거나 전동기가 돌아가지 않는 전기 회로의 기호를 모두 찾아 쓰고, 그 이유를 설명하시오.
(Ⓜ : 전동기)

㉠

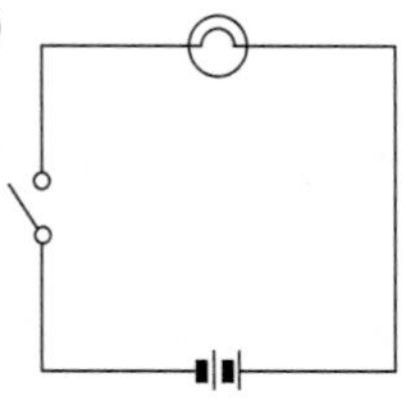

㉡

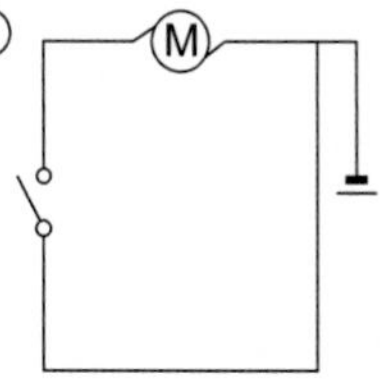

㉢

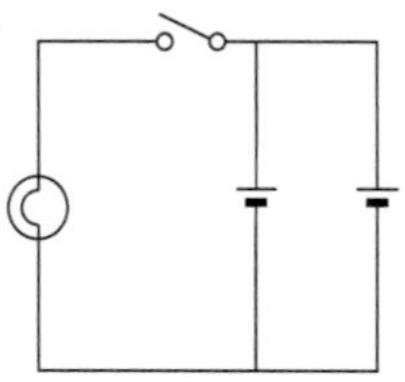

㉣

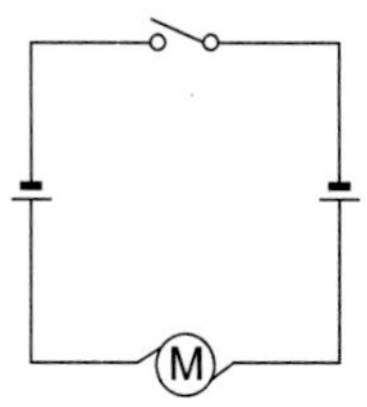

04

다음과 같이 전기 회로를 연결하고 모든 스위치를 닫자 (가)~(라)의 전구에 불이 모두 켜졌다. 이 전기 회로에 대한 설명으로 옳은 것을 모두 고르시오.

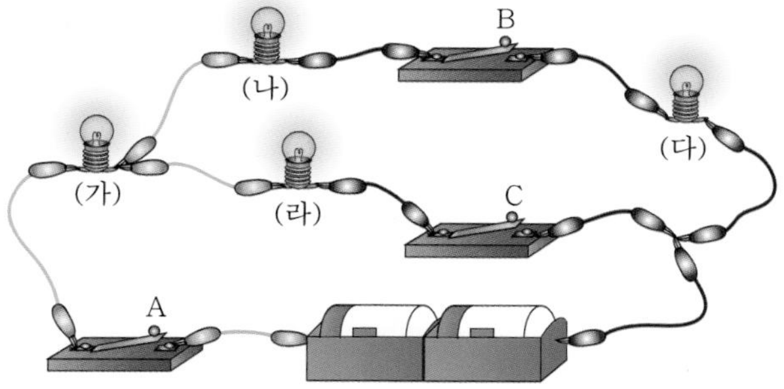

① B를 열면 (가)의 불이 꺼진다.
② C를 열면 (나)와 (다)의 불만 꺼진다.
③ A를 열면 모든 전구의 불이 꺼진다.
④ A와 B를 열어도 (라)는 꺼지지 않는다.
⑤ B를 열면 (나)와 (다) 전구의 불이 꺼진다.

05

다음 전기 회로를 보고, 물음에 답하시오.

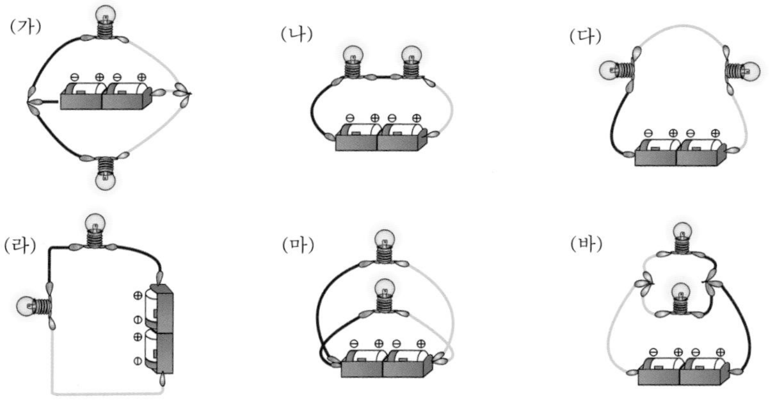

(1) 위 (가)~(바) 중 다음 전기 회로의 전구와 밝기가 같은 것을 모두 찾아 기호를 쓰시오.

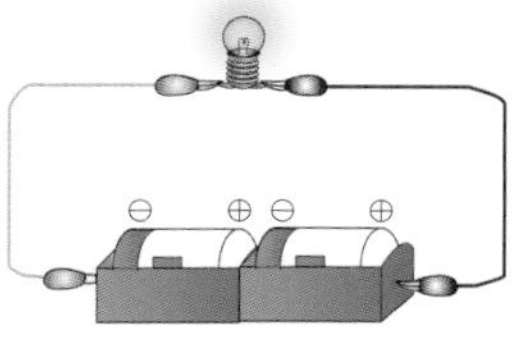

(2) 위 전기 회로들을 비슷한 것끼리 두 종류로 나누고, 두 무리의 공통점을 쓰시오.

06 다음 그림의 물의 흐름을 전기 회로에 비유할 때 비유되는 것을 쓰시오.

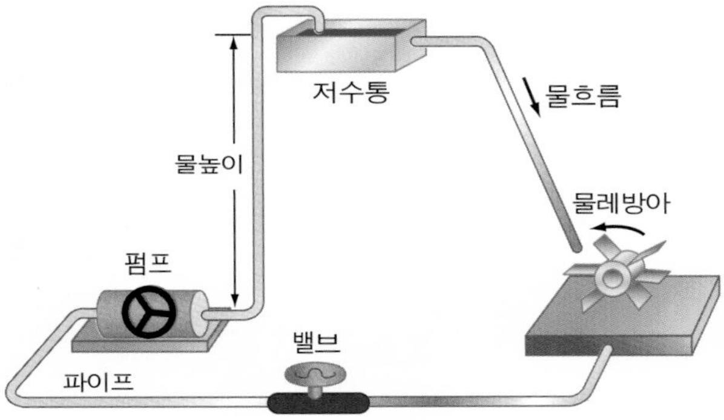

물의 흐름	전기회로	물의 흐름	전기회로
펌프		물	
밸브		물레방아	
물높이		파이프	

07 다음 그림과 같이 회로를 꾸미고 니크롬선 저항(*R*)에 흐르는 전류와 저항에 걸리는 전압을 측정하고자 한다. 다음 물음에 답하시오.

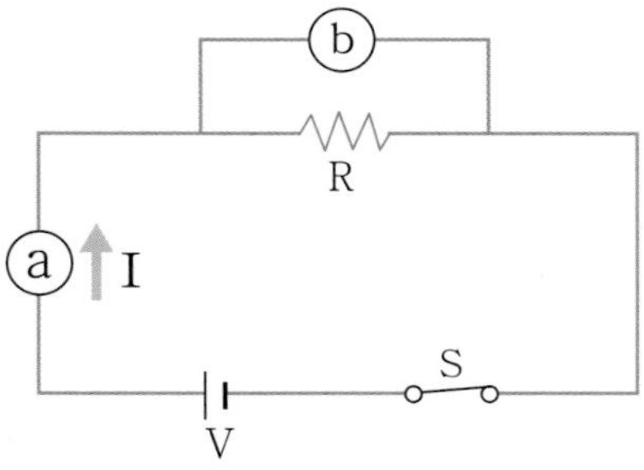

(1) 전기 회로의 ⓐ와 ⓑ에 연결해야 할 측정 기구는 무엇일까?

(2) 스위치를 닫아 니크롬선(*R*)에 걸린 전압이 6V일 때 0.5A의 전류가 흘렀다면 니크롬선의 저항은 얼마인가?

① 3 Ω ② 6 Ω ③ 9 Ω ④ 12 Ω ⑤ 18 Ω

08

그림과 같이 1Ω의 저항과 2Ω의 저항을 직렬 연결하여 6V의 전원에 연결하였다. 물음에 답하시오.

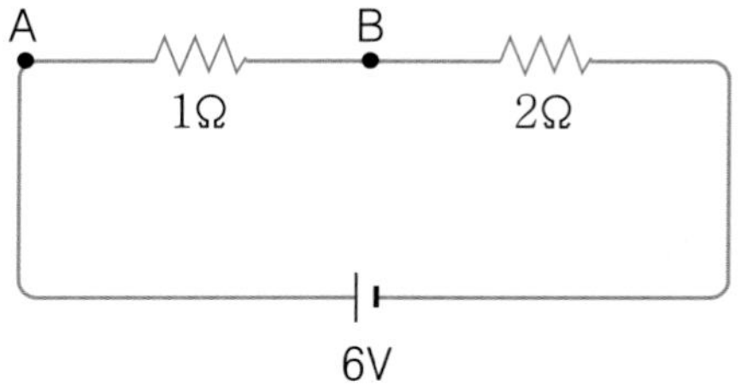

(1) A점을 통과하는 전류는 얼마인가?

① 0.5A ② 1A ③ 2A ④ 12A ⑤ 18A

(2) A-B 사이의 전압은 몇 V인가?

① 1V ② 2V ③ 3V ④ 4V ⑤ 6V

09

그림과 같이 3Ω의 저항과 6Ω의 저항을 병렬 연결하여 12V의 전원에 연결하였다. 다음 물음에 답하시오.

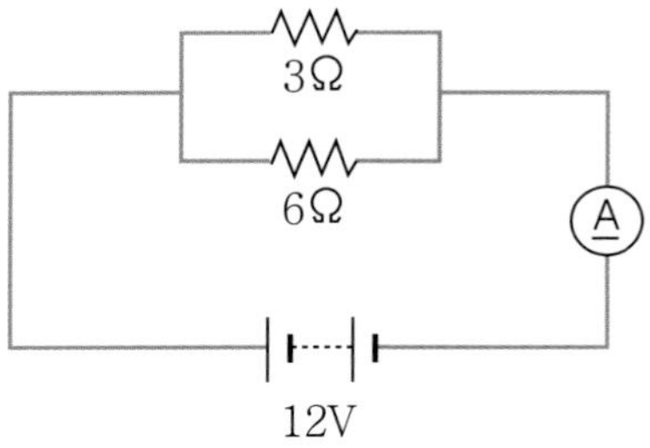

(1) 전류계가 가리키는 눈금은 얼마인가?

① 0.5A ② 1A ③ 2A ④ 4A ⑤ 6A

(2) 3Ω 의 저항에는 몇 A 의 전류가 흐르는가?

① 0.5A ② 1A ③ 2A ④ 4A ⑤ 6A

10

그림과 같은 회로에서 전류계 A에 0.2A의 전류가 측정되었다. 저항 R은 얼마인가?

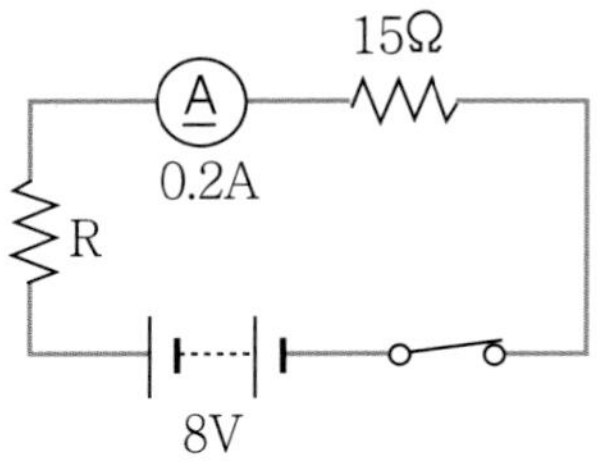

① 5Ω ② 10Ω ③ 15Ω ④ 20Ω ⑤ 25Ω

11 다음은 우리 주변에서 볼 수 있는 전기 회로들의 모습이다. 이 전기 회로의 연결 방법을 각각 쓰고, 그 이유를 쓰시오.

(1) 가로등

• 연결 방법 :

• 이유 :

(2) 장식용 전구

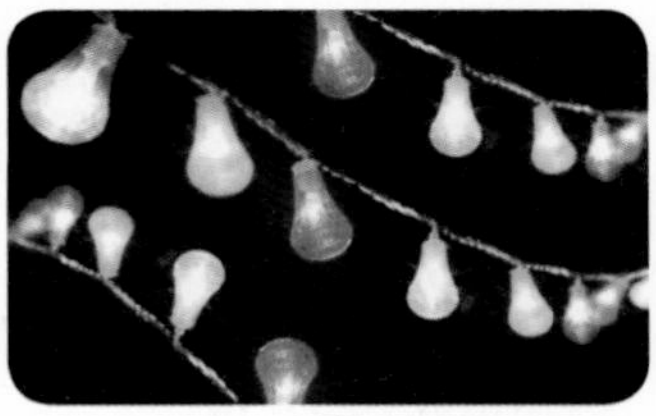

• 연결 방법 :

• 이유 :

(3) 누전 차단기

• 연결 방법 :

• 이유 :

12 가정에서 사용하는 전기 기구를 전선에 연결하여 전기 회로를 꾸미면 다음과 같다. 이에 대한 설명으로 옳은 것을 모두 고르시오.

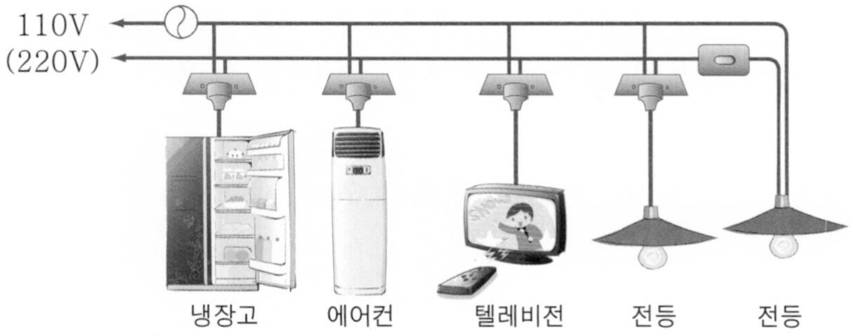

① 누전차단기는 회로에 직렬연결한다.
② 각 전기 기구에 걸리는 전압은 일정하다.
③ 각 전기 기구는 전원에 직렬연결되어 있다.
④ 전등의 필라멘트가 끊어지면 다른 전등도 꺼진다.
⑤ 텔레비전의 플러그를 뽑으면 전기 기구들이 모두 꺼진다.

13

두 자석이 가까이 있을 때 생기는 자기력선의 모양으로 옳은 것을 고르시오.

① 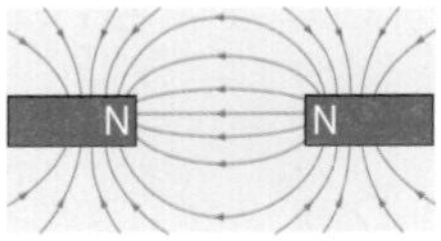

② 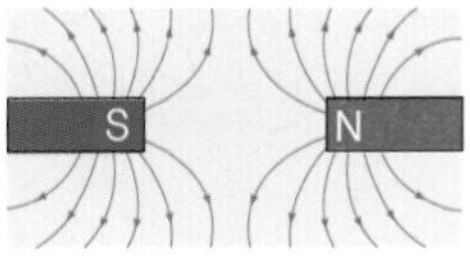

③ 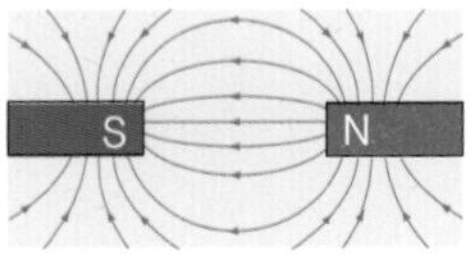

④ 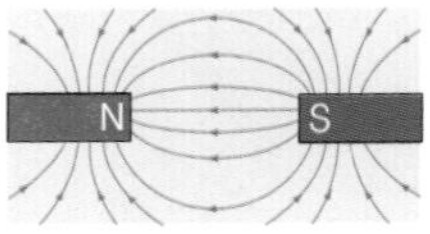

⑤ 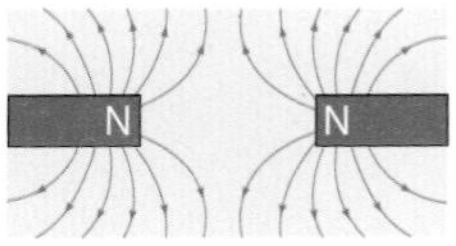

14

그림과 같이 화살표 방향으로 자기장이 형성되어 있는 곳에서 나침반의 자침이 옳게 배열된 것은?(단, 붉은 색이 N극이다.)

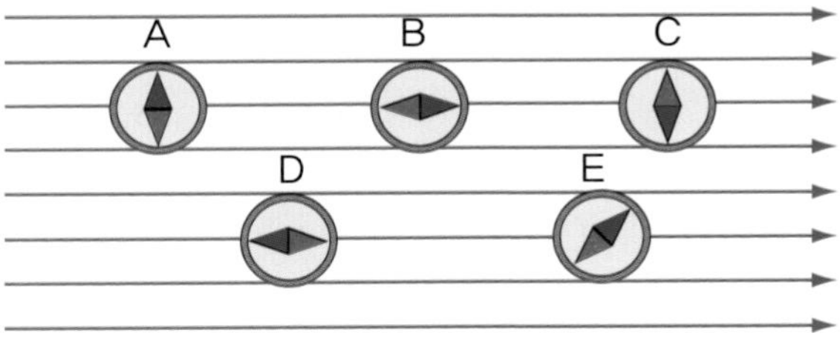

15

그림과 같이 화살표 방향으로 자기장이 형성되어 있는 곳에서 나침반의 자침이 옳게 배열된 것은?(단, 붉은 색이 N극이다.)

① 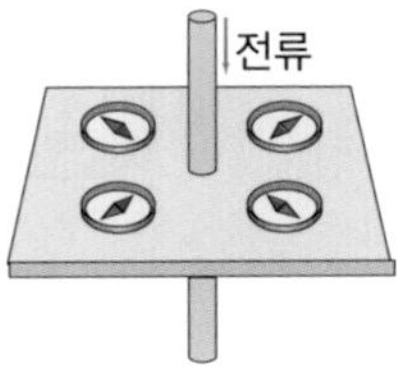

② 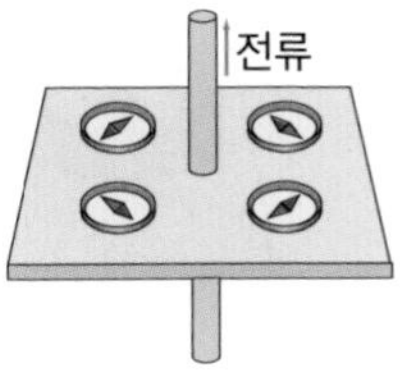

③ 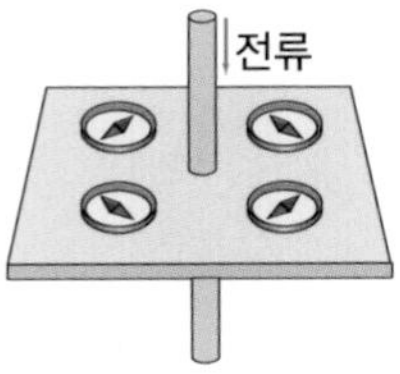

④ 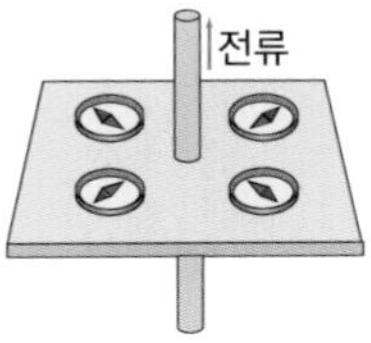

⑤ 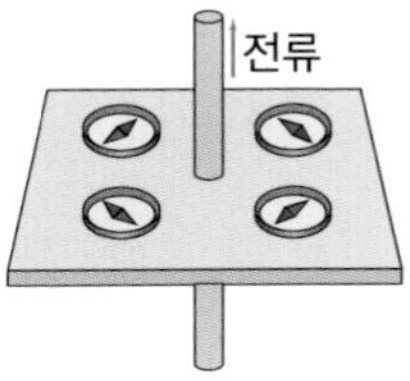

16 그림과 같이 직선 도선 위(A)와 아래(B)에 나침반이 놓여 있다. 도선에 전류를 그림과 같이 흐르게 하면 A, B 위치에 있는 나침반의 N극은 어느 방향을 가리키겠는가? 지구 자기에 의한 영향은 무시할 수 있다고 하고, 그림의 방위표를 보고 답하시오.

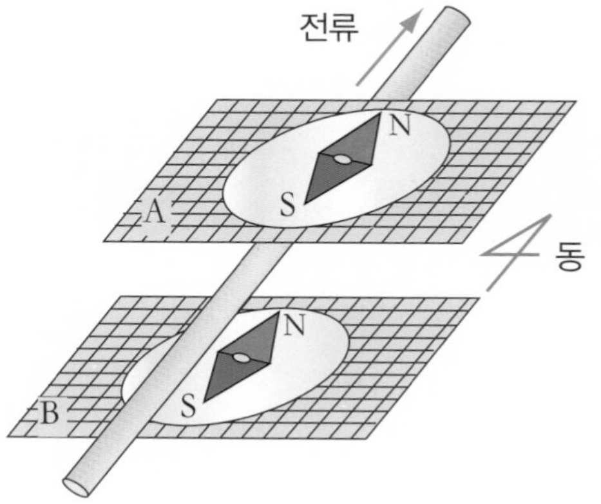

	A	B
①	동	서
②	서	서
③	서	동
④	남	북
⑤	북	남

17 아래 그림처럼 전류가 흐르는 원형 도선 주위에 A, B, C 세 개의 나침반을 놓고 나침반의 N극이 가리키는 방향을 관찰하였다. 각 나침반의 N극이 가리키는 방향으로 옳은 것은? (방위판을 보고 답하시오.)

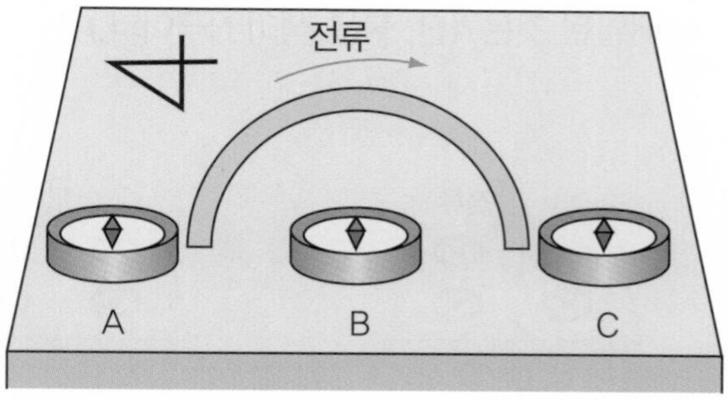

	A	B	C
①	동	서	동
②	북	남	북
③	서	동	서
④	동	동	동
⑤	남	북	남

18 철심에 코일을 감고 전원을 연결하여 전류를 흐르게 하였더니 나침반의 자침이 그림과 같이 정렬하였다. 코일(전자석)에 흐르는 전류의 방향과 자기장의 방향이 옳은 것을 고르시오.

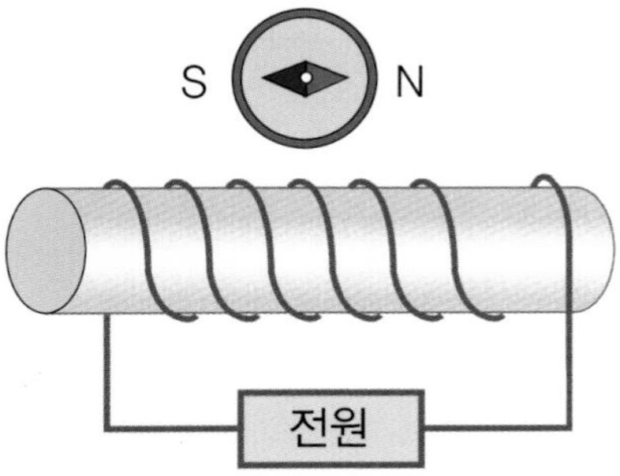

①
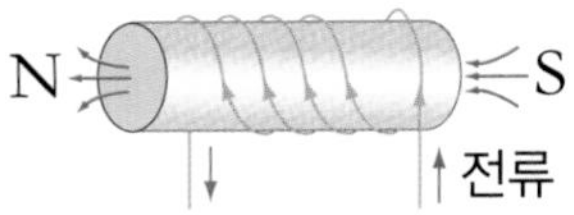

②
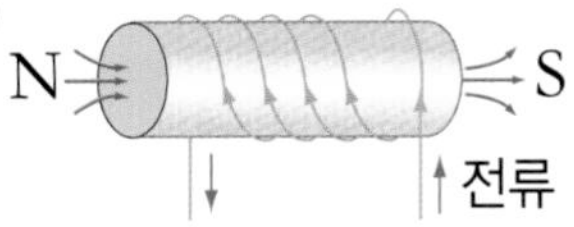

③
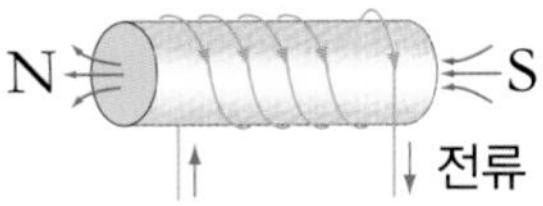

④
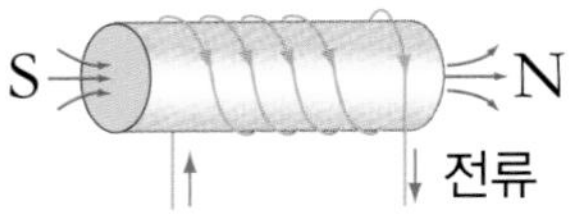

⑤
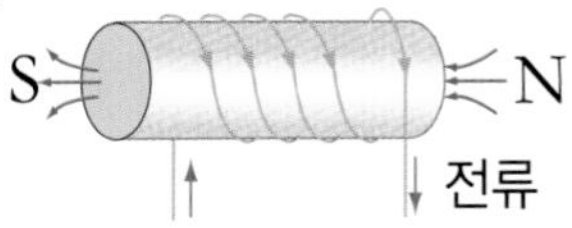

19 그림과 같이 나침반을 코일 내부의 A 지점과 B 지점에 놓고 코일에 전류를 흘려 줄 때 자침의 방향이 옳은 것은 나침반 A, B 중 어느 것인가?(단, 붉은 색이 N극이다.)

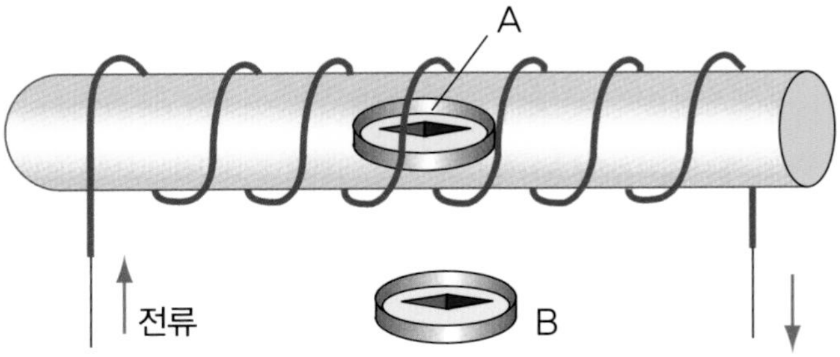

창의력 키우기

01

- 유창성
- ✓ 융통성
- 독창성
- ✓ 정교성

계단을 밝히려고 달아 놓은 전등을 아래층과 위층에 설치된 스위치로 각각 끄거나 켤 수 있게 하려고 한다. 즉, 위층에서 불을 켜고 내려와 계단 아래층에서 불을 끈다거나, 아래층에서 불을 켜고 올라가 계단 위층에서 불을 끌 수 있어야 한다. 전등과 전원, 그리고 두 개의 스위치로 어떻게 배선하면 그렇게 할 수 있을지 전기 기호를 사용하여 전기 회로도를 그리시오.

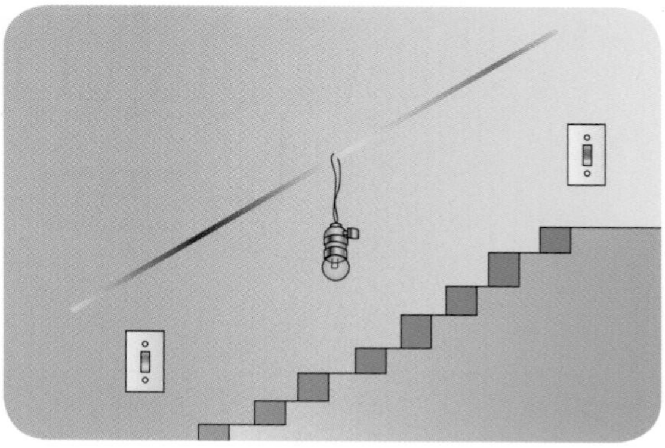

02

- 유창성
- ✓ 융통성
- ✓ 독창성
- 정교성

불량 전자 레인지가 내부에서 합선이 되면 급격한 전류가 흐르고, 차단기가 내려가서 집 전체가 어둠에 휩싸일 것이다. 불량 전자 레인지가 합선(short)되더라도 집 전체의 차단기가 내려가지 않도록 전자 레인지의 연결 도선에 장치를 한다면 어떻게 하면 되겠는가?(주변에 가정용 백열 전구가 있다.)

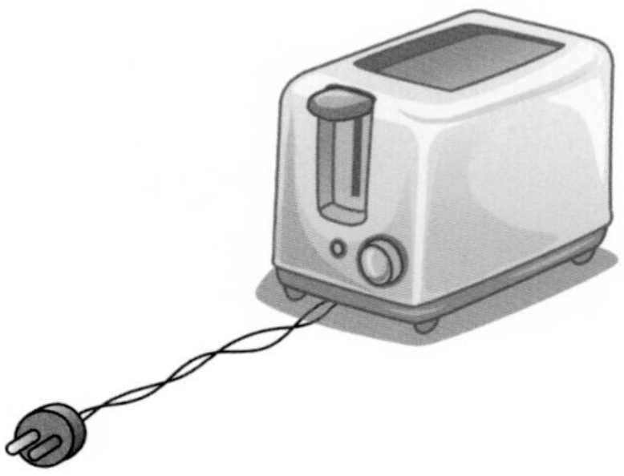

03

태경이는 어떤 물질의 특성을 알아보기 위하여 이 물질을 (가)와 같이 전원 장치에 연결하고 물질 주위의 온도를 달리하면서 전구의 밝기를 측정하여 그래프 (나)와 같은 결과를 얻었다. 이 물질을 활용할 수 있는 곳을 3가지 쓰시오.

유창성
융통성
✓ 독창성
✓ 정교성

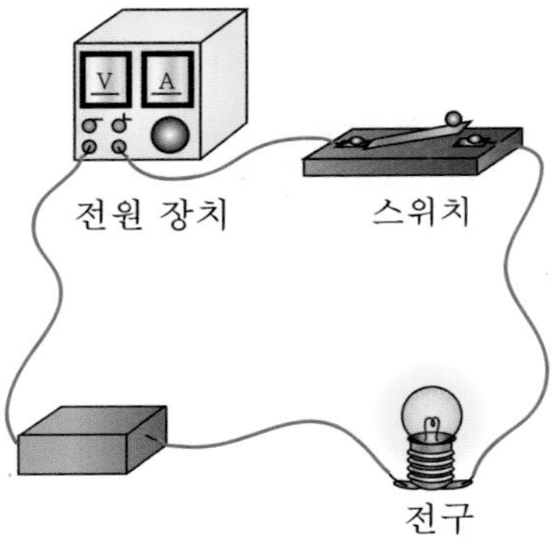

(가)

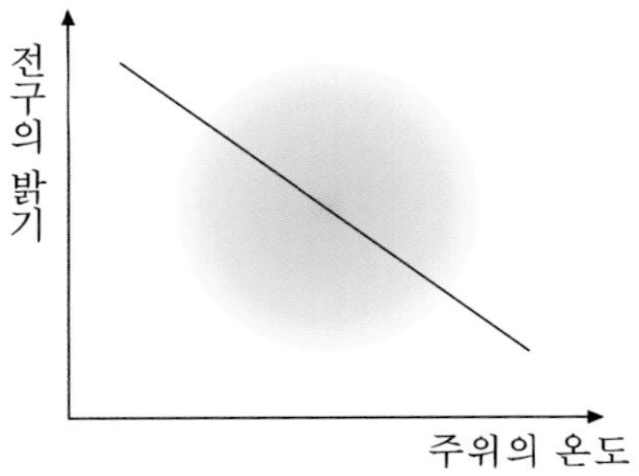

(나)

04

새들은 그림처럼 외피가 벗겨진 고압선에 앉아도 감전되어 죽는다거나 하지 않는다. 그 이유를 전류, 저항, 전압의 관계를 이용하여 써 보시오.

✓ 유창성
융통성
✓ 독창성
정교성

01 전류와 전자에 대한 실험을 하던 은재는 다음과 같은 의문이 생겼다. 질문에 답해 보시오.

(1) 자동차의 키를 돌렸을 때 배터리가 엔진의 모터를 돌리기 위해서 연결되고, 배터리의 음극에서부터 전기 스타터를 지나 배터리의 양극까지 회로가 완성된다. 이것은 직류회로로서 전자들은 배터리의 음극에서 출발하여 양극까지 회로를 통해 이동한다. 음극을 출발한 전자가 양극에 도달하려면 대략 얼마 동안 키를 점화(on)상태로 유지해야 할까?

▲ 자동차의 시동키를 돌리면 전자는 어떻게 운동할까?

① 스위치를 켜거나 끌 때 반응하는 신체 반사 시간보다 짧은 시간
② 약 1/4초
③ 4초
④ 4분
⑤ 4시간

(2) 도시에서는 전기를 공급받는다. 그렇다면 인구 5만의 도시에서 가정과 공장으로 통과하는 전자의 수는 1년 동안 얼마나 되겠는가?

▲ 발전소에서 공급되는 전자의 수는?

① 콩 한 개 안에 들어있는 전자의 수 정도
② 한강에 포함된 전자의 수 정도
③ 한국의 땅 전체에 있는 전자의 수 정도
④ 지구에 있는 전자의 수 정도
⑤ 전혀 없다.

“

하늘의 별은 우리와 얼마나 멀리 떨어져 있을까?

지구에서 밝기도 모두 다르고 반짝임도 다른
수많은 별들을 본다.
별들까지의 거리는 얼마나 될까?
별들의 나이는 몇 년일까?

”

12

별

개념다지기

쏙 쏙 빈칸을 채워 개념을 완성하세요!

천구 상에서의 거리

천문학에서는 *천체들이 서로 떨어져 있는 거리를 각도로 측정하여 나타내는데 이를 각 거리라고 한다. 보통 팔을 뻗어 새끼 손톱이 이루는 각도는 1° 정도 된다.

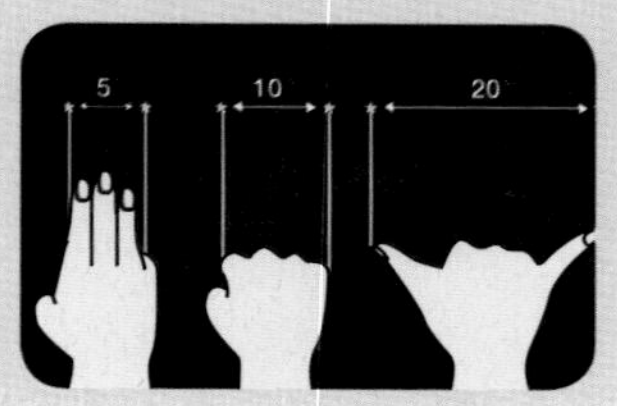

▲ 각 거리

❶ 천체까지의 거리 측정

(1) 연주 시차를 이용한 거리 측정

① 연주 시차 : 지구에서 비교적 가까이 있는 별을 망원경으로 1년 동안 관찰하는 경우 지구 *공전으로 인해 비교적 ❶ ______ 있는 별과 배경이 되는 먼 별들과의 배치가 계속 변한다. 그림처럼 지구 공전 궤도의 양 끝에서의 시차(각)의 $\frac{1}{2}$ 을 관찰하고 있는 별의 연주 시차(p)라고 한다.

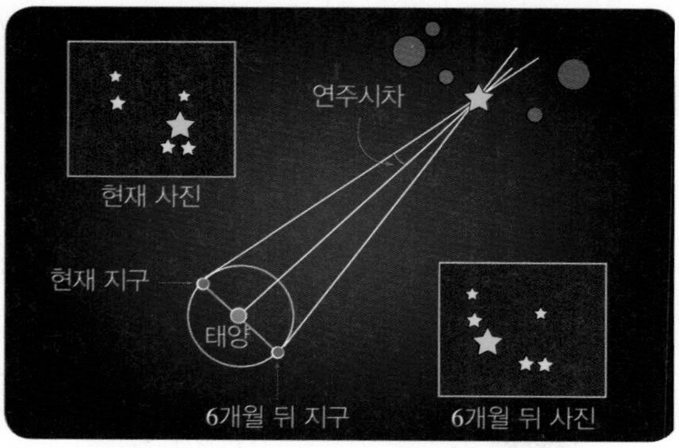

② 연주 시차 단위 : ″(초)이다.

③ 연주 시차와 별까지의 거리 : 연주 시차가 ❷ ______ 지구에 더 가까운 별이다.

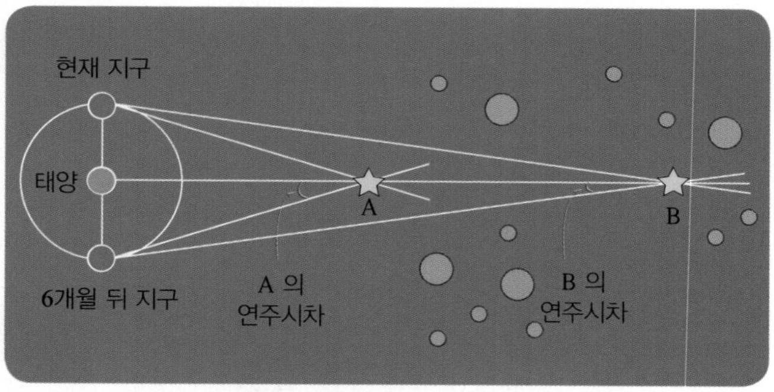

지구에서 더 가까이 있는 A 의 연주 시차가 지구에서 더 멀리 떨어진 B 의 연주 시차보다 더 크다.

④ 아주 멀리(100pc 이상) 떨어진 별은 연주 시차를 측정하기가 어렵다.

(2) 천체의 거리를 구하는 또 다른 방법

① 레이더 반사 : 천체에 레이다를 *발사한 후 반사되어 되돌아오는 시간을 측정하여 해당 천체까지의 거리를 구한다.

② 거리지수 : 거리지수(겉보기 등급과 절대등급의 차이) 비교, 거리지수가 클수록 멀리 떨어진 별이다.

별까지의 거리 단위

① 천문단위(AU) : 지구와 태양 사이의 거리를 단위로 한다.
1AU = 1억 5천 만 km

② 광년(LY) : 빛이 1년 동안 가는 거리. 1LY = 63200 AU

③ 파섹(pc) : 연주 시차가 1" 인 별까지의 거리
1pc = 2,062,645 AU
1pc = 3.26 LY

과학단어

★공전 한 천체가 다른 천체의 둘레를 주기적으로 도는 현상

★천체 우주에 존재하는 모든 물체

★발사 활, 총, 로켓이나 광선, 음파 따위를 쏘는 일

❷ 별의 등급과 밝기

(1) 별의 등급과 밝기

① 맨눈으로 보기에 가장 밝은 별을 1등성(겉보기 등급), 겨우 보이는 별을 6등성으로 정한다.

② 1등성은 6등성보다 100 배 밝다. 1등급 차이당 약 2.5 배의 밝기 차이가 난다.

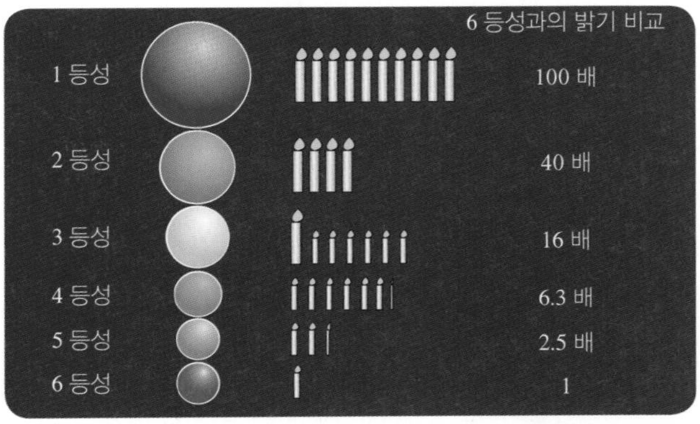

· 6등성을 1로 한다.
· 1등성은 1 *촉광의 파란불을 1m 떨어진 거리에서 보는 만큼의 밝기이다.

(2) 별의 ❸ ________ 등급 : 별까지의 거리를 고려하지 않고 우리 눈에 보이는 그대로의 밝기를 등급으로 정의한 것이다.

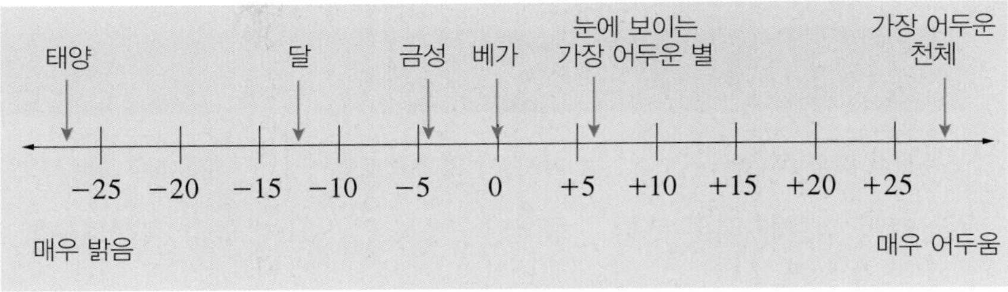

▲ 등급과 천체의 겉보기 밝기

(3) 별의 ❹ ________ 등급 : 별이 10pc 거리에 있다고 가정하여 나타낸 등급으로 별의 실제 밝기이다.

(4) 겉보기 등급(실시 등급)과 절대 등급을 통한 별까지의 거리

· 겉보기 등급 = 절대 등급 : 거리가 10pc 에 위치하는 별
· 겉보기 등급 > 절대 등급 : 거리가 10pc 보다 멀리 떨어져 있는 별
· 겉보기 등급 < 절대 등급 : 거리가 10pc 보다 가까이 있는 별

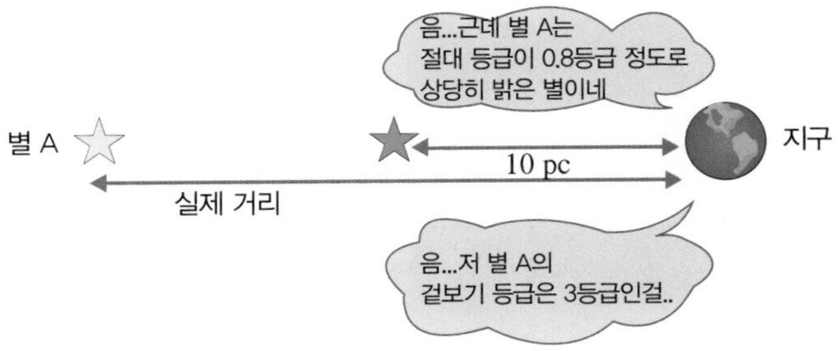

별의 밝기와 등급

그리스의 천문학자 히파르코스는 약 1000여 개 별의 밝기를 1등성(밝은 별)부터 6등성(어두운별)으로 구분하였다. 이후 19C 중엽 포그슨은 1등성의 밝기가 6등성의 100배가 된다는 사실로부터 1등급간의 밝기 비는 약 2.5배임을 계산해 관계식을 만들었다.

▲ 히파르코스

겉보기 등급과 절대등급

별이름	겉보기등급	절대등급
태양	−26.8	4.8
북극성	2.1	−3.7
베텔게우스	0.8	−5.5
리겔	0.1	−6.8
데네브	1.3	−6.9

➡ 태양과 데네브를 비교할 때 겉으로 보기에는 태양이 훨씬 밝다. 그러나 같은 거리(10pc)의 위치에 놓았을 때는 데네브가 훨씬 밝다.

과학단어

*촉광 빛의 세기를 나타내던 단위. 1.0067칸델라에 해당한다

개념다지기

쏙쏙 빈칸을 채워 개념을 완성하세요!

● 오리온 자리 별의 비교

별이름	색깔	표면 온도
베텔게우스	붉은색	3,500℃
리겔	청백색	25,000℃

▲ 오리온 자리

● 별의 밝기

· 별의 실제 밝기는 별이 방출하는 복사에너지(*광도)가 클수록 밝아진다.
· 별의 겉보기 밝기는 지구와 별 사이의 거리가 가까울수록 밝아진다.

● 과학단어

★광도 일정한 방향에서 물체 전체의 밝기를 나타내는 양. 단위는 칸델라(candela)

❸ 별의 밝기와 거리와의 관계

(1) 별빛의 퍼짐 : 별빛은 사방으로 골고루 구(공모양)의 형태로 퍼져 나간다.

(2) 별의 밝기와 별까지의 거리 : 같은 밝기의 별이라도 거리가 멀어지면 ❺ ______ 만큼 어두워진다.

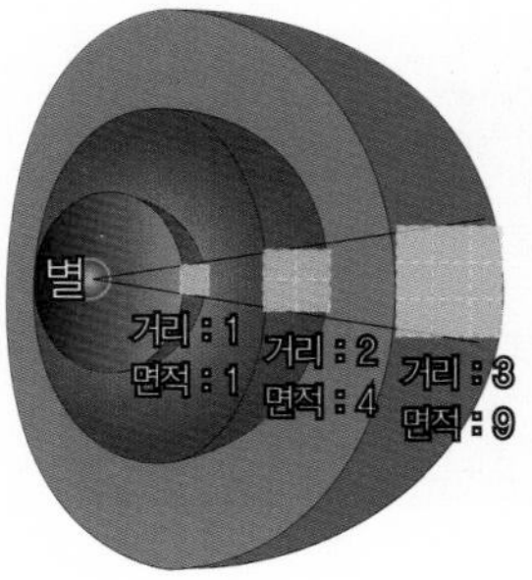

별의 거리에 따른 밝기
· 거리 1에서 빛이 비추는 면적이 1, 밝기는 1
· 거리 2에서 빛이 비추는 면적이 4로 늘어나므로 빛의 밝기는 $\frac{1}{4}$ 로 줄어듦
· 거리 3에서 빛이 비추는 면적이 9로 늘어나므로 빛의 밝기는 $\frac{1}{9}$ 로 줄어듦

❹ 별의 색깔과 표면 온도

(1) 빛의 색깔과 온도의 관계

① 빛은 파장에 따라 다른 색을 나타낸다.
② 파장이 짧을수록 청색을, 길수록 적색을 띤다.
③ 파장이 ❻ ______ 더 큰 에너지를 갖는다.

▲ 가시광선의 스펙트럼

(2) 별의 색깔에 따른 분류 : 청색일수록 표면 온도가 높고 적색일수록 표면 온도가 낮다.

별의 색							
표면 온도(℃)	O 50,000~100,000	B 17,500~50,000	A 13,000~17,500	F 10,500~13,000	G 8,500~10,500	K 6,000~8,500	M 3,000~6,000
분광형	O	B	A	F	G	K	M
색깔	청색	청백색	백색	황백색	황색	주황색	적색

❺ 별의 분류와 진화

(1) 별의 분류

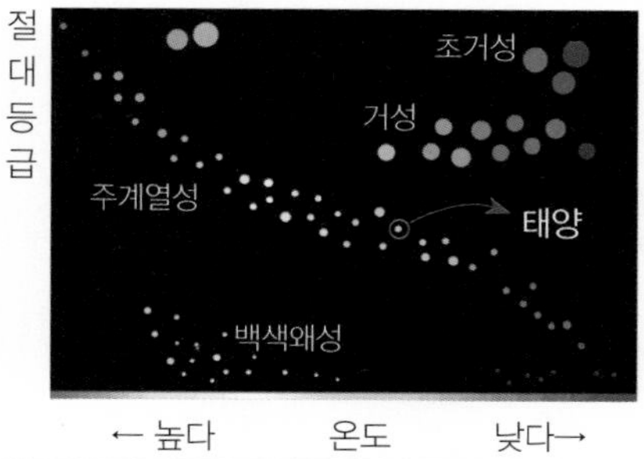

분류	별의 특징
주계열성	· 별의 약 90% 이상 · 질량이 클수록 반지름, 광도 큼
거성 · 초거성	반지름 크고, 밀도 작음
백색왜성	서서히 수축하는 별

(2) 별의 진화 단계

원시별 → 주계열성 → 거성 초거성 → 변광성 → 백색왜성, 중성자별 블랙홀

(3) 별의 진화 단계의 특징

진화 단계	과정
별의 탄생 (원시별)	· 우주 공간에서 가스와 티끌이 밀집된 성운에서 탄생 · 성운이 수축하면 내부 온도가 상승하여 원시별 탄생
주계열성	· 원시별 수축으로 중심부 온도가 1000만℃ 이상 · 수소*핵융합 반응 · 별의 일생 중 가장 긴 시간을 보냄
거성 초거성	· 내부 온도가 급격히 상승 · 내부 압력 증가로 크기가 커지는 단계
마지막 단계	별의 질량과 중심부의 온도에 따라 백색왜성, 중성자별, 블랙홀로 진화됨

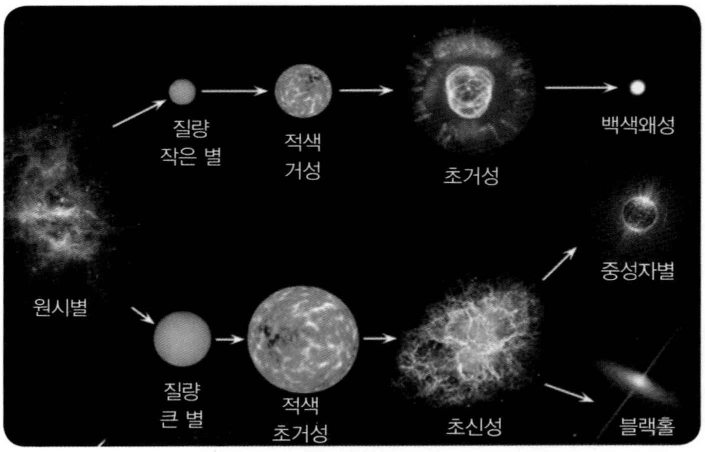

▲ 별의 진화 과정

● 별의 진화 과정

▲ 초신성

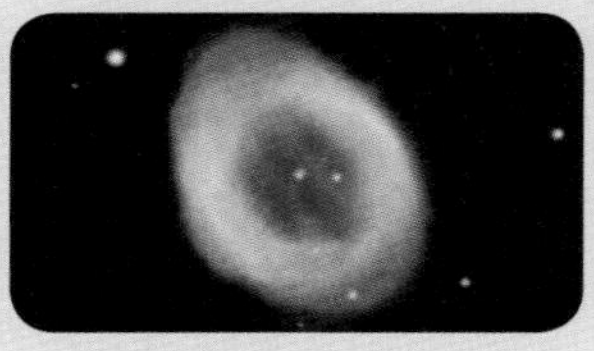
▲ 백색왜성(행성상 성운)

▲ 성운

● 과학단어

★핵융합 가벼운 몇 개의 원자핵이 핵반응으로 결합하여 무거운 원자핵으로 되는 것

SPEED CHECK!
기본확인문제

1. 지구 (공전, 자전)으로 인해 비교적 (가까이, 멀리) 있는 별과 배경이 되는 먼 별들과의 배치가 계속 변한다.
2. 연주시차가 클수록 지구에 더 (가까운, 먼) 별이다.
3. 맨눈으로 보기에 가장 (밝은, 어두운) 별을 1등성으로 한다.
4. 별의 등급이 클수록 (밝은, 어두운) 별이다.
5. (　　　　) 등급은 별까지의 거리를 고려하지 않고 우리 눈에 보이는 그대로의 밝기를 등급으로 정의한 것이다.
6. 절대 등급은 별이 (　　　)pc 거리에 있다고 가정하여 나타낸 등급으로 별의 (실제, 상대적) 밝기이다. .
7. 같은 밝기의 별이라도 거리가 멀어지면 (거리에 비례하여, 거리의 제곱만큼) 어두워진다.
8. 빛은 파장이 짧을수록 (청색, 적색)을 나타내며 (더 큰, 더 작은) 에너지를 갖는다.
9. 수소핵 융합 반응으로 별의 일생 중 가장 긴 시간을 보내는 단계는 (원시별, 주계열성, 거성)이다.

개념다지기 정답 | ❶ 가까이 ❷ 클수록 ❸ 겉보기 ❹ 절대 ❺ 거리의 제곱 ❻ 짧을수록

탐구. 연주 시차 측정하기

탐구과정

[활동1]

교실 뒤에 그림과 같이 큰 색종이를 준비해 두고 양 눈 중 한쪽 눈을 번갈아 감으면서 물체의 위치가 빨간색 종이와 파란색 종이에 위치하도록 조정해 본다.

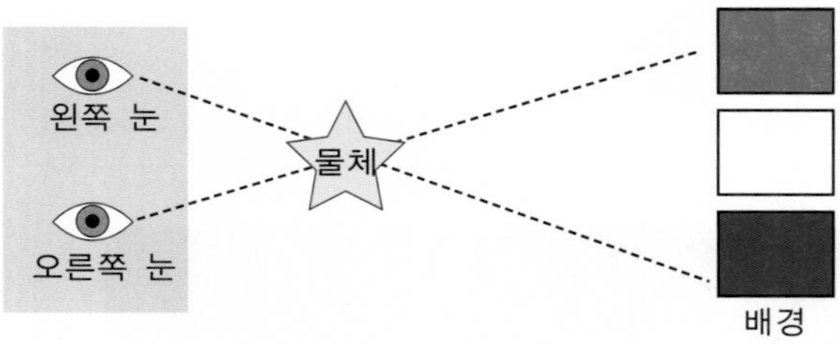

[활동2]

어느 해의 6월과 12월에 하늘에서 다른 별보다 훨씬 가까이 있는 밝은 별 A를 보았을 때 배경별에 대하여 아래 그림처럼 보였다고 한다. 위의 활동 1의 그림과 아래 그림을 서로 비교해 보자.

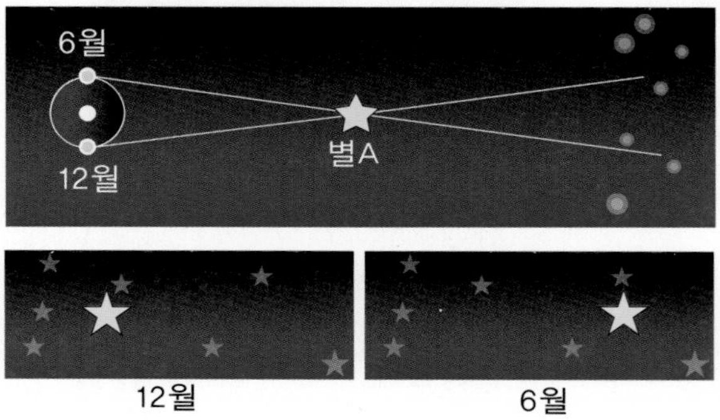

탐구결과

1. 오른쪽 눈을 감고 물체를 보았을 때 색종이에는 어떻게 나타나는지 그려 보자. 또 왼쪽 눈을 감았을 때 어떻게 보이는지 다음에 그려 보자.

〈오른쪽 눈을 감았을 때〉 〈왼쪽 눈을 감았을 때〉

2. 활동 1과 활동 2를 서로 비교할 때 오른쪽 눈과 왼쪽 눈은 각각 몇 개월의 간격이 있는 것일까?

3. 활동 1에서 물체가 실제로 안 움직였는데도 움직인 것처럼 보인다. 활동 2는 어떠한가?

4. 활동 1의 그림에서 물체의 움직인 정도와 활동 2의 별 A의 움직인 정도를 비교해서 적어 보자.

탐구문제

1. 연주 시차의 정확한 개념을 적어 보자.

2. 만약 어떤 별 B가 먼 배경별에 대하여 6개월 동안 움직인 거리가 2" 라면 이 별의 연주 시차는 얼마인가?

3. 그렇다면 별 A 의 연주 시차가 0.5" 라고 할 때, 별 A 와 별 B 중 어느 것이 우리와 더 가까이 있는가? 별 B를 다음의 그림 속에 그려 넣어 설명하시오.

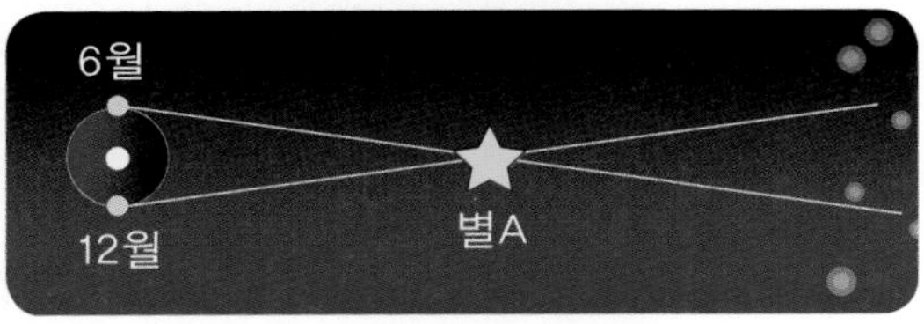

4. 별 A 나 B 처럼 가까이 있는 별이 아니라, 아주 멀리 떨어진 별까지의 거리를 잴 때 이 방법을 사용할 수 있을까? 이유와 함께 서술하시오.

문제해결력 키우기

01 다음 그림은 별 A 까지의 거리를 구하기 위해 연주 시차를 구하는 과정을 나타낸 것이다. 그림에 연주 시차를 표시하시오.

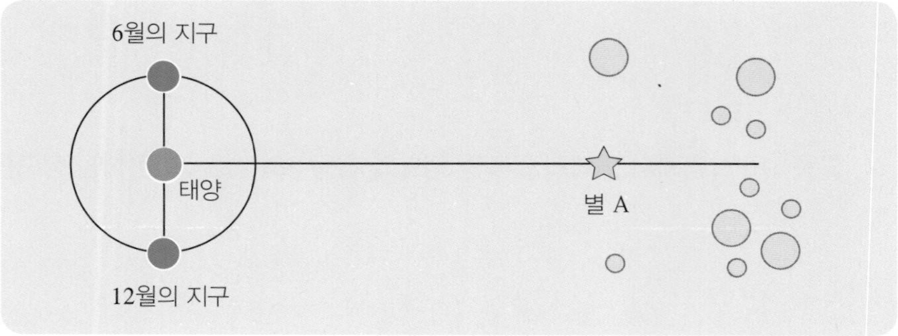

02 그림처럼 우리가 맨눈으로 보는 별의 밝기를 나타낸 등급을 겉보기 등급(실시 등급)이라고 한다. 이에 대한 다음 설명 중 옳지 않은 것은?

① 등급이 낮을수록 더 밝은 별이다.
② 2등급은 3등급보다 약 2.5 배 더 밝다.
③ 5등급 차이는 100 배의 밝기 차이가 있다.
④ 온도가 높을수록 겉보기 등급이 더 큰 별이다.
⑤ 실제로 같은 밝기의 별이라도 지구로부터의 거리가 다르면 밝기도 다르다.

03 다음의 빈 칸에 알맞은 말을 써 넣으시오.

절대 등급이란 모든 별을 (㉠) pc 의 거리에 있다고 가정했을 때의 밝기를 뜻하며 실제 거리가 (㉠) pc 보다 가까이 있는 별의 경우 원래 등급보다 그 수치가 (㉡)한다.

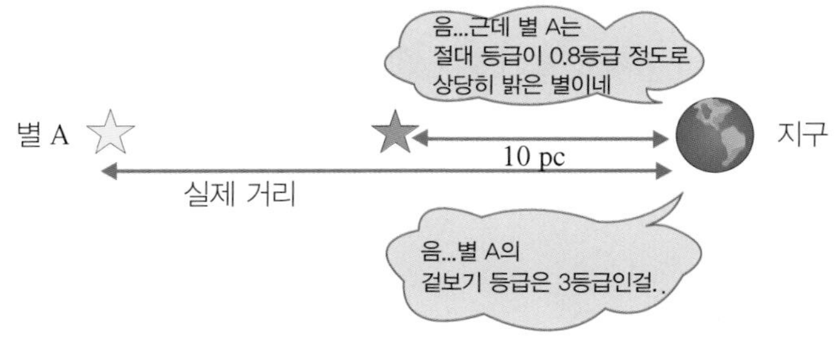

㉠ :

㉡ :

04 별은 1등급 사이에 약 2.5배의 밝기 차이가 생긴다. 절대 등급이 같은 두 별 A, B 의 겉보기 등급이 A 별은 10등급, B 별은 5등급인 경우에 A 별과 B 별의 지구에서부터의 거리 비를 구하시오.

05 별에서 나오는 빛은 사방으로 고르게 둥근 공 모양으로 퍼져 나간다고 한다. 오른쪽 그림은 별에서 사방으로 퍼져 나가는 빛과 별에서 거리가 멀어질 때 별빛이 닿는 면적과의 관계를 나타낸 것이다.

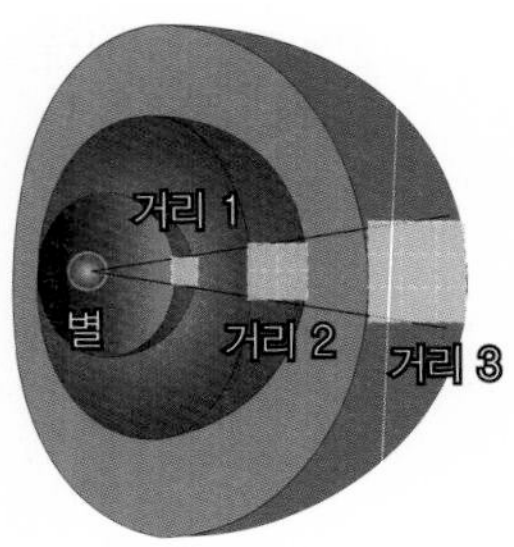

위의 그림을 참고로 할 때 다음 중 가장 밝은 경우는?

① 1m 위치에 초가 1개 있는 경우
② 2m 위치에 초가 2개 있는 경우
③ 3m 위치에 초가 5개 있는 경우
④ 4m 위치에 초가 15개 있는 경우
⑤ 5m 위치에 초가 18개 있는 경우

06 다음 그림은 초에 불을 붙인 후 점차 멀리 떨어뜨리면서 밝기와 거리와의 관계를 알아낸 결과를 나타낸 그래프이다.

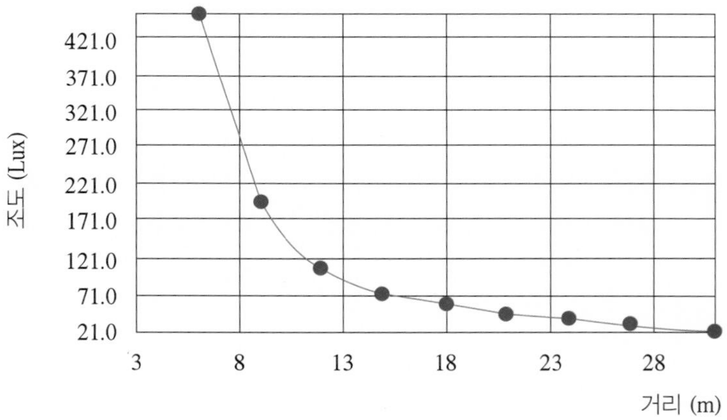

위 표에 대한 다음 보기의 설명 중 옳은 것을 모두 골라 기호로 쓰시오.

보기

ㄱ. 초의 밝기는 거리가 멀어지면 점점 어두워진다.
ㄴ. 밝은 별들은 모두 가까이 있는 별이다.
ㄷ. 초까지의 거리와 밝기는 서로 비례 관계이다.

07 다음의 별들 중 표면 온도가 가장 높은 것은?

별의 색

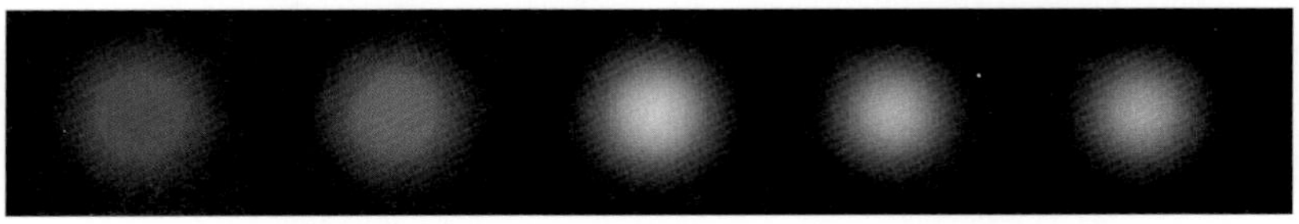

① ② ③ ④ ⑤

08 아래 표는 별 A, B, C 의 물리적 성질을 나타낸 것이다.

별	A	B	C
절대등급	−6.0	11.0	4.0
색	청색	백색	황색

A~C 중 표면 온도가 가장 높은 별과 가장 많은 에너지를 방출하는 별을 각각 쓰시오.

· 표면 온도가 가장 높은 별 :

· 가장 많은 에너지를 방출하는 별 :

STEP BY STEP

09 다음 그림은 지구 공전에 의해 가까이 있는 별 A의 위치가 달라져 보이는 것을 나타낸 것이다. 다음 물음에 답하시오.

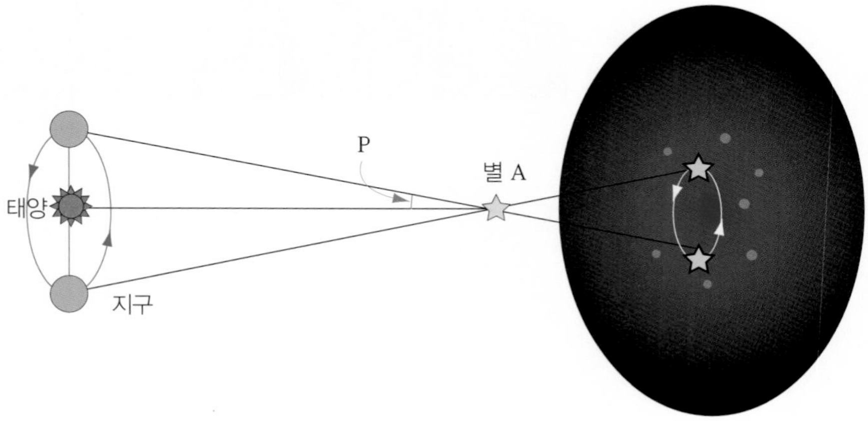

(1) A 별은 실제로 움직인 것이 아니라 먼 별에 대하여 움직인 것처럼 보이는 현상이 나타난다. 만약, A 별보다 더 가까이 있는 별이 있다면 배경별에 대하여 그려지는 원의 크기는 현재와 비교하여 어떻게 될 것인지 쓰시오.

(2) A별의 겉보기 등급과 절대 등급이 같다면 연주 시차는 얼마가 될 것인지 쓰시오.

STEP BY STEP

10 다음 그림은 별 A~D 의 거리와 겉보기 등급을 나타낸 것이다. 다음 물음에 답하시오.

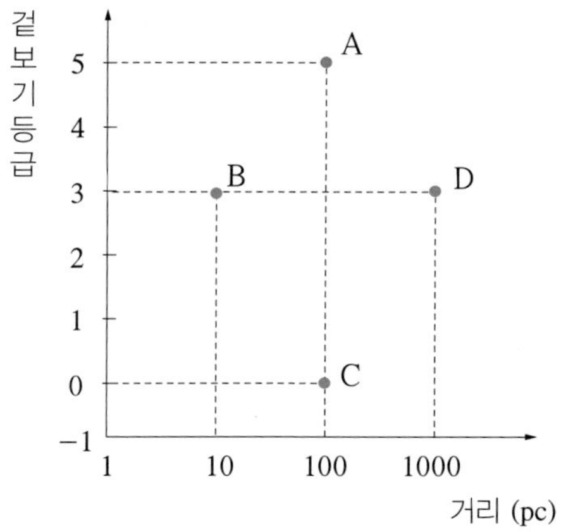

(1) 겉보기로 가장 밝은 별과 가장 어두운 별은 어느 별인지 각각 쓰시오.

(2) 위의 별 A~D 중에서 겉보기 등급과 절대 등급이 같은 별은 어느 것인가?

(3) 위의 별 A~D 중에서 연주 시차가 가장 큰 별은 어느 것인가?

(4) B와 D는 맨눈으로 봤을 때 같은 밝기를 가진 별이다. 실제 밝기를 비교하시오.

STEP BY STEP

11 다음의 표는 별들의 색과 등급을 나타낸 것이다. 다음 물음에 답하시오.

별	색	겉보기 등급	절대 등급
스피카	청색	1.2	−2.2
시리우스	백색	−1.5	1.4
태양	황색	−26.8	4.8
크리거 60	적색	9.8	11.7

(1) 위 별 들 중에서 표면 온도가 가장 높은 별은 어느 별인지 이유와 함께 쓰시오.

(2) 지구에서 볼 때 가장 어둡게 보이는 별은 어느 별인지 이유와 함께 쓰시오.

(3) 지구로부터 가장 멀리 떨어져 있는 별은 어느 별인지 이유와 함께 쓰시오.

STEP BY STEP

12

다음 그림 (가)는 겨울철에 보이는 별자리인 오리온 자리를 나타낸 것이고, 표 (나)는 이 별자리에서 밝게 보이는 두 별 베텔게우스와 리겔에 관한 자료를 나타낸 것이다. 다음 물음에 답하시오.

(가)

	베텔게우스	리겔
겉보기 등급	0.8	0.1
절대 등급	−5.5	−6.8
색깔	적색	청색

(나)

(1) 베텔게우스와 리겔 중 더 밝게 보이는 별은 어느 것인가?

(2) 베텔게우스와 리겔 중 표면 온도가 더 높은 것은 어느 것인가?

(3) 만약 위의 두 별 리겔과 베텔게우스가 같은 거리에 있는 별들이라면 어느 것이 더 큰 별인가? 어떻게 알 수 있는지 간단히 설명하시오.

창의력 키우기

01

지구에서 밤하늘을 바라보면 수많은 별들이 반짝이고 있다. 그런데, 우주에서 달이나 지구를 찍은 사진 속의 밤하늘에는 별이 하나도 보이지 않는다. 다음 물음에 답하시오.

✓ 유창성
● 융통성
✓ 독창성
● 정교성

▲ 지구에서 본 밤하늘

▲ 달에서 본 지구

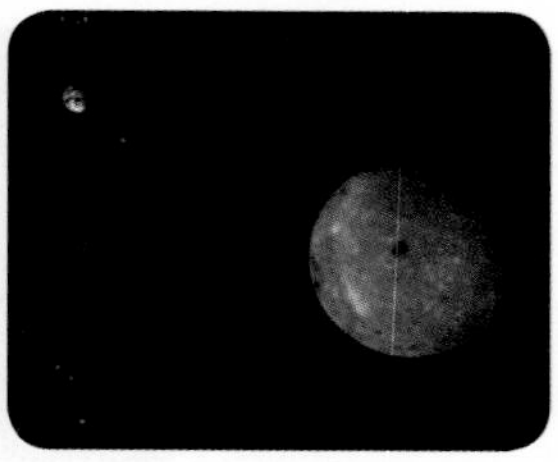
▲ 우주선에서 본 달과 지구

(1) 맑은 날 시내에서 별을 관찰할 때와 시내에 멀리 떨어진 교외에서 별을 관찰할 때의 차이는 무엇인가?

(2) 우주선에서 지구나 달이 없는 곳을 보아도 별이 보이지 않을까? 자신의 생각을 쓰시오.

(3) 지구나 달이 보이는 사진에서 별이 보이지 않은 이유를 우주선에서 지구, 달, 별까지의 거리와 지구, 달, 별의 밝기를 비교하여 설명하시오.

02

✓ 유창성

✓ 융통성

독창성

정교성

태양의 절대 등급은 4.83 등급이다. 북극성의 절대 등급은 −3.7 등급이다. 우주에는 북극성과 같은 별이 수백 수천 만 개가 있다. 그런데 그 많은 별이 우주를 채우고 있는데도 지구에서 보는 하늘이나 우주에서 보는 하늘 모두 어둡다.

수많은 별이 우주를 채우고 있는데도 하늘이 어둡게 보이는 이유는 무엇일지 자신의 생각을 써 보자.

01 도희는 별에 관한 다큐멘터리를 보다가 우주에서 찍은 별은 반짝임이 크지 않은데, 지구에서 보는 하늘의 별은 유난히 반짝이고 있다는 것을 발견하였다. 다음 물음에 답하시오.

(1) 다음 그림은 뜨거운 여름날 아스팔트 위에 생긴 아지랑이의 모습을 나타낸 것이다. 습도가 높아진 여름날 지면이 뜨겁게 달궈지면 공기의 밀도가 부분적으로 달라지게 된다. 물체에서 반사된 빛이 밀도가 다른 공기층을 지나면서 굴절되는 정도가 달라지면서 우리 눈에 어른거리는 모습으로 보이게 되는 것이다. 이것을 이용하여 대기를 통과하는 별빛이 반짝이는 이유를 설명해 보자.

(2) 별을 관찰하기 좋은 장소에 천문대를 설치하려고 한다. 자신이라면 어떤 곳에 천문대를 설치할지 이유와 함께 쓰시오.

총정리 문제

제 1회 (1~3단원)
제 2회 (4~6단원)
제 3회 (7~9단원)
제 4회 (10~12단원)

01

희애는 매일 저녁 창 너머 보이는 달의 모양과 위치를 기록해 다음과 같은 결과를 얻었다. 이에 관한 설명으로 옳지 **않은** 것을 고르면? (10점)

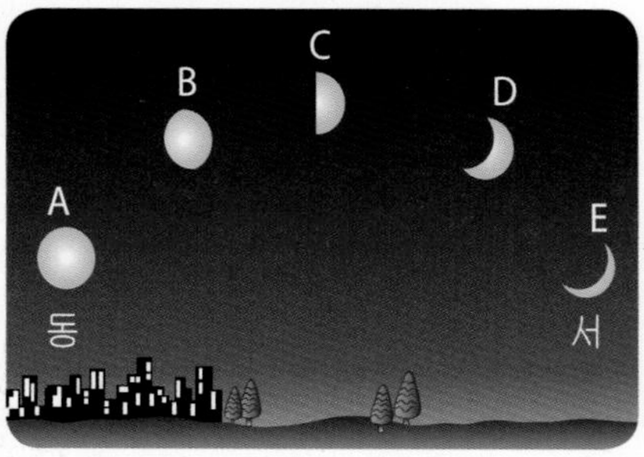

① 해가 지면 달의 관측이 가능하다.
② 달의 모양과 위치는 매일 달라진다.
③ 매일 달이 뜨는 위치가 서쪽에서 동쪽으로 움직여 간다.
④ 초승달은 서쪽 하늘, 보름달은 동쪽 하늘에서 볼 수 있다.
⑤ 달이 지구 주위를 자전하기 때문에 달의 모양과 위치가 변하는 것이다.

02

다예는 여러 날 동안 달의 모양을 관찰한 결과, 달의 모양이 변하더라도 그 표면의 무늬가 변하지 않은 것을 확인하였다. (10점)

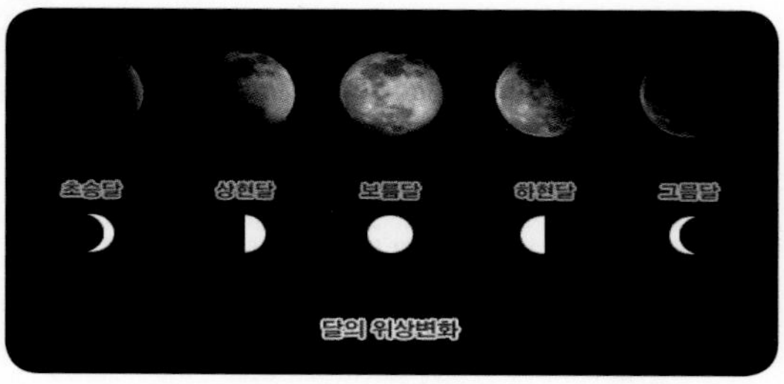

다음 중 여러 날 동안 달의 무늬가 변하지 않는 이유를 **바르게** 설명한 것을 고르시오.

① 달이 스스로 돌기 때문이다.
② 매번 새로운 달이 떠오르기 때문이다.
③ 지구의 자전축이 23.5°기울어져 있기 때문이다.
④ 지구가 스스로 하루에 한 바퀴씩 돌기 때문이다.
⑤ 달이 지구에 같은 면이 향하도록 공전하기 때문이다.

03 지구가 둥글다는 증거로 옳지 **않은** 것을 고르시오. (10점)

① 태양이 동쪽에서 떠서 서쪽으로 진다.
② 월식 때 달이 가려지는 모습이 둥글다.
③ 수평선 너머로 다가오는 돛대가 끝부터 보인다.
④ 고위도로 갈수록 북극성의 고도가 더 높아진다.
⑤ 높은 곳으로 갈수록 볼 수 있는 시야가 좁아진다.

04 다음 생물들의 공통점으로 옳은 것은? (8점)

▲ 이끼

▲ 곰팡이

▲ 지렁이

① 축축하고 습한 곳에서 서식한다.
② 모두 땅 위에서 사는 작은 생물들이다.
③ 땅을 기름지게 하고 식물들의 뿌리 호흡을 돕는다.
④ 페니실린을 만들어 병을 치료하는 항생제를 만들 수 있다.
⑤ 스스로 양분을 만들 수 없어 숙주에 부착하여 기생 생활을 한다.

05 다음 빈칸에 알맞은 말을 넣으시오. (12점)

(1) 흰동가리는 말미잘의 촉수 사이에 숨어 적을 피하고, 말미잘의 먹이가 되는 물고기를 유인해 준다. 이와 같이 서로 도움을 주고 받는 관계를 (　　)이라고 한다.

(2) 버섯은 엽록체가 없어 스스로 광합성을 하지 못하기 때문에 나무에 붙어 나무의 양분을 흡수한다. 이처럼 한쪽에 피해를 주는 관계를 (　　)이라고 한다.

(3) 거미는 잠자리와 같은 곤충을 먹고사는데, 거미처럼 잡아먹는 생물을 (　　)라고 하고 잠자리처럼 잡아먹히는 생물을 (　　)라고 한다.

06 추운 지방에 사는 북극 여우와 더운 지방에 사는 사막 여우의 모습을 보고 다음 물음에 답하시오. (20점)

▲ 북극 여우

▲ 사막 여우

(1) 두 여우의 생김새의 차이점을 2가지 이상 쓰시오.

(2) 두 여우의 생김새가 차이가 나는 이유와 같은 영향을 설명한 것은?

① 반딧불이는 짝을 찾거나 교신을 하기 위해 빛을 내며 밤에 활동한다.
② 겨울철에 나무는 잎을 통해 수분이 증발되는 것을 막기 위해 잎을 떨어뜨린다.
③ 선인장의 잎은 가시로 변해 수분의 손실을 막고 뿌리와 줄기에 많은 물을 저장한다.
④ 낙타는 등의 혹에 지방을 저장하여 물이 부족할때 지방을 분해하여 이용한다.
⑤ 박쥐는 눈은 퇴화하였으나 귀가 발달하였고, 초음파를 발사하여 먹이를 잡아먹는다.

07

다음 그림과 같이 빛이 두 가지 물질의 경계를 통과할 때 나타나는 현상에 대해 설명한 내용을 보고 옳지 **않은** 것을 고르시오. (12점)

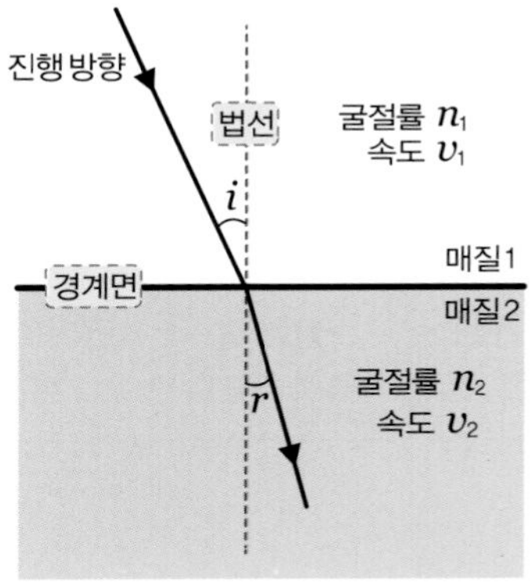

① 물속 물체의 실제 깊이는 더 깊다.
② 물질에 따라 빛이 꺾이는 정도가 다르다.
③ 물속에 있는 물체는 이 현상 때문에 떠 보인다.
④ 두 물질에서 빛이 진행하는 속도가 서로 다르다.
⑤ 매질 2에서의 빛의 속도를 매질 1에서의 빛의 속도로 나누면 매질 2의 1에 대한 절대굴절률이 된다.

08

다음은 볼록렌즈와 오목렌즈에 대한 설명들이다. 옳은 것은? (8점)

① 오목렌즈 - 종이를 태울 수 있다.
② 오목렌즈 - 물체의 상이 물체보다 항상 작다.
③ 오목렌즈 - 빛의 굴절 모습이 물방울과 같다.
④ 볼록렌즈 - 물체보다 작은 바로 선 상이 생긴다.
⑤ 볼록렌즈 - 빛이 초점에서 나온 것처럼 굴절한다.

09

다음은 눈에 대한 설명이다. 옳지 **않은** 것은? (10점)

① 원시는 노인에게서 많이 나타난다.
② 근시는 물체의 상이 눈의 망막 앞에 맺힌다.
③ 근시를 교정하기 위해서는 오목렌즈를 사용한다.
④ 근시는 먼 곳의 물체가 잘 보이고 가까운 물체가 안보인다.
⑤ 물체의 상이 눈의 망막보다 뒤에 맺히는 눈은 볼록렌즈로 교정한다.

제 2 회 총정리 (4~6 단원)

01 다음 표는 산소, 암모니아, 염화 수소의 세 가지 기체에 대하여 밀도와 물에 대한 용해성에 관해 정리한 것이다. 물음에 답하시오. (18점)

산소		암모니아		염화수소	
밀도	물에 대한 용해성	밀도	물에 대한 용해성	밀도	물에 대한 용해성
공기보다 약간 크다	물에 잘 녹지 않는다	공기보다 작다	물에 잘 녹는다	공기보다 크다	물에 잘 녹는다

(1) 수상 치환으로 포집하기에 적합한 기체는 무엇인지 쓰고, 선택한 이유도 쓰시오.

(2) 상방 치환으로 포집하기에 적합한 기체는 무엇인지 쓰고, 선택한 이유도 쓰시오.

(3) 하방 치환으로 포집하기에 적합한 기체는 무엇인지 쓰고, 선택한 이유도 쓰시오.

02 다음 그림은 건조 공기를 이루는 주요 성분 기체 A, B, C, D의 부피비를 나타낸 것이다. (8점)

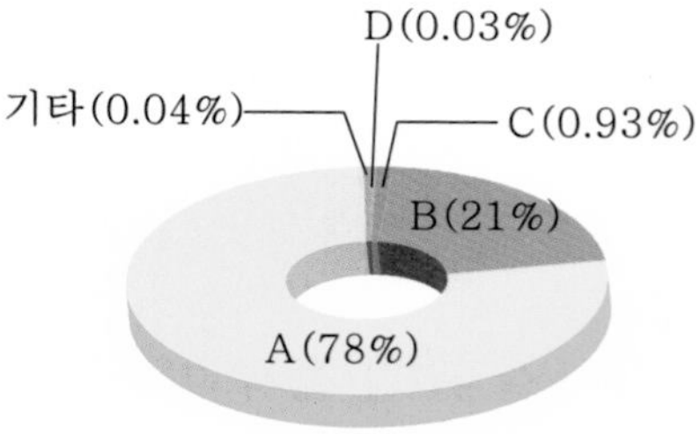

위 기체 A~D 의 성질로 알맞지 **않은** 것을 고르시오.

① A - 반응성이 거의 없다.
② B - 다른 물질을 잘 타게 도와 준다.
③ B - 대리석과 묽은 염산이 반응하면 발생한다.
④ C - 필라멘트 보호용 충전 기체로 사용된다.
⑤ D - 석회수를 뿌옇게 흐리게 한다.

03

집기병 A와 B에는 이산화 탄소가 들어 있고, 집기병 C와 D에는 공기가 들어있다.

그림과 같이 집기병 C 를 집기병 A 위에 세우고, 집기병 B 를 집기병 D 위에 세워 잠시 놓아두었다.

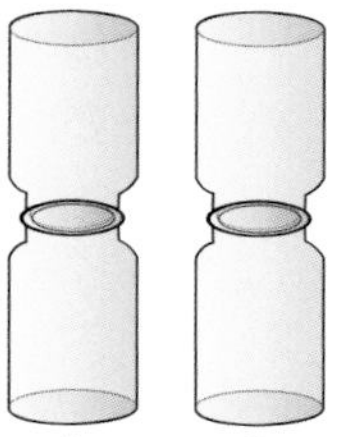

그런 다음 집기병들을 바로 세우고, 네 개의 집기병에 각각 촛불을 넣어 보았다.

A, B, C, D 중 촛불이 꺼질 확률이 가장 작을 것으로 판단되는 집기병을 고르고, 그렇게 판단한 근거를 쓰시오. (12점)

04

다음은 우리 나라에서 매월 측정한 태양의 남중 고도와 월평균 기온의 관계를 나타낸 그래프이다. 다음 중 설명이 옳지 않은 것을 고르시오. (8점)

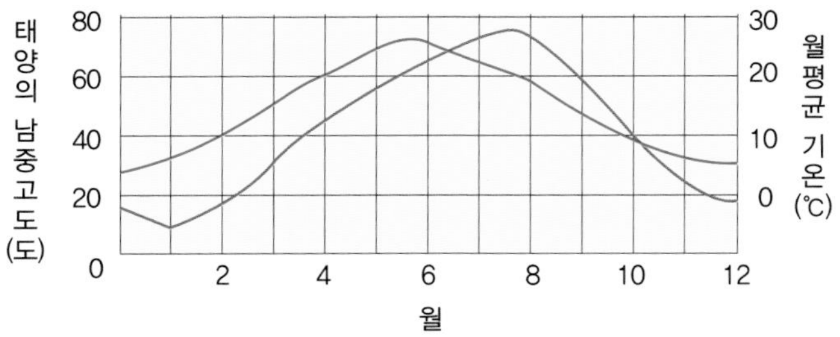

① 일년 중 기온이 가장 낮을 때가 동지이다.
② 태양의 남중 고도가 가장 높을 때가 하지이다.
③ 일년 중 가장 더운 계절은 태양 남중 고도가 높은 8월이다.
④ 태양의 남중 고도가 높을수록 들어오는 태양 에너지의 양이 많다.
⑤ 태양의 남중 고도는 기온이 가장 높은 정오에 측정한 태양의 고도를 말한다.

05 계절을 구분하기 위한 방법으로 적절한 것을 고르시오. (9점)

보기

ㄱ. 밤낮의 길이　　ㄴ. 해가 뜨고 지는 방향
ㄷ. 태양의 남중고도　　ㄹ. 달의 위치

① ㄱ, ㄴ　② ㄴ, ㄷ　③ ㄷ, ㄹ
④ ㄱ, ㄴ, ㄷ　⑤ ㄴ, ㄷ, ㄹ

06 기울어진 자전축이 수직으로 서게 된다면 ㅇ지역에서 계절에 따른 태양의 남중고도와 그림자의 길이 변화를 바르게 짝지은 것을 고르시오. (8점)

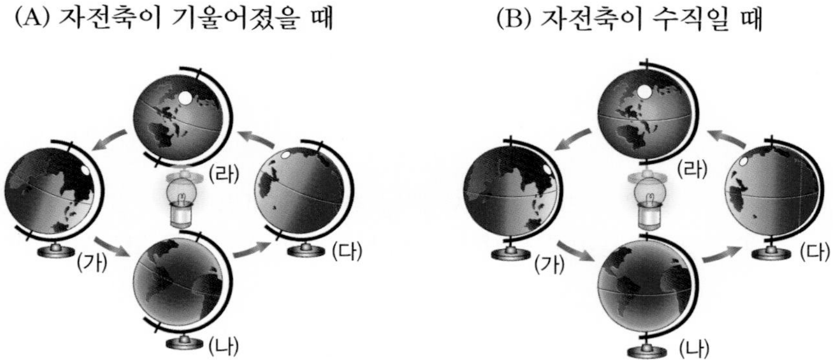

① 태양의 고도, 그림자의 길이가 일정해진다.
② 태양의 고도가 낮아지며, 그림자의 길이가 짧아진다.
③ 태양의 고도가 낮아지며, 그림자의 길이가 일정해진다.
④ 태양의 고도가 높아지며, 그림자의 길이가 짧아진다.
⑤ 태양의 고도가 높아지며, 그림자의 길이가 일정해진다.

07

다음 문장들과 관계 깊은 생태학 용어를 아래에서 찾아 쓰시오. (14점)

(1) 생물적 요소와 비생물적 요소가 상호작용을 통해 균형과 조화를 이루고 있는 것
(2) 악어새는 악어의 입에 들어가 찌꺼기를 제거하고 악어새는 이를 먹이로 삼는다.
(3) 식물을 먹이로 하여 양분을 얻는 토끼, 말
(4) 동물을 먹이로 하여 양분을 얻는 호랑이, 사자
(5) 동일한 생태계에서 먹이가 같을 때 발생

1차 소비자	분해자	공생
경쟁	생태계	2차 소비자

08

먹이 피라미드에 대한 설명 중 틀린 것은? (10점)

① 피식자는 포식자보다 개수가 많다.
② 먹이 피라미드의 최하부는 항상 녹색 식물이 차지한다.
③ 각 소비자는 바로 위 단계 소비자의 생활에 영향을 준다.
④ 피라미드의 아랫변이 넓은수록 피라미드가 안정된 구조이다.
⑤ 생산자, 1차소비자, 2차소비자, 분해자 중에서 피라미드의 최상부에 속하는 것은 분해자이다.

09

생태계에 대한 설명 중 옳은 것을 모두 고르시오. (12점)

① 최종 소비자로 갈수록 에너지 이용량이 작다.
② 태양 복사 에너지가 생태계 에너지의 근원이다.
③ 생태계 내에서 에너지는 모든 방향으로 흐르면서 순환한다.
④ 생산자의 수가 갑자기 늘어날 때 1, 2, 3차 소비자는 모두 조금씩 줄어든다.
⑤ 식물이 가지고 있는 에너지의 90%는 1차 소비자에게 이용되고 10%는 다시 환경으로 배출된다.

제 3 회 총정리 (7~9 단원)

01 주사기의 실린더 속에 작은 풍선을 넣고 딱 맞는 피스톤을 끼워 넣어 실린더 속 공기가 새지 않도록 하였다. (14점)

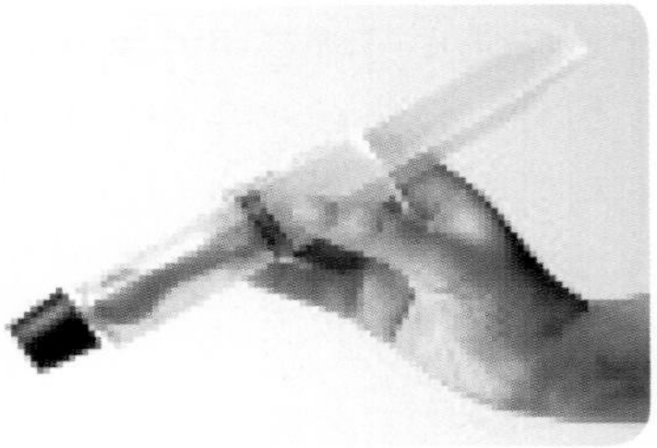

손으로 피스톤을 누를 때와 잡아당길 때의 풍선의 변화와, 이와 같은 변화가 생기는 이유를 쓰시오.

02 아래 그래프는 일정한 압력에서 온도와 기체의 부피와의 관계를 나타낸 그래프이다. 다음 중 이 그래프와 관련 없는 현상을 고르면? (8점)

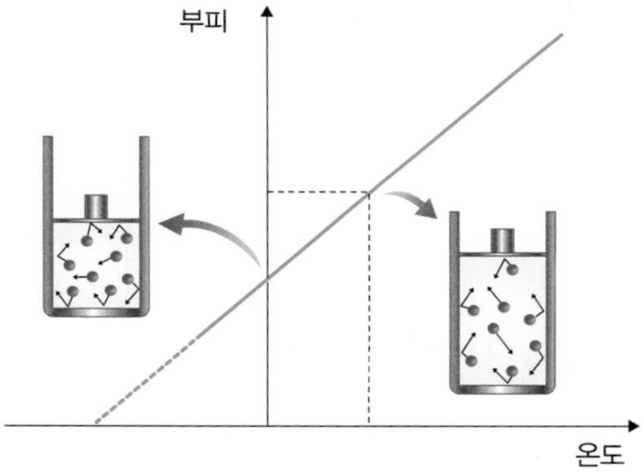

① 산이나 하늘 높이 올라가면 귀가 먹먹해진다.
② 여름철에는 자동차 바퀴에 공기를 적게 넣는다.
③ 열기구 속 기체를 가열하면 열기구가 위로 떠오른다.
④ 찌그러진 탁구공을 뜨거운 물에 넣으면 원래대로 펴진다.
⑤ 음료수가 반쯤 남은 페트병을 냉장고 속에 넣어 두면 찌그러진다.

03 온도가 높을수록 기체의 용해도가 감소하는 것과 관련 있는 예를 2가지 이상 들어 보시오. (12점)

04 별자리판을 이용한 별을 찾는 방법으로 올바른 순서를 고르시오. (12점)

ㄱ 별자리판을 보고 관찰하려는 별자리의 대략적인 위치를 파악한다.
ㄴ 별자리판의 앞면이 지면을 향하도록 머리 위로 들고, 별자리판의 방위와 실제 방위를 일치시킨다.
ㄷ 하늘에서 관찰하려는 별자리를 찾아 모양과 위치를 기록한다.
ㄹ 별자리판의 앞판을 돌려 관찰하려는 월 · 일 눈금과 시각 눈금을 맞춘다.

① ㄴ - ㄱ - ㄹ - ㄷ
② ㄱ - ㄴ - ㄷ - ㄹ
③ ㄱ - ㄴ - ㄹ - ㄷ
④ ㄹ - ㄴ - ㄱ - ㄷ
⑤ ㄹ - ㄴ - ㄷ - ㄱ

05 계절과 계절에 따른 별자리가 바르게 연결된 것은? (12점)

① 봄(북쪽) - 작은곰, 큰곰, 독수리
② 봄(동쪽) - 목동, 처녀, 페가수스
③ 여름 - 거문고, 독수리, 백조
④ 가을 - 목동, 처녀, 페가수스
⑤ 겨울 - 황소, 오리온, 백조

06 선결이는 밤 하늘의 별을 관찰하려고 한다. 다음 중 별을 잘 관찰할 수 있는 날을 모두 고르시오. (8점)

보기

ㄱ. 구름이 많이 낀 날 밤에 관찰한다.
ㄴ. 밝은 보름달이 떠 있는 밤에 관찰한다.
ㄷ. 주변이 어두운 시골 마을에서 관찰한다.

① ㄱ ② ㄴ ③ ㄷ ④ ㄱ, ㄴ ⑤ ㄱ, ㄷ

07 양초에 불을 붙인 다음 집기병을 거꾸로 씌워두었더니 집기병 안 쪽 벽면이 뿌옇게 되었다. 연소 과정에서 생성된 물질을 확인하기 위해 〈보기〉와 같은 실험을 하였다.

보기

(가) 집기병 안쪽 벽면에 푸른색 염화코발트 종이를 대본다.
(나) 촛불을 넣었다 꺼낸 집기병 안에 석회수를 부어 변화를 관찰한다.

다음은 실험 결과로부터 알 수 있는 사실이다. (　)를 알맞게 채우시오. (12점)

(가) 연소 과정에서 발생한 (　　　)은 푸른색 염화 코발트 종이를 (　　　) 변화시킨다.

(나) 연소 과정에서 발생한 (　　　)는 석회수를 (　　　) 변화시킨다.

08

크기가 같은 A, B 두 물체를 철판 위에 올려 놓았는데, (가)와 같이 철판 중앙에서부터 A 까지의 거리가 B 까지의 거리보다 더 멀었다. (가)의 철판으로 (나)와 같이 장치하여 알코올 램프로 철판의 중앙을 가열하였더니, A 물체에 먼저 불이 붙었다.
위의 사실을 토대로 A, B 중에서 발화점이 더 높은 물질은 무엇인지 판단하고, 그 이유를 설명하시오. (14점)

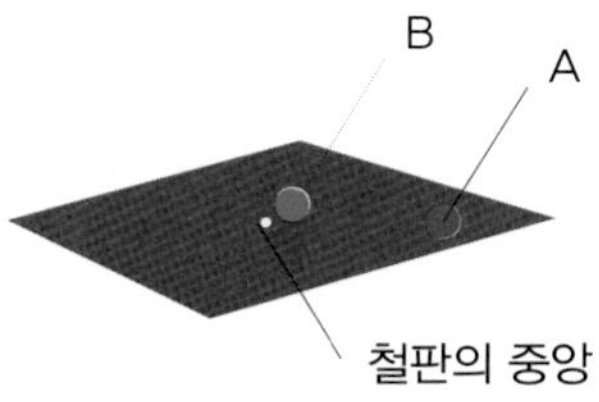

(가)

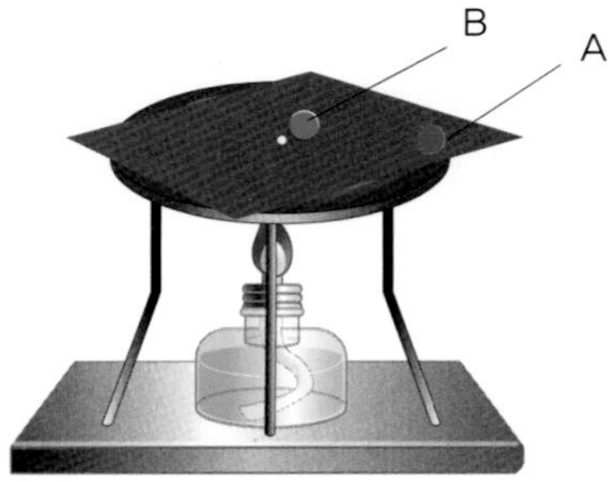

(나)

09

불을 끄기 위한 조건 중에서 성질이 다른 하나를 고르시오. (8점)

① 모닥불에 모래나 흙을 뿌린다.
② 가스 레인지의 공기 조절기를 닫는다.
③ 불이 났을 때 담요나 모래를 덮는다.
④ 알코올 램프의 뚜껑을 닫아 불을 끈다.
⑤ 산불이 났을 때, 아직 타지 않은 나무를 베어낸다.

제 4 회 총정리 (10~12 단원)

01 다음은 생물을 두 가지로 분류한 것이다. 빈칸에 알맞은 말을 채워넣으시오. (12점)

구분	동물	식물
움직임		
번식 방법		
영양분을 얻는 방법		
외부 자극에 대한 반응		

02 다음 중 틀리게 설명한 것을 고르시오. (10점)

① 악어는 허파(폐)로 숨을 쉰다.
② 개구리는 거북과 같이 알을 낳는 파충류이다.
③ 뱀은 외부 온도에 따라 체온이 변한다.
④ 거미는 등뼈가 없는 동물로 절지동물에 속한다.
⑤ 뱀과 악어는 모두 파충류이다.

03 다음 중 쌍떡잎식물의 특징들을 모두 고르시오. (12점)

① 떡잎이 2장이다
② 잎맥 모양은 나란히맥이다.
③ 관다발이 규칙적으로 배열되어있다.
④ 수염뿌리이다.
⑤ 꽃잎의 수가 4~5의 배수이다.

04 다음은 전기 회로와 수도관이다. 각각에 알맞은 것을 연결하시오. (10점)

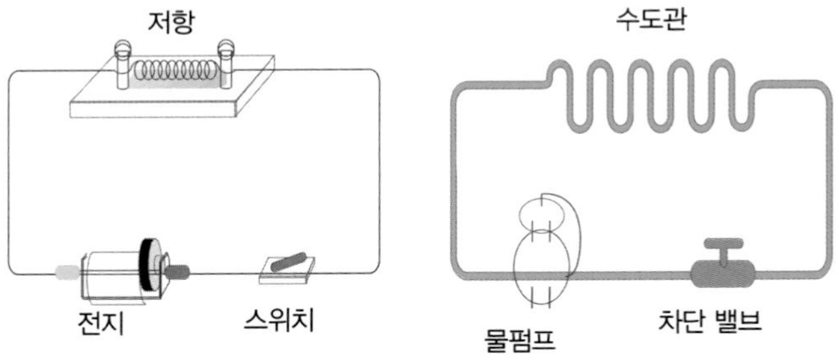

전지 •		• 펌프	
도선 •		• 물	
전류 •		• 수도관	
스위치 •		• 밸브	

05 다음 그림은 두 개의 저항을 병렬 연결한 것이다. 이 전기 회로에 대한 설명으로 옳지 **않은** 것은? (12점)

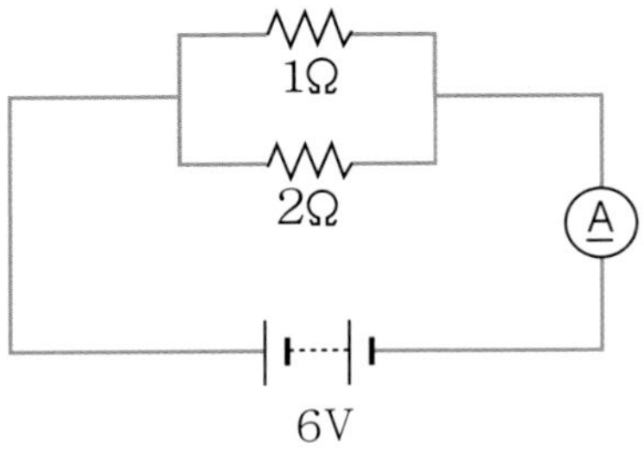

① 이 회로의 합성 저항은 3Ω이다.
② 전류계를 흐르는 전류는 9A이다.
③ 1Ω인 저항을 흐르는 전류는 6A이다.
④ 1Ω인 저항과 2Ω인 저항에 걸리는 전압은 같다.
⑤ 1Ω인 저항과 2Ω인 저항에 흐르는 각각의 전류의 합은 전류계를 흐르는 전류와 같다.

06 그림과 같은 코일에 전류를 흐르게 했더니 나침반이 그림과 같은 방향을 가리키게 되었다. 이 코일에 흐르는 전류의 방향을 그려보시오. (12점)

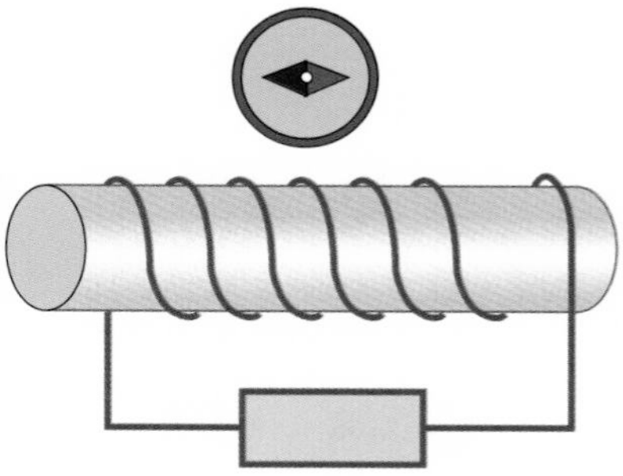

07 다음의 빈 칸에 들어갈 말로 알맞은 것은? (10점)

> 모든 별을 (㉠) pc 의 거리에 있다고
> 가정했을 때의 (㉡)를 (㉢)이라 한다.

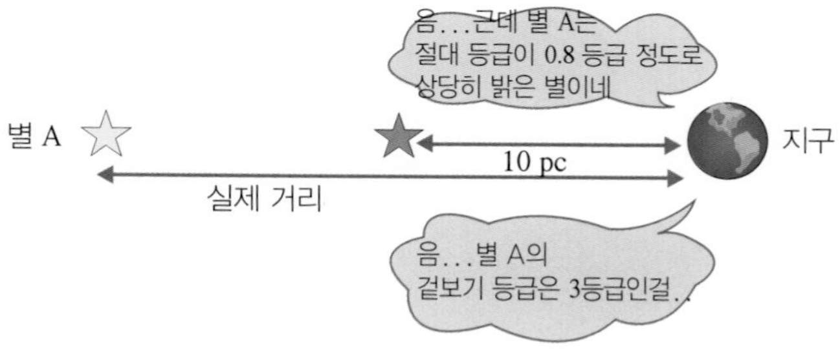

	㉠	㉡	㉢
①	10	실제 밝기	절대 등급
②	10	눈에 보이는 밝기	겉보기 등급
③	10	실제 밝기	겉보기 등급
④	50	눈에 보이는 밝기	겉보기 등급
⑤	50	눈에 보이는 밝기	절대 등급

08 다음 별의 진화 단계에 따른 특징들 중 옳지 않은 것을 고르시오. (12점)

진화 단계	과정
별의 탄생 (원시별)	① 우주 공간에서 가스와 티끌이 밀집된 성운이 수축하면 내부 온도가 하강하여 원시별 탄생
주계열성	② 원시별 수축으로 중심부 온도가 1000만℃ 이상임 ③ 수소핵 융합 반응 · 별의 일생 중 가장 긴 시간을 보냄
거성 초거성	④ 내부 온도와 압력의 증가로 크기가 커지는 단계
마지막 단계	⑤ 별의 질량과 중심부의 온도에 따라 백색왜성, 중성자별, 블랙홀로 진화됨

09 연주 시차에 의한 거리 측정 방법에 대한 설명 중 옳은 것은? (10점)

ㄱ. 연주 시차의 단위는 ″(초)이다.
ㄴ. 연주 시차가 클수록 지구에서 더 먼 별이다.
ㄷ. 아주 멀리(100pc 이상) 떨어진 별은 연주 시차를 측정하기가 어렵다.

① ㄱ　② ㄴ　③ ㄱ, ㄴ
④ ㄱ, ㄷ　⑤ ㄴ, ㄷ

창의력 과학 *I&I* 시리즈

창의력 과학 *I&I* 초등 3, 4, 5, 6
창의력 과학 *I&I* 물리/화학/생명과학/지구과학

창의력과학

I&I

정답및해설

초등

6

무한상상

창의력 과학 *I&I* 시리즈

창의력 과학 *I&I* 초등 3, 4, 5, 6
창의력 과학 *I&I* 물리/화학/생명과학/지구과학

창의력과학

I&I

정답과 해설

초등

6

무한상상

1. 지구와 달의 운동

기본 확인 문제 13쪽

① 둥근 구 ② 서 → 동 ③ 자전 ④ 같다
⑤ 서 → 동 ⑥ 66.5° ⑦ 남쪽 ⑧ 상현
⑨ 자정, 정오 ⑩ 초승달 ⑪ 같다

탐구력 키우기 14~15쪽

탐구과정

1. **답** ㉠ 아침 ㉡ 점심 ㉢ 저녁
해설 ㉠은 동쪽에서 해가 뜨는 모양이다. ㉡은 머리 위에 해가 위치하여 남중하는 모습이고, ㉢은 서쪽하늘에서 해가 지는 모습이다.

2. **답** ㉠ 29~1일 ㉡ 7~8일 ㉢ 15일 ㉣ 22~23일
해설 태양이 비친 쪽만 밝게 보인다. ㉠은 삭, ㉡은 상현, ㉢은 망, ㉣은 하현달이다.

3. **답** ㉠ 26~27일 ㉡ 22~23일 ㉢ 15일
해설 2.의 그림을 참조하면 ㉠은 그믐달, ㉡은 하현, ㉢은 망이다.

탐구문제

01. **답** ㉠ 동 ㉡ 남 ㉢ 남동 ㉣ 서 ㉤ 남서
해설 자정에는 관찰자가 태양을 뒤로 하고 서서 공전하는 달을 관찰하는 것이다. 따라서 ㉡ 망은 남중하고 있는 상태이다.

문제해결력 키우기 16~23쪽

01. **답** (1) × (2) × (3) ○ (4) ○ (5) ○ (6) ○ (7) ○ (8) ○
해설 (1) 밤과 낮이 바뀐다거나 (2) 태양이 동쪽에서 떠서 서쪽으로 진다거나 하는 것은 지구의 자전때문에 나타나는 현상이다.

02. **답** ①, ④
해설 달에는 구름이 없어서 지구에서도 달의 표면을 잘 볼 수 있다. 달에도 낮과 밤이 있으며, 달에는 공기가 없어 악기를 연주해도 들을 수 없다. 달에서도 빛을 이용해 그림자 놀이를 할 수 있지만, 달에서의 무게는 지구에서의 $\frac{1}{6}$ 밖에 되지 않는다.

03. **답** ③, ④
해설 달에는 대기가 없어서 운석이 떨어지면 그대로 달표면과 충돌하여 크레이터가 생긴다. 또, 달에는 물과 공기가 없기 때문에 크레이터의 모양이 변하지 않고 그대로 남아 있게 되는 것이다.
지구는 대기가 있어서 운석이 떨어지기 전에 대기와의 마찰에 의한 마찰열로 타버린다. 간혹 운석이 떨어져서 운석 구덩이가 생기더라도 물과 바람의 풍화 작용에 의해 그 흔적이 사라진다.

04. **답** ①
해설 그림은 북극성(P)를 중심으로 회전하는 별의 일주 운동을 나타낸 것으로 원호는 별의 자취를 의미한다. 따라서 북쪽 하늘이다. 별의 일주운동은 지구의 자전으로 인해 생기는 현상으로 한 시간에 15°도 움직이므로 3시간은 45°이며, 북반구에서 북쪽 하늘을 바라보면 반시계 방향이므로 A이다.

05. **답** ③
해설 A는 고위도, B는 중위도, C는 적도에서의 별의 일주 운동 모습이다.

북극 지방(고위도)	중위도 지방(북반구)	적도 지방
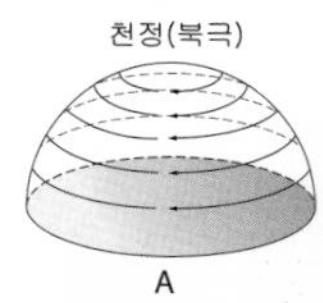	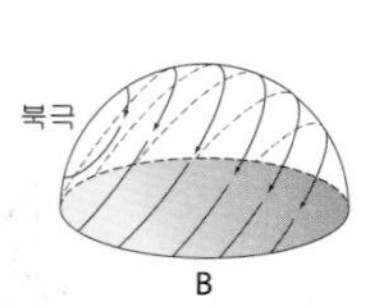	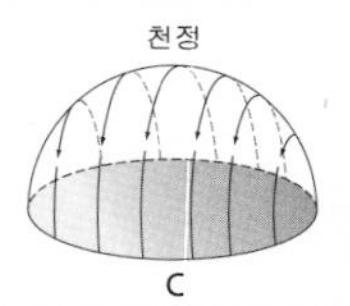
A	B	C
· 일주권과 지평선이 평행하다. · 북극성을 중심으로 반시계 방향으로 회전한다.	· 일주권과 지표면이 경사진다. · 동쪽에서 떠서 남쪽 하늘을 지나 서쪽으로 진다.	· 일주권과 지평면이 수직이다. · 동쪽에서 수직으로 떠서 서쪽으로 수직으로 진다.

06. **답** ②
해설

북쪽 하늘	동쪽 하늘	남쪽 하늘	서쪽 하늘

· 북쪽 하늘 : 북극성을 중심으로 반시계 방향 회전
· 동쪽 하늘 : 지평선에서 비스듬히 올라오는 사선 모양
· 남쪽 하늘 : 지평선과 나란하게 지나가는 모양
· 서쪽 하늘 : 지평선으로 비스듬히 내려가는 사선 모양

07. 답 ④
해설 지구의 자전 방향은 서 → 동이다.
① 1시간에 15°씩 자전한다.
② 지구의 자전축을 중심으로 운동한다.
③ 지구의 자전주기는 24시간이다.
⑤ 지구의 자전에 의한 별의 일주운동은 지구의 자전 방향과 반대인 동 → 서 방향이다.

08. 답 ①
해설 지구는 하루에 약 1°씩 태양을 중심으로 서→동으로 공전한다. 별의 연주시차는 지구가 태양을 공전함으로써 측정할 수 있다. 지구의 공전 궤도는 지구의 자전축에 대해 66.5° 기울어져 있다.

09. 답 (1) 전갈자리 (2) 황소자리
해설 지구에서 볼 때 태양이 별자리 사이를 지나가는 길에 있는 별자리가 황도 12궁이다. 12월에 태양이 지나가는 길에 있는 것이 전갈자리이다. 그러나 한밤중에 남쪽하늘에서 관측하는 별자리는 태양의 정반대편에 있는 황소자리이다. 태양과 같이 있는 별자리는 태양이 너무 밝아서 함께 볼 수 없기 때문에 한 밤중에 태양과 반대쪽의 별자리를 관측한다.

10. 답 ③, ⑤
해설 음력 8월 15일에 보름달을 관찰할 수 있으며, 보름달이 동쪽에서 남쪽을 지나 서쪽으로 지므로 남쪽을 향해 서서 관찰해야 한다. 또한 장소를 바꾸지 않고 같은 장소에서 한 시간 간격으로 관찰한다.

11. 답

동 남 서

해설 보름달은 밤 12시경 정남쪽에 위치한다. 이것을 달이 남중했다고 한다. 달은 동쪽에서 서쪽으로 한 시간에 15°씩 움직인다.

12. 답 ②
해설 달은 스스로 빛을 내는 것이 아니라 달표면에서 햇빛이 반사되어 우리 눈으로 들어오는 것이다. 달이 지구 주위를 공전하기 때문에 태양-달-지구의 위치가 바뀌고 지구에서 볼 때 태양빛을 받는 달의 표면 면적도 달라지므로 달의 모양이 변하는 것이다.

13. (1) 답 저녁 7시 경의 모습이다.
해설 저녁 7시경에 해는 서쪽에서 지고 있으므로 태양이 진 후 보름달은 동쪽, 상현달은 남쪽, 초승달은 서쪽 하늘에서 뜬다.

(2) 답 음력 7~8일 경
해설 이 시각에 남쪽하늘에 가장 높이 떠서 나타나는 달은 상현달(반달)이며, 음력 7~8일 경에 볼 수 있다.

(3) 답 ①, ②, ④
해설 달은 지구 주위를 공전하기 때문에 매일 서에서 동으로 위치가 옮겨간다. 달은 매일 50분씩 늦게 뜨는데, 지구가 자전하여 24시간 후에 같은 자리로 돌아왔을 때, 그 시간 동안 달은 지구 주위를 공전하였기 때문이다. 달은 공전 주기와 자전 주기가 같으므로 태양빛을 받는 부분이 바뀌어 달의 모양이 바뀌어도 지구에서 관측되는 달표면의 모양은 항상 같다.

14. (1) 답 지구에서 관측한 모습은 다음 그림과 같이 노란색 모습이다.

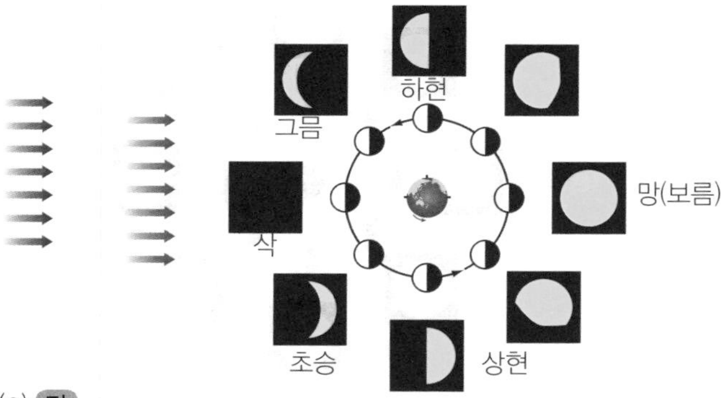

(2) 답

구분	음력 7~8일	음력 27~28일
달의 모양		

달이 지구 주위를 공전하기 때문이다.

(3) 답 달은 지구 주위를 공전하기 때문에 매일 서에서 동으로 위치가 옮겨간다. 달은 매일 50분씩 늦게 뜨는데, 지구가 자전하여 24시간 후에 같은 자리로 돌아왔을 때, 그 시간 동안 달은 지구 주위를 공전하였기 때문에 지구가 그만큼 더 자전해야 달을 볼 수 있기 때문이다. 그 시간이 바로 50분이다.

15. 답 달은 지구에 같은 면만 보이면서 공전한다. 따라서 1회 공전 후에는 달은 1회 자전한 상태가 되는 것이다. 그래서 달의 공전 주기와 자전 주기가 같은 것이다. 달의 공전 주기와 자전주기가 같기 때문에 지구에서 관측할 때 항상 달의 같은 면만 보이므로 달의 무늬가 변하지 않는다.

16. 답 ⑤

해설 달의 위상이 변하는 이유는 달이 지구 둘레를 공전하기 때문이다.

① 초저녁에 남중한 달은 상현달이다. 보름달은 자정 12시에 남중한다.

② 관측 순서는 E → D → C → B → A 이다.

③ 지구가 한바퀴 자전하는 하루 동안 달은 지구 둘레를 약 13° 더 자전해야 같은 위치에서 달을 볼 수 있다. 지구가 약 13°를 더 자전하는데 약 50분 정도의 시간이 걸린다. 따라서 50분씩 느려진다.

④ 날짜가 지남에 따라 달의 위치는 점점 동쪽으로 이동한다.

창의력 키우기 24~25쪽

01. 답 (1) ㄴ, ㅂ (2) ㅁ (3) ㅊ

해설 (가) 달에는 대기가 없고, 달에는 낮이 약 2주간(하현G → 상현C), 밤(상현C → 하현G)이 약 2주간 계속되기 때문이다.

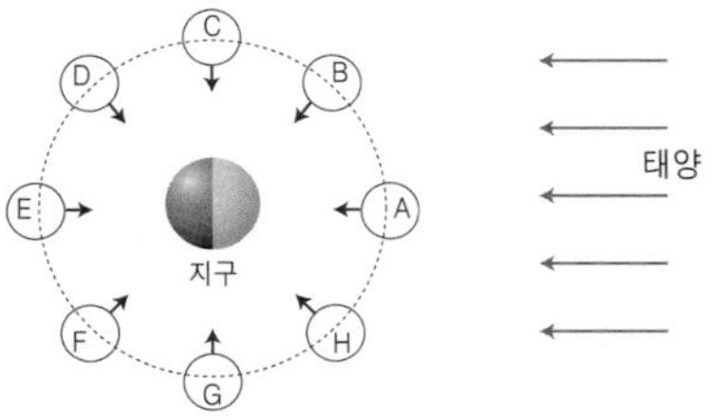

(나) 달의 질량이 작아 대기를 끌어당기는 중력의 크기가 작기 때문이다.

(다) 지구에서 볼 때 태양과 달이 거의 같은 크기로 보이는 것은 태양의 직경은 달의 직경의 약 400배이지만, 지구에서 태양까지의 거리는 달까지의 거리의 약 400배가 되기 때문이다.

02. (1) 답

(2) 답

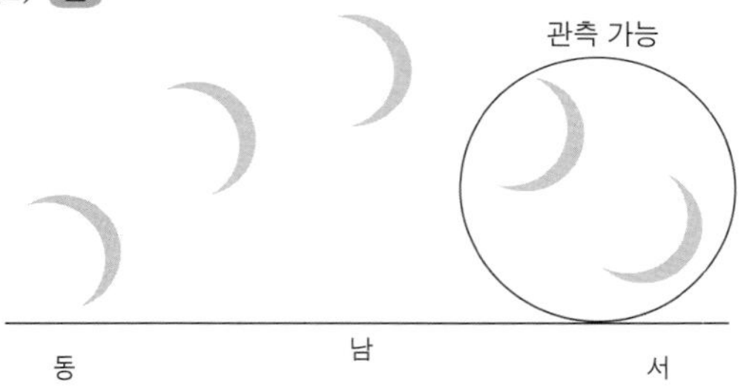

우리나라에서 관측한 초승달
서쪽하늘 저녁 6시~9시

(3) 답

(4) 답

우리나라 호주

서울과 캘거리에서 관측된 달의 모양과 달 표면 무늬

의 위상이 180도 차이가 난다. 우리나라는 북반구에 있고, 호주는 남반구에 있기에 아래 그림과 같이 달의 이미지가 거꾸로 보인다.

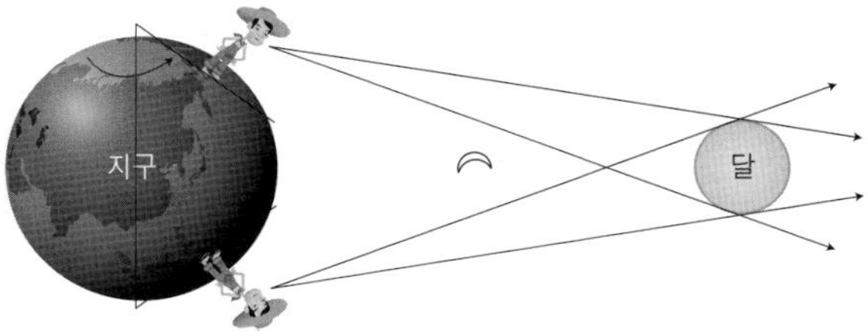

해설 (1) 호주 캘거리는 경도가 121°-27°E로 우리나라 경도 127°와 거의 비슷하며, 위도 30°-47°S이다. 따라서 호주 캘거리에서는 서울과 달의 위상이 반대로 나타난다. 서울에서 초승달이 태양의 오른쪽이 보였다면, 캘러리에서는 왼쪽이 보이는 초승달(우리나라로 치면 그믐달)로 나타난다.

(2) 북반구에서는 초승달의 오른쪽으로 태양이 위치하고 태양이 먼저 뜨고 달이 초승달이 뜨기에 초승달의 밝은 부분이 태양 쪽을 향한다. 따라서 초승달의 모습이 위와 같다. 태양이 뜨고 지는 태양의 위치를 따라간다고 생각한다면 초승달의 밝은 부분이 시간이 감에 따라 회전함을 알 수 있다. 이는 지구가 자전하기 때문에 생기는 현상이다.

만약 호주에서 본다면 초승달이 뜨고 지는 모습은 아래 그림과 같다.

[호주에서 관측한 초승달]

남반구에서는 초승달의 왼쪽으로 태양이 위치하여 초승달이 먼저 뜨고 태양이 뜬다. 따라서 초승달의 모양은 위 그림과 같다. 초승달의 밝은 부분이 태양 쪽을 향하기에 태양이 뜨고 지는 태양의 위치를 따라간다고 생각한다면 초승달의 밝은 부분이 시간이 감에 따라 회전한다. 이는 지구가 자전하기 때문에 생기는 현상이다.

(3) 호주 캘거리에서 관측한 달의 위상 변화는 북반구 서울에서 관찰한 위상 변화와 반대로 나타난다.

(4) 태양-달-지구의 위치는 변함이 없고 우리나라와 호주는 서로 같은 경도 상에 있어 시간대도 같으나 (4)번 정답의 그림과 같이 서울과 캘거리는 관측자의 위치가 서로 반대(upside down)이기 때문에 북반구와 남반구에서 달을 관찰하기 위해서는 북반구에 있는 사람은 남쪽을 향해야 하고 남반구에 있는 사람은 북쪽을 향해야 한다. 두 관측자가 서로 마주 바라보는 경우이므로 두 사람의 오른쪽 왼쪽이 달라져서 달의 모양과 보름달 표면의 무늬가 반대로(upside down) 보인다.

STEAM 융합형 문제 해결하기 26쪽

01. (1) 답 A > 지구 > B

・이유 : 지구에서 5km 깊이에 있는 암석 시료의 밀도는 지각의 밀도(2.5g/cm^3~3.0g/cm^3)와 같다. A는 크기와 총질량은 지구와 동일하지만 내부 구성 물질이 균질하므로 지구의 평균 밀도(5.5g/cm^3)와 비슷할 것이다. B 또한 내부 구성 물질이 균일하나 반지름이 지구의 4배이므로 지구의 밀도보다 64배 작을 것이다. 대기의 밀도는 행성의 밀도에 큰 영향을 주지 않는다.

(2) 답 B > A > 지구

・이유 : 충돌 후 생긴 구덩이가 가장 오랫동안 보존되려면 풍화 침식이 되지 않아야 된다. B는 대기가 없으며 물이 존재하지 않아 풍화 침식에 강하다. 또한 A도 약간의 물만 존재하므로 지구 보다 풍화 침식에 강하다.

(3) 답 B > 지구 > A

・이유 : 표면 중력이 작을수록 멀리 던져진다. 질량이 같으나 지구의 반지름이 4배인 B 는 표면 중력이 가장 낮다. 지구와 A 는 중력이 같으나 A 는 대기의 밀도가 70배이므로 공기의 저항을 더 많이 받아서 지구보다 더 적게 날아간다.

해설 태양계의 행성의 물리량을 비교하는 것처럼 가상의 행성들의 특성을 지구의 물리량과 비교하는 문제이다.

밀도 - 물질의 질량을 부피로 나눈 값으로 물질마다 고유한 값을 지닌다. 단위는 *g/ml*, g/㎤ 등을 주로 사용한다.

지구의 밀도 : 평균 밀도 약 5.5g/cm^3

지구의 내부의 밀도는 불연속면을 경계로 계단식으로 증가한다. 지각의 밀도는 대륙이 약 2.7g/cm^3, 해양이 약 3.0g/cm^{3}이다. 맨틀의 밀도는 상부가 약 3.3g/cm^3, 하부가 약 5.5g/cm^3 또한 핵의 밀도는 외핵의 상부가 10g/cm^3, 내핵이 13~17cm^{3}이라고 추정하고 있다.

2. 환경과 생물

기본 확인 문제 31쪽

① 지렁이 ② 장구벌레 ③ 해캄
④ 우산이끼 ⑤ 겨울잠 ⑥ 양분
⑦ 살아가는 장소 ⑧ 비늘 ⑨ 공생

탐구력 키우기 32~33쪽

탐구1. 물의 온도가 생물에 미치는 영향

탐구문제

1. 답 온도가 높으면 금붕어의 호흡 수가 많아지고 온도가 낮아지면 호흡 수가 적어진다.

2. 답 물의 온도가 높아지면 금붕어의 몸 속의 활동(물질 대사)이 활발해져 산소의 소비가 증가하여 호흡 수가 많아진다.

해설 금붕어는 변온 동물로 물의 온도에 따라 호흡 수가 변한다. 물의 온도가 높아지면 물질 대사가 증가하고 생리, 화학적 변화를 통해 행동이 활발해짐에 따라 산소의 소비가 증가하여 금붕어의 호흡 수가 많아지는 것이다. 이와 반대로 물의 온도가 낮아지면 물질 대사가 감소하고 생리, 화학적 변화를 통해 행동이 둔해짐에 따라 산소의 소비가 감소하여 호흡 수가 적어지게 되는 것이다.

3. 답 호흡 수가 적어진다.

탐구2. 곰팡이 관찰

〈예시답안〉

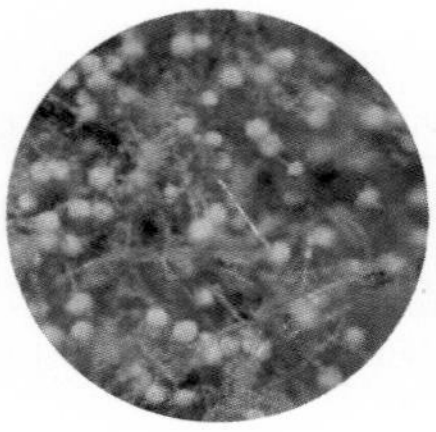

실같은 균사가 많이 보이고 실의 끝에 털이 뭉친것 같은 포자낭이 있다.

탐구문제

1. 답 햇볕이 잘 들지 않고, 습기가 많은 곳에서 잘 생긴다.

2. 답 ① 냉장고에 넣어서 온도를 낮춘다.
② 바람이 잘 통하는 곳에서 음식물을 잘 말려서 보관한다.
③ 건조제를 함께 넣어 둔다.
④ 곰팡이 제거제를 사용한다.

문제해결력 키우기 34~41쪽

01. 답 · 공통점 : 햇빛이 잘 비치지 않고 습기가 많은 곳에 산다.
· 차이점 : 이끼와 지렁이는 환경의 오염에 약하고 곰팡이는 기본 조건만 갖추어지면 발생한다. 이끼와 곰팡이는 땅 위에 사는 생물이고, 지렁이는 땅속에 사는 생물이다.

해설 이끼는 습도가 높고 그늘진 장소를 좋아한다. 토양을 덮어 살아가기 때문에 토양의 침식을 막아 주며 죽은 뒤에는 흙의 구성 요소가 된다. 곰팡이는 햇볕이 잘 들지 않아서 어둡고 습기가 많은 곳에 있는 썩은 나무나 음식물 찌꺼기 또는 의류 등에 잘 생긴다. 곰팡이는 세포에 엽록체가 없어서 광합성을 할 수 없으므로, 다른 생물의 몸이나 물체에 붙어서 양분을 얻으며 살아가는 기생 생활을 한다. 지렁이는 낮에는 땅속 깊은 곳에서 태양의 열과 빛을 피하다가 밤이 되어 서늘하고 눅눅해지면 땅 위로 올라온다. 지렁이는 축축한 피부를 통해 호흡하므로 살갗이 마르면 살 수가 없다.

02. 답 · 고여 있는 물에 사는 작은 생물-(가), (바)
· 흐르는 물에 사는 작은 생물-(나), (라)
· 땅 위에 사는 작은 생물-(다),(사),(아)
· 땅 속에 사는 작은 생물-(마)

해설 (가)-개구리밥, (나)-플라나리아, (다)-우산이끼, (라)-해캄, (마)-지렁이, (바)-장구벌레, (사)-쥐며느리, (아)-곰팡이

03. 답 개구리밥의 자람과 햇빛과의 관계를 알아보기 위해서

해설 다른 조건들은 모두 같게 해 주고, 한 쪽은 검은

천을 씌워 햇빛을 막고 다른 한 쪽은 햇빛을 잘 볼 수 있도록 한 것으로 보아, 개구리밥의 자람과 햇빛의 관계를 알아보기 위한 실험이다.

04. 답 꿀은 농도가 매우 높기 때문에 삼투 현상으로 인해 곰팡이의 세포 내의 물이 밖으로 빠져나가 세포 내부가 건조한 상태가 되어 살아갈 수 없기 때문이다.
해설 꿀이나 잼은 오래 보관해 두어도 상하지 않는다. 이는 당의 농도가 증가하면 삼투 현상으로 효모나 미생물의 세포 내부의 물이 밖으로 빠져 나가므로 탈수 작용이 일어나 파괴되기 때문이다. 일반적으로 과일이나 음식을 보관할 때 설탕 등으로 재어서 보관하면 더 오래 보관할 수 있는 이유가 이 때문이다.

05. 답 가을에 거리에 뒹구는 낙엽들은 활엽수이다. 넓은 잎을 가지고 있는 활엽수들이 잎을 그대로 달고 있다면 춥고 건조한 겨울에 많은 양의 수분이 잎을 통해 증발하게 된다. 활엽수는 겨울을 나는 한 방법으로 수분을 보존하기 위해 낙엽을 떨어뜨리는 것이다. 그러나 소나무와 같은 침엽수는 잎의 표면적이 활엽수에 비해 훨씬 적기 때문에 잎을 떨어뜨리지 않고 광합성을 하면서도 수분을 보존할 수 있다.

06. 답 · 다르게 해야 할 조건 : 햇빛의 유무
· 같게 해야 할 조건 : 물의 양, 콩나물의 종류와 개수, 페트병의 크기, 공기 등

07. 답 1. 백일홍과 호랑나비-호랑나비는 꿀을 먹기 위해 백일홍 꽃으로 모여들고, 호랑나비는 백일홍 꽃가루를 몸에 묻혀 다른 백일홍 꽃에게 운반하여 수분에 도움을 받는다.
2. 말미잘과 흰동가리-흰동가리는 말미잘의 촉수 사이에 숨어 적을 피하는 대신에 말미잘의 먹이가 되는 물고기를 유인하여 고착 생활을 하는 말미잘이 먹이를 쉽게 얻도록 해 준다.
해설 악어와 악어새는 서로 도움을 주고받는 공생 관계이다. 공생 관계인 생물들은 백일홍과 호랑나비, 말미잘과 흰동가리, 개미와 진딧물, 악어와 악어새 등이다.

08. 답 · 박쥐 - 눈은 퇴화하였으나 귀가 발달하였다. 초음파를 이용하여 앞에 있는 물체의 거리를 안다.
· 부엉이 - 눈이 크고 발달하여, 적은 빛으로도 볼 수 있는 구조를 갖추었다.
· 반딧불이 - 짝을 찾거나 교신을 하기 위해 빛을 낸다.

09. (1) 답 ①, ④, ⑤
해설 지렁이는 축축한 피부를 통해 호흡을 하므로 지렁이의 살갗이 마르면 살 수가 없다. 비가 온 후 땅 위로 나와 있는 지렁이를 많이 볼수 있다. 그 이유는 지렁이가 살고 있는 땅 속에 물이 가득 차면 지렁이는 호흡이 곤란해지기 때문에 땅 위로 나오는 것이다. 지렁이의 배 쪽에는 강모가 나 있어 미끄럼을 방지해 주며 강모가 꼬리 쪽을 향해 나 있어서 뒤로 움직이지 못하고 항상 앞으로 나아간다. 지렁이는 뼈가 없고 근육으로만 되어 있어서 근육을 움츠렸다 폈다하면서 근육으로 이동한다.

(2) 답 1. 땅을 기름지게 한다.
2. 농작물이 잘 자라게 해준다.
3. 화장품의 원료를 만들어 낸다.
해설 지렁이는 땅 속의 유기물을 흙과 함께 먹어 분해한 후 배설물을 흙과 함께 내보내므로 땅에 퇴비를 넣는 것처럼 땅을 기름지게 만든다. 또한 지렁이는 땅 속을 기어다니면서 사는 동물이므로 흙 속에 구멍을 많이 뚫어 땅이 마치 밭을 가는 것과 같이 공기가 많이 드나들게 되므로 농작물의 뿌리가 호흡을 잘하게 되어 잘 자랄수 있다.

(3) 답 1. 가운데 판자가 있는 수조의 양쪽에 같은 양의 마른 흙과 젖은 흙을 넣는다.
2. 젖은 흙과 마른 흙에 지렁이를 3~4마리 넣고 수조 가운데 있는 판자를 제거한다.
3. 지렁이가 움직이는 방향을 관찰한다.

10. (1) 답 쥐의 체온은 주변의 온도에 관계없이 일정하고, 도마뱀의 체온은 주변의 온도에 따라 변한다.
해설 쥐는 항온 동물, 도마 뱀은 변온 동물이다.

(2) 답 1. 체온이 올라가면 땀을 흘린다.
2. 음식을 섭취하여 에너지를 얻는다.
3. 열의 발산을 방지하기 위한 털이나 깃털을 가지고 있다.

(3) 답 쥐와 같은 항온 동물은 항상 일정한 체온을 유지하기 위해 주변의 온도에 따라 대사율이 영향을 받는다. 쥐는 항상 25~30℃ 정도의 체온을 유지하는데, 이보다 주변의 온도가 낮아지거나 높아지면 체온을 유지하기 위해 대사율이 증가한다. 하지만 도마뱀과 같은 변온 동물은 주변의 온도가 높아질 때 체온도 함께 상승하므로 대사율도 함께 높아진다.

(4) 답 곰은 항온 동물로 일정한 체온을 유지하기 위해 겨울잠을 잘 필요가 없다. 단지 겨울철에 먹이를 구

하기 어렵기 때문에 겨울잠을 자는 것이다. 그러나 개구리는 변온 동물로 체온 조절이 불완전하여 주변의 온도에 큰 영향을 받기 때문에 굴을 파고 들어가 활동을 멈추고 겨울잠을 자는 것이다.

11. (1) 답 1. 북극 여우는 사막 여우보다 체구가 크다.
2. 북극 여우는 사막 여우보다 귀나 입 등의 말단 부위가 뭉툭하다.
3. 북극 여우는 털빛이 흰색이고, 사막 여우는 털빛이 갈색이다.
4. 북극 여우는 귀가 작고, 사막 여우는 귀가 크다.

(2) 답 귀의 크기와 몸집의 크기, 말단 부위의 모양 등은 두 동물이 온도에 적응한 결과이다. 온도가 높은 곳에서는 열을 발산하기 위해 큰 귀가 발달해야 하고 온도가 낮은 곳에서는 열을 빼앗기지 않기 위해 작은 귀가 발달해야 한다. 또한 몸집이 크면 열의 발생량이 방출량보다 많아져 체내의 열을 잘 보관하게 된다. 또한 말단 부위가 작으면 열의 손실을 줄일 수 있다. 주위의 환경과 같은 색깔을 띠어서 포식자로부터 몸을 보호하기 위해서 북극 여우는 흰색, 사막 여우는 갈색을 띤다.

(3) 답 1. 추운 지방에 사는 동물은 따뜻한 지방에 사는 동물보다 몸의 크기가 크다.(베르크만의 법칙)
2. 추운 지방에 사는 동물일수록 몸의 말단 부위를 작게 하여 몸의 표면적으로부터 열이 발산되는 것을 막는다.(알렌의 법칙)

12.(1) 답 옥신은 줄기 끝에 분포하므로 줄기 끝을 잘라버리면 빛을 향해 굽지 않고 수직으로 자란다.

(2) 답 줄기 끝에 은박지를 씌우면 은박지에 의해 빛이 차단되므로 옥신이 빛을 인지하지 못하여 빛을 향해 굽지 않고 수직으로 자란다.

(3) 답 옥신은 줄기 끝에 분포하므로 줄기 중간에 은박지를 씌우면 옥신이 빛을 인지하여 빛을 향해 굽어 자란다.

창의력 키우기 42~43쪽

01. (1) 답 1. 눈 - 긴 눈섭이 강렬한 태양빛과 모래바람을 막아준다.
2. 귀 - 긴 털이 모래가 귀속으로 들어가는 것을 막아준다.
3. 혹 - 등에 혹이 1개 혹은 2개가 있으며, 혹 속에 지방이 저장되어 필요할 때 혹 속의 지방을 분해시켜 물과 에너지를 얻는다.
4. 코 - 콧구멍을 여닫을 수 있어서 모래가 콧 속으로 들어가는 것을 막아준다.
5. 입 - 가시가 있는 식물을 섭취할 수 있을 정도로 단단한 입술을 가지고 있다.
6. 발 - 둥글고 넓적한 발바닥은 밟는 면적이 크기 때문에 모래에 빠지지 않고 편안하게 걸을 수 있으며 스폰지와 같은 쿠션을 가지고 있다.
7. 배설물 - 수분 손실을 최소화하기 위해서 건조한 배설물을 분비한다.
8. 땀 - 외부 온도에 따라 체온을 조절하므로 땀을 조금밖에 흘리지 않아 땀으로 수분이 빠져나가는 것을 막는다.

(2) 답 1. 선인장 - 잎이 가시로 변하여 잎에서 증발하는 물의 양을 적게 하였다. 뿌리와 줄기에 많은 양의 물이 저장되어 있다. 몸속에 저장해 놓은 물이 줄기를 통해 빠져나가는 것을 막기 위해 두껍고 단단한 껍질을 두르고 있다.
2. 도마뱀 - 온몸이 두꺼운 비늘로 덮여 있어 몸속 물기가 마르지 않는다.

02. 답 1. 배경이 화려한 산호 등과 잘 어울려서 적들의 눈에 잘 띄지 않을 수 있다.
2. 적을 겁먹게 하여 도망가게 하거나 잘 공격하지 못하게 한다.
3. 이용하면 여러 가지 신호를 보내는데 유리하여 생존에 도움이 된다.
4. 서로를 알아보는데 편리하여 같은 종끼리 무리를 지어 생활하는데 도움이 된다.
5. 새끼가 어미를 쉽게 인식하게 하여 새끼의 생존율을 높이는데 도움이 된다.

STEAM 융합형 문제 해결하기 44쪽

01. (1) 답 생태학적인 환경에 적응한 것이다. 슈거글라이더의 생태학적 환경과 날다람쥐의 생태학적 환경이 비슷하여 같은 형태로 진화가 가능했고, 갈라파고스 군도의 각기 다른 모양의 핀치새도 서로 다른 환경에 적응한 결과이다.

(2) 답 다른, 비슷한, 같은, 다른

3. 렌즈의 이용

기본 확인 문제 49쪽

① 빛의 속도 ② 굴절 ③ ○ ④ 작다
⑤ 볼록 ⑥ 볼록 ⑦ 오목 ⑧ × ⑨ ○
⑩ ×

탐구력 키우기 50~51쪽

탐구1. 렌즈에 의한 상

탐구과정

①-1

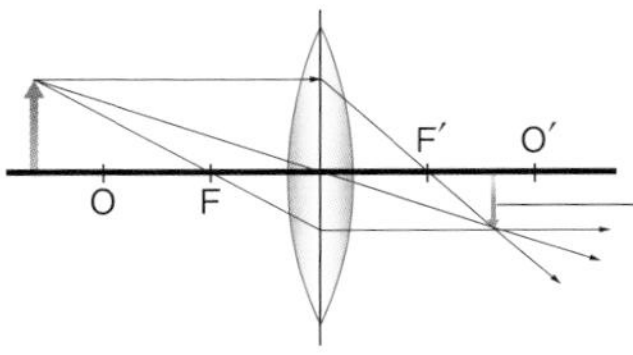

거꾸로 선 축소된 상

②

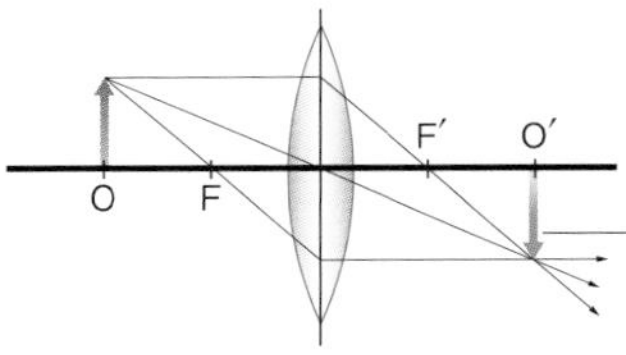

거꾸로 선 같은 크기의 상

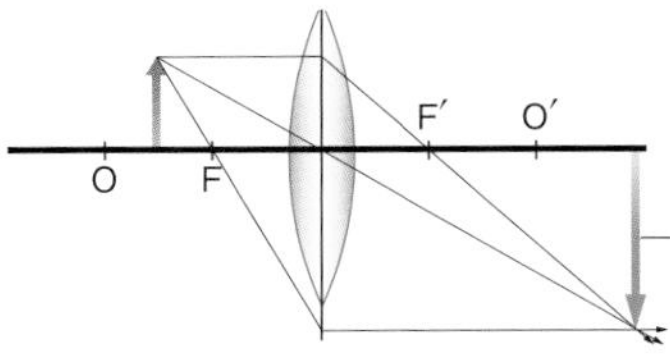

거꾸로 선 확대된 상

③

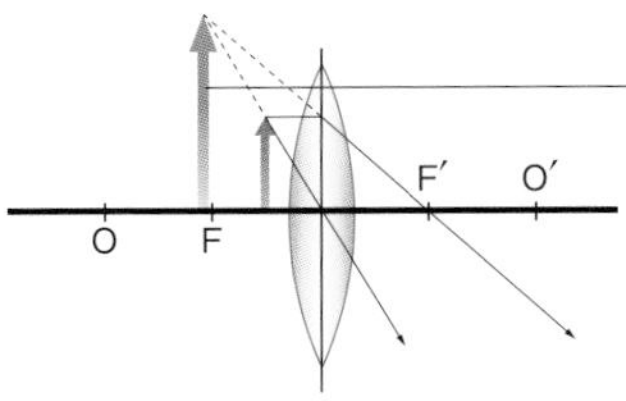

물체와 같은 방향의 바로 선 확대된 상

④

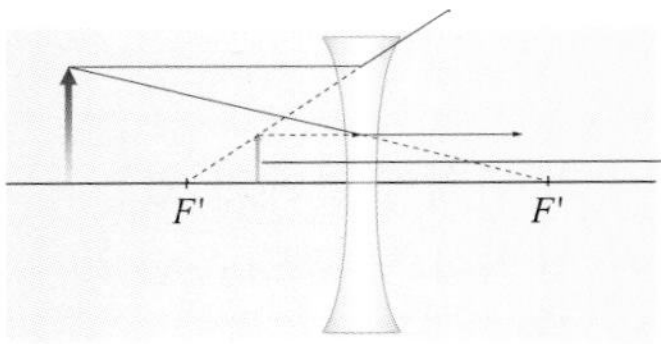

물체와 같은 방향의 바로 선 축소된 상

탐구문제

1. **답** 초점에서 나온 빛은 볼록렌즈를 통과하면서 평행하게 나아가므로 빛이 모여서 만들어지는 상은 생기지 않는다.

2. **답** ① 거꾸로 선 상은 물체의 렌즈 반대쪽에 생기고 바로 선 상은 렌즈 기준 물체 쪽에 생긴다.
② 거꾸로 선 상은 실제로 빛이 모여서 만들어지는 상이지만 바로 선 상은 빛이 모여서 만들어지는 상이 아니라 물체가 떠보이는 것처럼 그 곳에 있는 것으로 보이는 상이다.

문제해결력 키우기 52~59쪽

01. **답** ②, ⑤, ⑥, ⑦
해설 볼록렌즈는 가운데가 가장자리보다 두꺼운 렌즈이다. 볼록렌즈로 가까이 있는 물체를 보면 크게 보이지만, 멀리 있는 물체를 보면 작게 보인다.

02. **답** A : ㉢ B : ㉡
해설

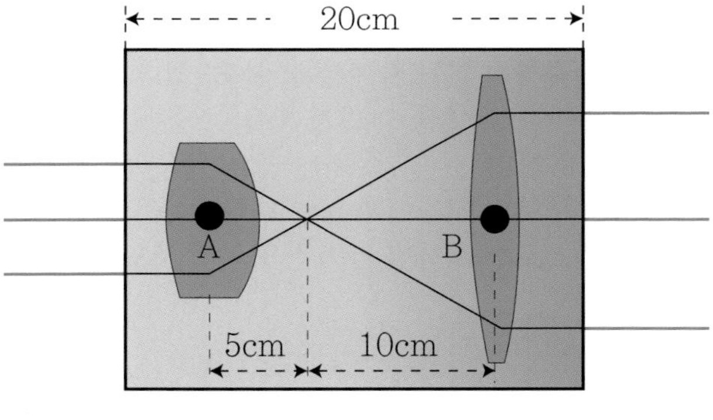

03. **답** 유리와 물의 굴절률이 비슷하여 물고기가 그다지 확대되어 보이지 않는다.
해설 볼록렌즈가 공기 중에서 물체를 확대시킬 수 있는 것은 렌즈를 구성하는 유리의 굴절률이 공기의 굴절률보다 크기 때문이다. 공기의 굴절률이 1이면, 유리는 약 1.5, 물은 약 1.33으로 물과 유리의 굴절률 차이가 공기와 유리의 굴절률 차이보다 상대적으로 작다. 그러므로 유리로 만들어진 렌즈를 물속에 넣고 물체를 관찰했을 때 공기 중에서보다 확대되거나 축소되는 정도가 현저히 작아진다.

04. 답 물체의 위쪽에서 나온 빛은 아래쪽으로 굴절되고, 물체의 아래쪽에서 나온 빛은 위쪽으로 굴절되며, 좌우에서 나온 빛은 각각 우좌로 굴절되어서 상을 맺기 때문이다.

05. 답 ①, ③, ⑤
해설 여름철 햇볕이 뜨겁게 내리쪼이는 도로에서는 지면 가까이의 온도가 위쪽보다 높다. 기온이 높을수록 공기의 밀도는 작아지기 때문에 빛의 속도가 더 빨라지게 된다. 이처럼 연속적으로 빛의 속도가 변하는 매질을 통과할 때 빛의 진행 경로도 연속적으로 굴절하게 된다.

06. 답

눈의 각 부분	역할	대응되는 카메라의 부분
수정체	빛을 모은다	볼록 렌즈
홍채	빛의 양을 조절한다	조리개
맥락막	주위를 어둡게 하여 상이 잘 맺히도록 돕는다	어둠 상자
망막	상이 맺히는 곳이다	필름

07. 답 ③
① 상이 망막 뒤로 맺히므로 원시이다.
② 원시는 가까이 있는 물체를 잘 볼 수 없다.
③ 상이 망막으로 맺힐 수 있게 빛을 보아주는 볼록 렌즈로 교정을 한다.
④ 원시는 주로 노인들에게 많이 나타난다.
⑤ 볼록 렌즈로 교정하면 가까운 곳의 물체도 잘 볼 수 있다.

08. 답 ②
①③ 다른 두 매질에서는 빛이 진행하는 속도가 다르므로 매질의 경계면에서 굴절이 일어난다.
② 하늘이 파랗게 보이는 것은 빛의 산란에 의한 것이다.
④ 입사각이 커지면 굴절각도 커진다. 하지만 밀한 매질에서 소한 매질로 진행할 때 임계각 이상에서는 굴절각이 없다.
⑤ 속도가 작다는 것은 굴절률이 작다는 것이고, 속도가 크다는 것은 굴절률이 크다는 것이므로 굴절률이 작은 쪽에서 큰 쪽으로 가면 입사각이 굴절각보다 작다.

09. 답 작살 : ㉢ 레이저 : ㉡
해설 빛의 굴절에 의해 물고기가 실제보다 더 높이 있는 것처럼 보인다. 때문에 작살은 물고기가 보이는 곳 아래 지점인 ㉢을 겨냥해야 하며, 레이저는 물속으로 진행하면서 굴절을 하므로 눈에 보이는 지점 ㉡을 겨냥해야 한다.

10. 답 ③
해설 밀한 매질(물)에서 소한 매질(공기)로 진행할 때에는 굴절각이 입사각보다 크다.

11. 답 A, B 모두 볼록 렌즈
해설 A에서는 초점으로 빛을 모으고, B에서는 초점에서 나오는 빛을 렌즈축에 평행하게 굴절시킨다. A, B 모두 볼록 렌즈이다.

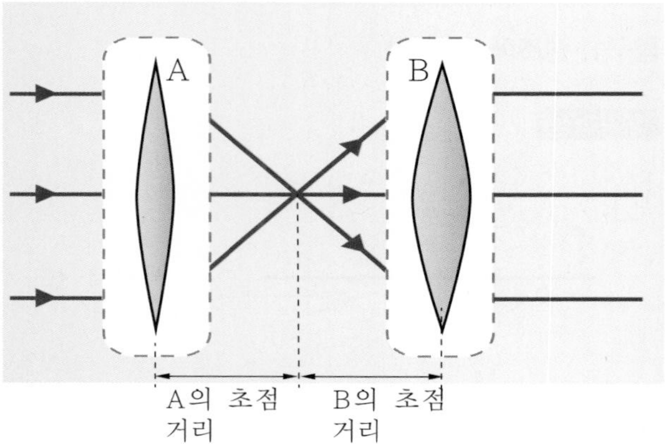

12. 답 B
해설 파면과 파면 사이의 거리는 파장이다.
속력이 큰 곳에서는 파장이 크고, 속력이 작은 곳에서는 파장이 작다.(진동수는 변하지 않는다) 물결파는 깊은 곳일수록 진행 속력이 빠르므로 깊은 곳일수록 파장이 크다. 파장이 가장 큰 곳은 B이다.

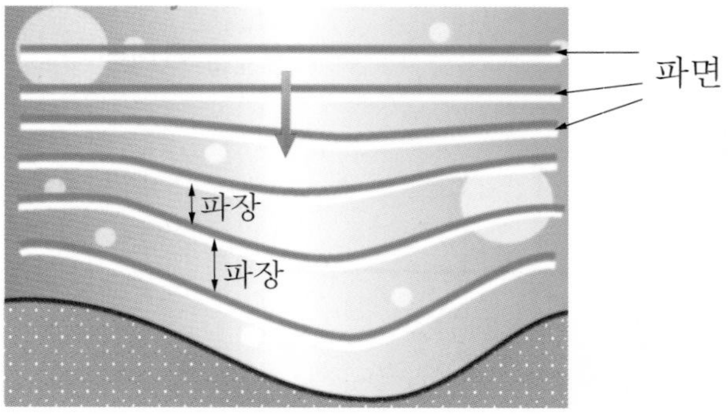

13. 답 C
해설 직선의 연장인 B의 위치에 물체가 있는 것이 아니라 C에서 빛이 나와 굴절하여 눈으로 들어가는데, 우린 눈은 B에서 나온 것으로 본다.

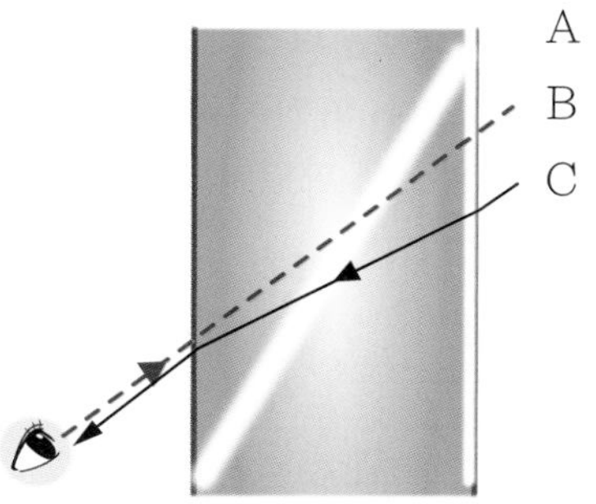

14. 답 ④

해설 상의 밝기는 전체적으로 줄어들고 상의 크기는 변화가 없다. 그리고 거리의 변화는 없으므로 초점 거리도 변하지 않는다.

15. 답 ②

해설 n_2에서 n_1으로 진행할 때 전반사를 했다. 전반사는 빛에 대해 밀한 물질에서 소한 물질로 진행할 때에만 일어나므로 $n_2 > n_1$이다. n_2에서 n_3로 진행할 때 입사각보다 굴절각이 작다. 그러므로 $n_3 > n_2$가 되며, 합하면 $n_3 > n_2 > n_1$ 가 된다.

16. 답 (a) $\frac{3}{4}$c (b) $\frac{2}{3}$c

해설 어느 매질 속에서 빛의 속력이 공기 중에서의 빛의 속력 c의 1/n 이 되었을 때, 매질의 굴절률이 n 이므로 빛의 속력 c를 굴절률로 나누어 주면 그 매질에서의 빛의 속력이 된다.

17. 답 ①

해설 원형 공간은 플라스틱에 비하여 굴절률이 작은 소한 매질이다. 그러므로 입사각 < 굴절각 이 성립한다. 아래 그림처럼 빛이 입사되는 곳에 접선과 그에 수직한 법선을 그려 보면, 입사각 < 굴절각을 만족하는 경로는 ①뿐이다.

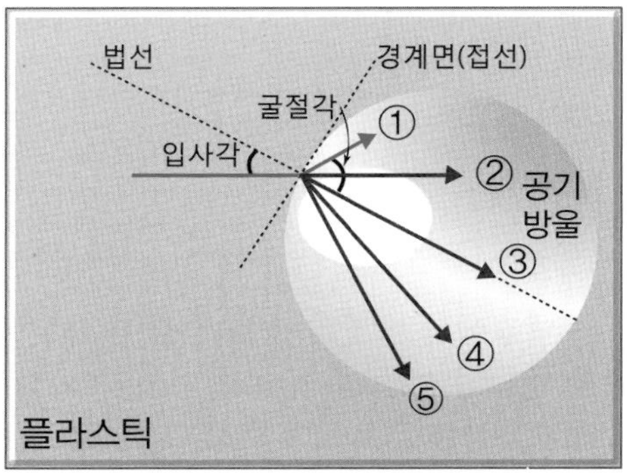

18. 답 0.75m

해설 현재 x는 겉보기 깊이이고 x를 구하면 정답이다. 물고기의 실제 깊이는 1m이므로, 겉보기 깊이

$$x = \frac{h(\text{실제 깊이})}{n} = \frac{1}{4/3} = 0.75\text{m 이다.}$$

19. 답 (1) (나), (가) (2) (나), (가)

해설 (가)는 근시안으로 먼 것을 볼 때 망막 앞에 상이 맺혀서 잘 보이지 않으므로 오목렌즈 안경을 써서 보정한다. (나)는 원시안으로 가까운 것을 볼 때 망막 뒤에 상이 맺혀서 잘 안보이게 되므로, 볼록렌즈 안경을 써서 초점거리를 짧게 한다.

창의력 키우기 60~61쪽

01. 답 발생한 물결파는 파라핀 사이를 통과하는데, 파라핀 사이에는 밑바닥에 유리판이 깔려 있어서 더 얕은 물이 된다. 물결파는 깊은 곳에서 밑바닥과의 마찰이 적어서 속력이 빠르고, 얕은 곳에서는 밑바닥과의 마찰 때문에 속력이 느려진다. 유리판에 도달하면 파동의 속력이 느려지므로 굴절률은 더 커지게 된다. 파동의 진행 방향은 다음 그림과 같다.

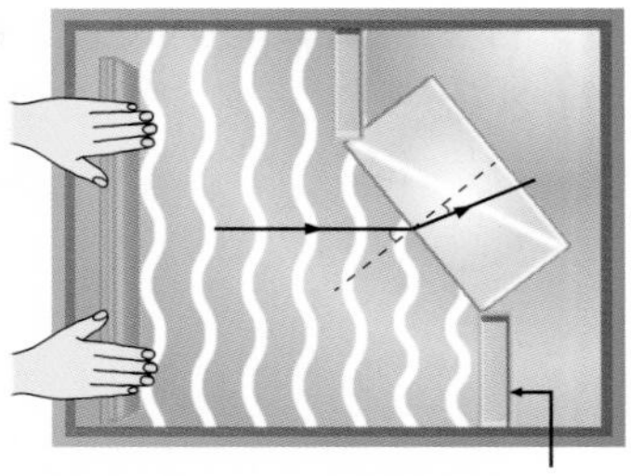

◀ 유리판 위에서 파동의 진행 방향

02. 답 유리는 공기보다 절대 굴절률이 크다. 그러므로 빛은 진행하면서 밀한 매질에서 소한 매질로, 소한 매질에서 밀한 매질로 통과한다. 그러므로 처음 투과 시에는 입사각 < 굴절각, 두 번째 투과 시에는 입사각 > 굴절각이 된다. 결국, 처음에 입사된 빛과 나중 굴절되어 투과한 빛의 진로는 서로 평행하다.

03. (1) 답 깊은 곳에서 얕은 곳으로의 진행은 소한 매질에서 밀한 매질로 진행하는 것이다. 그러므로 입사각보다 굴절각이 더 작다. 파면에 수직한 직선이 진행 방향이므로 다음의 파란색 파면이 된다.

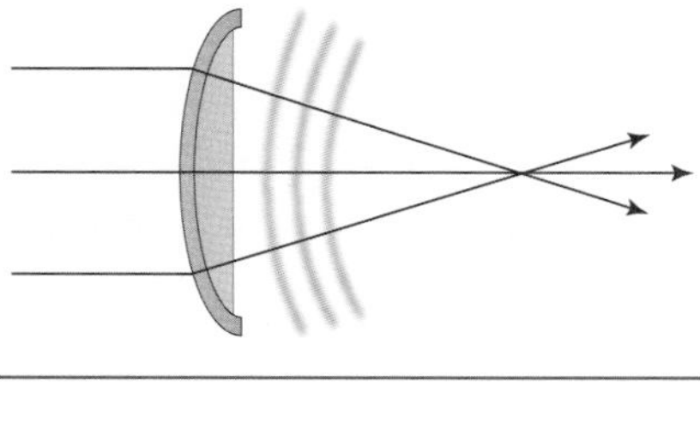

(2) 답 얕은 곳에서 깊은 곳으로의 진행은 밀한 매질에서 소한 매질로 진행하는 것이다. 그러므로 입사각보다 굴절각이 더 크다. 파면에 수직한 직선이 진행 방향이므로 다음의 파란색 파면이 된다.

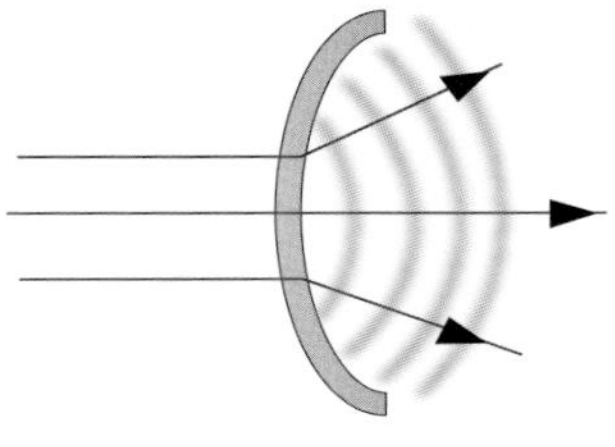

STEAM 융합형 문제 해결하기 62쪽

(1) 답 ① 파동의 반사와 굴절에는 '최단 시간의 원리'가 적용된다. 경로 AFB를 보면 입사각과 반사각이 같은 경우이고, 수평면을 거울 면으로 생각하면 빛의 입장에서는 B점까지 직진하는 경로와 같다. 따라서 가장 시간이 적게 걸리는 경로라고 할 수 있다.
② AFB경로이다. 시간이 가장 적게 걸리기 때문이다.
③ AFB경로이다. 빛이 한 매질에서 가장 빨리 진행하기 위해서는 직선 경로를 선택해야 하는데 수평면을 거울이라고 했을 때 B점은 거울 속 허상으로 나타날 것이며, 그 곳까지 직선으로 진행하는 것과 같은 경로가 AFB경로이다.

(2) 답 ① 총 걸린 시간 = 공기에서 걸린 시간 + 굴절률이 2인 매질에서 걸린 시간 (시간 = 거리 ÷속력)
i) POQ 경로
PO 거리 = 2.5m , OQ 거리 = $\frac{\sqrt{13}}{2}$
PO 시간 = $\frac{2.5}{10}$ 초, OQ 시간 = $\frac{\sqrt{13}}{10}$,
POQ 시간 = 약 0.611 초

ii) PO'Q 직선 경로 (PO'Q 거리 = $\frac{\sqrt{74}}{2}$)
PO' 거리 = PO'Q 거리 $\times \frac{2}{3.5} = \frac{2\sqrt{74}}{7}$,
O'Q 거리 = $\frac{3\sqrt{74}}{14}$
PO'시간 = $\frac{\sqrt{74}}{35}$ 초, O'Q시간 = $\frac{3\sqrt{74}}{70}$,
PO'Q 시간 = 약 0.614 초

② 굴절률이 큰 매질에서는 빛의 속도가 줄어든다. 이와 함께 앞에서 언급하였던 최단 시간의 원리가 적용되기 때문에 PO'Q 직선 경로보다 POQ 경로로 빛은 진행하며, 이것이 경계면에서 빛의 진행 경로가 꺾이는 이유이다. 이는 곧 굴절의 법칙을 뜻한다.

4. 여러 가지 기체

기본 확인 문제 67쪽

① ○ ② ○ ③ × ④ × ⑤ ○ ⑥ ×
⑦ × ⑧ ○ ⑨ ○

탐구력 키우기 68~69쪽

탐구1. 산소 기체의 발생

탐구결과

1. 답 산소

2. 답 깜부기 불의 불씨가 불꽃으로 피어난다. 비눗방울 속의 산소가 깜부기 불의 연소를 도와 불꽃이 되살아나는 것이다.

탐구문제

1. 답 산소를 포집하기 위해
해설 과산화 수소가 분해되면 물과 산소가 발생된다. 발생된 산소 기체는 공기중으로 날아가는데 액체 비누를 넣어주면 비눗방울안에 산소기체가 갇혀서 날아가지 못한다.

2. 답 아이오딘화 칼륨이나 이산화 망가니즈는 과산화수소가 물과 산소로 분해되는 속도를 증가시켜 준다.
해설 아이오딘화 칼륨이나 이산화 망가니즈는 촉매로 반응의 생성물에 영향을 주지는 않지만 반응속도를 빠르게 해서 생성물이 빨리 생성될 수 있도록 돕는다. 촉매는 반응 전후에 변함이 없다.

탐구2. 이산화 탄소 기체의 성질

탐구결과

1. 답 이산화 탄소

2. 답 C > B > A

탐구문제

1. 답 석회수를 부었을 때 : 뿌옇게 흐려진다.
해설 비닐 봉투 안에 석회수를 부으면 석회수와 이산화 탄소가 만나 탄산 칼슘의 고체를 만들기 때문에 석회수가 뿌옇게 흐려진다.

2. 답 실험1 에서 이 기체(이산화 탄소)는 불을 끄는 성질이 있으며 실험 2 에서 공기보다 무겁다는 것을 알 수 있다.
해설 드라이아이스는 이산화 탄소의 고체 형태로 공기 중에 놓아두면 고체에서 기체로 승화한다. 드라이아이스가 기체 상태가 되면 불을 끄는 성질을 가지며 공기보다 무겁기 대문에 키가 작은 양초가 먼저 꺼지고 키가 큰 양초가 나중에 꺼진다.

문제해결력 키우기 70~77쪽

01. 답 (가) 질소 (나) 네온 (다) 산소 (라) 수소
해설 메테인은 천연 가스의 주성분으로 공기보다 가벼운 기체이다.

02. 답 ⑤
해설 석회석은 탄산 칼슘이 주성분인 물질로 산과 반응하면 이산화 탄소가 발생하지만, 석회수는 수산화 칼슘 수용액으로 석회석과는 관계가 없다.

03. 답 물에 대한 기체의 용해도는 온도가 높을수록 작아지게 된다. 그래서 겨울철보다 여름철에 물속에 녹아있는 산소의 양이 줄어드는데, 그 때문에 더운 여름철일수록 물고기가 호흡에 필요한 산소를 얻기 위해 수면 가까이로 더 많이 올라오는 것이다.
해설 온도가 높아져 기체의 분자 운동이 활발해지면 물속에 녹아있는 기체의 양이 줄어들게 된다.

04. (1) 답 산소가 물에 잘 녹지 않기 때문이다.
해설 물에 잘 녹는 기체는 포집하는 도중에 물에 녹으므로 수상 치환으로 모을 수 없다.

(2) 답 1. 물속에서 기체를 모으면 얼마나 포집되었는지 눈으로 확인하기 쉽다. 2. 공기 중에서는 다른 기체와 섞이기 쉬운데, 물속에서는 포집하고자 하는 기체만 순수하게 포집할 수 있다.

해설 기체가 물속에서 모일 때 집기병 속 수면이 아래로 내려가므로 기체가 얼마나 포집되었는지를 쉽게 볼 수 있다. 공기 중에는 여러 기체가 섞여있으므로 공기 중에서 기체를 포집하면 다른 기체와 섞일 염려가 있다.

05. **답** 에베레스트 산 위에서나 지표에서나 산소의 비율에는 차이가 없다고 하더라도, 산 위에서는 전체 대기가 희박하기 때문에 지표에 비해 그만큼 산소가 부족한 것이다.
해설 에베레스트 산 위에서의 산소의 양을 지표에서의 산소의 양과 비교하면 약 3/10 정도이다.

06. (1) **답** · 관찰 결과 : 이산화 탄소를 부은 쪽의 종이컵이 아래로 기운다.
· 이를 통해 알 수 있는 사실 : 이산화 탄소가 공기보다 무겁다.
해설 이산화 탄소는 물에 잘 녹지 않는 기체이므로 주로 수상치환으로 포집하는데 이산화 탄소가 공기보다 무거운 성질을 이용하여 경우에 따라 공기 중에서 하방치환으로 포집하기도 한다.

(2) **답** 관찰 결과 : 비눗 방울이 공중에 떠 있다.
관찰 결과를 통해 알 수 있는 것 : 이산화 탄소는 공기보다 무겁다.
해설 이산화 탄소는 공기보다 무거워서 수조 밑바닥에 가라앉고 그 위에 공기가 들어있는 비눗방울을 넣으면 공기는 이산화 탄소보다 가볍기 때문에 비눗방울은 공중에 떠 있게 되는 것이다.

07. (1) **답** 질소 기체
해설 공기는 질소 약 78%와 산소 약 21%, 그리고 그 밖의 기체 약 1%로 구성되는데, 구리의 연소 과정에서 산소가 소모되므로 주사기 B 속에 남은 기체는 대부분이 질소이다.

(2) **답** ③
해설 공기의 약 21%를 차지하는 산소를 제외한 기체가 남아있을 것이므로, 50mL의 약 79%인 39.6mL정도의 기체가 남게 된다.

08. (1) **답** ①
해설 A는 공기 중에 가장 많은 기체인 질소로, 질소는 자동차의 에어 백에 이용된다. B는 산소이다. C는 아르곤으로 전구의 필라멘트를 보호하는데 이용된다. D는 이산화 탄소로, 소화기에 이용된다.

(2) **답** ①, ④
해설 산소는 호흡에 필요하며, 공장에서 높은 온도로 용접할 때나 로켓 발사에 필요한 추진력을 얻는데도 쓰인다.

09. (1) **답** 키가 작은 양초의 불이 가장 먼저 꺼진다.
해설 이산화 탄소는 산소의 공급을 차단하여 불을 꺼지게 하는 성질을 가지며, 공기보다 무거워 아래로 깔리기 때문에 키가 작은 양초의 불부터 꺼지게 된다.

(2) **답** ㉢, ㉤
해설 이산화 탄소는 공기보다 무거우며 스스로 타지 않는 성질을 가지고 있는데, 이산화 탄소에 의해 산소 공급이 차단되기 때문에 불이 꺼지는 것이다.

10. (1) **답** 수소는 공기보다 가볍다.
해설 수소는 기체 중에서 밀도가 가장 작은 기체로 비행선을 뜨게 한다.

(2) **답** 수소는 스스로 타는 성질이 있고, 폭발성을 가진다.
해설 수소는 아주 작은 불씨만 있어도 폭발의 위험성이 큰 기체인데, 그런데도 힌덴부르크호에는 흡연실까지 있었다고 한다.

(3) **답** 헬륨
해설 헬륨은 공기보다 가벼운 기체이며, 반응성이 없어서 위험하지 않다. 수소 기체의 가격이 싸다는 점 때문에 위험을 무릅쓰고 수소를 사용한 것인데, 그것은 매우 위험한 일이다.

11. (1) **답** 1050kJ
해설 $50kJ/g \times 21g = 1050kJ$

(2) **답** 물 10g의 온도를 25℃ 높인다.
해설 1g을 1℃높이는 데 필요한 열에너지 × 질량(g) × 온도 변화(℃) = 열량, 물 10g을 1℃높이는데 필요한 에너지는 42kJ이므로, 1050kJ = 42kJ × 온도 변화 따라서 온도 변화는 25℃이다.

(3) **답** 7 : 5
해설 비례식을 세우면

$$\frac{1}{1200} \times 56 : \frac{1}{1500} \times 50 = 1500 \times 56 : 1200 \times 50$$

= 7 : 5 가 된다.

(4) **답** LNG의 경보기는 천장 쪽에 달고, LPG의 경보기는 바닥 쪽에 달아야 한다.

해설 LNG는 공기보다 가벼워서 유출 시 위로 올라가기 때문에 경보기를 위쪽에 달아야 한다.
LPG는 공기보다 무거워서 유출 시 바닥으로 가라앉기 때문에 경보기를 바닥 쪽에 달아야 한다.

창의력 키우기 78~79쪽

01. 답 산소와 이산화 탄소를 구별하는 방법에는 다음과 같은 것들이 있다.
1. 꺼져 가는 불씨를 넣었을 때 잘 타오르는 쪽은 산소이고, 꺼지는 쪽은 이산화 탄소이다.
2. 석회수를 넣었을 때 뿌옇게 흐려지는 쪽이 이산화 탄소이다.
3. 페놀프탈레인 용액을 떨어뜨린 수산화 나트륨 수용액을 넣었을 때 붉은색이 약해지는 쪽이 이산화 탄소이다.
4. 양팔 저울에 종이컵을 매달고 수평이 되게 한 다음, 종이컵에 각각 기체를 부었을 때 아래로 더 많이 내려가는 것이 이산화 탄소이다.
해설 물질을 구별하기 위해서는 그 물질만이 가지는 독특하고 고유한 성질을 이용하면 된다. 산소의 가장 중요한 성질 중의 하나는 연소를 돕는다는 것이다. 이산화 탄소는 불을 끄는 성질이 있고, 맑은 석회수를 뿌옇게 흐리게 하며, 이산화 탄소가 물에 녹으면 산성을 나타낸다. 또한 이산화 탄소는 공기보다 무겁기 때문에 한쪽 종이컵에 이산화 탄소를 부으면 그 쪽이 아래로 내려간다.

02. 답 플라스크 안의 염화 수소(HCl) 기체의 입자 수는 일정하다. 스포이트를 눌러서 플라스크 안으로 물을 주입하면 염화 수소 기체의 일부가 물에 녹아 기체 상태로 존재하는 염화 수소의 입자 수는 줄어든다. 줄어든 염화 수소 기체 수만큼 플라스크 내부 압력이 줄어들어 비커의 물이 플라스크 안으로 올라오게 된다.

STEAM 융합형 문제 해결하기 80쪽

01. (1) 답 · 같게 해야 할 조건 : 사람이 들이마시는 기체의 종류, 온도, 압력 등
· 다르게 해야 할 조건 : 목소리를 내는 사람을 남자와 여자로 구분하는 것
· 측정해야 할 값 : 소리의 높이(소리의 진동수)
해설 성인 남자 목소리는 130Hz정도이고, 성인 여자 목소리는 205Hz정도로 여자 목소리가 남자 목소리보다 진동수가 높다.

(2) 답 입 안에 헬륨이 있을 때가 더 빠르다. 헬륨은 공기보다 밀도가 작은 가벼운 기체인데, 매질의 밀도가 작으면 소리의 이동 속도가 빠르다고 했으므로 입 안에 헬륨이 있을 때 소리의 이동 속도가 더 빠르다.
해설 보통 공기의 밀도는 $1.2kg/m^3$이고, 헬륨의 밀도는 $0.18kg/m^3$로 공기보다 작기 때문에 헬륨을 통과하는 소리의 속도가 공기를 통과할 때보다 빠르다.

(3) 답 헬륨 기체를 마셨을 때 진동수가 커져서 공기를 마셨을 때보다 높은 소리로 들리게 된다. 헬륨은 공기보다 밀도가 작아서 공기보다 소리의 이동 속도가 더 빠르고 진동수도 더 커진다.
해설 헬륨을 마시고 말하면 소리의 이동 속도가 빨라진다. 그 결과 진동수가 커져서 소리가 높아져서 이상하게 들리는데, 이를 도날드 덕 효과라고도 한다.

5. 계절의 변화

기본 확인 문제 85쪽

① 높아진다 ② 많아진다 ③ 짧다
④ 하지 ⑤ 북쪽 ⑥ 동지 ⑦ 북동
⑧ 낮아진다 ⑨ 66.5° ⑩ 반대이다

탐구력 키우기 86~87쪽

탐구1. 시간에 따른 태양복사에너지의 변화

탐구결과

(예시)

실험 시작 시간	8시	10시	12시	14시	16시
온도 변화(℃)	1.2	1.7	2.0	1.8	1.4

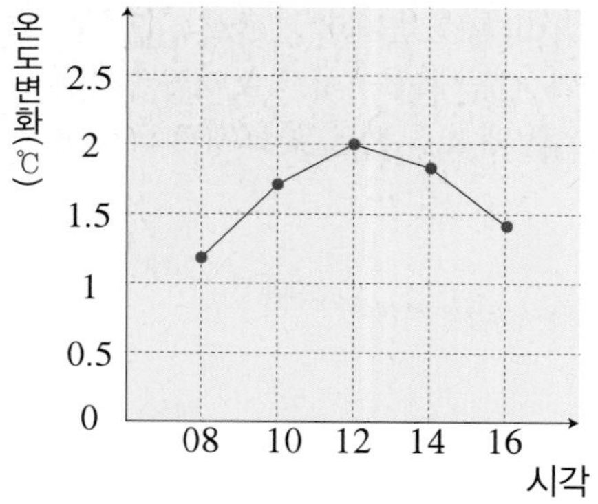

탐구문제

1. 답 12시(실제로는 12시 30분경)

해설 태양 복사에너지는 태양의 고도가 가장 높은 12시 경(또는 12시 30분)에 가장 크다.

탐구2. 시간에 따른 태양복사에너지의 변화

탐구문제

1. 답 춘,추분 : 90 - 37° = 53°
하지 : 90° - 37° + 23.5° = 76.5°
동지 : 90° - 37° - 23.5° = 29.5°

해설

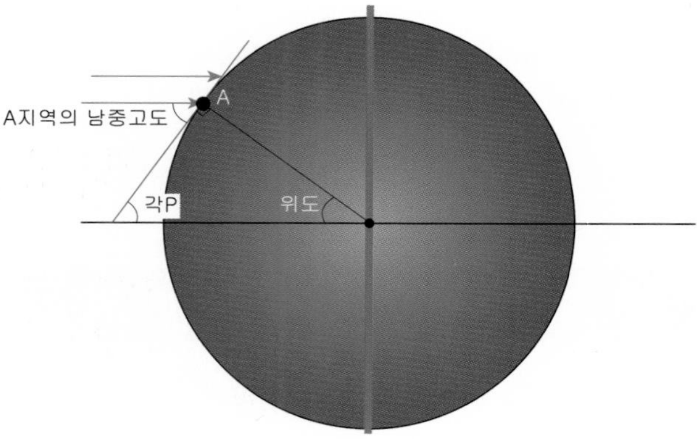

춘, 추분 : A지역의 남중고도 = 각P = 90° - 위도

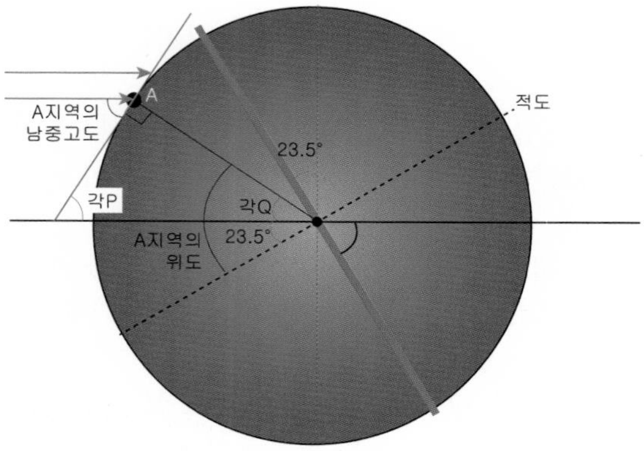

하지 : A지역의 남중고도 = 각P = 90° - 각Q
= 90° - (위도 - 23.5°) = 90° - 위도 + 23.5°

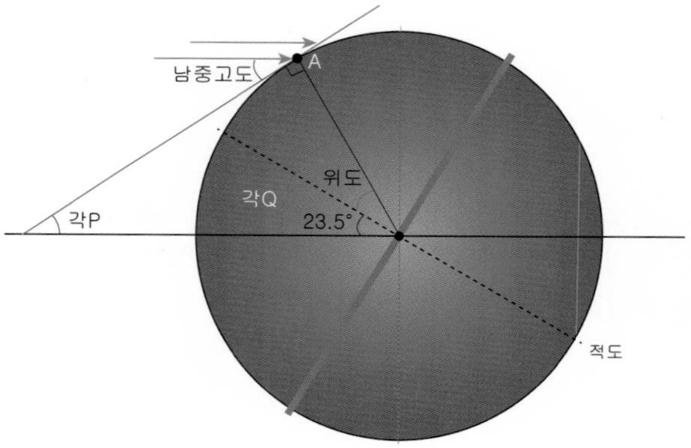

동지 : A지역의 남중고도 = 각P = 90° - 각Q
= 90° - (위도 + 23.5°) = 90° - 위도 - 23.5°

2. 답 47°

해설 하지 : 90° - 37° + 23.5° = 76.5°,
동지 : 90° - 37°- 23.5° = 29.5° 이므로 47° 차이가 난다.

문제해결력 키우기 88~95쪽

01. (1) 답 ②, ③, ④
해설 우리나라에서 하루 중 태양의 고도가 가장 높을 때는 남중(태양이 남쪽 하늘 한가운데에 위치함)하므로 그림자는 북쪽을 향한다. 태양이 남중할 때 태양 복사에너지가 가장 많이 들어오나 지표면이 데워지려면 2시간 후에 기온이 가장 높아진다. 태양이 동에서 서로 가는 동안 그림자는 서에서 동으로 이동한다.

(2) 답 ㉡
해설 지면과 태양으로부터 오는 광선이 이루는 각이다.

02. 답 ④
해설 지구의 자전축과 공전궤도면이 수직이라면 계절 변화는 생기지 않을 것이다.

03. 답 ②
해설 춘분, 추분은 정동에서 태양이 떠서 정서로 지고, 하지에는 북동쪽에서 태양이 뜨며, 동지에는 남동쪽에서 태양이 뜬다.

04. 답 ④
해설 90° - (37.5° - 23.5°) = 76°

05. 답 ④
해설 북반구에서 태양의 고도가 가장 높은 ㉠이 여름이며, 서에서 동으로 공전하므로 ㉡이 가을, 북반구에서 태양의 고도가 가장 낮은 ㉢이 겨울이다.

06. 답 ①
해설 밤의 길이와 그림자의 길이는 남중고도와 반대의 양상을 보이고, 평균 기온은 지면이 데워지는데 걸리는 시간 때문에 2달 정도 늦어진다.

07. 답 ④,⑤
해설 C의 남중고도가 가장 크므로 그림자의 길이가 가장 짧고, 단위 면적당 도달하는 태양 복사 에너지가 가장 많다.

08. (1) 답 15:33
해설 수직으로 비춘 경우 : $7 + \frac{1}{2} \times 16 = 15$
비스듬히 비춘 경우 : $22 + \frac{1}{2} \times 22 = 33$
(2) 답 동일한 양의 태양 복사 에너지가 들어와서 각각 15, 33의 면적에 비추므로 수직으로 비춘 경우가 비스듬히 비춘 경우보다 $\frac{33}{15}$배 더 많은 에너지가 들어온다고 할 수 있다.

(3) 답 태양의 고도가 높을수록 같은 면적의 지표면에 도달하는 태양 복사 에너지가 많다.

09.(1) 답 여름에서 가을 겨울로 가는 것이므로 낮의 길이는 점점 짧아진다.

(2) 답 북반구인 우리나라에서는 태양의 남중고도가 점점 낮아져서 기온도 따라서 낮아진다.

(3) 답 ㉠→㉡으로 공전하는 동안에는 북극 지방에 도달하는 태양 복사 에너지가 점점 작아지며, ㉡→㉢으로 공전하는 동안에는 북극에 도달하는 태양 복사 에너지가 전혀 없다.

10. (1) 답 태양 복사 에너지가 지구의 공전 위치에 관계없이 모두 일정하므로 계절의 변화가 없어진다.

(2) 답 태양이 비추는 곳이 지구의 공전 위치에 관계없이 모두 동일하므로 낮의 길이는 모두 12시간으로 동일하다.

(3) 답 정오에 태양이 적도 지방을 항상 수직으로 비추므로 적도 지방의 남중고도는 항상 90°가 된다.

11. (1) 답 태양의 남중고도가 클수록 그림자의 길이는 짧아지므로, 그림자의 길이가 가장 짧은 (다)의 남중고도가 가장 높고, 그 다음은 (나), 그 다음은 (가)와 (라)로, (가)와 (라)의 남중고도는 서로 같다.

(2) 답 (가)와 (라)
해설 비스듬히 비출수록 들어오는 태양 복사 에너지의 양이 작아진다.

(3) 답 (다)
해설 위도가 낮은 곳일수록 태양의 남중고도는 높아진다.

(4) 답 23.5°
해설 하짓날 정오에 태양은 북위 23.5°인 지역을 수직으로 비추므로 남중고도가 90°이다.

창의력 키우기 96~97쪽

01. (1) 답 (가)여름 (나)가을 (다)겨울 (라)봄 (마)겨울 (바)봄 (사)여름 (아)가을

해설 자전축이 반대로 되면 태양의 고도도 반대로 되어 여름 → 겨울, 겨울 → 여름으로 바뀐다.

(2) 답 현재 지구의 공전궤도는 북반구의 겨울에 태양으로부터의 거리가 가장 가깝고, 여름에 태양으로부터의 거리가 가장 멀다. 그러나 13,000년 후에 지구의 자전축의 기울기가 반대로 기울어지면 북반구의 겨울에 태양으로부터 거리도 가장 멀게 되므로 지금의 겨울보다 더 추워질 것이다.

(3) 답 ① 여름에는 태양의 남중고도가 1° 높아지고, 겨울에는 태양의 남중고도가 1° 낮아진다.

② 여름에는 태양 복사 에너지가 현재보다 더 많이 들어오고, 겨울에는 태양복사 에너지가 현재보다 더 적게 들어오므로 여름과 겨울의 기온 차이가 더 심해진다.

③ 춘분, 추분일 때는 여전히 태양은 적도를 수직으로 비추고, 정동에서 떠서 정서로 진다. 따라서 낮의 길이는 변함없이 12시간이다.

STEAM 융합형 문제 해결하기 98쪽

01. 답 (1) 21년 (2) 1일 (3) 낮 42년, 밤 42년

해설 (1) 천왕성의 공전 기간은 총 84년이다. 1→2로 가는 기간은 총 공전 기간의 $\frac{1}{4}$이므로 21년이다.

(2) 답 천왕성의 극지방에서 태양을 관측하면 태양 주위를 1회 공전하는 1년 중 절반 동안은 태양이 뜨는 낮 기간이고, 나머지 절반 동안은 태양이 뜨지 않는다. 그러므로 태양이 뜨고 지는 것을 기준으로 할 때, 천왕성의 극지방에서의 1년은 1일과 같다.

(3) 답 천왕성의 공전 기간 중 반은 낮이고, 반은 밤이므로, 42년은 낮 기간이고, 42년은 밤 기간이다. 만약 천왕성에 남극기지를 세운다면 우주비행사는 아마 태양을 한번도 보지 못한 채 반평생을 보내게 될 수도 있을 것이다.

6. 쾌적한 환경

기본 확인 문제 103쪽

① 작용 ② 생산자 ③ 태양 ④ 복잡할수록
⑤ 감소, 증가 ⑥ ○ ⑦ ○ ⑧ ×
⑨ ○ ⑩ ○ ⑪ ○ ⑫ × ⑬ × ⑭ ○

탐구력 키우기 104~105쪽

탐구1. 콩이 잘 자라는 환경

탐구예상

1. 답 수질 오염이 심할수록 콩의 발아율이 낮을 것이다.

2. 답 물의 종류, 물의 양(습도), 햇빛의 유무, 온도 등

3. 답 물에서 자란 콩은 싹이나고 잘 자랐지만, 비눗물, 합성 세제를 탄 물에서 자란 콩은 싹이 잘 나지 않고 싹이 나도 잘 자라지 않는다.

탐구문제

1. 답 공장에서 버린 공장 폐수가 호수로 흘러 들어가면서 호수가 오염되어 냄새가 나고, 물고기들이 죽는 것이다.

2. 답 공장에서 폐수를 버리지 않고, 정화 시설을 설치한다.

탐구2. 수질 검사

탐구결과

	수돗물	세제 용액	포도당 용액
색깔 투명도	투명	노랑색	흰색 투명
냄새	없다	비누 냄새	없다
과망가니즈산 칼륨 색 변화(보라)	변화없음	연한 갈색	연한 갈색

탐구문제

1. 답 병원균 등 인체에 해로운 요소가 없어야 하고, 냄새가 나지 않아야 하며, 독특한 맛을 지닐수록 좋다.

2. 답 물속에 유기물이 많다.

문제해결력 키우기 106~113쪽

01. 답 ③
해설 기후 즉 기온, 강수량 등이 지역별로 다르기 때문에 각 지역에서 자라는 식물의 종류와 분포가 다른 것이다. 그림은 비생물적 요소가 생물의 생장에 영향을 미치는 것을 나타낸다.

02. 답 ④
해설 생물적 요소가 비생물적 요소에 영향을 미치는 것을 반작용이라고 한다.

03. 답 ⑤
해설 ①은 생물적 요소가 비생물적 요소에 영향을 주는 것으로 반작용이고, ②③④는 비생물적 요소가 생물적 요소에 영향을 주는 것으로 작용이다. 문제의 상황은 생물과 생물 간의 상호 작용으로 ⑤가 이에 해당한다.

04. 답 ⑤
해설 생산자, 소비자라는 개념은 생물이 생장하고 생활하는데 필요한 유기 양분을 스스로 생산할 수 있느냐의 여부에 달려 있다. 식물의 뿌리를 통해 흡수되는 것은 무기 양분이다.

05. 답 · 생산자 : 풀, 나무
· 소비자 : 뱀, 독수리, 호랑이, 개구리, 사슴, 새, 지렁이
· 분해자 : 버섯

06. 답 ②
해설 먹이 그물은 먹이 연쇄가 여러 개 얽혀서 마치 그물처럼 나타나는 것으로 어떤 먹이가 부족해지면 다른 먹이를 먹고 살아갈 수 있어 쉽게 생물이 멸종하지 않는다. 즉 Ⓗ가 멸종되도 Ⓙ는 Ⓖ와 Ⓔ를 먹고 살 수 있다.

07. 답 ⑤
해설 1차 소비자의 수가 감소하면 생산자의 수는 증가한다.

08. 답 ⑤
해설 에너지는 단계를 따라 한쪽 방향으로 흐르고 단계를 지날 때마다 많은 부분이 손실된다.

09. (1) 답 A배양액은 크놉액에 비해 질산 칼슘의 양이 더 많고, B배양액은 크놉액에 비해 질산 칼슘의 양은 많고 질산 칼륨의 양은 적다.

(2) 답 칼륨
해설 B배양액이 크놉액이나 A배양액과 비교하여 적은 화합물은 질산 칼륨인데, 질산 칼슘은 크놉액보다 많아 영향을 미치지 않으므로 칼륨 원소가 생장에 영향을 주었다고 할 수 있다.

(3) 답 생물에 영향을 미치는 여러 원소 또는 요인 중에서 다른 요인이 충분하여도 한 요인이 부족하면 생물의 생장에 영향을 미친다. 이렇게 부족한 환경 요인을 '한정요인'이라 한다.

10. (1) 답 나무의 개체수가 증가한다.
해설 식물을 먹고 사는 동물(기린)이 없어지면, 식물은 계속 자라고 자손을 퍼트릴 것이다.

(2) 답 식물은 광합성을 통해 필요한 양분을 스스로 만들기 때문이다.

(3) 답 생태계가 존재할 수 없게 된다.
해설 녹색 식물이 광합성을 하지 않으면 태양으로부터 오는 에너지를 화학 에너지(녹말)로 전환할 수 없고, 녹색 식물이 만든 화학 에너지를 다른 생물이 이용하지 못하므로 생태계가 존재할 수 없게 된다.

11. (1) 답 풀, 메뚜기, 개구리, 매

(2) 답 피라미드 모양

(3) 답 풀이 더 많다. 왜냐하면 풀이 가지고 있는 에너지의 10%정도만 메뚜기의 먹이로 사용되고 나머지 90%정도는 다시 환경으로 배출되기 때문이다.

(4) 답 1000kg
해설 하위 소비자의 10%에 해당하는 에너지만이 상위 소비자에게 전달된다. 개구리는 2차 소비자이므로 1차 소비자는 100kg를 먹여 살리기 위해서는 1000kg

의 풀이 필요하다.

12. (1) 답 오염된 토양에서 자란 벼에서 수확한 쌀을 먹었을 경우, 오염된 목초를 먹은 젖소에서 나온 우유를 먹었을 경우

(2) 답 · 쌀을 먹었을 때 - 0.98ppm의 BHC가 포함된 흙에서 자란 벼에는 BHC가 5.98ppm이 포함되어 있고, 이 벼에서 자란 쌀에는 0.17ppm이 포함되어 있다.
· 우유를 먹었을 때 - 0.98ppm의 BHC가 포함된 흙에서 자란 벼에는 BHC가 5.98ppm이 포함되어 있고, 이 벼를 먹은 소에는 13.68ppm이 포함되어 있으며 젖소에서 나온 우유에 9.82ppm이 포함되어 있다.

(3) 답 이러한 농축 현상은 먹이 연쇄가 길고 다양할수록 즉, 오염 물질이 여러 영양 단계를 거쳐 사람에게 전달될수록 더 심해진다.

창의력 키우기 114~115쪽

01. (1) 답 대기의 유무를 확인하고 대기의 조성을 조사하니다. 온도를 측정한다. 토양의 성분을 측정한다. 물이 있는지를 알아본다. 등

(2) 답 생물은 비생물적 요소의 영향을 받고 살아간다. 즉 생물이 생존하기 위해서는 산소, 물, 적당한 온도가 필수적이기 때문이다.

02. (1) 답

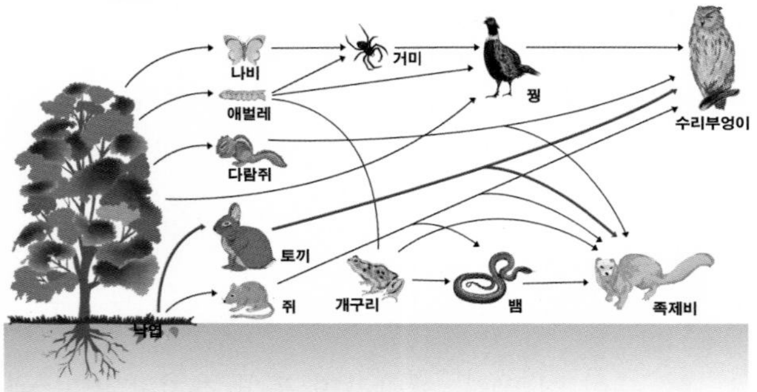

(2) 답 다람쥐, 애벌레 등과 같은 초식 동물인 토끼는 풀과 나뭇잎을 먹으므로 풀과 나뭇 잎의 수가 감소하고, 토끼, 다람쥐, 애벌레(1차 소비자)등의 수도 감소할 것이다. 또한 토끼, 다람쥐, 애벌레의 수가 감소함에 따라 그 다음 단계의 거미, 개구리, 수리부엉이, 뱀, 족제비(2,3차 소비자) 또한 먹이가 부족해진다. 소비자의 수가 감소하게 되면서 다시 풀과 나뭇잎이 자라면서 생태계의 평형이 회복된다. 결국 이 생태계는 먹이 그물이 더 복잡해진 상태로 보다 안정적이게 되었다.

(3) 답 수리부엉이가 멸종되면 토끼, 다람쥐, 꿩을 잡아먹을 포식자가 없어져 일시적으로 토끼, 다람쥐, 꿩의 수가 증가하게 되면서 풀과 나뭇잎이 부족하게 되어 1차 소비자들의 먹이 경쟁이 심해질 것이다. 결국 1차 소비자의 개체수가 감소하고, 풀과 나뭇잎의 수가 증가하여 다시 생태계의 평형을 되찾게 된다.

STEAM 융합형 문제 해결하기 116쪽

01. (1) 답 화성의 토양 속 생명체가 이산화 탄소와 같은 무기물을 이용하여 유기물을 합성하였는지의 유무

(2) 답 토양을 가열하면 토양 속의 유기물이 분해된다. 유기물이 분해될 때 투입됐던 방사성 기체가 나오는지 확인하기 위해서이다.

(3) 답 동화작용
해설 실험 장치는 동화 작용(광합성)을 이용하여 생명체의 유무를 확인하는 것이다. 따라서 토양에 생명체가 있다면 광합성에 의한 흡열 반응이 일어나며 유기물이 합성될 것이다. 그리고 가열장치는 합성된 유기물을 연소시키기 위한 것으로, 연소에 의해 발생된 $^{14}CO_2$에 의해 방사능이 검출될 것이다.

7. 기체의 성질

기본 확인 문제 121쪽

① ○ ② × ③ ○ ④ × ⑤ ×
⑥ ○ ⑦ × ⑧ × ⑨ ○

탐구력 키우기 122~123쪽

탐구1. 보일법칙

탐구결과

〈예시〉

압력계 (기압)	0	1	2
실제 압력 (기압) (누른 압력 + 대기압)	1	2	3
공기의 부피 (mL)	20	10	6.7
압력 × 공기의 부피	20	20	20

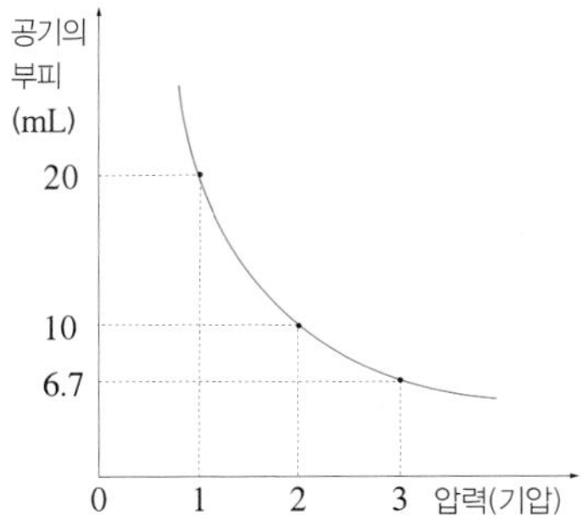

탐구문제

1. **답** 반비례, 작아, 커

2. **답** 온도가 일정할 때 기체에 가해지는 압력이 커지면 기체의 부피는 작아진다.

3. **답** 주사기는 밀폐되어 있으므로 주사기 속 공기 분자의 개수는 늘어나거나 줄어들지 않고 일정하다.

탐구2. 샤를법칙

탐구결과

〈예시〉

온도(℃)	20	50	80
공기의 부피 (mL)	20	22	24

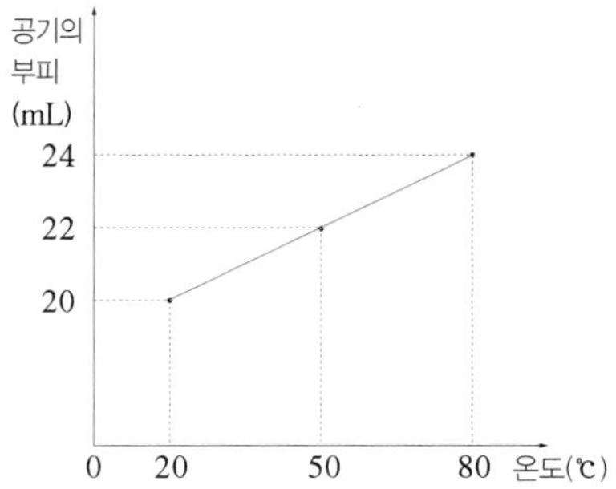

탐구문제

1. **답** 비례, 커, 작아

2. **답** 압력이 일정할 때 기체의 온도가 높아지면 기체의 부피는 커진다(늘어난다).

3. **답** 온도가 높아지면 기체 분자의 움직임이 활발해져 용기 벽면에 부딪히는 횟수가 늘어나기 때문에 기체의 부피가 증가한다.

문제해결력 키우기 124~131쪽

01. **답** (가) > (다) > (나)

해설 압력은 면적을 누르는 힘으로 나타내므로, (가)는 $\frac{1}{1}$, (나)는 $\frac{1}{3}$, (다)는 $\frac{2}{3}$로 나타난다. 따라서 (가)가 스폰지를 누르는 압력이 가장 크고, 다음 (다), (나)가 누르는 압력이 가장 작다.

02. **답** ③

해설 기체 분자들은 모든 방향으로 움직인다. 그림에서 화살표의 길이는 분자 운동 속도를 나타내며 온도가 높아지면 기체 분자의 움직임이 빨라지면서 분자 운동 속도가 빨라진다. 기체 분자의 충돌 횟수가 많아지면 풍선 안쪽 벽에 작용하는 압력이 커지면서 풍선의 부피가 커진다.

03. 답 공기 분자 사이의 거리가 물 분자 사이의 거리보다 더 멀기 때문이다.
해설 공기 분자 사이의 거리가 물 분자 사이의 거리보다 더 멀기 때문에 같은 부피에 존재하는 분자의 개수가 물 분자가 더 많다. 따라서 피스톤을 눌러 압축할 경우 공기가 물보다 더 쉽게 압축된다.

04. 답 ①
해설 힘을 가했을 때 기체의 부피가 감소하는 것은 기체 알갱이 사이의 거리가 가까워지면서 빈 공간이 줄어들기 때문이다. 이때 기체 알갱이 자체의 크기에는 변화가 없다.

05. 답 ③
해설 그래프는 기체에 가해지는 압력과 기체의 부피와의 관계를 나타낸 것이다. 산에 높이 올라가면 외부 압력이 작아지면서 귀 내외부의 압력 차이로 인해 귀가 먹먹한 느낌이 들고, 보온 병의 꼭지를 누르면 기체의 부피가 작아지면서 압력이 커져서 액체가 밀려 나오게 된다. 하늘 높이 올라간 헬륨 풍선은 외부 압력이 작아져 부피가 커지다가 결국에는 터지게 된다. 잠수부가 내놓은 공기 방울은 수면 가까이로 올라오면서 수압이 작아져 부피가 커지게 된다. 농구공을 뜨거운 물에 넣으면 농구공 안의 기체의 온도가 올라가면서 부피가 늘어나 딱딱한 느낌이 들게 되는 것이다.

06. 답 ①
해설 외부에서 온도를 높이더라고 기체 분자의 크기나 수는 변함이 없다. 온도가 높아지면 기체 분자의 운동속도가 증가하면서 충돌 횟수가 많아지고 내부 압력이 증가하게 된다. 기체들이 내부 용기를 밀어내면서 부피가 커지게 되는데, 기체 압력이 외부 압력과 같아질 때까지 부피가 증가하게 된다.

07. 답 ②, ④
해설 음료수가 반쯤 들어있는 페트병을 냉장고에 넣어두면 온도가 내려가면서 공기의 부피가 줄어들어 페트병이 찌그러지는 것이다. 오줌싸개 인형과 열기구는 온도에 따른 기체의 부피 변화를 이용한 것이고, 펌프식 뚜껑, 호버크래프트, 청소용 압축 캔은 압력에 따른 기체의 부피 변화를 이용한 것이다.

08. 답 ⑤
해설 기체는 온도가 높아질수록 용해도가 감소한다.

09. (1) 답 1286 kg/m^3
해설 22.4L를 m^3의 단위로 바꾸면 0.0224 m^3이고, 28.8 g을 kg 단위로 바꾸면 0.0288 kg이다.
따라서 밀도는

$\frac{질량}{부피}$ 이므로, $\frac{0.0288kg}{0.0224m^3}$ = 1.286 kg/m^3

(2) 답 40 m^3
해설 5 m × 4 m × 2 m = 40 m^3

(3) 답 51.44 kg
해설 1.286 kg/m^3 × 40 m^3 = 51.44 kg

(4) 답 작은 값이다. 왜냐하면 20℃의 공기 밀도는 0℃ 의 공기 밀도보다 작기 때문이다.
해설 온도가 높을 때 기체의 부피가 증가하므로 밀도는 감소하게 된다. 따라서 20℃ 공기의 밀도는 0℃ 공기의 밀도보다 작다. 따라서 20℃ 에서 방 안을 채우고 있는 공기의 질량은 0℃ 에서 방 안을 채우고 있는 공기의 질량보다 작다.

10. (1) 답 ③
해설 분자 사이의 거리가 멀수록 기체의 부피가 커지므로 분자 사이의 거리는 A>B>C이고, 부피가 작을수록 분자의 충돌 횟수가 많아지므로 부피가 가장 작은 C점에서 충돌 횟수가 가장 많다. 압력과 부피를 곱한 값은 4V로 모두 같으며, 압력이 커지면 기체의 부피는 감소하게 된다. 압력이 줄어들어도 일정량의 기체이므로 분자 수는 변함없다.

(2) 답 20L
해설 P × V = P' × V' 이므로 4 × 10 = 2 × V', V' = 20(L)이다.

(3) 답 20mL
해설 1 × 60mL = 3 × V', V' = 20mL

11. (1) 답 풍선의 크기가 작아진다.
해설 삼각플라스크 안 기체의 온도가 낮아지면서 기체의 부피가 감소하여 풍선의 크기가 줄어들게 된다.

(2) 답 기체의 온도가 낮아지면서 기체 분자의 운동속도는 줄어들고 풍선 안 벽면과의 충돌 횟수는 감소하게 된다.

12. (1) 답 ②
해설 일정한 기체이므로 기체 분자의 크기는 변함없

다. A에서 B로 갈수록 분자의 움직임이 활발해지고, 분자의 충돌 횟수가 많아지면서 분자 사이의 거리가 멀어지게 된다. 그래프를 연장해서 그려 보면 -273℃에서 기체의 부피는 0이 된다. 하지만 실제 기체는 -273℃에 도달하기 전에 액체나 고체로 상태가 변화한다.

(2) 답 ⑤

해설 모든 기체는 온도가 높아질수록 부피가 증가한다.

(3) 답 15L

해설

$$V_t = V_0 + V_0 \times \frac{t}{273}$$

V_t : t℃일 때의 기체의 부피
V_0 : 0℃일 때의 기체의 부피

$$V_t = 5 + 5 \times \frac{546}{273} = 15(L)$$

창의력 키우기 132~133쪽

01. (1) 답 ②, ③

해설 페트병을 손으로 누르면 페트병의 부피가 줄어든다. 손으로 압력을 가했기 때문에 페트병 속의 압력은 높아진다. 압력이 높아지면 기체의 부피가 줄어들게 된다. 잠수함 모형 안의 공기의 부피가 줄어들면서 모형 안으로 물이 들어가서 잠수함 전체의 무게가 무거워진다.

(2) 답 페트병을 손으로 누르면 페트병의 속의 압력이 증가하게 되고, 이에 따라 빨대 속의 공기 부피가 줄어들면서 물이 빨대 속으로 들어가게 된다. 따라서 잠수함 모형의 무게가 무거워져 밀도가 커지므로 가라앉게 된다. 손을 놓으면 페트병 속의 압력이 작아지고, 빨대 속의 공기 부피가 커지면서 물을 밀어내어 잠수항 모형의 무게가 가벼워지면서 물 위에 뜨게 된다.

02. 답 산 아래에서 산 위로 올라갈수록 기압이 낮아져 음료수를 누르는 압력이 작아진다. 때문에 빨대를 더욱 힘껏 빨아야 음료수를 마실 수 있다.

STEAM 융합형 문제 해결하기 134쪽

01. (1) 답 수은의 높이는 유리관의 길이와는 상관이 없다. 압력은 단위 면적당 받는 힘이므로 면적이 넓어져도 단위 면적에 작용하는 힘은 같기 때문이다.

(2) 답 수은의 높이는 같다.

해설 기울여도 단위 면적당 받는 압력엔 변화가 없으므로 높이는 변함없다.

(3) 답 760 mm 보다 낮아진다.

해설 높이 올라갈수록 기압이 감소하므로 높은 산의 정상에서는 기압이 1기압보다 작아지며, 수은 기둥의 높이도 760 mm 보다 낮아진다.

(4) 답 10.336 m

해설 수은 기둥(밀도 13.6 g/cm^3)이 밑면을 누르는 압력은 같은 높이의 물기둥(밀도 1)의 13.6배이다. 따라서 물기둥 밑면의 압력이 1기압이 되기 위해서는 물기둥의 높이가 76 × 13.6cm = 1033.6 cm = 10.336 m 이 되어야 한다. 즉, 1기압인 경우 한쪽 끝이 막힌 물기둥을 수면에 거꾸로 세우면 물기둥의 높이가 10.336 m 가 된다.

8. 별자리를 찾아서

기본 확인 문제 139쪽

① ○	② ×	③ ○	④ ×	⑤ ×
⑥ ○	⑦ ×	⑧ ×	⑨ ○	⑩ ×

탐구력 키우기 140~141쪽

탐구. 별자리판을 이용하여 별찾기

[활동1]
각자 밤하늘의 별을 별자리보기판으로 보면서 별자리를 대략적으로 그려본다.

[활동2]
별자리를 좀더 정확히 그리기 위해서 OHP필름 등에다 유성펜으로 별의 위치를 찍는 활동이다.

탐구결과

1. 답 동에서 서로 이동한다.
2. 답 동에서 서로 이동한다.
3. 답 도시에서는 불빛으로 인하여 밤하늘이 너무 밝기 때문에 작고 어두운 별은 관찰할 수 없게 된다.
4. 답 각자 찾아보자.

탐구과제

1. 답 각자 밤하늘의 별자리를 관찰해 보자. 될 수 있으면 도심에서 멀리 떨어진 곳에서 관찰하는 것이 더 좋다.

문제해결력 키우기 142~149쪽

01. 답 ①, ④
해설 별의 색깔은 표면 온도에 따라 달라진다. 온도가 높을수록 푸른빛을 띠고, 온도가 낮을수록 붉은빛을 띤다. 별이 지구와 멀리 있더라도 높은 온도이거나 크기가 크면 가까운 별보다 밝게 보일 수 있다.

02. 답 ②, ③
해설 별자리판의 회전축에는 북극성이 있으며, 뒤판에는 월, 일 눈금과 별자리가 표시되어 있다. 별자리판의 투명한 부분은 지평선에서 천정까지 우리가 별을 관측할 수 있는 부분을 나타낸 것이다.

03. 답 ③, ④
해설 별자리의 이름은 사람, 동물, 물건 등의 모습을 상상하여 이름 지은 것이 현재 전해져 내려오는 것이다.

04. 답 ④
해설 실제 별 모양은 ○ 이다. 그런데 우리가 별을 그릴 때는 대부분 ☆ 모양으로 그린다. 그 이유는 지구에서 별을 볼 때 별이 반짝이므로 별의 반짝이는 부분까지 그리기 때문이다.

05. 답 별빛이 지구의 움직이는 대기를 통과하면서 산란되고 굴절되어 반짝이는 것처럼 보이는 것이다.
해설 지평선에 가까운 별일수록 더 두꺼운 대기를 통과하기 때문에 산란 정도가 심하여 높은 곳에 있는 별보다 더 반짝여 보인다. 또한, 낮에 들어온 태양열과 생물들의 생활열 등에 의해 대기 흐름이 심해지게 되어 햇빛이 굴절되거나 산란되므로 별빛은 반짝이는 것처럼 보인다.

06. 답 ㄱ, ㄴ, ㄷ
해설 한 별자리의 별이라고 할지라도 별까지의 거리가 모두 같은 것은 아니며, 우리나라에서는 북극성이 보이지만 호주에서는 북극성이 보이지 않고 남십자성이 보인다. 천구 상에서 태양이 지나는 길(황도)에 있는 12개의 대표적인 별자리를 황도 12궁이라고 한다.

07. 답 별자리를 별자리 판으로 관찰하는 경우, 북쪽을 향해 서서 별자리판을 뒤집어 하늘로 향하게 한다. 그렇게 되면 별자리판의 방위와 실제 지구의 4방위와 일치하게 된다. 그러므로 별자리판을 아래로 내려서 보면 실제 방위와 다르게 동과 서가 뒤바뀌게 되는 것이다.

08. 답

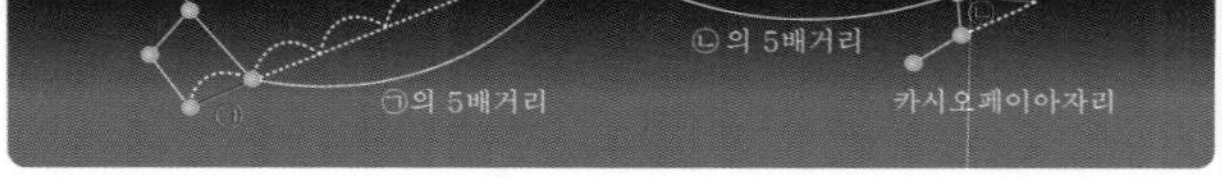

09. 답 ⑤
해설 동심원 모양의 일주운동을 하고 있다면 중심에는 북극성이 위치하여 움직이지 않고 있게 된다. 별들은 시계 반대 방향으로 돌고 있으며, 원 주위를 돌기 때문에 지평선 아래로 내려가지 않는다.

10. (1) 답 · 봄 : (나) · 여름 : (다) · 가을 : (가) · 겨울 : (라)
해설 6시간 이후이므로 시계 반대 방향으로 15° × 6 = 90° 만큼 회전한다.

(2) 답 태양을 중심으로 지구가 공전하고 있기 때문에 밤중에 태양의 반대편에 보이는 별자리가 달라진다.

11. (1) 답 지구에서 봤을 때 별들이 하룻동안 밤하늘에서 움직인 자취이다.

(2) 답 북극성이다. 북극성은 지구의 자전축의 연장선에 있으므로 지구가 자전하더라도 움직이지 않고 있는 것으로 보인다.

(3) 답 지구는 하루에 한 바퀴씩 자전하므로 별들의 자취는 동심원 모양이다.

12. 답

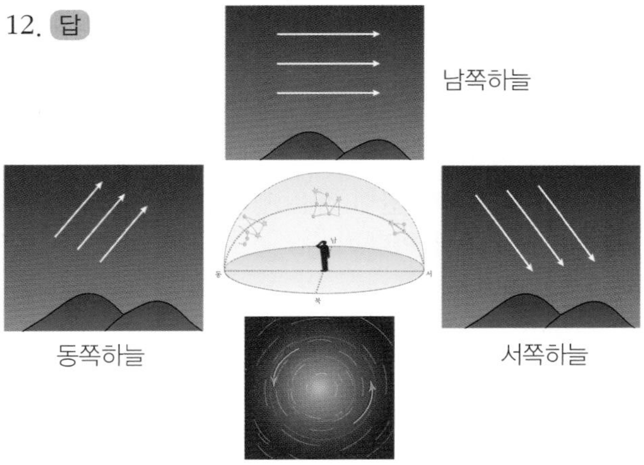

13. (1) 답 1시간당 15°씩 반시계 방향(서 → 동)으로 회전한다.

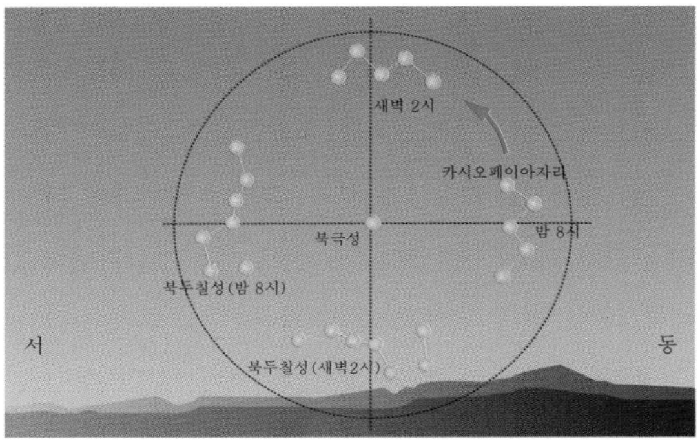

해설 6시간 이후이므로 시계 반대 방향으로 15° × 6 = 90° 만큼 회전한다.

(2) 답 ㉮ : 잘못 생각한 것 - 북극성이 지평면 부근에 떠 있을 것이라고 생각한 것
· 이유 - 북극성은 지구의 자전축을 연장한 바로 위에 있기 때문에 지구에서 보면 북극성은 움직이지 않는 것처럼 보인다. 북극성은 지구에서 아무리 높은 곳에 올라가서 보아도 지평선 부근이 아니라 북쪽 하늘에 떠 있다.
㉯ : 잘못 생각한 것 - 호주에서도 북극성을 볼 수 있다고 생각한 것
· 이유 - 우리나라는 북반구에 위치하지만 호주는 남반구에 위치하므로 호주에서는 북극성을 볼 수 없다.

창의력 키우기 150~151쪽

01. (1) 답 자전 방향과 공전 방향 모두 반시계 방향

(2) 답 게자리

(3) 답 1월

(4) 답 궁수자리

해설 (2)하루에 12개의 별자리가 돌아가므로 2시간에 한 개의 별자리씩 돌아간다. 별자리는 지구의 자전 방향인 반시계 방향과 반대 방향으로 돌아가게 되므로 게자리가 된다.
(3)자정에 정남쪽에 쌍둥이 자리가 보이는 달은 1월이다.(7월은 태양이 그 자리에 있다는 뜻이다. 완전히 쌍둥이 자리와 태양이 반대 방향에 있는 달은 7월이 아니라 1월이 된다.)
(4) 공전 방향이 반시계 방향으로 돌아가므로 한달 동안 별자리를 반시계 방향으로 돌아가게 된다. 그림에서 보이는 별자리 사이를 한달에 1별자리씩, 6개월 후에는 정반대편의 별자리가 보이게 된다.(12개월에 12별자리이므로 한달에 한 개의 별자리가 돌아간다.)

02. 답 ①
해설 작은 곰자리는 북극성 주변에 보이는 별이므로 지지 않는다.

STEAM 융합형 문제 해결하기 152쪽

01. 답

기호	잘못된 이유
㉠	하지점은 황소자리–쌍둥이자리 부근이고, 상현달이 있을 추분점은 사자자리–처녀자리 부근이다.
㉡	태양이 하지에 있을 때, 상현달이면 90°돌아간 위치이므로 추분점에 해당한다. 이 때 달의 고도는 추분날 태양의 남중 고도(52.5°)와 거의 같다.
㉢	거문고자리는 황도 12궁이 아니다. 행성인 목성은 황도 12궁에서만 관측할 수 있다.
㉤	해왕성은 맨눈으로 보이는 행성이 아니다. (약 8등급, 눈의 한계 등급은 5~6등급 정도)

9. 연소와 소화

기본 확인 문제 157쪽

① ○ ② × ③ ○ ④ ○ ⑤ ○
⑥ × ⑦ × ⑧ × ⑨ ×

탐구력 키우기 158~159쪽

탐구1. 물질이 연소할 때 필요한 것

탐구결과

1. 답 · 덮개로 덮지 않은 것은 계속 불이 붙어 있지만 집기병을 덮은 것은 곧 꺼진다.
· 이유 : 덮개를 덮지 않은 것은 공기(산소)가 계속 공급되지만, 집기병으로 덮은 것은 양초가 연소되면서 집기병안의 공기(산소)를 모두 소모하기 때문에 불이 꺼진다.

2. 답 · 큰 집기병 안의 양초가 작은 집기병 안의 양초보다 더 오래 탄다.
· 이유 : 큰 집기병 안이 작은 집기병 안보다 공기(산소)가 더 많기 때문이다.

탐구문제

1. 답 발화점 이상의 온도, 탈 물질

탐구2. 강철솜의 연소

탐구결과

1. 답 연소하기 전보다 더 무거워진다.

2. 답 강철솜의 연소에는 물과 이산화 탄소가 생기지 않는다.
해설 강철솜에는 탄소와 수소와 없기 때문에 이산화 탄소와 물이 생성되지 않는다.

탐구문제

1. 답 공기 중의 산소가 철과 결합했기 때문이다.

2. 답 나무를 연소시키면 물과 이산화 탄소가 발생한다. 그러나 강철솜의 연소에서는 물과 이산화 탄소가 발생하지 않는다.

문제해결력 키우기 160~167쪽

01. 답 ②
해설 나무 + 산소 → 재 + 물 + 이산화 탄소
(가)는 이산화 탄소가 빠져나가므로 질량이 감소한다. (나)는 물질의 출입이 없으므로 질량은 변하지 않는다. (나)는 반응이 일어나 재와 이산화 탄소와 물이 생성되어도 밀폐된 용기 안에 있으므로 물질의 출입이 없다.

02. 답 ⑤
해설 촛불의 겉불꽃의 온도가 가장 높아서 흰 종이를 대어보면 가장 잘 탄다.

03. 답 1. 철판 위에 원을 그린다.
2. 같은 크기의 연탄 조각과 착화탄 조각을 철판에 그린 원의 둘레에 번갈아 올려놓는다.
3. 철판 중심을 알코올 램프로 가열한다.
4. 연탄 조각과 착화탄 조각 중에서 어느 쪽에 먼저 불이 붙는지 관찰한다.
해설 철판 중심에서 같은 거리 떨어진 곳에 연탄과 착화탄을 올려놓고 정확히 철판의 중앙을 가열해야 한다.

04. 답 ㉠, ㉢
두 집기병을 동시에 덮어야 촛불이 꺼질 때까지의 시간을 비교할 수 있고, 공기를 많이 포함한 큰 집기병 속에 산소가 더 많으므로 큰 집기병의 촛불이 더 오랫동안 연소될 것이다. 실험을 통해 연소에 산소가 필요하다는 것을 알 수 있다.

05. (1) 답 푸른 색 염화 코발트 종이가 붉게 변하는 것으로 보아 물이 생겼음을 알 수 있다.
해설 염화 코발트는 건조한 상태에서는 푸른 색을 나타내지만 수분이 있으면 붉게 변하므로 물을 확인하는데 사용하는 물질이다.

(2) 답 맑았던 석회수가 뿌옇게 흐려지는 것으로 보아 이산화 탄소가 생겼음을 알 수 있다.
해설 석회수는 수산화 칼슘 수용액으로 석회수가 이산화 탄소와 만나면 탄산 칼슘의 앙금이 생기며 뿌옇게 흐려진다.

06. 답 ①
해설 돋보기로 빛을 모으면 마른 나뭇잎의 온도가 높아지는데, 온도가 마른 나뭇잎의 발화점 이상이 되면 불꽃이 없어도 마른 나뭇잎이 타기 시작한다.

07. (1) 답 · 탈 물질의 공급 - (가), (마)
· 산소의 공급 - (나), (바)
· 발화점 이상의 온도 - (다), (라)
해설 연소가 일어나려면 탈 물질의 공급, 산소의 공급, 발화점 이상의 온도가 모두 충족되어야 한다.

(2) 답 공기 중의 산소를 차단하여 불을 끄는 것이다.
해설 연소가 일어나기 위해서는 산소의 원활한 공급이 필요한데, 알코올 램프의 뚜껑을 덮거나 담요나 흙으로 덮거나 모래나 흙으로 덮어서 산소의 공급을 차단시키면 불이 꺼진다.

08. 답 (다), 탈 물질의 공급을 막음으로써 불을 끄는 방법이다.
해설 (가)와 (나)는 산소의 공급을 차단하여 불이 꺼진다. (라)는 온도를 낮추는 동시에 산소 공급을 막음으로써 불이 꺼진다. (마)는 구리선이 불꽃으로부터 열을 빼앗아 불꽃 주위의 온도가 양초의 발화점보다 낮아져서 촛불이 꺼진다.

09. (1) 답 물질의 연소에는 산소가 필요하며, 산소가 다 소모되면 더 이상 연소가 계속 진행될 수 없다는 것을 확인하기 위한 실험
해설 두 집기병에서 연소가 지속되는 시간을 비교하여 산소가 많을수록 연소가 오래 지속된다는 결과를 통해 연소에는 반드시 산소가 필요하다는 결론을 얻고자 하는 실험이다.

(2) 답 실험에서 공기(산소)의 양을 다르게 해야 하는데 집기병 크기가 같으면 이를 비교할 수 없다.
해설 다른 조건은 같고 집기병 속의 공기(산소)의 양에서만 차이가 나도록 해야 하는 실험이다.

(3) 답 양초 심지의 굵기가 다르면 양초가 타는 정도(촛불의 크기)가 다르므로 연소가 지속되는 시간의 공

정한 비교가 이루어지지 않게 된다.
해설 실험에서 사용하는 양초는 크기가 서로 같아야 할 뿐만 아니라 양초에 불을 붙였을 때 촛불의 크기도 같아야 한다. 그림에서와 같이 심지의 두께가 다른 두 개의 양초로 실험을 하면 불꽃의 크기가 달라서 연소 시간에도 영향을 미치게 되므로 바르게 통제된 실험이 아니다.

10. (1) 답 주머니에 넣어 뿌렸을 때, 밀가루가 천을 통과하면서 작은 가루로 분산되어 공기 중의 산소와 더 많이 접할 수 있기 때문이다.
해설 밀가루가 뭉쳐서 떨어질 때보다 천을 통과하면서 고운 가루로 떨어지면 공기 중의 산소와 많이 접촉할 수 있기 때문에 불꽃을 내며 더 잘 탄다.

(2) 답 ②
해설 탈 물질의 표면적이 클수록 산소와 많이 접촉하게 되어 연소가 더 잘 일어난다.

11. (1) 답 탄산 수소 나트륨과 식초가 평상시에는 서로 섞이지 않도록 분리해 놓았다가 불을 꺼야할 때 바로 접촉시켜 반응을 일으켜 이산화 탄소를 방출하게 하려고

(2) 답 1. 탄산 수소 나트륨이 든 화선지를 식초가 담긴 병 속에 매단다.
2. 빨대를 비스듬히 꽂은 다음 고무 찰흙으로 병 주둥이를 막는다.
3. 병을 기울여서 탄산 수소 나트륨과 식초가 반응하도록 하고 빨대를 촛불 까까이에 가져간다.

(3) 답 탄산 수소 나트륨과 식초가 반응하면 이산화 탄소가 발생하는데, 이산화 탄소는 공기보다 무거워 아래로 가라앉으면서 산소의 공급을 막아서 불을 끈다.

12. (1) 답 철수의 실험에서는 저울의 수평이 깨져 추 쪽이 아래로 내려가지만, 영수의 실험에서는 저울의 수평이 유지된다.
해설 철수의 실험처럼 보통 열린 공간에서 연소시키면 연소가 일어난 후 재만 남아 질량이 줄었다고 생각하기 쉽지만, 밀폐 공간에서 실험하면 질량은 변하지 않는다.

(2) 답 열린 공간에서 실험하였는가 아니면 밀폐된 공간에서 실험하였는가의 차이에서 비롯됨
해설 철수의 실험에서는 연소 생성물이 주위로 빠져나가 질량이 감소하게 되어 저울의 수평이 깨지게 된다. 반면에 영수의 실험에서는 생성된 물질이 빠져나가지 못하고 밀봉된 집기병 안에 다 포집되어 있으므로 반응전과 비교해 질량의 변화가 없어 저울의 수평이 계속 유지된다.

(3) 답 이산화 탄소, 물(수증기), 같다, 같다
해설 반응물의 질량의 총합과 생성물의 질양의 총합은 서로 같은데, 이를 질량 보존의 법칙이라고 한다.

창의력 키우기 168~169쪽

01. (1) 답 물이 끓는 동안 물은 100℃가 유지되고, 종이냄비도 100℃가 유지되는데, 종이의 발화점은 100℃보다 높아서 종이 냄비에 불이 붙지 않는 것이다.
해설 가열기의 열이 물에 전해져서 물의 온도를 높이는데 사용된다. 종이 냄비 안의 물은 열을 흡수하여 끓는점인 100℃에 도달하게 되고, 100℃에서 수증기로 변하기 위해서는 더 많은 열이 필요하므로 물이 다 증발될 때까지 100℃가 유지된다. 종이의 발화점은 100℃보다 훨씬 높기 때문에(약 450℃) 종이 냄비 안의 물이 다 증발할 때까지 종이 냄비 바닥에는 불이 붙지 않는다.

(2) 답 종이 냄비의 윗쪽 모서리는 물과 접촉하고 있지 않아서 그 부분이 계속 가열되면 열이 물로 전달되지 않고 종이 부분의 온도가 계속 올라가게 된다. 그러면 종이의 발화점만큼 온도가 올라가 종이냄비에 불이 붙은 것이다.

02. 답 불이 꺼지면서 비커 안의 온도가 내려가서 비커 속 기압이 낮아져서 물이 밀고 올라온 것이다. 물이 올라오는 까닭을 양초의 연소에 의하여 산소가 소모되고 물이 그 자리를 메우는 것이라고만 생각한다면 부족하다. 그렇다면 촛불이 타고 있을 때에도 물이 계속 올라와야 하기 때문이다. 촛불이 산소를 소모하는 만큼 이산화 탄소와 수증기가 생긴다는 것도 고려해야 한다. 실험 결과 촛불이 꺼진 후에 주로 물이 올라왔으므로 촛불 주변의 데워진 공기를 비커로 덮었고, 불이 꺼지면서 비커 안의 온도가 급격히 냉각되어 기압이 낮아져 생긴 현상으로 이해하는 것이 더욱 사실에 가깝다.

STEAM 융합형 문제 해결하기 170쪽

01. (1) 답 중력이 없으면 대류 현상이 일어나지 않아서 불은 심지를 중심으로 구형으로 된다.

해설 기체가 열을 받으면 가벼워져서 위로 올라가고, 주위에 있는 공기로 다시 채워지는 대류 현상이 일어난다. 하지만 중력이 없으면 대류 현상이 일어나지 않아서 공기의 움직임이 없어 불꽃이 둥근 구 모양이 된다.

(2) 답 양초 주위의 산소가 소모되는데, 공기가 확산되지 못하기 때문에 산소가 더 이상 공급되지 않고 연소 생성물로 생긴 이산화 탄소로 둘러싸이기 때문에 불이 꺼진다.

(3) 답 〈예시 답안〉 부채로 가볍게 부쳐주어 산소가 계속 공급될 수 있도록 한다.

해설 부채로 부쳐 주면 공기의 순환이 이루어져 산소가 계속 공급되어 양초가 꺼지지 않고 계속 탄다

10. 주변의 생물

기본 확인 문제 175쪽

① 인위 분류 ② 변, 폐 ③ 포자, 민꽃
④ 포유류, 조류 ⑤ 밑씨 ⑥ 외떡잎 ⑦ ×
⑧ ○ ⑨ ○ ⑩ × ⑪ ○ ⑫ × ⑬ ○ ⑭ ○

탐구력 키우기 176~177쪽

탐구1. 식물 세포 관찰하기

탐구결과

1. 답 핵

해설 아세트산 카민 용액은 식물세포의 핵을 염색시켜 핵을 뚜렷이 관찰하기 위해서 사용한다.

2. 답

세포 배열	세포 모양	핵의 유무
규칙적	육각 구조	있다

3. 답 세포벽

해설 세포벽은 두껍고 단단하여 세포를 보호하고 모양을 유지한다. 세포막과 같이 물질을 선택적으로 투과시키지 못하여 물과 용질을 모두 통과시킨다. 세포벽의 주성분은 셀룰로오스로 흔히 '섬유소'라고 불리는 물질로 이루어져 있다. 수중생물이 육생생물로 진화하기 위해 거쳐야할 큰 과제는 중력에 대항하여 몸체를 유지시키는 것이었다. 이 과정에서 식물은 세포벽을 발달시켜 자신의 몸체를 유지시키며 육상생활에 적응해 나가기 시작하였다.

탐구2. 동물 세포 관찰하기

탐구결과

1. 답

세포 배열	세포 모양	핵의 유무
불규칙적	대체로 둥글다	있다

2. 답 ㄴ, ㄹ
해설 ㄱ. 양파 세포는 식물 세포로 동물 세포와 달리 엽록체를 관찰할 수 있다. 하지만 세포막은 식물 세포와 동물 세포에서 공통적으로 관찰할 수 있다.
ㄷ. 양파의 표피세포는 세포벽에 의해 육각형 모양의 일정한 구조를 이루게 된다.

문제해결력 키우기 178~185쪽

01. 답 ③, ⑤
해설 바이러스의 생물적 특성은 생물체 내에서는 물질을 합성하고 증식하며 핵산과 단백질로 구성되어 있다는 점이다. 비생물적 특성은 생명체 밖에서 단백질의 결정체로 존재하고, 물질대사와 번식을 하지 못하며, 핵이나 세포 내 기관이 없다는 점이다.

02. 답 ④
해설 〈A그룹〉은 척추동물이고, 〈B그룹〉은 무척추동물이다.

03. 답 ⑤
해설 ① 포유류와 조류의 공통된 특징이고, ②~④는 조류의 특징이다.

04. 답 ④
해설 지렁이는 환형 동물로 몸은 긴 원통형이며, 암수 한 몸이다. 알을 낳아 번식하며 입으로 흙을 먹어 영양분을 섭취한 후 항문으로 노폐물을 배출한다. 환대가 있는 쪽이 머리쪽이며, 환대의 반대편이 항문 쪽이다. 편형동물(플라나리아)은 몸은 납작하고 좌우 대칭이며, 항문이 없어서 소화되지 않은 찌꺼기는 입을 통해 배출된다.

05. 답 ③
해설 뱀은 변온 동물이여서 온도 변화에 민감하다. 뱀은 체온이 낮아지면 신진대사가 느려져 적에게 잡혀 먹힐 확률이 높아지므로 온도가 낮은 밤에는 땅에 굴을 파고 들어가 나오지 않고 있다가 아침에 해가 뜨면 따뜻해진 바위나 도로, 햇빛 잘 드는 곳에서 체온을 올린 후에 활동한다.

06. 답 ②
해설 옥수수는 외떡잎식물로 하나의 떡잎을 갖고, 나란히맥이며 관다발이 불규칙적이고 원뿌리와 곁뿌리의 구분이 없는 수염뿌리를 가지고 있다. 꽃잎은 주로 3의 배수이거나 없다.

07. 답 ⑤
해설 두루미는 목이 길고 부리가 길어서 물속에 있는 동물을 잘 잡아먹을 수 있다.

08. 답 ⑤
해설 천연 물질을 이용한 신약 개발은 다양한 생물이 인간의 생활에 이용되는 예이다.

09. (1) 답 사람 팔은 안쪽에 뼈가 있고 바깥에 근육이 있는 내골격이지만 곤충은 바깥에 딱딱한 부분이 있고 안쪽에 근육이 있는 외골격이다.

(2) 답 외형을 보면 사람의 팔과 비슷하지만 바깥 부분이 딱딱하고 안쪽에 이를 움직일 수 있는 전선이 있으므로 곤충과 같은 외골격과 비슷하다고 할 수 있다.

(3) 답 (가) · 팔을 굽힐 때 - 안쪽 근육은 오므라들고, 바깥쪽 근육은 펴짐
· 팔을 펼 때 - 안쪽 근육은 펴지고, 바깥쪽 근육은 오므라듦
(나) · 다리를 굽힐 때 - 굴근은 펴지고, 신근은 오므라듦
· 다리를 펼 때 - 굴근은 오므라들고, 신근은 펴짐

10. (1) 답 1. 꽃이 피는 식물과 꽃이 피지 않는 식물
2. 종자로 번식하는 식물과 포자로 번식하는 식물

(2) 답 · 공통점 : 암술과 수술이 만나 종자를 만들어 번식한다.
· 차이점 : 목련은 밑씨가 씨방 속에 있는 속씨 식물이고, 소나무는 밑씨가 씨방에 싸여 있지 않고 드러나 있는 겉씨 식물이다.

(3) 답 자연 분류이다. 그 이유는 생물의 생태적 특징(꽃의 유무, 생식 기관의 차이)을 분류 기준으로 정하고 그 기준에 따라 분류하였기 때문이다.

11. (1) 답 나무에서 먹이를 얻는 종 : ①~⑧
땅에서 먹이를 얻는 종 : ⑨~⑭

(2) 답 부리의 크기와 모양에 따라서 먹이를 얻는 방식과 먹이의 종류가 다르다.

(3) 답 생물은 환경에 적응하면서 살아간다.

12. (1) 답 꽃의 아래쪽에 꿀샘이 있고 이를 먹으러 온 벌이 수꽃에서 꽃가루를 묻혀 암꽃으로 가면 암술머리에 꽃가루가 전해진다.

(2) 답 포자를 만들어 번식한다.

(3) 답 꽃가루를 암술머리에 전달할 수 없기 때문이다.

창의력 키우기 186~187쪽

01. (1) 답 · 공통점 : (가)와 (나) 모두 시간이 지날수록 자란다.
· 차이점 : (가)는 외부로부터 물질이 첨가되면서 위로 자라는 것이고, (나)는 세포의 수가 증가하면서 자라는 것이다.

(2) 답 1. 물질대사가 이루어지는가?
2. 자손을 남겨 대를 잇는가?
3. 자극에 반응하는가?
4. 환경에 적응하는가?

02. (1) 답 동물이 식물과 분류되는 기준 중 하나로 스스로 움직임이 가능한지의 여부이다. 동물은 스스로 움직일 수 있는 반면 식물은 몸체를 뿌리를 이용해 땅에 고정시킨 채 움직이지 않는다. 하지만 식충식물의 경우 먹이를 포획하기 위해서 번개 같은 속도로 잎자루를 움직인다. 이렇게 먹이를 잡기 위해 스스로 움직이는 것은 동물적 특성이라 할 수 있다.

(2) 답 · 현미경을 통해 세포를 관찰하고 엽록체나 액포, 세포벽 등 식물세포에서만 관찰할 수 있는 소기관을 확인한다.
· 식물의 뿌리, 줄기, 잎, 꽃 등 식물의 구성 단계인 기관들을 확인할 수 있다.
· 식충식물 역시 광합성을 하므로 잎에 저장되어 있는 영양분을 아이오딘 검출 반응을 통해 확인할 수 있다.

STEAM 융합형 문제 해결하기 188쪽

01. 답 은행의 열매는 한약재로 유용하게 쓰이지만 진주의 경험대로 냄새가 지독하고 바닥이 더러워지는 단점을 가지고 있어 가로수로 부적당할 수 있다. 그러나 은행나무는 암꽃이 피는 암그루와 수꽃이 피는 수그루가 따로 있고 열매는 암그루에서만 맺으므로 수그루만 가로수로 정하면 될 것이다.

11. 전기의 작용

기본 확인 문제 193쪽

① 반대 방향 ② 저항 ③ 전압 ④ 보다 세진다
⑤ 반비례 ⑥ 커진다 ⑦ 증가한다 ⑧ 자기장
⑨ 동심원 모양의 ⑩ 막대자석

탐구력 키우기 194~195쪽

탐구결과

1. 답 에나멜선 코일이 만드는 자기장과 아래에 설치된 자석의 자기장이 서로 힘을 작용하여 코일에 회전력을 작용하는 원리로 전동기가 돌아간다.

2. 답 에나멜선 코일에 전류가 흐르면 솔레노이드에 전류가 흐르는 것처럼 내부에 자기장이 발생하는데, 코일을 감싸 쥐었을 때 엄지손가락이 가리키는 방향이 자석의 N극에 해당된다.

탐구문제

1. 답 ㄱ, ㄷ, ㅂ
해설 안테나와 레이더는 코일을 이용한 전자기 유도의 원리를 이용하며, 온풍기는 전류를 통해 뜨거워진 코일 주위를 공기가 지나가게 한다. 크레인은 전자석을 이용하여 쇠붙이를 끌어올린다.

2. 답 ③
해설 전류의 세기가 증가하거나, 감은 횟수를 증가시키면 자기장의 세기가 증가하여 코일에 더 큰 힘이 작용하므로 더 빨리 돈다. 에나멜선의 양끝을 벗겨내더라도 에나멜선 코일이 전자석이 되기는 하지만 반 바퀴 돌았을 때 전류의 방향을 바꿔주지 못하므로 회전하지 않는다.

문제해결력 키우기 196~203쪽

01. (1) 답 전류가 흐르고 있다.

(2) 답 Q

해설 전자가 P → Q로 흐르므로 전류는 Q → P로 흐른다. 따라서 전지의 +극은 Q이다.

02. 답 ①

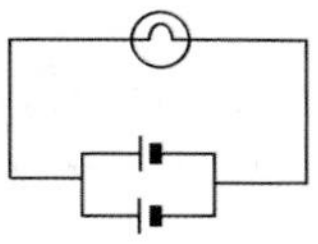

②

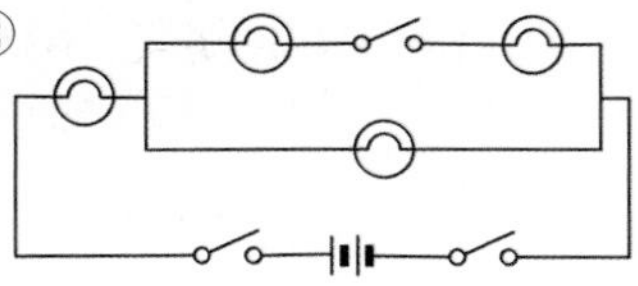

03. 답 ㉡, ㉣

해설 전지의 (+)극과 전구나 전동기가 연결되어야 하고 또다시 전지의 -극으로 연결되어야 전류가 흐르게 된다. 전지의 (+)극에서 나온 전류는 반드시 나온 만큼 (-)극으로 되돌아 가야 한다.

㉡ 전지의 (+)극이 연결되어 있지 않다.

㉣ 전지의 같은 극끼리 연결되어 전류가 흐르지 못한다.

04. 답 ③, ⑤

해설 ①⑤ B를 열면 (나)와 (다)의 불이 꺼진다.

② C를 열면 (라)의 불만 꺼진다.

③④ A를 열면 전체 전류가 흐르지 못하므로 모든 전구의 불이 꺼진다.

05. (1) 답 (가), (마), (바)

해설 전구와 전지의 연결을 보면 (가), (마), (바)는 똑같이 연결된 것이며 밝기는 직렬연결된 전지 2개에 1개의 전구를 연결한 것(보기)과 같다. 전지에는 똑같은 전압이 걸린다. (나),(다),(라)는 전구가 직렬연결되어, 전압이 나누어져 걸린다.

(2) 답 (가), (마), (바) 와 (나), (다), (라)

해설 (가), (마), (바)는 전지 두 개가 직렬연결되었고, 전구 두 개는 병렬연결되어 밝기가 밝다.

(나), (다), (라)는 전구 2개가 직렬연결되어 전구에 걸리는 전압이 작아서 밝기가 흐리다.

06. 답 펌프 : 전지(전류를 흐르게 한다), 물 : 전류, 밸브 : 스위치, 물레방아 : 저항(에너지가 소모된다.), 물높이 : 전압(전압이 클수록 전류가 잘 흐른다.), 파이프 : 도선

07. (1) 답 ⓐ: 전류계, ⓑ: 전압계

해설 전류계는 회로를 통하는 전류의 양을 측정하므로 회로에 직렬연결하고, 전압계는 두 곳의 전위차를 측정하므로 회로에 병렬연결한다.

(2) 답 ④

해설 저항을 흐르는 전류(I)와 저항값(R), 저항 양끝의 전압(V) 사이에는 옴의 법칙이 성립한다.

$V = IR,\ 6 = 0.5 \times R,\ R = 12\Omega$

08. (1) 답 ③

해설 A점을 통과하는 전류는 전체 회로 전류이다. 전체 회로의 저항은 $1+2 = 3\Omega$이고, 전압은 6V이므로

$V = IR,\ 6 = I \times 3,\ I = 2(\text{A})$

(2) 답 ②

해설 A-B 사이의 전류는 회로 전류로 2A이고, 저항값은 1Ω이므로 $V = IR = 2 \times 1 = 2\text{V}$

09. 답 (1) ⑤, (2) ④

해설 두 저항이 병렬연결되어 있으므로 두 저항에 걸리는 전압은 각각 12V로 같다.

3Ω에 흐르는 전류 $I_1 = \frac{12\text{V}}{3\Omega} = 4\text{A}$,

6Ω에 흐르는 전류 $I_2 = \frac{12\text{V}}{6\Omega} = 2\text{A}$ 이므로 두 전류가 합쳐져서 6A의 전류가 전류계를 통과한다.

10. 답 ⑤

해설 0.2A의 전류는 저항R과 15Ω의 저항에도 흐르는 전류이다. 그러므로 15Ω의 양끝에 걸리는 전압은 $0.2 \times 15 = 3\text{V}$, 두 저항에 걸리는 전체 전압은 8V이므로 저항R의 양끝에는 5V의 전압이 걸린다. 통과하는 전류는 0.2A이므로 V = IR에서

저항$\text{R} = \frac{5\text{V}}{0.2\text{A}} = 25\Omega$이 된다.

11. (1) 답 병렬연결

해설 가로등 한 개가 꺼지더라도 다른 가로등은 꺼지지 않게 하기 위해서이다. 병렬연결은 각 전등에 따로따로 전압이 걸리므로 각 전등이 꺼지더라도 다른 전등에 영향을 미치지 않는다.

(2) 답 병렬연결

해설 전구 한 개가 꺼지더라도 다른 전구는 꺼지지

않게 하기 위해서이다.

(3) 답 직렬연결

해설 회로 전체에 흐르는 전류가 일정값보다 높으면 누전 차단기가 내려가 전류가 회로에 들어가는 것을 막음으로써 화재등 위험 상황을 방지하는 것이 누전 차단기의 목적이다.

12. 답 ①, ②

해설 그림은 가전제품이 전원에 병렬연결되어 있는 모습으로 각 가전제품은 다른 제품과 별도로 전원에 연결되어 있는 셈이다. 따라서 각 전기기구에 걸리는 전압은 일정하며, 한 전기기구의 작동이 멈추더라도 다른 전기 제품에는 영향을 주지 않는다.

13. 답 ⑤

해설 자기력선은 자석의 N극에서 나와 S극으로 들어간다. 도중에 끊어지지 않으며 자기력이 센 곳은 빽빽하게 그린다. 같은 극끼리 마주 놓으면 자기력선은 서로 밀어내는 모양을 보인다.

14. 답 D

해설

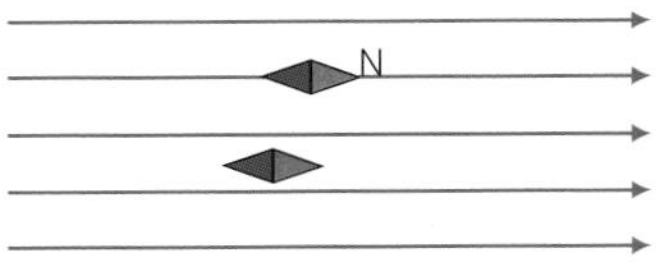

자기력선의 방향은 자침의 N극이 가리키는 방향이다.

15. 답 ⑤

해설 직선전류 주위에는 동심원 모양의 자기장이 생기고 그 방향은 도선을 감아쥐었을 때 감아쥐는 손가락의 방향이다.

16. 답 ①

해설 도선을 전류가 흐르는 방향으로 오른손으로 감싸쥐는 방향으로 자기장이 생기고 자기장의 방향으로 자침의 N극이 정렬하므로 A는 N극이 오른쪽(동쪽), B는 N극이 왼쪽(서쪽)을 가리키게 된다.

17. 답 ③

해설 중심에서는 들어가는 방향(동쪽)으로, 양쪽 옆에서는 나오는 방향(서쪽)으로 자기력선이 형성되므로 그 방향대로 자침의 N극이 정렬된다.

18. 답 ①

해설 자기장이 코일 내부에서 외부로 원을 그리며 형성되므로 코일 내부에 생기는 자기장의 방향과 바깥에 생기는 자기장의 방향은 서로 반대이다. 코일 내부에는 왼쪽으로 자기장이 발생하며, 코일 왼쪽의 자극은 N극이 된다.

19. 답 A

해설 전류가 철심을 넘어가는 방향으로 흐르므로 코일의 왼쪽이 N극이 되도록 자기장이 형성된다. 코일 내부에서는 S극에서 N극으로 자기력선이 발생하므로 자침 A의 방향이 맞다. 코일의 외부에서는 N극에서 S극으로 자기장이 발생하므로 자침 B의 N극(빨간색)은 S극(오른쪽)을 향해야 한다.

창의력 키우기 204~205쪽

01. 답 아래와 위에서 모두 켜고 끌 수 있는 이중 스위치를 만들어야 한다. 아래 그림은 불이 켜진 상태이다.

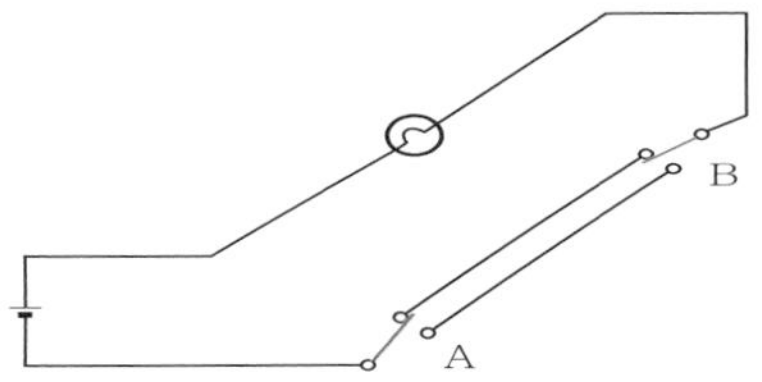

02. 답 백열 전구와 전자 레인지를 직렬로 연결한다. 불량 전자 레인지로 급격한 전류가 흐르면 백열 전구에서 필라멘트가 끊어지면서 전류가 차단될 것이기 때문이다. 이는 차단기에 큰 전류가 전해지는 것은 막아준다.

03. 답 1. 냉장고의 자동온도조절 장치

2. 화재경보기(일정 온도 이상의 전류가 흐르면 경보가 울리게 함)

3. 전기 장판의 온도조절 장치(온도가 올라가면 전류가 감소하여 온도를 조절함)

해설 이 물질은 온도에 따라 전류가 흐르는 양이 달라져서 온도가 높아지면 전류가 작아져 전구가 어두워지고, 온도가 낮아지면 전류가 증가하여 전구가 밝아진다. 따라서 이 물질은 온도에 따라 전류를 제어하는 장치에 활용될 수 있다.

04. 답 전선에 앉은 새와 전선과의 관계를 그림으로 그려 보면 새와 새 다리 사리의 전선 B의 저항은 병렬

로 연결되어 있다. 때문에 새와 B에는 같은 전압이 걸린다. 하지만 새는 부도체로 매우 저항이 크기 때문에 전류는 B쪽으로만 흐르게 된다. 때문에 새는 감전되지 않는다.

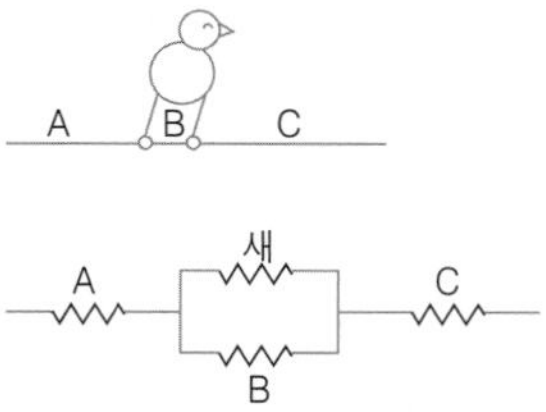

STEAM 융합형 문제 해결하기 206쪽

01. 답 (1) ⑤ (2) ⑤

해설 (1) 비록 전기 신호는 폐회로를 통해 대략 빛의 속력으로 움직이지만 전자의 이동 속력(표류 속도)은 훨씬 작다. 정상 온도에서 열린 회로 속의 전자들은 시간 당 수 백만 킬로 미터의 평균 속도를 가지나 전자들은 가능한 모든 방향으로 움직이기 때문에 전류를 생성하지 못한다. 어느 특정한 방향으로의 전자의 흐름은 없는 것이다. 그러나 점화 키를 on 상태에 두면 회로가 완성되어 닫힌 회로가 되고 연결된 회로를 통해 배터리 양극 사이에서 전자에 힘이 작용하게 된다. 전자는 양(+)극에 연결된 회로의 끝을 향해 운동을 하게 되지만 고정된 원자들과의 충돌에 의해 충분한 속도를 얻지 못한다. 이 충돌로 인해 전자의 평균 속도는 매우 느리게 되며 전자는 초당 몇 mm 정도에 해당하는 거리 만을 진행하게 된다. 따라서 전자가 배터리의 한극으로부터 회로를 통해 다른 극으로 이동하는데는 몇 시간 정도가 걸린다.

(2) 답 ⑤

전자가 발전소에서 전선을 통해 소비자의 콘센트로 전달된다고 생각하는 것은 흔히 있는 착각이다. 보통 도시의 전기는 초당 60회 방향이 바뀌는 교류이다. 전선은 전자가 이동하는 통로가 아니라 에너지 전달을 위한 통로이다. 교류 콘센트에 전기 기구의 콘센트를 꽂으면 에너지가 콘센트로부터 전기 기구로 흐르고 기구의 도체 부분에 원래 있던 전자들이 앞뒤로 튀어 오르게 한다. 전기 기구가 전자를 공급하고 전기 회사는 에너지를 공급하는 셈이다. 교류 회로에 감전되어 전기 충격을 받는 경우, 체내에 전류를 일으키는 전자들은 원래 체내에 있었던 것이다. 전선에서 나와서 신체를 통과하여 땅으로 들어가는 것은 전기 에너지이지 전자가 아니다.

12. 별

기본 확인 문제 211쪽

① 공전, 가까이 ② 가까운 ③ 밝은 ④ 어두운
⑤ 겉보기 ⑥ 10, 실제 ⑦ 거리의 제곱만큼
⑧ 청색, 더 큰 ⑨ 주계열성

탐구력 키우기 212~213쪽

탐구1.

탐구결과

1. 답 · 오른쪽 눈을 감았을 때

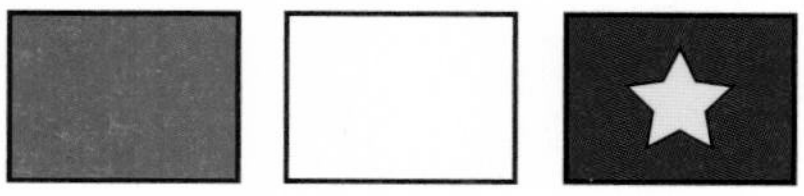

· 왼쪽 눈을 감았을 때

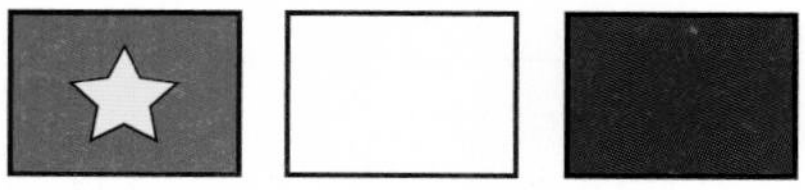

. 답 6개월

3. 답 마찬가지로 별 A도 실제 움직이지 않았지만 배경별보다 더 가까이 있었기 때문에 움직인 것처럼 관찰된다.

4. 답 활동 2의 별 A가 움직인 정도가 훨씬 크다. 활동 1은 활동 2의 별 A의 위치가 변하는 원인을 설명해 준다.

탐구문제

1. 답 어느 별의 연주 시차란 지구가 공전하면서 6개 간격으로 그 별을 보았을 때 만들어진 시차(각)의 절반을 의미한다.

2. 답 1"

3. 답 별 B

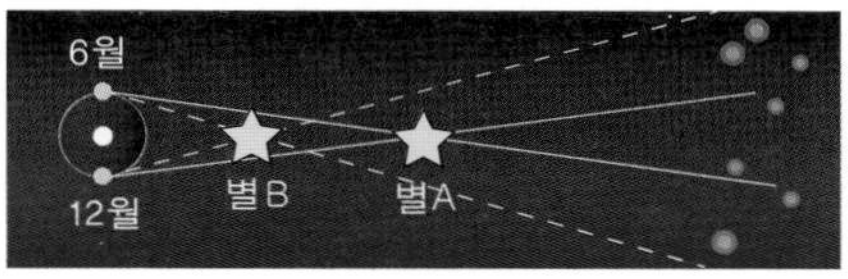

별 B는 우리와 더 가까이 있으므로 움직이는 각이 훨씬 더 커진다.

4. 답 불가능하다. 너무 멀리 떨어진 별은 연주시차가 나타나지 않는다.

문제해결력 키우기 214~221쪽

01. 답

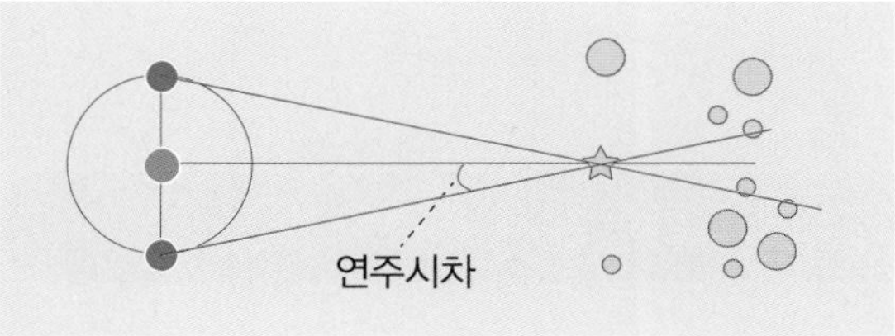

해설 연주 시차는 6개월동안 만들어진 각의 1/2이다.

02. 답 ④
해설 등급이 낮을수록 더 밝은 별이며 1등급 차이에 밝기는 2.5배, 5등급 차이에 100배 밝기 차이가 난다. 별의 표면 온도가 달라지면 별의 색깔이 달라진다.

03. 답 ㉠ : 10 ㉡ : 증가
해설 실제 거리가 10pc보다 가까이 있는 별의 경우, 10pc 거리로 거리가 멀어지면서 실제 밝기보다 어두워지므로 실제 등급보다 더 높은 수치를 갖게 된다.

04. 답 10 :1
해설 두 별의 등급이 1등급 차이나는 경우 두 별의 밝기는 2.5 배 차이가 난다. 따라서 두 별의 실시 등급이 5등급 차이면 밝기는 100 배 차이가 생기게 된다. 따라서 B별이 A별보다 100 배 밝은 것이다. 그런데 두 별의 절대 등급이 같으므로 별의 겉보기 밝기는 거리에 따라 결정되는 것이다. 별의 겉보기 밝기는 거리의 제곱에 반비례하므로 지구에서 A별까지의 거리는 지구에서 B별까지의 걸리보다 10 배 먼 곳에 있는 것이다.

05. 답 ①
해설 초의 개수를 거리의 제곱으로 나누어주면

$\frac{1}{1} = 1$, $\frac{2}{4} = 0.5$, $\frac{5}{9} = 0.56$, $\frac{15}{16} = 0.94$

$\frac{18}{25} = 0.72$ 이 각각 된다.

따라서 이 값을 비교하면 ①의 경우가 가장 밝다.

06. 답 ㄱ
해설 밝은 별들이 모두 가까이 있는 것은 아니며 멀리 있어도 빛으로 내는 에너지가 큰 경우 밝게 보인다. 초까지의 거리와 밝기는 거리 제곱에 반비례하는 관계이다.

07. 답 ①
해설 별의 색깔이 청색일수록 온도가 높고 적색일수록 온도가 낮다.

08. 답 · 표면 온도가 가장 높은 별 : A
· 가장 많은 에너지를 방출하는 별 : A
해설 표면 온도가 높은 별은 색으로 알 수 있으며 별에서 나오는 에너지가 많은 별은 절대 등급으로 비교하면 알 수 있다.

09. (1) 답 원의 면적이 더 커진다.
해설 별 A보다 더 가까이 있는 별의 연주 시차는 별 A의 연주 시차보다 더 크기 때문에 배경별에 대하여 그려지는 원의 면적도 더 커진다.

(2) 답 절대 등급이란 거리가 10pc의 위치에서의 밝기이므로 겉보기 등급이 절대 등급과 같다면 절대 등급을 재는 위치에 별이 있다는 의미이다. 따라서 10pc이 별까지의 거리이므로 별의 연주시차는 0.1"가 된다.

10. (1) 답 · 가장 밝은 별 : C, · 가장 어두운 별 : A
해설 겉보기로 가장 밝은 별이 겉보기 등급이 가장 작은 별이고, 겉보기로 가장 어둡게 보이는 별은 겉보기 등급이 가장 큰 별이다.

(2) 답 B
해설 별까지의 거리가 10pc일 때의 등급이 절대등급이다.

(3) 답 B
해설 거리가 가까울수록 연주 시차가 크다.

(4) 답 밝기는 거리의 제곱에 반비례하고, B와 D의 현재의 밝기는 같으므로, 거리가 100배인 D는 B보다

$100^2 = 10000$배 더 밝은 별이다.

11. (1) 답 스피카

해설 청색에 가까울수록 표면 온도가 높고 적색에 가까울수록 표면 온도가 낮다.

(2) 답 크리거 60

해설 가장 어둡게 보이는 별은 겉보기 등급이 가장 큰 별이다.

(3) 답 스피카

해설 겉보기 등급에서 절대 등급을 뺀 값이 (+)값으로 클수록 거리가 멀리 떨어진 별이다. 별까지의 거리는 절대 등급을 알면 가능하다. (겉보기 등급-절대 등급)을 거리 지수로 정의하는데, 0일 경우 별까지 거리는 10pc이며, 0보다 클 경우 10pc보다 멀리 있는 별이다.

12. (1) 답 리겔

해설 겉보기 등급이 작을수록 더 밝게 보인다.

(2) 답 리겔

해설 청색 별이 적색 별보다 표면 온도가 훨씬 높다.

(3) 답 베텔게우스

해설 별까지의 거리가 같다고 했을 때, 밝기인 겉보기 등급은 비슷하게 나타나 있다. 표면 온도는 리겔이 훨씬 높으므로 훨씬 낮은 온도를 가진 베텔게우스가 밝기가 비슷하다는 것은 그만큼 크기가 크다는 것을 의미한다.

창의력 키우기 222~223쪽

01. (1) 답 사람들이 많이 사는 시내에는 인공적으로 만들어낸 빛(주택의 전등, 가로등, 간판 불빛 등)들이 많기 때문에 시내에서 멀리 떨어진 교외에서 별을 관찰할 때보다 별빛이 잘 보이지 않는다.

(2) 답 지구나 달이 없으면 별이 잘 보일 것이다. 지구나 달이 시내의 인공 불빛에 해당한다면 지구나 달이 없는 곳은 교외에 비슷하므로 잘 보일 것이다.

(3) 답 지구나 달은 스스로 빛을 내는 물체가 아니므로 밝은 빛을 내지는 않는다. 하지만 스스로 빛을 내는 별보다도 우주선에 근접해 있기 때문에 상대적으로 훨씬 더 밝게 보인다. 따라서 지구나 달이 있으면 멀리 있는 별은 지구와 달에 비해 상대적으로 어두워서 안 보이는 것이다.

02. 답 〈예시 답안〉 하늘에 있는 수많은 별들은 모두 지구에서 멀리 떨어져있다. 빛의 밝기는 거리의 제곱만큼 어두워지므로 우리에게 도달하는 빛의 양이 너무 적기 때문이다.

해설 우주가 왜 어두운지에 대해서는 아직도 연구중이다. 별이 지구에서 멀리 있기 때문에 어둡다는 것은 모순이 있다. 지구에서 멀어질수록 별들은 기하급수적으로 늘어나기 때문이다. 그래서 아직까지도 밤하늘이 어두운 이유에 대해서는 여러가지 의견들이 분분하다. 독일의 과학자 올베르스는 우주가 팽창하고 있기 때문이라고 했다. 우주가 팽창하면서 별들이 우리에게서 멀어지고 거리가 멀어지면서 빛의 파장이 길어지는데(적색편이), 파장이 길어지다가 가시광선 영역을 벗어나게 되어 우리가 볼 수 있는 빛이 적어진다는 것이다.

STEAM 융합형 문제 해결하기 224쪽

01. (1) 답 아스팔트나 뜨거운 물체 주변의 공기는 온도가 상승하게 되는데 가열된 정도에 따라 밀도가 달라지게 된다. 밀도가 다른 공기층을 빛이 통과하면서 서로 굴절되는 각도가 달라져 빛이 어른거리는 것처럼 보이는 것이다. 별빛이 끊임없이 움직이는 밀도가 다른 지구의 대기권을 통과하면서 굴절하는 각도에 따른 방향이 달라지면서 별빛이 밝아졌다 어두워졌다 하며 반짝이는 것처럼 보이는 것이다.

(2) 답 〈예시 답안〉 1. 높은 산 정상 : 주변에 사람들이 살지 않으므로 인공적으로 만들어진 밝은 빛이 없다.
2. 남극이나 북극 : 대기의 흐름이 많지 않다.
3. 육지에서 멀리 떨어진 섬 : 주변에 인공적으로 만들어진 밝은 빛이 없다.

총정리문제

제1회 총정리 (1~3단원) 226쪽

01. 답 ⑤
해설 관찰하는 사람의 지평선의 서쪽에서 햇빛이 오고 있으므로 해가 지고 있으며, 해가 지면 달의 관측이 가능하다.

02. 답 ⑤
해설 달의 공전주기와 자전주기가 같으므로 달의 모양이 변해도 지구에서는 항상 같은 표면의 무늬가 보인다.

03. 답 ⑤
해설 지구는 둥글기 때문에 높은 곳으로 갈수록 볼 수 있는 시야가 점점 넓어진다.

04. 답 ①

05. 답 (1) 공생 (2) 기생 (3) 포식자/피식자
배점 괄호 하나에 3점씩, 총 12점

06. 답 (1) 1. 북극 여우는 몸집이 크고 사막 여우는 몸집이 작다.
2. 북극 여우는 털이 길고 풍성하고 사막 여우는 짧다.
3. 북극 여우의 귀는 작아 열의 손실을 줄여주고, 사막 여우의 귀는 커서 열이 잘 방출된다.
(2) ②
배점 (1) 차이점을 한 가지만 썼으면 5점, 두 가지 모두 썼으면 10점
(2) 10점

07. 답 ⑤
해설 ⑤ 매질 2에서의 빛의 속도를 매질 1에서의 빛의 속도로 나누면 매질 2의 1에 대한 상대굴절률이 된다.

08. 답 ②
해설 ① 종이를 태우는 것은 볼록렌즈이다. ③ 물방울은 볼록렌즈같이 빛을 굴절시킨다. ④ 볼록렌즈의 바로 선 상은 물체보다 크다. ⑤ 볼록렌즈는 초점으로 빛이 모이는 것처럼 굴절하고, 초점에서 빛이 나오는 것처럼 굴절하는 것은 오목렌즈이다.

09. 답 ④
해설 ④ 근시는 가까운 물체가 잘 보이고, 먼 곳의 물체가 잘 안보이며, 오목렌즈로 교정을 한다.

제2회 총정리 (4~6 단원) 230쪽

01. 답 (1) 산소, 물에 잘 녹지 않으므로
(2) 암모니아, 물에 잘 녹으며, 공기보다 가볍기 때문에
(3) 염화 수소, 물에 잘 녹으며 공기보다 무겁기 때문
배점 기체만 쓴 경우는 각 2점, 근거를 쓴 경우는 각 4점 (총 18점)

02. 답 ③
해설 건조 공기의 21%는 산소이고, 대리석과 묽은 염산이 반응하여 발생한 기체는 이산화 탄소이다.

03. 답 C, 이산화 탄소는 공기보다 무거워서 아래로 가라앉으므로 C 집기병에는 이산화 탄소가 들어 있을 확률이 가장 작기 때문이다.
배점 집기병만 쓴 경우 4점, 근거를 쓴 경우 8점 (총 12점)

04. 답 ①
해설 태양의 남중 고도는 태양이 가장 높이 떠 있는 정오의 고도이며, 일년 중 하지에 태양의 남중 고도가 가장 높다. 하지만 지면이 데워지는데 시간이 걸리므로 하지를 지난 8월에 기온이 가장 높다.

05. 답 ④
해설 다음과 같이 계절을 구분한다. 계절마다 태양의 남중 고도, 밤낮 길이, 해가 뜨고 지는 방향이 다르다.

절기(계절)	태양의 남중 고도 (h)	밤낮 길이	해뜨는 쪽	해지는 쪽
춘분(봄)	90°- 그 지방의 위도(φ)	밤 = 낮	정동	정서
하지(여름)	90°-그 지방의 위도(φ) +23.5°	밤 〈 낮	북동	북서
추분(가을)	90-그 지방의 위도(φ)	밤 = 낮	정동	정서
동지(겨울)	90°-그 지방의 위도(φ) -23.5°	밤 〉 낮	남동	남서

06. 답 ①
해설 자전축이 수직일 때 태양의 고도와 그림자의 길이는 항상 일정하다. 자전축이 기울어졌을 때 (가)는 태양의 고도가 높고 그림자의 길이가 짧으며, (다)는 태양의 고도가 낮고 그림자의 길이가 길어진다.

07. 답 (1) 생태계, (2) 공생, (3) 1차 소비자, (4) 2차 소비자, (5) 경쟁
배점 문장에 대한 답에 대해 각 3점씩 총 15점

08. 답 ⑤

09. 답 ①, ②
배점 하나만 고르면 6점, 모두 고르면 12점

제3회 총정리 (7~9 단원) 234쪽

01. 답 · 피스톤을 누를 때 : 실린더 속 풍선의 크기가 작아진다. 그 이유는 실린더 속에서 풍선을 누르는 공기의 압력이 증가하기 때문이다.
· 피스톤을 잡아당길 때 : 실린더 속 풍선의 크기가 커진다. 그 이유는 실린더 속에서 풍선을 누르는 공기의 압력이 줄어들기 때문이다.
배점 피스톤을 누를 때와 잡아당길 때의 풍선의 변화를 맞게 쓴 경우 각각 3점, 각각의 이유를 적은 경우는 4점씩 총 14점

02. 답 ①

03. 답 · 더운 여름날 물고기들이 더 자주 수면 근처로 올라와 뻐끔거린다.
· 뚜껑을 연 사이다의 경우 밖에 놓아둔 것보다 냉장고 속에 보관한 것이 톡 쏘는 맛이 더 있다.
· 암모니아 기체를 포집하기 위해 암모니아수를 가열한다. 등
배점 예를 한 가지 들면 6점, 두 가지 이상 들면 12점

04. 답 ④
해설 별자리판의 앞판을 돌려 관찰하려는 월 · 일 눈금과 시각 눈금을 맞춘다. ▶ 별자리판의 앞면이 지면을 향하도록 머리 위로 들고, 별자리판의 방위와 실제 방위를 일치시킨다. ▶ 별자리판을 보고 관찰하려는 별자리의 대략적인 위치를 파악한다. ▶ 하늘에서 관찰하려는 별자리를 찾아 모양과 위치를 기록한다.

05. 답 ③
해설

구분	북쪽	동쪽 · 남쪽 · 천정	서쪽
봄 (4월 15일)	작은곰, 큰곰	목동, 처녀, 사자	쌍둥이, 작은개
여름 (7월 15일)	작은곰, 큰곰	거문고, 독수리, 백조	목동, 처녀
가을 (10월 15일)	작은곰, 카시오페이아	페가수스	거문고, 독수리, 백조
겨울 (1월 15일)	작은곰, 카시오페이아	황소, 오리온, 쌍둥이, 마차부, 큰개, 작은개	페가수스

06. 답 ③
해설 달이 뜨지 않는 날, 구름이 없는 맑은 날, 주변이 어두운 곳에서 별을 관찰하기 좋다.

07. 답 물, 붉게, 이산화 탄소, 뿌옇게
배점 괄호 하나를 맞출 때마다 3점씩, 총 12점

08. 답 B 가 가열 부위와 더 가깝게 있는데도 불이 나중에 붙은 것으로 보아 B 의 발화점이 더 높다.
배점 발화점이 더 높은 물질만 적으면 6점, 이유를 설명하면 8점, 둘 다 적으면 14점

09. 답 ⑤
해설 ①,②,③,④ 는공기 중의 산소 공급을 차단해서 불을 끄는 방법이고, ⑤는 탈 물질을 제거함으로써 불을 끄는 방법이다.

제4회 총정리 (10~12 단원) 238쪽

01. 답

구분	동물	식물
움직임	스스로 움직임	스스로 움직이지 못함
번식 방법	알이나 새끼를 낳음	씨나 포자로 번식함
영양분을 얻는 방법	다른 동물이나 식물을 먹음	광합성을 하여 스스로 만듦
외부 자극에 대한 반응	빠름	느림

배점 각 칸을 채울 때마다 2점씩, 전체를 다 맞추면 4점 추가하여 총 12점

02. 답 ②
해설 개구리는 알을 낳지만 체외수정을 하는 양서류이다.

03. 답 ①, ③, ⑤
해설 쌍떡잎식물은 잎이 넓고 그물맥이다. 뿌리는 가운데 굵은 뿌리(원뿌리)가 있고, 그 주위에 가는 뿌리(곁뿌리)가 나 있다.
배점 각 4점씩 모두 맞으면 12점

04. 답

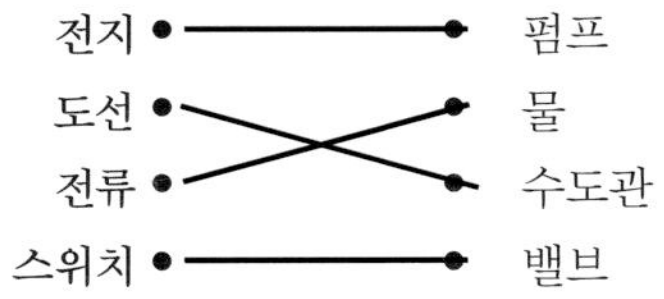

배점 각 2점, 모두 맞으면 10점

05. 답 ①
해설 ① 저항을 병렬 연결한 회로에서 각각의 저항에 걸리는 전압은 전지의 전압과 같으므로 1Ω에서의 전류 $I=\frac{V}{R}$ = 6A 이고, 2Ω에서의 전류는 3A 이다. 그러므로 전체 전류는 9A 이고, 합성 저항은 $\frac{2}{3}$ Ω이 된다.

06. 답

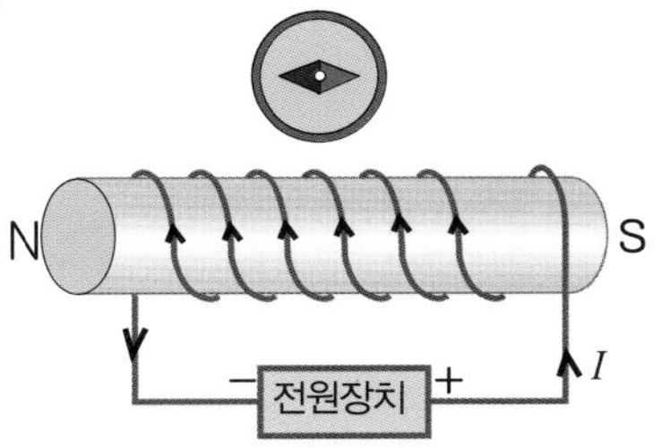

해설 나침반의 N극이 오른쪽을 향하므로 코일의 오른쪽은 S극, 왼쪽은 N극이 생기는 것이다. 오른손 엄지손가락이 N극을 향하도록 코일을 감싸쥐면 전류의 방향을 알 수 있다.

07. 답 ①
해설 모든 별을 10pc의 거리에 있다고 가정했을 때 실제 밝기를 절대등급이라 한다.

08. 답 ①
해설 별은 우주 공간에서 가스와 티끌이 밀집된 성운의 수축으로 내부 온도가 상승하여 원시별이 탄생한다.

09. 답 ④
해설 연주 시차가 클수록 지구에서 더 가까운 별이 다.

펴낸 날짜	2015년 7월 1일
펴낸이	윤찬섭
펴낸곳	무한상상 출판
책임수정개발	윤찬섭
개발	무한상상 과학교육 연구소
디자인	변영지
삽화/일러스트	정민아, 강보미
인쇄	대명문화사
주소	서울시 서초구 명달로 4길 4 405호
전화	070-4714-2812(연구소)

창의력 과학 *I&I* 초등 3, 4, 5, 6

목표 1

창의적 문제 해결력 향상을 통한 융합 인재 달성

목표 2

교육청 영재교육원, 대학 부설 영재교육원 맞춤 대비

창의력 과학 *I&I* 시리즈

창의력 과학 *I&I* 초등 3, 4, 5, 6
창의력 과학 *I&I* 물리/화학/생명과학/지구과학

창의력 과학 *I&I* 시리즈

창의력 과학 *I&I* 초등 3, 4, 5, 6
창의력 과학 *I&I* 물리/화학/생명과학/지구과학